油气藏地质及开发工程国家重点实验室资助

复杂油气藏开发丛书

复杂油藏化学驱提高采收率

施雷庭　冯茹森　叶仲斌　著

科学出版社
北京

内 容 简 介

本书针对复杂油藏水驱开发特征，系统论述了高温高盐油藏、低渗透油藏和稠油油藏的聚合物驱和复合驱等化学驱提高采收率技术的原理。通过对水驱和化学驱机理的认识，拓展了聚合物驱和复合驱等化学驱在复杂油藏中的应用，通过化学驱技术能够将复杂油藏的水驱采收率提高5%~10%，从而大幅度提高复杂油藏的开采效果。

本书可作为石油工程专业、油田应用化学专业研究生的教材，也可以作为相关专业高年级大学生、硕士研究生以及工程技术人员的参考书。

图书在版编目(CIP)数据

复杂油藏化学驱提高采收率 / 施雷庭，冯茹森，叶仲斌著. —北京：科学出版社，2019.2

（复杂油气藏开发丛书）

ISBN 978-7-03-042920-9

Ⅰ.①复… Ⅱ.①施… ②冯… ③叶… Ⅲ.①复杂地层-化学驱油-采收率（油气开采）-研究 Ⅳ.①TE357.4

中国版本图书馆 CIP 数据核字（2014）第 309764 号

责任编辑：冯 铂 刘 琳 / 责任校对：江 茂

责任印制：罗 科 / 封面设计：墨创文化

科学出版社出版

北京东黄城根北街16号

邮政编码：100717

http://www.sciencep.com

四川煤田地质制图印刷厂印刷

科学出版社发行 各地新华书店经销

*

2019年2月第 一 版 开本：787×1092 1/16

2019年2月第一次印刷 印张：17 3/4

字数：420 千字

定价：228.00 元

（如有印装质量问题，我社负责调换）

丛 书 序

石油和天然气是社会经济发展的重要基础和主要动力，油气供应安全事关我国实现“两个一百年”奋斗目标和中华民族伟大复兴中国梦的全局。但我国油气资源约束日益加剧，供需矛盾日益突出，对外依存度越来越高，原油对外依存度已达到60.6%，天然气对外依存度已达32.7%，油气安全形势越来越严峻，已对国家经济社会发展形成了严重制约。

为此，《国家中长期科学和技术发展规划纲要(2006—2020年)》对油气工业科技进步和持续发展提出了重大需求和战略目标，将“复杂油气地质资源勘探开发利用”列为位于11个重点领域之首的能源领域的优先主题，部署了我国科技发展重中之重的16个重大专项之一 ——“大型油气田及煤层气开发”。

国家《能源发展“十一五”规划》指出要优先发展复杂地质条件油气资源勘探开发、海洋油气资源勘探开发和煤层气开发等技术，重点储备天然气水合物钻井和安全开采技术。国家《能源发展“十二五”规划》指出要突破关键勘探开发技术，着力突破煤层气、页岩气等非常规油气资源开发技术瓶颈，达到或超过世界先进水平。

这些重大需求和战略目标都属于复杂油气藏勘探与开发的范畴，是国内外油气田勘探开发工程界未能很好解决的重大技术难题，也是世界油气科学技术研究的前沿。

油气藏地质与开发工程国家重点实验室是我国油气工业上游领域的第一个国家重点实验室，也是我国最先一批国家重点实验室之一。实验室一直致力于建立复杂油气藏勘探开发理论及技术体系，以引领油气勘探开发学科发展、促进油气勘探开发科技进步、支撑油气工业持续发展为主要目标，以我国特别是西部复杂常规油气藏、海洋深水以及页岩气、煤层气、天然气水合物等非常规油气资源为对象，以“发现油气藏、认识油气藏、开发油气藏、保护油气藏、改造油气藏”为主线，油气并举、海陆结合、气为特色，瞄准勘探开发科学前沿，开展应用基础研究，向基础研究和技术创新两头延伸，解决油气勘探开发领域关键科学和技术问题，为提高我国油气勘探开发技术的核心竞争力和推动油气工业持续发展作出了重大贡献。

近十年来，实验室紧紧围绕上述重大需求和战略目标，掌握学科发展方向，熟知阻碍油气勘探开发的重大技术难题，凝炼出其中的基础科学问题，开展基础和应用基础研究，取得理论创新成果，在此基础上与三大国家石油公司密切合作承担国家重大科研和重大工程任务，产生新方法，研发新材料、新产品，建立新工艺，形成新的核心关键技术，以解决重大工程技术难题为抓手，促进油气勘探开发科学进步和技术发展。在基本覆盖石油与天然气勘探开发学科前沿研究领域的主要内容以及油气工业长远发展急需解决的主要问题——含油气盆地动力学及油气成藏理论、油气储层地质学、复杂油气藏地球物理勘探理论与方法、复杂油气藏开发理论与方法、复杂油气藏钻完井基础理论与关键技术、复杂油气藏增产改造及提高采收率基础理论与关键技术以及深海天然气水合物开发理论及关键技术等方面形成了鲜明特色和优势，持续产生了一批有重大影响的研究成果和重大关键技术并实现工业化应用，取得了显著的经济和社会效益。

我们组织编写的复杂油气藏开发丛书包括《页岩气藏缝网压裂数值模拟》《复杂油气藏储层改造基础理论与技术》《页岩气渗流机理及数值模拟》《复杂油气藏随钻测井与地质导向》《复杂油气藏相态理论与应用》《特殊油气藏井筒完整性与安全》《复杂油气藏渗流理论与应用》《复杂油气藏钻井理论与应用》《复杂油气藏固井液技术研究与应用》《复杂油气藏欠平衡钻井理论与实践》《复杂油藏化学驱提高采收率》等 11 本专著，综合反映油气藏地质及开发工程国家重点实验室在油气开发方面的部分研究成果。希望这套丛书能为从事相关研究的科技人员提供有价值的参考资料，为提高我国复杂油气藏开发水平发挥应有的作用。

丛书涉及的研究方向多、内容广，尽管作者们精心策划和编写、力求完美，但由于水平所限，难免有遗漏和不妥之处，敬请读者批评指正。

国家《能源发展战略行动计划(2014—2020 年)》将稳步提高国内石油产量和大力发展天然气列为主要任务，迫切需要稳定东部老油田产量、实现西部增储上产、加快海洋石油开发、大力支持低品位资源开发、加快常规天然气勘探开发、重点突破页岩气和煤层气开发、加大天然气水合物勘探开发技术攻关力度并推进试采工程。国家《能源技术革命创新行动计划(2016—2030 年)》将非常规油气和深层、深海油气开发技术创新列为重点任务，提出要深入开展页岩油气地质理论及勘探技术、油气藏工程、水平井钻完井、压裂改造技术研究并自主研发钻完井关键装备与材料，完善煤层气勘探开发技术体系，实现页岩油气、煤层气等非常规油气的高效开发；突破天然气水合物勘探开发基础理论和关键技术，开展先导钻探和试采试验；掌握深-超深层油气勘探开发关键技术，勘探开发埋深突破 8000m 领域，形成 6000～7000m 有效开发成熟技术体系，勘探开发技术水平总体达到国际领先；全面提升深海油气钻采工程技术水平及装备自主建造能力，实现 3000m、4000m 超深水油气田的自主开发。近日颁布的《国家创新驱动发展战略纲要》将开发深海深地等复杂条件下的油气矿产资源勘探开采技术、开展页岩气等非常规油气勘探开发综合技术示范列为重点战略任务，提出继续加快实施已部署的国家油气科技重大专项。

这些都是油气藏地质及开发工程国家重点实验室的使命和责任，实验室已经正在加快研究攻关，今后我们将陆续把相关重要研究成果整理成书，奉献给广大读者。

2016 年 8 月

前　言

近年来我国油气资源增长主要来源于低品位油气资源量(包括非常规油气)，但其开采难度大、成本高。我国大多数油田以注水补充能量方式开采原油，达到高含水期后油层中仍有大量原油，向注入水中加入化学剂，能改变驱替流体的物化性质以及驱替流体与原油和岩石矿物之间的界面性质，可以大幅度降低原油在油层中的滞留量，这种有利于原油生产的采油方法就是化学驱，这也是一种深度改变储层油、水、岩石相互作用和增强驱替效果的提高采收率技术。化学驱提高采收率技术已经是我国中、高渗油藏大幅度提高采收率的重要手段，对油田开发的可持续发展具有重要意义。

经过几十年的工业技术发展和科学进步，聚合物驱提高采收率技术已经成为大多数主力油田在含水较高的条件下改善水驱开发效果的利器，并逐渐形成了聚合物/表面活性剂二元复合驱、表面活性剂/聚合物/碱三元复合驱、泡沫驱和复合泡沫驱等提高采收率技术。但对于油藏温度和矿化度高、渗透率低、原油黏度较高的油藏，按照常规的化学驱原理和技术很难在这类油藏中实施，以获得较好的提高采收率效果。本书围绕能够进行注水开发的复杂油藏与驱油剂之间的适应性，系统地阐述了高温高盐油藏、稠油油藏和低渗透油藏对驱油剂性能的特殊要求，驱油剂实现油藏要求性能的方法和途径、关键技术和工艺以及评价方法等，并对复杂油藏化学驱提高采收率的发展趋势进行分析和展望。

本书第 1、5 章由施雷庭、叶仲斌撰写，第 2 章由冯茹森撰写，第 3 章由施雷庭、叶仲斌、冯茹森撰写，第 4 章由陈洪、施雷庭撰写，叶仲斌、施雷庭负责全书的统稿和审校。

团队的其他老师和研究生参与了大量的研究工作、资料统计和图文编辑，特别包括以下同志：罗平亚院士、郭拥军、舒政、张新民、李诚、朱诗杰、汪士凯、王丹、晋清磊、王琰、谌茂、张玉龙等。

特别感谢科学出版社刘琳女士以及其他工作人员为本书的出版所付出的辛勤工作。

由于著者水平有限，书中难免存在疏漏和不足之处，敬请广大读者批评指正。

著　者

2017 年 12 月

目　　录

第 1 章　绪论……1
1.1　化学驱提高采收率概述……1
1.2　化学驱提高采收率技术发展现状……4
1.3　复杂油藏化学驱提高采收率技术的需求及面临的挑战……6
第 2 章　复杂油藏驱油专用化学剂……12
2.1　驱油专用化学剂与油藏条件的匹配关系……12
2.1.1　高温高盐油藏对驱油专用化学剂的技术要求……16
2.1.2　低渗透油藏对驱油专用化学剂的技术要求……18
2.1.3　稠油油藏对驱油专用化学剂的技术要求……21
2.2　驱油用聚合物……25
2.2.1　驱油用聚合物的分子设计原理及主要类型……25
2.2.2　超高分子量 HPAM……28
2.2.3　耐温抗盐功能单体共聚物……29
2.2.4　疏水缔合聚合物……30
2.2.5　树枝状聚合物和超支化聚合物……34
2.2.6　复合型聚合物……38
2.2.7　梳形聚合物……38
2.2.8　聚表剂……39
2.2.9　复合聚电解质……40
2.3　驱油用表面活性剂……41
2.3.1　驱油用表面活性剂的主要类型及分子设计……41
2.3.2　阴离子型表面活性剂……43
2.3.3　非离子型表面活性剂……48
2.3.4　两性离子表面活性剂……50
2.3.5　双子(多极)表面活性剂……51
2.3.6　表面活性剂的复配……53
2.4　新型驱油专用化学剂……54
2.4.1　交联聚合物/预交联颗粒/聚合物纳米微球……54
2.4.2　泡沫凝胶驱油剂……55
2.4.3　分子沉积膜驱油剂……57
2.4.4　纳米驱油剂……58

第 3 章　复杂油藏聚合物驱……59
3.1　高温高盐油藏聚合物驱……59
3.1.1　高温高盐油藏聚合物驱关键基础难题……60
3.1.2　高温高盐油藏聚合物驱评价方法与技术……61
3.1.3　高温高盐油藏聚合物驱配套技术……70
3.1.4　高温高盐油藏聚合物驱设计及效果评价……73
3.2　低渗透油藏聚合物驱……75
3.2.1　低渗透油藏聚合物驱关键技术……75
3.2.2　低渗透油藏聚合物驱评价……79
3.2.3　低渗透油藏聚合物驱设计及应用……85
3.3　稠油油藏聚合物驱……96
3.3.1　稠油油藏聚合物驱关键技术……101
3.3.2　稠油油藏聚合物驱评价技术……111
3.3.3　稠油油藏聚合物驱应用技术……130
3.3.4　稠油油藏聚合物驱设计及应用……170
第 4 章　复杂油藏复合驱……175
4.1　高温高盐油藏二元复合驱……175
4.1.1　高温高盐油藏二元复合驱关键技术……175
4.1.2　聚合物与表面活性剂的相互作用及二元复合体系……206
4.1.3　高温高盐油藏二元复合驱应用……213
4.2　低渗透油藏表面活性剂/复合驱……215
4.2.1　低渗透油藏表面活性剂驱/复合驱关键技术……216
4.2.2　低渗透油藏复合驱液固作用……218
4.2.3　低渗透油藏复合驱体系……219
4.2.4　聚合物/表面活性剂复合驱体系注入性评价……230
4.2.5　低渗透油藏复合驱应用……237
4.3　稠油油藏复合驱……243
4.3.1　稠油油藏复合驱关键技术……244
4.3.2　稠油油藏二元复合驱体系……244
4.3.3　影响稠油油藏复合驱体系驱油效果因素……257
第 5 章　复杂油藏化学驱提高采收率发展趋势及展望……263
参考文献……265

第1章 绪　论

1.1 化学驱提高采收率概述

近来多家石油巨头斥巨资砸向新能源产业。石油行业即将“被革命”吗？新能源是否已对传统石油行业构成威胁？非水可再生能源在世界一次能源消费中的占比为3.17%，石油、煤炭、天然气分别为 33.49%、26.55%、25.01%。可再生能源消费比例仍小于石油、煤炭、天然气，而且可再生能源近年来的发展并没有让石油和天然气消费量降低。2017年全球石油和天然气的消费量出现加速上涨态势，且在世界一次能源消费中的占比有所提高。大部分能源机构都预测，未来十年石油和天然气消费量还将继续增长。

实际上，石油公司和新能源并不是对立的。能源革命正在发生，但并不是单纯的一种能源对另一种能源的替代，而是能源行业从单一化石能源主导向多元化能源结构的转型。

为了实现中华民族伟大梦想和伟大复兴，满足国民经济和人民幸福生活快速稳定发展的石油需求，石油工业仍担负着光荣而繁重的历史任务。

在《国家中长期科学和技术发展规划纲要(2006—2020 年)》中，能源重点领域中重点开发复杂环境与岩性地层类油气资源勘探技术，大规模低品位油气资源高效开发技术，大幅度提高老油田采收率技术，深层油气资源勘探开采技术；水和矿产资源重点领域中重点研究开发浅海隐蔽油气藏勘探技术和稠油油田提高采收率综合技术等。可见，化石能源的供给与消费在不断推进的工业化与城市化进程中继续占据举足轻重的地位，其中，石油仍然扮演着重要的、不可替代的角色，具有国家能源战略地位，石油安全仍是中国能源安全的核心。

国家能源局发布的数据显示，即便在能源供需较为宽松、能源消费换挡减速趋势明显的 2015 年，我国石油表观消费量仍达到了 5.43×10^8t，且近 3.3×10^8t 属于进口量，对外依存度首次突破 60%，达到 60.6%。虽然从国际原油储量、产量等资源状态，供需发展形势以及油价变化趋势等可以看出，近期国际原油储量巨大，产油量充足，供需稳定，而且供大于求，油价下行并逐渐稳定，发生全球石油危机的概率较低(政治因素除外)；即使逐年增加的对外依存度并未危及国家能源安全，但也不得不自力更生，确保国内石油产量达到国民经济健康可持续发展的基本标准，即必须达到 2.2×10^8t 上。为满足国家战略需求，中国石油企业近年来实现建立了“海上大庆”、“新疆大庆”和“海外大庆”，也就是说要建成油气当量达到 5000×10^4t 以上，相当于在海上油田、新疆和海外等分别建成一个大庆油田的年产量的油田，实现石油行业的推进稳健发展，为促进经济社会发展、实现中华民族伟大复兴的中国梦做出新贡献。

为了达到健康可持续发展和高油气资源保障能力，中国石油企业一方面通过理论突破、技术创新和进步，积极开展国内油气资源的勘察，发现大型油气田，并加强深水深层及非常规油气资源勘探开发，力争在2035年前将石油、天然气对外依存度分别控制在70%和50%以下；另外一方面加大对已开发老油田的挖潜和对“双高”油田、低渗透油田和稠油油藏等提高采收率技术的攻坚和储备，提高现有探明油气资源的高效利用。

正是由于人类对石油资源的高需求以及常规原油可采储量的不断减少，稠油、沥青及页岩油等的开发、开采对于整个石油工业来说具有战略意义上的挑战。根据美国能源部的报告，全世界$9\times10^{12}\sim13\times10^{12}$bbl①的石油地质储量中仅有30%为常规原油，40%是稠油和超稠油，剩余30%的储量则为页岩油和沥青。在中国这类尚未动用和新发现的油田，开采难度较大，成本和投资高；而相对这类特殊岩性和流体性质的油藏，常规油藏的开发难度较小，有探明的储量和可采储量，地质和储层特征比较清楚，能够在科学技术突破条件下获得较高的收益。正是基于这些认识，《“十三五”国家科技创新规划》在专栏2国家科技重大专项中明确提出“重点攻克陆上深层、海洋深水油气勘探开发技术和装备并实现推广应用，攻克页岩气、煤层气经济有效开发的关键技术与核心装备，以及提高复杂油气田采收率的新技术，提升关键技术开发、工业装备制造能力，为保障我国油气安全提供技术支撑”；以及在专栏13资源高效循环利用技术中强调“围绕国家能源安全需求，针对复杂环境、低品位、老油田挖潜和深层油气资源四大领域，通过钻井、采油、储运等关键技术与装备攻关，研发一批具有自主知识产权的重大高端装备、工具、软件、材料和成套技术，为油气资源高效勘探开发和清洁利用提供技术支撑”。

中国油田多为陆相沉积，油藏非均质性严重，原油中蜡含量、芳烃含量高，原油黏度大，在一次采油后或者未进行一次采油，大多数油田采用了注水为主的二次采油提高采收率技术，我国二次采油开发产量占国内采油总产量的80%，但水驱采收率低，平均为33%左右。而且大多数注水开发油田主体已进入高含水、高采出程度的“双高”开发阶段。近年来新发现储量以稠油、特低渗油藏为主，品位越来越差，动用难度越来越大，特别是在低油价形势下，老油田提高采收率的作用日益凸显。“十二五”以来，中国石化老区增加可采储量比例由2011年的39.1% 升至2015年的58.1%。可见，提高老油田采收率仍大有可为。

一般在注水开发过程中，受到油层非均质性、流体性质以及长期注水冲刷等作用，导致部分油藏注水无效循环，大多数砂岩油藏水驱采收率为30%～40%，仍有大量的原油滞留在油层中，为了进一步提高油藏的动用程度，石油工作者经常在注入水中加入化学剂，以改变驱替流体的物化性质，以及驱替流体与原油/岩石矿物之间的界面性质，从而达到提高采收率的目的。

通常在二次采油达经济极限时，向地层中注入流体、能量，将引起物理化学变化的方法称为“三次采油”。三次采油方法主要包括聚合物驱、活性水驱、微乳液驱、碱性水驱、复合化学驱(聚合物/表面活性剂二元复合驱、表面活性剂/聚合物/碱三元复合驱等)、气体混相驱(不是以保压为目的的注气)。通常将聚合物驱、活性水驱、微乳液驱、碱性水驱、

① 1bbl=0.1173m^3。

复合化学驱(聚合物/表面活性剂二元复合驱、表面活性剂/聚合物/碱三元复合驱等)统称为化学驱。

1999年中国对陆上17个油区系统地进行了“陆上油田提高采收率第二次潜力评价及发展战略”研究。评价表明我国三次采油潜力巨大，可增加可采储量 11.8×10^8t。其中化学驱覆盖储量约 60×10^8t，占三次采油技术覆盖储量的77%，是高含水油田提高石油采收率的主攻方向。经过多年的室内实验和矿场试验研究，化学驱已成为中、高渗油田大幅度提高采收率的重要手段。

2015年中国化学驱年产油量超过 1.7×10^4t，其中中国石油天然气集团公司化学驱产油量近 1.5×10^4t。截至2015年底，中国石油天然气集团公司聚合物驱累计动用储量约为 10×10^8t，提高采收率约为12.5%；复合驱累计动用储量近 1×10^8t，提高采收率20%以上。2015年中国石油天然气集团公司三元复合驱年产油量已超过 300×10^4t，具备替代聚合物驱成为三次采油主体技术的条件。特别是，三次采油已广泛用于大庆油田的一类油层和二类油层，提高采收率超过10%。由于地质储量大，大庆油田采收率每提高1个百分点，就相当于找到了一个玉门油田。大庆油田2016年聚合物驱产油850余万吨，吨聚增油47.3t，连续3年保持在47t以上；复合驱产油突破 40×10^4t，提高采收率超过20%。在低油价背景下，大庆油田未来将在降低三元复合驱成本的基础上增加使用量，以提高采收率。

中国石油化工集团公司已开展化学驱项目86个，已覆盖储量 5.4×10^8t，化学驱增油2008年达到巅峰 186×10^4t，并保持高位运行多年。由于近两年国际油价低迷，一部分计划新增的化学驱项目已达不到当前油价下的经济评价标准，暂缓实施，但技术含量更高的二元复合驱年增油却首次达到 100×10^4t 以上，化学驱累计增油 2949×10^4t，提高采收率5.5%。中国石化三次采油稳步发展，应用规模不断扩大，截至2015年底，三次采油已覆盖储量 13×10^8t，年产油首次超过 1000×10^4t，在国际油价剧烈波动下，三次采油年产量仍然稳步上升，平均年产油增加速度为 27×10^4t，为中国石化原油生产做出巨大贡献。

中国第二次提高采收率潜力评价结果表明，适合聚合物驱的地质储量为 29.1×10^8t，可提高采收率9.7%，增加可采储量 2.81×10^8t；适合三元复合驱的地质储量为 31.3×10^8t，可提高采收率19.2%，增加可采储量 6×10^8t。可见，化学驱在中国陆上油田具有广阔的应用前景。

因此，中国化学驱技术主要经历了4个发展阶段：

(1)20世纪60～70年代中期的探索阶段。以学习国外技术为主，重点研究黏性水驱和乳状液驱，化学剂浓度高、成本高。开展了一些井组规模的试验，但针对中国油藏实际情况没有明确化学驱的主攻方向。

(2)20世纪70～80年代末期的优选方向阶段。深刻认识到针对中国陆相沉积、非均质严重的储层，应主要攻关低浓度、大段塞的化学驱技术。碱水驱、聚合物驱、表面活性剂驱等进入现场试验，通过效果对比，明确了聚合物驱为今后主攻方向。在20世纪80年代末期，在全世界范围内聚合物驱和其他化学驱技术进入低潮的情况下，大庆油田从众多的三次采油技术中优选出了聚合物驱油技术作为提高油田采收率的主攻方向之一，并提出了一系列聚合物驱技术的新认识、新观点和新思路。

(3)20 世纪 90 年代初期至今的聚合物驱阶段。有针对性地开展先导试验和工业试验，攻关形成聚合物驱配套技术，从 1995 年开始，大庆油田已经进行了 50 多个聚合物工业化区块现场试验，大规模工业化的聚丙烯酰胺生产、方案设计、三次采油成套设备制造等完全实现了国产化。形成了完善的聚合物驱配套技术，并在聚合物驱矿场试验和工业化推广应用的深入过程中，对聚合物驱技术有了更加深刻的认识，对暴露出的问题提出并实践了新的思路和做法。形成了较为完善的聚合物驱推广应用过程中的综合调整技术，进一步改善了聚合物驱的整体开发效果、推进了聚合物驱应用进程，并拓展了聚合物驱应用范围。

(4)21 世纪初期至今的复合驱攻关阶段。突破了三元复合驱的理论束缚，实现了表面活性剂的自主生产，形成了配套工艺技术系列；三元复合驱(ASP)已在大庆油田、胜利油田和新疆油田进行了现场先导性试验，采收率提高 20%以上。因此大庆油田在此基础上进行了 ASP 三元复合驱工业化试验，也取得了大幅度提高采收率的效果，使复合驱成为经济有效的三次采油提高采收率技术之一。随着化学复合驱提高采收率技术的发展和完善，其将逐渐取代聚合物驱成为中国三次采油大幅度提高原油采收率的主导技术。

1.2 化学驱提高采收率技术发展现状

从三次采油技术的发展历程看，其发展和演变主要是围绕石油资源开发难度的加大这一主线展开的。在 20 世纪主要是油价逐渐飙升，国内石油需求日益增加与新发现油气储量不足之间的矛盾，使得三次采油技术蓬勃发展，在大庆油田、大港油田、河南油田等主力区块油藏中形成了规模化应用的聚合物驱技术，实现了东部油田产量的稳定增长，并实现化学驱年产原油稳定在 1300×10^4t，为中国石油原油产量稳定增长做出了重要贡献。

三次采油技术快速发展的直接推动力是资源开采难度加大和新探明石油资源的“品位”也越来越差，而直接在已开发的水驱油藏中进行三次采油技术，能够快速和有效地增加石油产量。以中国石化已投入水驱开发的油田为例，其累积动用地质储量占总储量的 80%，采收率每提高一个百分点，可增加可采储量 6000×10^4t。即使在目前，中石化老油田平均采收率仅为 25.4%，提高采收率的潜力较大。截至目前，我国Ⅰ类和Ⅱ类油藏聚合物驱、二元复合驱技术基本配套成熟，并逐渐实现规模工业化应用，特别是Ⅰ类聚驱后提高采收率技术也正在蓬勃发展。

如今资源开采难度依旧存在，而油价却低迷，在此形势下，三次采油技术发展的迫切性进一步增强，但是面临的挑战也更加严峻。主要表现在以下几个方面：

(1)水驱油藏经过长期注水以及压裂和酸化等措施后，油层中物性和流体性质发生较大的变化，导致储层非均质性进一步加剧，大量注入水(流体)沿极端耗水层带窜流，注入水(流体)的利用率极低，急需发展高效封、堵、调、驱一体化技术，实现极端无效循环层带的低成本、高强度、深部高效堵调作业。

(2)水驱老油田已经整体进入特高含水开发阶段，特别是物性较好的Ⅰ类油层已经开展了精细注水、井网调整和优化流场等技术，在进行了聚合物驱/化学驱提高采收率技术后，如何进一步减缓老油田产量递减、延长开发经济寿命期是水驱提高采收率面临的最大挑战。

(3) 聚合物驱技术成为中、高渗油藏开发中、后期采用的主体提高采收率技术，而水驱中低渗透油藏、稠油油藏、砾岩油藏和致密油藏资源非常丰富，未来化学驱剩余资源主要为Ⅲ类油藏，急需开展在水驱中、低渗透油藏和稠油油藏的提高采收率技术研究。

(4) 高温高盐油藏已成为今后化学驱的重要阵地，但由于受到现有材料性能及相关配套技术的限制，已有的理论和技术难以适应该类油藏大幅度提高采收率的需求，急需发展相关理论和技术，完善相关配套技术。

(5) 化学驱油藏适应性虽然非常广泛，但近年来的矿场试验表明，不同类型油藏化学驱矿场效果差异大，其中储层物性、流体性质是影响化学驱效果的主要影响因素，同时何时开展化学驱也成为低油价下需要考量的重要指标，急需建立与目前需要开展化学驱技术油藏相应的评价指标体系。

针对国内石油资源开发程度不高以及在开发中存在的问题，化学驱技术的未来发展方向主要体现在六个方面：

(1) 中、高渗老油田以陆相沉积为主、非均质严重，高含水油田的经济开采一直是水驱提高采收率研究的重点。大量注入水沿极端耗水层带窜流，只耗水不出油，注入水的利用率极低，特高含水后期油藏提高采收率的发展方向是控制含水、降低成本、提高注水效率；而聚合物驱技术能够非常好地控制油层产水，扩大注入流体的波及体积，具备大幅度提高采收率的基础和发展空间，通过完善相关配套技术，进一步降低聚合物驱成本、提升矿场效益将是聚合物驱研究的重点。

(2) 温度高于75℃、矿化度高于20000mg/L的水驱油藏储量较大，但水驱采收率较低；特别是对于温度高于90℃和二价离子含量超过500mg/L的油藏条件，由于聚合物和表面活性剂易水解和降解，化学驱技术尚不成熟；而塔里木油田温度达到120℃、矿化度大于80000mg/L的油藏，更是“无剂”可施。攻克高温高盐油藏聚合物驱技术和复合化学驱技术将是21世纪中后期提高采收率的决胜之地。

(3) 采用水驱的普通稠油油藏采收率普遍偏低，已开发的水驱稠油油藏大多数都是在高含水期获得的最终采收率，这将增加稠油油藏水驱开发的难度和环保成本；而研究表明在地层温度下原油黏度达到1000～2000mPa·s时，水驱开发能够获得比较理想的采收率和经济效益，但如此高的原油黏度若采用聚合物驱技术改善其水驱效果，提高采收率成本的增加将导致技术失败的风险，攻占稠油油藏化学驱提高采收率的关键技术，必将是现阶段提高采收率的主战场之一。

(4) 我国低渗透油藏和超低渗透油藏经过人工压裂技术，其注水技术得到了良好的发展并取得了较好的效果，但随着注水强度和人工裂缝、天然裂缝之间的耦合，水窜和注水突进现象也越来越显著，这极大地降低了低渗透/超低渗透油藏水驱效果；此外，由于聚合物分子与储层孔喉的匹配性较差，且注入过程中存在注入压力高、化学剂吸附损失大、色谱分离严重等因素也严重影响了化学驱的效果。而这类油藏在长庆油田、新疆油田和大庆油田具有较大的储量和前景，完善和攻关低渗透/超低渗透油藏化学驱提高采收率的关键技术，必将是提高采收率的另外一个主战场。

(5) 加快环境友好、高效驱油体系研制，是实现高温高盐油藏、中低渗透/特低渗透油藏、稠油油藏等复杂油藏化学驱高效开发的关键；在高温、高盐和微小孔隙中，特别是超分子化学驱油体系、高效纳米驱油体系、智能驱油体系和生物/微生物的分子尺寸足够小能够进入到小孔隙，在多孔介质内运移剪切过程中不断进行自组装，利用分子有序和分子间作用，构筑比单一分子更强性能的自组装体系，能够形成耐温、抗盐性和抗剪切性能好的类“内盐”分子结构，能实现在孔隙中流体渗流阻力建立的需要，实现全油藏波及；捕集、分散油滴；强憎水强亲油，实现智能找油、替油的目的。

⑹化学驱中驱油剂成本占总成本的 60%～70%，化学驱投资高、成本高、风险大，项目是否成功的标志就是经济效益；如何进一步降低聚合物驱、复合驱以及聚合物驱后提高采收率技术的成本，是目前油价化学驱能否生存和发展的关键，也决定了化学驱能否在国内急切需要提高原油采收率的背景下走出一条康庄大道。

经过多年的注水开发，Ⅰ类、Ⅱ类油藏的主力油层普遍水洗程度高，剩余可动含油饱和度较低，剩余油分布存在典型的富集区和贫瘠区，孔隙半径越大，剩余油富集程度越高，剩余油赋存状态复杂，迫切需要探索高性价比的普适性化学剂，与各盆地油区的个性化化学剂复配，进一步改善配方性能，降低化学驱成本，提升矿场效果和效益，并确保化学驱试验及工业化应用环境绿色友好，有助于实现中国油田整体效益最大化，也是低油价下降本增效的有效方式。

1.3 复杂油藏化学驱提高采收率技术的需求及面临的挑战

石油、天然气是全球最重要的能源，占一次能源消费的 56%左右。我国石油工业历经半个多世纪艰苦创业，已成为全球最大的油气生产、炼制和消费国之一。2016 年我国生产原油 2.0×10^8t，居全球第七，天然气 1370×10^8m^3，居全球第六，同时中国石油公司在海外权益油气产量已达 1.5×10^8t。展望未来，全球经济虽有波动但将持续增长，全球一次能源消费至 2035 年将达 175×10^8t 油当量左右，天然气生产消费 5×10^{12}m^3 左右，石油生产消费 50×10^8t 左右。因此全球石油工业虽然面临油价波动和地缘政治风险，总体仍将持续繁荣——天然气将保持增长，而石油生产消费增速将放缓。但我国人口众多，经济快速发展，GDP 体量大，能源需求逐年增加，保障油气供给将是未来的巨大挑战。

我国人口占世界人口 19.6%，而石油资源只占 4.4%，随着经济持续发展，供需矛盾不断加大。预测我国 GDP 到 2035 年将超过美国，原油消费将达到 7×10^8t，天然气消费超过 6200×10^8m^3，而现阶段我国国内油气产量有限。“十二五”期间，我国三大石油公司在国内投入勘探资金约 3000 亿元，比“十一五”增长 7.6%，共探明地质储量 60×10^8t，是历史上发现储量最多的时期。但是已发现储量中特低渗石油地质储量占到 51%，劣质化问题凸显。根据油气资源评价，目前国内仍有丰富的剩余资源，但是主要为低品位油气资源，勘探面临主要领域为深层、深水、非常规油气，开发面临剩余可采储量主要为低品位的高含水、低渗透、稠油等(如图 1.1)，到 2013 年底新增储量主要以低渗透和稠油为主。

2015 年，我国石油产量 2.14×10^8t，石油对外依存度已达 61%，随着石油产量的逐渐下降，我国原油对外依存度还将提高。国内原油产量可能长期维持在 2×10^8t 左右，天然气产量至 2035 年达到 3500×10^8m^3，有一定增产潜力，油气对外依存度石油可能长期在

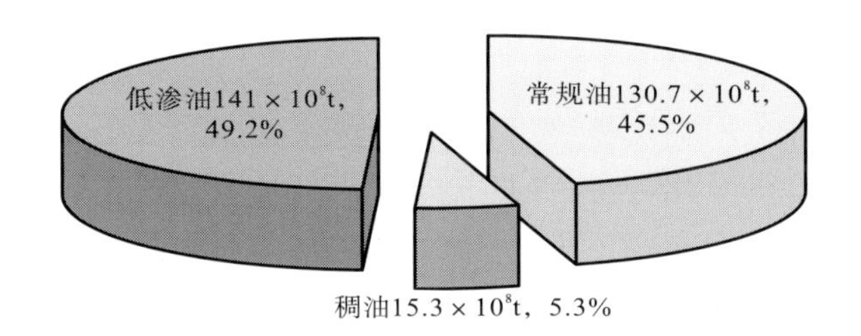

图1.1 2013年底累计探明石油地质储量287×10^8t

70%左右，天然气在50%左右。而老油田和新增地质储量都面临高成本、低产量、低效益的难题。同时，虽然我国石油企业在推动能源生产和消费革命、服务国家重大战略、推进伟大事业中发挥了中坚作用；在深化国有企业和油气行业改革、推动形成全面开放新格局、建设创新型国家中发挥了带动作用；在推进绿色发展共享发展、增进民生福祉、建设美丽中国中发挥了示范作用，以充分利用国内外两种资源满足人民“小康社会”的能源和油气需求，但是国内油气产量是国家能源安全的基础，战略地位极为重要必须加以保证。因此，急需创新发展先进勘探技术和提高采收率技术。

石油资源属于枯竭型资源，虽然近年来受到非常规油气成功开发的影响，油气资源大幅增加，石油资源量增加1倍，天然气资源量增加4～10倍(含天然气水合物)，等于解决了油气资源枯竭的问题；但同时低品位油气资源量(包括非常规油气)比例也大幅增加，而且今后低品位油气资源的勘探开发将成为石油工业的常态和重点，这类低品位资源还有待开发技术与方法创新和管理创新，还需要从资源竞争转向技术竞争，从产能竞争转向成本竞争，特别是在低油价形势下。近年来新发现以稠油、特低渗、致密油藏为主，品位越来越差的储量开发难度仍较大，其生产成本也居高不下，只能解决目前对产能的要求，而对企业追求最佳效益的要求还远远不能达到，只有随着科学技术和高效低成本技术的发展，才能达到在合理利用资源的同时获得较好的经济效益。因此，老油田提高采收率的作用日益凸显。

老油田开发主要集中在我国东部油田和部分西部油田，其中代表性的油田有大庆、胜利、辽河、大港、河南、华北、新疆和长庆等油田。大多数油田的主力油藏逐渐进入高含水开采阶段，特别是大庆、胜利、大港和河南油田的主力油层已经开展了聚合物驱提高采收率，形成了完善的配套技术，获得了社会效益和资源效益。比如大庆油田很多主力油层已经完成聚合物阶段，聚合物驱后油藏中仍有大量的剩余油，同时二类和三类油层也逐渐进入到高含水阶段，迫切需要加强油田开发战略研究，开展油田开发战略接替技术攻关，积极推进油田开发方式的转变，实现油田长期高效益、可持续开发。世界探明石油储量的54%(2876×10^8t)储存在砂岩油藏中，依靠天然能量和水驱开发的最终采收率一般为33%，尚有约2/3不能采出。采收率每提高一个百分点相当于又找到一个大庆油田，提高采收率是国内外业界共同关注、亟待攻克的重大科技难题。

经过聚合物驱后的一类油层剩余油分布相对水驱更加复杂，而二类和三类油层主要表现在油藏温度高、矿化度高和渗透率低，同时部分油藏的原油黏度较高，导致按照原有的化学驱原理和技术很难实施。为此，将经过注水开发的油田，采用聚合物驱或者化学驱技术提高采收率的油藏，在化学驱技术中被认为较为复杂，统称为复杂油藏，主要表现为中渗透油藏、低渗透油藏、致密油藏/砾岩油藏、高温高矿化度油藏、稠油油藏等，一般都具有水驱开发潜力，但水驱采收率通常不高，大多仅有20%左右，这几类油藏的提高采收率技术，在2020～2035年面临机遇和挑战，迫切需要科学技术的进步和理论突破才能达到大幅度提高原油采收率的目的。

一类油藏经过水驱和聚合物驱后其主力油层普遍水洗程度高，剩余可动含油饱和度较低且剩余油赋存状态复杂，但仍有大量原油滞留在地下，急需发展在化学驱后能大幅度提高采收率的新技术，提高剩余油动用程度。

(1)特高含水期油藏流场形成了流体渗流的主流通道，且受到开发手段和油藏地质等因素影响，改变主流通道的渗流能力非常困难。只有调整了油层中的渗流流场，使油层中压力重新分布，才能达到改变剩余油的驱动能力，解决特高含水期注采流线固定、注水效率低的问题。未来重点攻关方向：①老井注采井别转换、注采强度调整等方式实现液流转向，避开或利用极端耗水层带，提高注水效率和波及程度。②利用先进技术(如油藏纳米机器人)和智能手段(如“透明地球”——数字化地球)等识别油藏流体空间和赋存状态，实现实时分层动态监测、实现分层流量和含水等参数的实时监测，识别油藏属性，实现精细油藏大数据可视化描述，在此基础上利用油藏纳米机器人进行油藏(流体或岩石)性质改造。③遏制高渗流通道、水窜通道的流动能力，而这一难题与油田开发是并存的，利用化学、力学和材料等学科的发展和进步，实现油藏中高强度封堵与深部运移为一体(堵而不死)的“堵—调—驱—封”体系，并能在油藏中定位投放和在强流场中流体转向，达到改变油藏渗流场的重新分布和建立的目的。④智慧井和特殊分注技术相结合，实现精细分层、分量注水，优化油层中流体分配，实施智能精细分层注水，减少注入流体的无效循环，实现按需注入，降低注水成本和产出液处理成本。

(2)一类油藏大多数是经过高含水阶段后，开展聚合物驱技术，有效地改善了油藏流体流动非均质性，使注入流体能够更好地波及地下原油；但聚合物驱后油藏的非均质程度普遍加深，这对后续深度开发改善油藏非均质性提出严峻的挑战；同时地下残存的聚合物以吸附形态滞留于注入井附近的低渗区域，聚合物阻碍了后续流体进入低渗透孔隙的喉道端口，端面效应严重影响流体再次波及低渗透层的能力，而单纯依靠解堵或解聚技术，提高后续流体的注入能力，仍不能满足聚合物驱后注入流体提高采收率波及和扫油的要求，目前开展了大量的聚合物驱后进一步提高采收率技术的研究，但矿场试验效果普遍不理想，尚未形成较为实用和成熟的潜力技术。未来重点发展方向：①增强聚合物驱后的复合驱体系的适应性，不仅需要提高复合驱油体系的视黏度，还需要其具有超低的界面张力，以驱替剂的协同效应为基础，与聚合物驱相比，在扩大波及体积的基础上，能够进一步提高洗油效率，如三元复合驱、二元复合驱、泡沫复合驱等技术。②采用纳米技术与化学驱油技术相结合的方法，催生新型提高采收率技术，以满足控制流度和提高驱油效率的能力。③注气(如CO_2)能够很好地进入中低渗透油藏，该技术有望在聚合物驱后得到应用，但也存在注入性和气窜严重的问题。④低矿化度水驱和纳米技术相结合的驱油技术，正在蓬勃发展，同时低矿化度水与聚合物、表面活性剂等相结合的技术也正在开展研究和试验。⑤微乳液驱油技术，随着表面活性剂、胶体化学、界面化学等学科的发展，该技术焕发出了新的活力和生命力，在聚合物驱后提高采收率技术中有望获得应用和发展。⑥随着新型生物化学和环保技术的发展，新型生物类表面活性剂/聚合物、大分子生物驱油剂等将得到大力发展，有望在未来获得长足的进步。⑦超分子化学、自组装多功能化学药剂能够在复杂的条件下获得优异的性能，能够在油相、水相中建立满足驱油作用的体系，如在两性离子聚合物、两亲聚合物/表面活性剂，实现“一剂多功能”的作用。⑧微生物驱油、微生物井下表面活性剂驱油技术，利用微生物在地面或者井下产生的物质进入含油饱和度较高的中低渗透层进行驱油，能够提高油藏的动用程度。

中低渗透油藏开采难度较大，在注水开发过程中大多经过压裂改造等技术，这使得油层的人造裂缝和天然裂缝之间沟通更加复杂，特别是在经过井网调整和调剖堵水等技术的综合应用，而其基质渗透率又比较低，油藏剩余分布更加复杂，仅仅依靠地质手段或精细油藏描述等手段，采用常规的开发技术很难将剩余油有效开发出来，亟待采用化学驱方法或者更为智能的技术提高低渗透油层的动用程度。

(1) 在化学驱技术中，聚合物驱技术较为成熟，但是该技术在低渗透油藏中提高采收率的能力远低于一类油藏，同时受到油藏渗透率低孔隙小的影响，高分子量的聚合物在注入过程中存在注入性的问题，但低分子量的聚合物又很难控制其在窜流通道/裂缝中的流动能力。①随着新型高效表面活性剂的快速发展和进步，聚合物/表面活性剂二元驱体系在无碱条件下能使油/水界面张力达到超低，促进了二元复合驱技术取得快速发展。目前在胜利、大庆、辽河、大港、新疆和长庆等油田开展了矿场试验，辽河和新疆油田二元复合驱试验预计提高采收率约 18%。②超分子化学驱油剂和纳米驱油剂会在中低渗透油藏中得到快速发展，通过小分子/小分子自组装方式在多孔介质中，构筑比单一分子更强性能的自组装体系达到驱油的能力。③低成本的化学驱油剂，特别是新型廉价普适性驱油用表面活性剂，能够具备增黏能力，同时具有降低界面张力的能力，在油藏环境条件的影响下使其活性发生智能型变化，实现对原油的乳化和破乳，且表面活性高，可循环使用等。

(2) 气驱是提高中低渗透油藏采收率的关键且有效技术，气驱主要包括 CO_2 驱、N_2 驱、烃类气驱和空气驱，受到环保技术和科学技术的发展影响，近年来主要以 CO_2 驱为主，从而达到埋藏 CO_2 和实现驱油的作用。利用 CO_2 驱提高原油采收率与 CO_2 减排、绿色环保相结合，是 CO_2 驱技术未来的发展方向，同时也是实现 CO_2 高效减排和资源化利用的战略选择。CO_2 作为驱油剂需要解决以下几方面问题：①油藏中原油重质组分含量高、混相压力高，驱油效率低；②储层非均质性强、CO_2 与原油流度比差异大，黏性指进和气窜严重，波及效率低；③天然 CO_2 气源少，以高含 CO_2 天然气分离及工业废气捕集处理为主，获取 CO_2 成本较高。仍亟待解决相关的理论和技术，才能扩大低渗透油藏 CO_2 驱的试验。作为未来大力发展的驱油剂，目前正在攻克的方向：①为降低油藏原油与 CO_2 的混相压力，实现油藏中 CO_2 混相驱替，发展与 CO_2 相适应的化学剂，如非离子表面活性剂等，不溶于水但溶于超临界 CO_2 和原油，提高驱替效率；②为防止 CO_2 的黏度太低导致“指进”和气窜等问题，发展了增稠 CO_2 的聚合物/高分子，但目前成本较高，效率较低；③建立与 CO_2 相适应的化学辅助技术，如超临界 CO_2 的绿色增效剂、CO_2 泡沫体系等，使 CO_2 驱技术的适应性和提高采收率的潜力更大。

(3) 做好低渗透油藏注水是提高低渗透/特低渗透油藏采收率的关键和基础。受到储层岩石矿物质组成、孔喉结构、原油和水质组成等影响，在注水开发过程中，出现了注水井注水压力上升快、生产井压力和产量下降快等问题，传统的低渗透油藏开发措施(如压裂、酸化、解堵等)都具有各种缺陷，需要在微孔道中建立较好的压力传递，保证压力损失作用在原油流动，能够有效驱动孔隙中原油，解决低渗透油藏降压增注的难题。目前主要采用表面活性剂、纳米材料和复合体系等，解决降低油水界面张力、改变润湿性以及原油乳化、黏土膨胀等导致注水困难的问题。

我国的稠油资源也比较丰富，受到热、蒸汽、溶剂和地质等因素的限制，在原油黏度不是很高的稠油油藏(≤100mPa·s)中，能够取得较好的效果；同时为了仅提高该类稠油油藏采用了聚合物驱和碱水驱等技术，取得了较好的效果。但面临原油黏度大于 100mPa·s 而采用冷采的油藏急需要提高采收率技术。已经有文献报道原油黏度达到 2000mPa·s 时，利用聚合物驱、三元复合驱技术能够提高稠油油藏采收率。国内外大量的室内研究及矿场应用均表明聚合物驱提高采收率是可行的，这也是稠油油田开发的一种趋势。如何高效开发和在合理经济条件下开采稠油，是现阶段和未来的主要挑战。

(1) 稠油原油黏度高，单纯依靠流度控制理论达到提高采收率的目的，对驱油体系黏度提出较高的要求(如采用部分水解聚丙烯酰胺的聚合物驱技术，需要较高浓度的聚合物溶液才能达到)，考虑成本和经济风险的因素，将严重影响化学驱提高采收率技术的应用，急需发展和创新以聚合物驱为主的化学驱提高采收率的理论和技术，满足该类油藏的需要。

(2) 在稠油油藏中，单纯依靠某一种技术很难达到常规油藏的开发效果，特别是受被驱替相组成复杂、黏度较高等因素影响，多种技术的相互应用有助于提高稠油油藏开发效果。如将热采和化学驱技术相结合(热化学驱技术)、热采与注气(N_2、空气、烟道气或 CO_2)提高采收率技术相结合(复合热流体驱油技术)、热采与催化、裂解稠油或加氢改质稠油等相结合(就地改质稠油技术)的方法。

(3) 稠油油藏中利用多种功能——“一剂多功能”的驱油剂。如两亲聚合物/高分子表面活性剂，在以聚丙烯酰胺为骨架的大分子链上，引入类似 GEMINI 型或多聚离子的两亲功能单体，改善聚合物的亲水亲油性，增加对原油的增溶和乳化能力。如两亲聚合物驱油体系 APVR，既能增加水相黏度，又能通过乳化分散作用降低原油黏度，提高原油流动性，从而使驱油剂能够同时实现增加驱替相黏度、降低油水界面张力和乳化稠油/稠油降黏等作用，提高稠油油藏开发效果。

(4) 结合化学驱技术和新材料的发展，发展廉价、高效、低用量降黏剂，以及高效热能体系，提高稠油流动能力；同时开展弱碱/无碱/新型碱液体系的复合驱体系，形成微乳液/乳化驱油技术；以及采用新理论和新技术的聚合物驱/化学驱，如在高渗透非均质严重油藏中提高驱替相的残余阻力系数，提高驱替相的流动控制能力，解决稠油油藏波及能力的问题。

通常将温度大于 80℃，矿化度大于 20000mg/L，Ca^{2+}+Mg^{2+}质量浓度大于 400mg/L 的油藏划分为高温高盐油藏。常规聚丙烯酰胺类驱油剂在该类油藏条件下的增黏性较差，且高温降解严重，无法取得较好的驱油效果。研发新型耐温抗盐驱油剂成为解决高温高盐油藏提高采收率的关键。

(1) 新型耐温抗盐驱油剂的研发主要是通过对常规聚丙烯酰胺进行改性，在合成过程中引入耐温抗盐基团、刚性的环状结构、疏水缔合单体或特殊功能单体等来提高驱油聚合物的增黏性和耐温抗盐性。由于改性的聚合物主体仍然是聚丙烯酰胺，无法彻底解决聚合物在高温高盐油藏条件下(特别是温度达到 95℃以上)，聚合物分子链卷曲和降解严重导致其增黏性失效的问题。新型聚合物的研制方向主要为，能够实现聚合物溶液黏度随温度和矿化度升高而升高，可控自由基聚合物以及温增黏、盐增黏的聚合物。但同时存在其在水溶剂中溶解性差和使用成本较高的问题。

(2) 交联类聚合物或颗粒类驱油剂具有一定的耐温耐盐能力，其部分支化、交联改善增黏、颗粒的变形及悬浮性能，能够在驱替压差下变形通过细小孔喉实现深部“堵—调—驱”。但仍存在与油藏适应性差和在水溶液中悬浮能力差的问题。

(3) 纳米材料的发展为耐温抗盐驱油剂研制提供了广阔的前景，如纳米微球、改性二氧化硅、聚硅纳米等驱油剂能够满足耐温耐盐的需求，但还需要解决相关的配套技术才能在油田获得广泛应用。

(4) 以超分子工程学、超分子化学理论为基础，研制以小分子为主体，利用小分子间自组装而形成的新型超分子体系，在溶液中形成超分子聚集体系，从而具有良好的增黏性、耐温性、抗盐性、长期热稳定性等，表现出了较高的应用前景。

(5) 智能技术/储层纳米机器人技术，纳米机器人的尺寸是人类头发直径的 1%，可以随注入流体大批量进入储层。在储层中分析油藏压力、温度和流体类型，并存储信息。一方面在采出的流体中回收这些纳米机器人，下载其存储的油藏关键信息，以此来对油藏进行描述。沙特阿美已经研究了纳米机器人在地下“旅行”时所必需的一些因素，包括尺寸、浓度、化学性质、与岩石表面的作用、在储层孔隙中的运动速度等，并于 2010 年进行了尺寸为 10nm、没有主动探测能力的纳米机器人注入与回收现场测试，验证了纳米传感器具有非常高的回收率和较好的稳定性、流动性。另一方面，可以利用纳米机器人探测甚至改变油藏特性，获得较高的原油采收率。

第2章　复杂油藏驱油专用化学剂

2.1　驱油专用化学剂与油藏条件的匹配关系

化学驱是指以化学剂组成的各种体系作驱油剂的驱油法(SY5510-92的6.2节的定义)。在油藏地质条件一定时，化学驱的效果主要取决于驱油用化学剂的性能。虽然开发基于不同机理的驱油专用化学剂的相关研究工作一直在进行，也获得了一些新的进展，但是到目前为止，驱油专用化学剂主要指聚合物和表面活性剂，在三元复合驱中还涉及碱。一直以来，适合化学驱的油藏条件随着驱油用化学剂的进步而逐渐更新。

国外比较典型的化学驱油藏筛选标准见表 2.1 和表 2.2。主要技术指标包括原油参数和油藏参数两类。

表 2.1　美国国家石油委员会化学驱油藏筛选标准(1984 年)

筛选参数	聚合物驱	表面活性剂驱	ASP 复合驱
地下原油黏度/(mPa·s)	<100	<40	<40
油层温度/℃	<93	<93	<93
地层渗透率/mD	>20	>40	>20
地层水矿化度/($\times10^4$mg/L)	<10	<10	<10
岩石类型	砂岩或碳酸盐岩	砂岩	砂岩

表 2.2　美国新墨西哥石油采收率研究中心化学驱油藏筛选标准(1997 年)

指标	筛选参数	聚合物驱	胶束/聚合物驱、ASP 复合驱、碱驱
原油参数	地下黏度/(mPa·s)	<150	<35
	地面密度/(g/cm^3)	<0.966	<0.934
	成分组成	不严格	胶束/聚合物驱要求原油具有轻、中等组分，碱驱要求原油中含有机酸
油藏参数	含油饱和度/%	<150	<35
	岩石类型	砂岩或碳酸盐岩	砂岩
	渗透率/mD	>10	>10
	油层温度/℃	<93	<93
	地层水矿化度/($\times10^4$mg/L)	<2	<2
	$Ca^{2+}+Mg^{2+}$含量/(mg/L)	<500	<500

与国外研究相比较，中国对化学驱油藏筛选标准的研究更为深入、细致，具体技术指标由三大部分构成：一是原油性质，如原油密度、黏度以及成分；二是地层水的性质，如地层水的矿化度以及 $Ca^{2+}+Mg^{2+}$ 含量；三是油藏参数，如含油饱和度、油藏厚度、温度、渗透率、非均质性以及岩性等指标，此外不同标准还包括一些其他指标，如岩石类型、油藏裂缝及边底水情况等。表 2.3 为中石化胜利油田的化学驱油藏筛选标准，表 2.4 为中石油化学驱筛选标准，表 2.5 为国内主要油田聚合物驱应用条件对比。

表 2.3　中石化胜利油田化学驱油藏筛选标准(2002 年)

筛选参数	聚合物驱			复合驱		
	最佳范围	一般范围	最大范围	最佳范围	一般范围	最大范围
地下原油黏度/(mPa·s)	<60	60～80	80～120	<60	60～80	80～120
油层温度/℃	<70	70～75	75～80	<70	70～75	75～80
油层有效厚度/m	>5	>5	>5	>5	>5	>5
空气渗透率/mD	>1000	500～1000	100～500	>1000	500～1000	100～500
渗透率变异系数	0.65～0.75	0.55～0.65	—	<0.6	0.6～0.7	0.7～0.8
地层水矿化度/($\times 10^4$mg/L)	<0.8	0.8～1.2	1.2～2.0	<1	1～2	2～3
$Ca^{2+}+Mg^{2+}$含量/(mg/L)	<80	80～120	120～150	<100	100～150	150～200
原油酸值/(mgKOH/g)	—	—	—	>0.5	>0.2	>0.2
黏土总量/%	<10	10～12	12～15	<8	8～10	10～12
注采对应率/%	>80	70～80	<70	>80	70～80	<70
剩余注入压力系数	>0.3	0.2～0.3	0.1～0.2	>0.3	0.2～0.3	0.1～0.2
注入井井况完好率/%	>90	80～90	<70	>90	80～90	<70

表 2.4　中石油化学驱油藏筛选标准(2010 年)

筛选参数	性质	聚合物驱	表面活性剂	复合驱
原油性质	黏度/(mPa·s)	<100	<40	<60
	比重	<0.9	<0.9	<0.9
	酸值/(mgKOH/g)	—	—	>0.2
地层水	矿化度/(mg/L)	<10000	<10000	<10000
	硬度/(mg/L)	<500	<500	<500
储层性质	深度/m	<2500	<2500	<2500
	温度/℃	<75	<80	<75
	厚度/m	—	—	—
	渗透率/mD	>50	>50	>50
	V_{DP}	0.6～0.75	<0.7	0.6～0.75
	岩性	砂岩	砂岩	砂岩
其他	有利因素	低温、淡水	低黏土量	高酸值
	不利因素	底水	裂缝、底水	气顶、底水

表 2.5　国内主要油田聚合物驱应用条件对比(2010 年)

筛选参数	筛选标准	大庆油田	胜利油田		大港油田	
			孤岛	胜坨	港西	羊三木
地下原油黏度/(mPa·s)	<100	9	60～70	10～20	6.5	30～110
油层温度/℃	<93	45	68	75	60.5	63
平均渗透率/mD	>20	1000	1500	2500	1498	1490
地层水矿化度/($\times 10^4$mg/L)	<10000	6000	8000	21348	14818	2343
注入水类型	清水	清水	污水	污水	清水	清水
二价离子含量/(mg/L)	<100	20	200	373	32	70

必须指出的是，上述化学驱油藏条件筛选标准主要是基于超高分子量聚丙烯酰胺(HPAM)和石油磺酸盐的研究和工业化生产水平制定的，这些筛选标准都是在当时的技术经济条件下得出的结果，并不代表当前化学驱技术的最新研究进展。随着驱油用化学剂研究和工业化水平的进步，在实际矿场试验中，原油黏度、地层水矿化度、地层水硬度(Ca^{2+}+Mg^{2+})三项技术指标已经获得了显著突破，分别在普通稠油油藏、温度高于 80℃的油藏、平均渗透率小于 50mD 的油藏条件下开展了聚合物驱矿场试验。例如，在加拿大的佩里肯莱克(Plican Lake)油田首次将聚合物驱应用到稠油油藏(地下原油黏度 600～7000mPa·s)；胜坨油田(油藏温度大于 80℃，地层水矿化度大于 20000mg/L)采用超高分子量疏水缔合聚合物取得了很好的驱油效果；新疆吐哈油田正在进行高盐低渗油藏聚合物驱矿场试验(平均渗透率 27.8～70.4mD，油层温度 76℃，地层原油黏度 367mPa·s，地层水矿化度大于 20000mg/L，Ca^{2+}+Mg^{2+}含量大于 1600mg/L)。

从提高采收率原理来看，复杂油藏化学驱的驱油机理与常规油藏并没有显著不同，只要驱油专用化学剂的性能满足提高采收率技术要求，化学驱可以适用的油藏条件范围可以进一步扩大。从化学驱提高采收率原理方面进行分析，驱油用化学剂的分子结构及性能与油藏条件之间主要存在如下矛盾：

(1)储层渗透率与聚合物分子量的矛盾。高分子量有利于提高聚合物的增黏性，但是在较低渗透率储层会出现注入性、传导性问题；较低分子量聚合物的增黏性较差，难以保证化学驱的经济有效性。

(2)油藏温度与化学剂热稳定性的矛盾。高温会影响化学剂的稳定性，一方面可能使化学键发生断裂，例如，热氧降解；另一方面也可能使驱油剂发生化学反应，例如，高温将会加快聚丙烯酰胺的水解反应。温度也会对表面活性剂的溶解性、油水界面张力产生显著影响。

(3)地层水矿化度、硬度(Ca^{2+}和 Mg^{2+}含量)与聚合物高效增黏性及长期稳定性的矛盾。高矿化度的水质将会大幅度降低聚合物的增黏能力，同时也会影响聚丙烯酰胺的水解反应；Ca^{2+}、Mg^{2+}与 HPAM 分子链的羧酸根发生交联反应，在一定条件下将会使聚合物生成沉淀，完全丧失增黏能力。同样，地层水的水质是影响表面活性剂性能的重要因素。

(4)储层非均质性与驱油剂调驱能力的矛盾。储层非均质性对油藏的开发效果有显著影响，由于注入水在长期水驱开发过程中的冲刷作用下，将会在部分注采井间形成高渗带甚至大孔道，从而改变储层的非均质特征，驱油剂沿高渗带的窜进将会严重影响化学驱的开发效果。与水驱相比，聚合物驱和复合驱能够在一定程度改善油层平面非均质性和调整吸水剖面，但是当变异系数超过一定值，化学驱的效果会显著降低。与聚合物驱相比，复合驱对非均质性更为敏感，因为表面活性剂降低了油水界面张力，使高渗带的渗流阻力进一步减小，化学剂难以建立合理的阻力系数，有效提高波及能力。

针对上述矛盾，驱油用化学剂的应用基础研究及工业化生产技术也在不断取得进步，不断有新的技术思路和新的驱油剂产品出现。例如，利用各种功能单体提高聚合物的耐温、抗盐、抗水解性能；利用分子间相互作用，解决分子量与增黏性、注入性的矛盾；设计开发阴非离子、两性离子表面活性剂解决表面活性剂的界面性质和长期稳定性问题。

值得指出的是，进行化学驱的矿场试验和工业化应用是一个投入巨大的系统工程，经济效益对工程能否实施具有决定性的影响，因此在化学驱油藏筛选标准的研究中应该引入相关经济类指标。有人专门进行了这方面的研究工作，图 2.1 为包含开发动态参数和经济参数的化学驱油藏开发效果影响因素分析，表 2.6 和表 2.7 为不同原油价格条件下的化学驱油藏筛选标准。

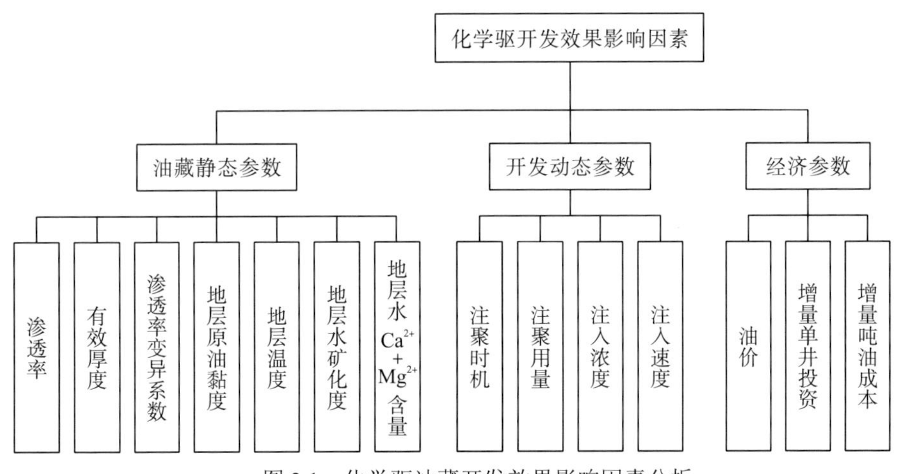

图 2.1 化学驱油藏开发效果影响因素分析

表 2.6 化学驱适用油藏条件筛选标准（原油价格 40 美元/桶）

指标	参数	聚合物驱	二元复合驱
原油	黏度/(mPa·s)	<145	<10
地层水	矿化度/(mg/L)	<22700	<10000
	Ca^{2+}+Mg^{2+}含量/(mg/L)	<570	<370
油藏特征	含油饱和度（厚度为 10m）	>0.504	>0.508
	厚度/m（剩余油饱和度为 0.5）	>9.98	>11.28
	渗透率/mD	>320	>320
	温度/℃	<82	<74

表 2.7 化学驱适用油藏条件筛选标准(原油价格 50 美元/桶)

指标	参数	聚合物驱	二元复合驱
原油	黏度/(mPa·s)	<275	<135
地层水	矿化度/(mg/L)	<59200	<35500
	Ca^{2+}+Mg^{2+}含量/(mg/L)	<1130	<710
油藏特征	含油饱和度(厚度为 10m)	>0.473	>0.468
	厚度/m(剩余油饱和度为 0.5)	>3.63	>3.25
	渗透率/mD	>320	>320
	温度/℃	<90	<86

由于二元复合驱注入化学剂用量大，成本投入高，且表面活性剂性能对油藏参数的影响更为敏感，因此二元复合驱经济开发的矿化度界限、Ca^{2+}+Mg^{2+}含量界限、油藏温度界限以及原油黏度界限都要高于聚合物驱。

2.1.1 高温高盐油藏对驱油专用化学剂的技术要求

对于高温高盐油藏的定义和分类目前还没有统一的标准，多数分类标准是根据地层水的矿化度和油藏温度进行划分。表 2.8 和图 2.2 是中国石油大学(华东)赵福麟教授提出的一种油藏分类标准。

表 2.8 油藏的分类标准(中国石油大学，赵福麟)

油藏条件	低温低盐	中温中盐	高温高盐			
			低高温低高盐	中高温中高盐	高高温高高盐	特高温特高盐
温度/℃	<70	70～80	80～90	90～120	120～150	150～180
地层水矿化度/(mg/L)	$<1\times10^4$	1×10^4～2×10^4	2×10^4～4×10^4	4×10^4～10×10^4	10×10^4～16×10^4	16×10^4～22×10^4

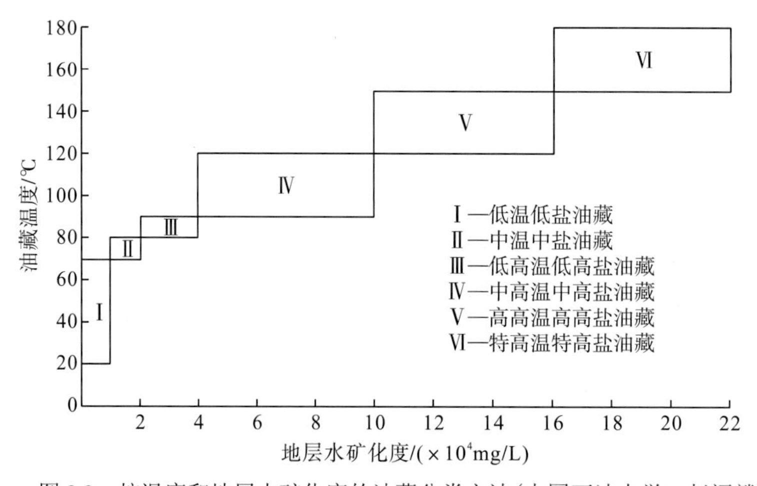

图 2.2 按温度和地层水矿化度的油藏分类方法(中国石油大学，赵福麟)

按照表 2.8 和图 2.2 的油藏分类方法，目前化学驱技术可以用于低高温、低高盐油藏和部分中高温、中高盐油藏。

胜利油田在我国高温高盐油藏化学驱技术研究和应用方面走在最前沿，根据胜利油田化学驱资源分类的第三次评价结果，将适合化学驱的资源范围分为四类(见表 2.9)。

表 2.9　胜利油田聚合物驱资源分类评价标准

类别	渗透率 /mD	地层温度 /℃	地层水矿化度 /(mg/L)	$Ca^{2+}+Mg^{2+}$总浓度 /(mg/L)	地质储量 /($\times10^8$t)
一类	＞500	＜70	＜1×10^4	＜200	2.69
二类	＞500	70～80	1×10^4～2×10^4	200～400	2.48
三类	200～500	80～93	2×10^4～10×10^4	＞400	8.25
四类	油层连通差或出砂严重或井矿差或大孔道				3.48

表 2.9 中的一类油藏一般称为常规油藏，二类和三类油藏统称为高温高盐油藏，其他称为特殊类型油藏，这也是相关研究人员普遍认可的一种分类方式，也是本书所采用的高温高盐油藏分类标准。与常规油藏相比较，高温高盐油藏的油藏温度、地层水矿化度及硬度显著提高，从而对驱油用聚合物和表面活性剂的性能提出了更高的技术要求。

1. 高温高盐油藏驱油用聚合物

根据化学驱提高采收率原理，聚合物的主要作用是控制驱替液的流变性质，因此对聚合物的技术要求主要包括以下几个方面：①高效增黏性；②剪切稀释性；③黏弹性；④上述特性的抗温性；⑤上述特性的抗盐(抗 Ca^{2+}和 Mg^{2+})性；⑥上述特性在油藏条件下的老化稳定性(长效性)；⑦剪切稳定性；⑧生物降解稳定性。

在常规的低温、低矿化度油藏条件下，以超高分子量 HPAM 为代表的驱油用聚合物能够满足上述性能要求，但是在高温高盐的油藏条件下，此类聚合物的增黏性、长期稳定性和注入性却很难同时满足油藏条件，尤其是长期稳定性。与常规油藏相比较，高温高盐油藏的特殊油藏条件对驱油用聚合物的性能提出了如下特殊要求：

(1) 高效增黏问题。由于油藏温度高、地层水矿化度和硬度高，因此要求聚合物在高温、高盐、高硬度水质条件下必须有高效增黏性。从经济有效性方面考虑，一般要求 1500～1800mg/L 聚合物溶液在油藏条件下的有效黏度应在 30～60mPa·s 以上。为高温高盐油藏开发的耐温抗盐聚合物一般为含有多种特殊功能单体的多元共聚物，这些功能单体的聚合活性(竞聚率)通常远低于丙烯酰胺单体，难以合成高分子量的聚合物，因而无法保证驱油用聚合物的高效增黏性。

(2) 长期稳定性问题。高温条件下，氧和微生物的降解作用会造成聚合物分子量的显著降低；同时，丙烯酰胺类聚合物在高温高盐水质条件下的快速水解会导致聚合物分子链上的—COOH 含量急剧增加，与高硬度水中的 Ca^{2+}和 Mg^{2+}相互作用，将会产生沉淀和相互分离，在宏观性能上的表现为溶液黏度急剧降低，长期稳定性能极差；一般在一周内黏度损失超过 50%，15d 后则完全沉淀，失去增黏能力。根据油气开采的工艺技术要求及实践经验，一般要求聚合物溶液在油藏温度和水质条件下，30d 时老化黏度保留率大于 80%，90d 时老化黏度保留率大于 60%。

(3) 聚合物对产出污水的适应性问题。一方面，高温高盐油藏实施化学驱一般缺乏淡水资源，同时产出污水不能外排，需要采用污水配制聚合物溶液；另一方面，考虑到油层流体对外来流体的适应性、不同油层污水互混和回注可能导致的不相容性和地层伤害，也要求采用污水配制聚合物溶液。因此，聚合物应该在高矿化度、高硬度的产出污水体系下具有良好的溶解性，同时保持各项性能指标的稳定性。一般要求在现场配注条件下溶解时间≤2h，增黏性、长期稳定性指标没有明显降低。

2. 高温高盐油藏驱油用表面活性剂

表面活性剂驱油的主要原理在于能够大幅度地降低油水界面张力，向注入水中加入合适的表面活性剂可有效降低注入水与地层残余油之间的界面张力，从而将残余油驱替出来，提高原油采收率。根据上述原理，化学驱用表面活性剂需要达到一定的技术指标：①驱油体系与原油的界面张力需达到 10^{-3}～10^{-2}mN/m 数量级，低界面张力区域宽；②驱油体系中表面活性剂总浓度小于 0.4%，即在低浓度时具有超低界面张力；③能与聚合物有良好的配伍性，产品具有一定的稳定性；④表面活性剂在岩石上的吸附滞留损失量应较小；⑤具有一定的耐温、抗盐性能；⑥低成本、经济可行。

目前驱油用表面活性剂主要包括阴离子型、非离子型和两性型。其中阴离子型表面活性剂的耐温性好，但抗盐性差；非离子型表面活性剂抗盐性好，但在地层中的稳定性差、吸附损耗量大，且不耐高温；两性型表面活性剂活性高，但地层中吸附损耗大。现场应用中一般采用多种类型表面活性剂复配的方式解决耐温抗盐问题。

总体来看，高温高盐油藏用表面活性剂应满足如下技术要求：①低界面张力(高效性)；②低吸附量；③高增溶参数；④与地层流体配伍性好；⑤耐高温、抗高盐；⑥来源广、成本低；⑦无污染。

2.1.2 低渗透油藏对驱油专用化学剂的技术要求

油藏工程上一般认为渗透率低于 50mD 的储层为低渗透油层，其中渗透率为 1～10mD 的地层为特低渗透油层，渗透率低于 1mD 的地层为微渗透油层。从储层特征来看，低渗致密砂岩油藏的主要特征是非均质性强、低孔低渗和高含水饱和度。化学驱提高采收率技术领域中的低渗透油藏与油藏工程中对低渗油藏的划分有很大区别，其中大庆油田的油层分类划分标准具有典型性，见表 2.10。

表 2.10 中的一类油层是化学驱的主力油层。一般认为，二类、三类油层是化学驱技术领域低渗透油藏的具体技术条件。与主力油层相比，大庆油田二类、三类油层孔隙半径明显变小、黏土含量及泥质含量显著增加、粒度中值明显降低。储层主要特点为河道砂层数多、规模小、渗透性低、平面及纵向非均质严重。砂体有效厚度通常为 1～2m，有效渗透率区间为 100～500mD，含油饱和度大于 30%。

表 2.10　大庆油田油层分类表(2005—2006 版)

油层类型		主要沉积相	主要砂体		单层有效厚度/m	有效渗透率范围/mD	代表层位
			沉积类型	钻遇率/%			
一类油层	ⅠA	(喇萨) 泛滥平原	辫状河道砂体 曲流点状砂体	≥60	≥3	≥500	葡Ⅰ1～2
	ⅠB	(杏)分流平原	大型高湾分流河道砂	≥60	—	≥300	杏北葡Ⅰ2～3， 杏南葡Ⅰ3
二类油层	ⅡA	分流平原	分流河道砂	30～60	≥1	≥300	萨中萨Ⅱ1～3 萨Ⅱ7+8
		内前缘	水下分流河道砂体、席状砂	≥20 <60		≥100	萨北萨Ⅱ10+11
	ⅡB	内前缘 外前缘	席状砂夹水下分流河道砂、席状砂	≥60 <20	0.5～1 1～3 1～2	100～300	萨南萨Ⅱ42、B3、14、15 萨中高Ⅱ9
三类油层	ⅢA	外前缘	薄层席状砂体	—	0.2～0.4	<100	杏南萨Ⅲ各单元
	ⅢB	—	—	—	—	—	—

1. 低渗透油藏驱油用聚合物

大庆油田低渗透油层(主要是二类油层)在聚合物驱开发过程中主要存在以下几个方面的问题：

(1) 注采能力低于一类油层。聚合物溶液流动阻力增加，油层吸液能力受到限制，相同注入参数条件下，注入压力高，视阻力系数高，霍尔曲线斜率大，视吸水指数和产液指数比一类油层低 1/3。注聚后压力上升快，受破裂压力限制，不断下调各项注聚参数，区块较一类油层整体压力更接近破裂压力，因此注聚难度更大，相应调整和措施工作量也大于一类油层。

(2) 注聚后油层动用程度低。统计分析发现二类油层注聚过程中有效厚度动用比例平均为 65%左右，一类油层有效厚度动用比例平均为 85%左右，二类油层比一类油层低 20 个百分点。

(3) 层间矛盾突出。由于二类油层的小层多且薄，层间非均质性很强，不同发育状况的储层对不同分子量、不同浓度的聚合物体系的适应性差异相对较大。分子量高、浓度大的聚合物体系可以满足二类油层中发育好的储层提高采收率的需求，但却可能造成对发育较差的储层的污染，加剧层间矛盾。非均质多油层聚驱过程中易发生剖面返转，导致发育较差的储层动用程度低、化学剂用量大，不能满足低成本、高效益开采的需求。

(4) 井间效果差异较大、平面矛盾突出。由于二类油层平面分布状况不同、各向异性较大造成井间连通关系差异较大，加之调整方法差异、开发历史差异以及注入参数差异等因素，导致注聚井组见效差异较大。主要体现在：井点间注入压力分布差异大，井组间聚合物用量不均衡，生产井含水差异大，含水降幅差异大，采出液聚合物浓度差异大。

(5)含水下降幅度低，增油效果较差。二类油层含水下降幅度较一类油层低1/3，低含水稳定期时间短，含水曲线封闭面积小；二类油层单井单位厚度月增油量仅为主力油层的52.57%和49.2%。

(6)吨聚产油增油指标下降，开发效益逐渐变差。随着聚合物驱规模的不断扩大，注聚对象转变为“薄、低、窄、差”的二类油层，注聚对象的品质逐渐变差。同时，面临油田污水不能外排的环保压力，污水配制聚合物广泛应用，使得油田化学剂用量逐年增加，吨聚产油、增油指标逐年下降，开发效益逐渐变差。吨聚产油指标由2003年的169t下降为75t，吨聚增油由81t下降为41t。近几年通过聚驱注聚参数、注入方式和综合调整的优化，吨聚产油提高到85t，吨聚增油提高到48t，但聚驱效率仍有待进一步提升。

大庆喇萨杏油田储层物性参数统计结果表明，相同开发区块，二类油层孔隙半径中值明显低于主力油层，平均降幅达到30%左右，而化学驱体系配方中的聚合物分子在通过多孔介质时受到孔隙结构和几何尺寸大小的影响，一定分子量的聚合物只能通过与之相适应的多孔介质。因此，在主力油层中可有效使用的超高分子量聚合物不能完全适用于二类油层，而为了解决注入问题被迫使用中分子量聚合物则会直接带来体系配方中聚合物用量过大，较大幅度增加化学驱成本的问题。与此同时，二类油层更加严重的非均质性对于化学体系配方中聚合物的调剖能力提出了更高的要求。综上所述，低渗透油藏化学驱对聚合物的特殊技术要求主要表现为注入性/传导性优化和调驱能力优化两个方面，其他方面的技术要求与主力油层化学驱基本一致。

2. 低渗透油藏驱油用表面活性剂

储层物性参数统计结果表明，与主力油层相比，低渗透油藏(二类和三类油层)的储层矿物的粒度中值明显降低(平均降幅 31.21%)，黏土矿物绝对含量明显增加(平均增幅37.64%)，两者均可导致表面活性剂的吸附损失量增加。因此，低渗透油藏对化学驱用表面活性剂的技术要求也与主力油层有所差异，主要表现在吸附性能和色谱分离性能方面。

目前化学驱矿场试验和工业化应用中主要采用以石油磺酸盐和烷基苯磺酸盐为主的阴离子型表面活性剂，此类表面活性剂在油层的吸附量主要取决于比表面积及黏土含量。研究表明，阴离子型表面活性剂在油层的吸附规律为：高分子当量表面活性剂优先于低分子当量表面活性剂；直链磺酸盐优先于支链磺酸盐。目前，化学驱矿场试验中广泛使用的表面活性剂配方通常都是通过复配方式获得，其活性主体是由相同/不同类型、不同平均分子当量的表面活性剂混合而成的混合物，主要为阴离子型表面活性剂，还含有一定比例的非离子型表面活性剂和少量的小分子醇等助表面活性剂。不同当量、不同类型的表面活性剂按一定比例精确复配后所产生的协同效应可以大大降低与试验区原油间的界面张力。在矿场试验过程中，当表面活性剂注入地层后，活性剂配方组成中较高分子当量的直链活性物质优先被地层岩石所吸附，致使表面活性剂发生了色谱分离效应，渗流过程中与原油的匹配程度发生改变，导致界面活性受到损害，从而影响最终驱油效率。单一组分表面活性剂与多组分复配表面活性剂在多次吸附过程中界面张力的差异性见图2.3。

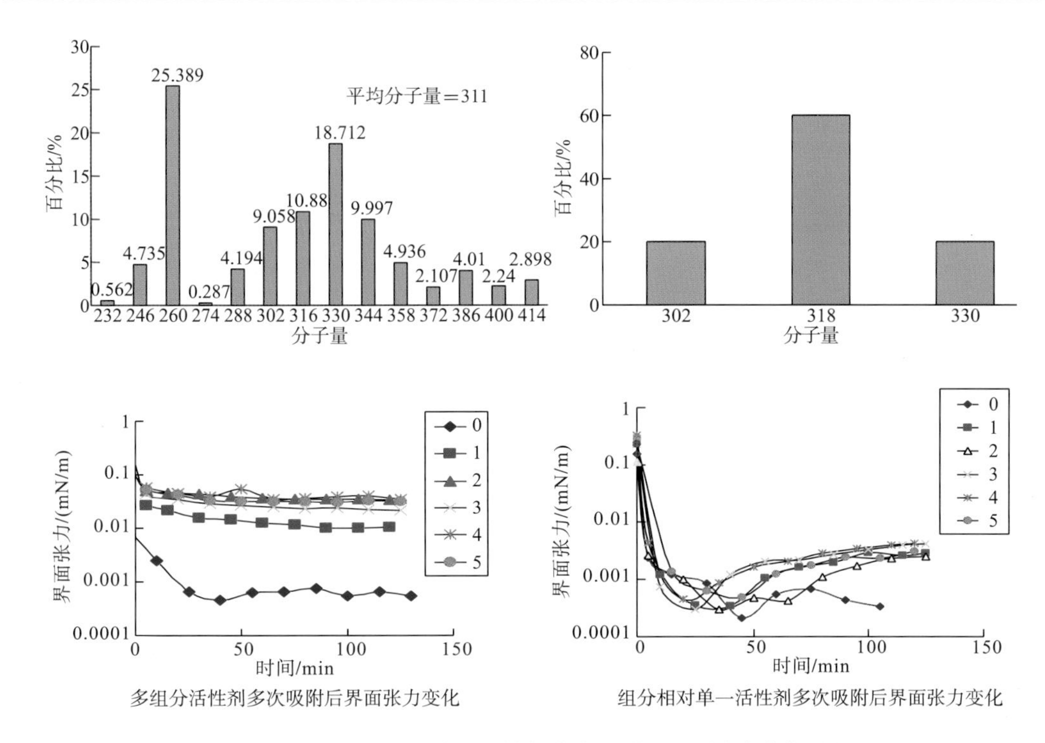

图 2.3　不同组成表面活性剂多次吸附后界面张力变化对比

图 2.3 实验结果表明：组成相对单一的表面活性剂具有更强的抗色谱分离能力，经多次吸附后界面张力仍能够达到 10^{-3}mN/m 数量级。因此，组成结构单一化是今后化学驱用表面活性剂的重要发展方向，尤其在粒度中值明显降低、黏土矿物含量明显增加的低渗透油藏，更需要对表面活性剂的分子结构及组成进行优化，降低吸附量和减弱色谱分离效应。

2.1.3　稠油油藏对驱油专用化学剂的技术要求

稠油是沥青质和胶质含量较高、黏度较大的原油。稠油的分类标准一般以原油黏度为主要指标，以相对密度为辅助指标。稠油油藏的分类一般依据稠油的性质。

对于稠油的分类标准，国内与国外是不同的。1982 年联合国培训研究所(UNITAR)于第二届国际重质油和沥青砂学术会议制定的稠油分类标准如表 2.11 所示。

表 2.11　联合国培训研究所(UNITAR)推荐的稠油分类标准(1982 年)

分类	第一指标 $\mu_0$①/(mPa·s)	第二指标(15.6℃)ρ_v/(g/cm^3) 60℉ (15.6℃)API 度	
重质油	100～10000	0.934～1.000	20～10
沥青	>10000	>1.000	<10

注：①指油层温度下的脱气油黏度，用油样测定或计算出。

国内通常把地下黏度大于 50mPa·s 的原油统称为稠油，也称重油。中国的稠油分类标准见表 2.12。

表 2.12 中国稠油分类标准

稠油分类			主要指标	辅助指标	开采方式
名称	类别		黏度/(mPa·s)	密度(20℃)/(g/cm^3)	
普通稠油	Ⅰ		50*(或 100)～10000	>0.9200	—
	亚类	Ⅰ-1	50～150	>0.9200	可先注水
		Ⅰ-2	150～10000	>0.9200	热采
特稠油	Ⅱ		10000～50000	>0.9500	热采
超稠油	Ⅲ		>50000	>0.9800	热采

注：*指油层条件下黏度；无*者指油层温度下的脱气油黏度。

稠油从 20 世纪 50 年代开始工业化生产，稠油油藏提高采收率技术可以分为热采和冷采两类，主要以蒸汽吞吐、蒸汽驱、蒸汽辅助重力泄油、火烧油层等热采方法为主，约占稠油总产量的 80%。在稠油热采开发方式中，常常也会使用某些化学剂提高开发效果。比如，注 N_2 辅助蒸汽吞吐开发方式中使用耐高温起泡剂提高波及效率；超稠油开采在注蒸汽的过程中添加降黏剂形成多元蒸汽化学吞吐开发方式，与水平井开采技术相结合是目前超稠油开发的一种有效方式；蒸汽驱开发方式中，加入表面活性剂或碱水降低油水界面张力；加入起泡剂形成蒸汽泡沫驱；加入尿素溶液，利用尿素在高温条件下（＞150℃）分解为 CO_2 和 NH_3 气体，提高驱油效率。

化学降黏采油是一种稠油冷采技术，实施方法是将化学剂从油管和套管之间的环空隙注入井底，在井下泵的抽吸和搅拌作用下与稠油混合，大幅度降低稠油黏度，从而提高采收率。乳化降黏是该技术提高采收率的主要机理，因此对化学剂的要求包括三个方面：①容易与稠油形成较为稳定的 O/W 型乳状液；②对油管和抽油杆表面具有良好的润湿性，能够形成稳定的水化膜；③所形成的乳状液在地面能够顺利破乳，实现油水分离。

我国辽河油田、胜利油田、新疆油田、吐哈油田都有化学降黏采油的成功应用，例如吐哈吐玉克油田采用 20%的稀油为携带液，加入 XT21 降黏剂 100～200mg/L，可以使稠油黏度下降 90%以上。

传统观念认为：由于稠油黏度高，进行化学驱要达到与稀油相同的流度控制能力所需化学剂成本要高得多，在经济上不具备可行性；同时高浓度和高黏度驱油剂的注入压力问题在技术上也难以解决，因此一般认为化学驱技术不适合用于稠油油藏的开发，因此尚未形成公认的稠油油藏化学驱专用驱油剂的技术要求。

但是长期以来，关于稠油油藏化学驱的相关研究和现场应用仍然在不断进行。早期的稠油化学驱研究主要集中在室内研究方面，20 世纪 70 年代到 80 年代，国内外对黏度为数百毫帕秒的普通稠油，进行了表面活性剂驱（木质素磺酸钠、十二烷基苯磺酸钠等）、碱水驱、碱水/聚合物复合驱的相关研究工作。20 世纪 90 年代，国内在大港油田、胜利油田、华北油田分别进行了单井表面活性剂吞吐现场试验，并取得了一定效果。1996 年在辽河油田对普通稠油(50℃黏度为 462.7mPa.s)开展的热水 N_2 泡沫驱井组试验和工业性扩大试验，取得了较好效果。

随着化学驱提高采收率技术的发展，特别是驱油剂性能的逐步提高和对于稠油化学驱机理认识的逐步深化，研究人员认识到：采用适当的驱油用化学剂配合水平井采油技术，对稠油油藏实施聚合物驱和复合驱在经济上和技术上都是可行的。2000 年以后，随着原油价格的上升，国内外关于稠油聚合物驱或复合驱的研究和矿场试验大幅度增加。在室内研究方面，美国新墨西哥石油采收率研究中心(New Mexico Petroleum Recovery Research Center)的 Randy Seright 课题组采用黏度为 1000mPa.s 的稠油进行了大量的驱油机理研究，取得了如下重要认识：①黏弹性聚合物驱能够有效降低水驱后稠油的残余油饱和度，聚合物/原油黏度比越大，越有利于驱替高黏度稠油；②聚合物注入性比聚合物的成本更重要：在驱油剂注入性良好的前提下，注入高黏度聚合物有更好的经济效益，如果聚合物的注入性随黏度增加而变差，则注入低黏度聚合物更有利；③水平井结合压裂的开采方式可以使聚合物的注入性和生产能力达到最大(如图 2.4 所示)。

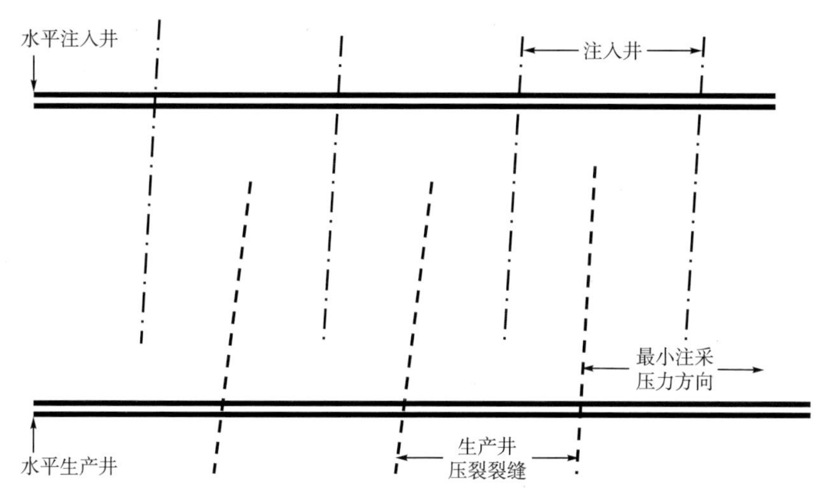

图 2.4　水平井+压裂的开采方式进行注聚开发的原理示意图

正是基于上述对稠油化学驱机理的新认识，加拿大进行了多个稠油水平井注聚的矿场实验，具体情况见表 2.13。

表 2.13　加拿大稠油水平井注聚矿场实验情况

参数	Pelican Lake	Tambaredjo Field	East Bodo	Caen
油藏温度/℃	12～17	36	—	21
初始地层压力/kPa	1800～2600	约 1700	约 6800	10436
地层深度/m	300～450	365～375	—	—
油层厚度/m	1～9	7	—	—
原油饱和度/%	60～70	70～75	<74	67.5
地层矿化度/(mg/L)	约 13000	5000	25000～29000 (高钙镁)	—

续表

参数	Pelican Lake	Tambaredjo Field	East Bodo	Caen
渗透率/mD	300～3000	3000～6000	1000	500～2000
孔隙度/%	28～32	33	27～33	26.5
原油 API 密度	11.5° ～16.5°	—	14°	17°
地下原油黏度/(mPa·s)	600～7000	400～600	600～2000	69.5～99
井网	水平井	反 5 点井网	—	—
井距/m	175	—	—	—
注聚时间	2005.5	2008.9	2006.5	2010.12
见效时间	2006.2	—	—	—
实验区规模	5 口 1400m 水平井，2 注 3 采	3 注 9 采	11～14 pattern	2 注 10 采，1 口观察井
水驱采收率	5%～10%	20%	20%	15%～20%
注聚采出程度和效果	已超过 25%	增加 40%～50%，含水下降 10%～20%	—	至 2012.6，含水下降 5%，原油产量从 400bbl/d 增加到 600bbl/d

表 2.13 中的矿场试验结果表明：水平井聚合物驱技术在加拿大稠油油藏已经获得了技术上和经济上的成功，因此聚合驱/复合驱技术很可能成为未来稠油油藏提高采收率可以选择的主要技术途径之一。

国内的稠油油藏聚合物驱和复合驱的相关研究和应用工作一直在持续进行，胜利油田已经在孤岛、胜坨等油田进行了高温高盐普通稠油油藏的聚合物驱矿场实验。2000 年以后，海上稠油油田的化学驱技术逐渐成为研究热点(原油黏度 13.3～442.2mPa·s)，例如张贤松等(2009)针对中国稠油油藏特点，通过数值模拟手段，研究了包括储层性质、原油黏度 30～100mPa·s、注入时机等影响聚合物驱开采指标的关键油藏参数，他认为：渗透率下限值为 0.5mD，地层原油黏度低于 100mPa·s，含水率 70%以下(中高含水前期)实现聚合物驱最佳。王敬等(2010)研究得出适合于聚合物驱的最佳原油黏度为 75mPa·s，最佳聚合物注入量为 0.4～0.5PV，最佳注入速度为 300m^3/d，地层垂向渗透率变异系数范围为 0.3～0.7，聚合物注入越早越好。何春百等(2011)针对渤海海上稠油特点，研究了疏水缔合聚合物 AP-P4 溶液的驱油效果，得出当原油黏度在 100～300mPa·s 时，AP-P4 聚合物采收率幅度大于 7%，并随着 AP-P4 溶液浓度的增加，阻力系数和残余阻力系数增加，在高渗多孔介质中建立高渗阻力的能力较好。研究认为：海上油田实施聚合物驱既能大幅度提高采收率，又能提高采油速度，能够在平台有限的寿命(20～25 年)内生产出更多原油。2003 年 9 月，绥中 36-1 油田在 J3 井开始了海上稠油油田单井注聚先导试验，在试验获得显著成功的情况下，2005 年 10 月开始了 4 注 7 采的井组注聚试验，2008 年 7 月开始了 SZ36-1 油田 I 期整体注聚矿场试验，2010 年 8 月开始了绥中 36-1 油田 II 期注聚矿场试验。截至 2013 年底，绥中 36-1 油田 I 期共计有 19 口井投入注聚，累计增油 199.2×10^4m^3，在技术上和经济上都获得了显著的成功。

国内外的研究和现场试验都证明：条件适合的稠油油藏进行聚合物驱或复合驱是可行的，这也对驱油用化学剂的研发和生产带来了新的机遇和挑战。如何进一步认识稠油化学驱的驱油机理、研制高效增黏且注入性良好的驱油剂，如何开发适合稠油油藏新的开采方式的专用化学剂是未来提高采收率技术研究领域的热点和难点之一。

2.2　驱油用聚合物

2.2.1　驱油用聚合物的分子设计原理及主要类型

1.分子设计及高分子分子设计的基本概念

分子设计(molecular design)的概念可以分为广义和狭义两种。广义的分子设计概念指的是应用一定的理论方法或实践经验积累，构造出具有某种特定性质的新分子。20 世纪 70 年代美国麻省理工学院的霍恩·赫贝尔教授提出了狭义的分子设计概念，即从分子、电子水平上，通过数据库等大量实验数据，结合现代量子化学的理论方法，通过计算机图形学技术等设计新的分子，也称为计算机辅助分子设计。所设计出的分子具有某种特定性能，可以是药物、材料、分子复合物或不具有分子意义的物质(如催化剂)。狭义的分子设计是从原子水平上的相互作用出发，借助计算机数值模拟的方法得到分子的结构及其运动轨迹，进而得出它动力学、热力学等方面的信息，以及研究这些信息与分子功能之间的关系。通过计算机模拟，可以探测实验难以探测到的性质，也可以与实验结合解释实验结果以及结构变化引起的新的性质。目前计算机辅助分子设计主要应用于药物、蛋白质、催化剂、高分子等方面的合成及设计，其基本过程包括以下步骤：①数据收集：数据可靠性是设计的关键，只有确保数据的可靠，设计的结果才有意义；②确定作用机理并找出有效官能团；③参数提取与建模方法选择：参数可以从实验得来，也可以从理论计算而来，理论计算参数的优点是没有人为的影响因素；④模型建立：根据前面收集到的数据、参数建立数学模型，定量模型是分子设计的主要依据；⑤检验建立的定量模型，确保模型可信性；⑥设计新分子；⑦合成及性能测试：通过一定方法合成所设计的分子，并检验新分子性能，并根据情况从①～⑥步进行多轮反复。

高分子设计(macromolecular design)或聚合物分子设计(polymer molecular design)指根据需要合成具有指定性能或功能的高分子材料。通过高分子设计，人们将用最少的原料、最优化的合成路线和制造方法，制备出预定性能的优质高分子材料。一般包括以下基本内容：

(1)研究组成、结构和性能(或功能)之间的关系，找出定性、定量关系。这里所指的结构不仅包括分子结构、大分子结构，还包括超分子结构以及通过填充、共混、复合等形成的复杂结构。这对聚集态的研究和设计显得格外重要。

(2)按需要合成具有指定链结构的高聚物。这里的链结构包括定链节单元、定聚合度、定枝化度和定向、定序、定交联点等。

(3) 研究在加工成型时，按需要产生一定的聚集态结构、高次结构以及与成型条件、工艺参数的内在联系和相互关系。

(4) 高分子材料科学和现代信息处理技术相互结合。开发高分子材料分子设计软件、计算机辅助合成路线选择软件、计算机辅助材料选择的专家系统以及建设高分子材料数据库等。

分子设计的依据是分子的构效关系，因为材料的功能来源于性质，而性质取决于分子结构，因此进行分子设计之前首先需要确定构效关系，再根据所需的功能来设计分子结构。就目前高分子科学的发展水平而言，绝大多数实验结果都是定性的、经验性的或半定量的，对高分子结构与性能关系的研究还在比较粗浅的层次，很多研究领域仍然是空白，没有系统的规律可循，更没有完整的数据库，因此计算机辅助高分子设计技术只能在某些特定的领域对某些高分子的结构或性质进行局部或分段的分子设计，远未达到按照构效模型实施系统分子设计的程度。对于提高采收率领域更是如此，计算机辅助分子设计仍然停留在理论和概念阶段，尚未看到有成功应用的案例。

2.驱油用聚合物的分子设计原理

由于驱油用聚合物的计算机辅助设计尚未成熟，因此分子设计的概念是广义的，主要依赖于研究人员的理论和实践经验积累，设计适用于某一类或某一个特定油藏条件的聚合物分子结构。对聚合物分子结构与性能关系的认识是设计、开发新型驱油用聚合物的前提，根据不同类型油藏对驱油用聚合物的技术要求，在进行分子设计时主要考虑聚合物分子结构与溶解性、增黏性、耐温性、抗盐性、抗剪切性、注入性、长期稳定性以及黏弹性的关系，基本设计原理如图 2.5 所示。

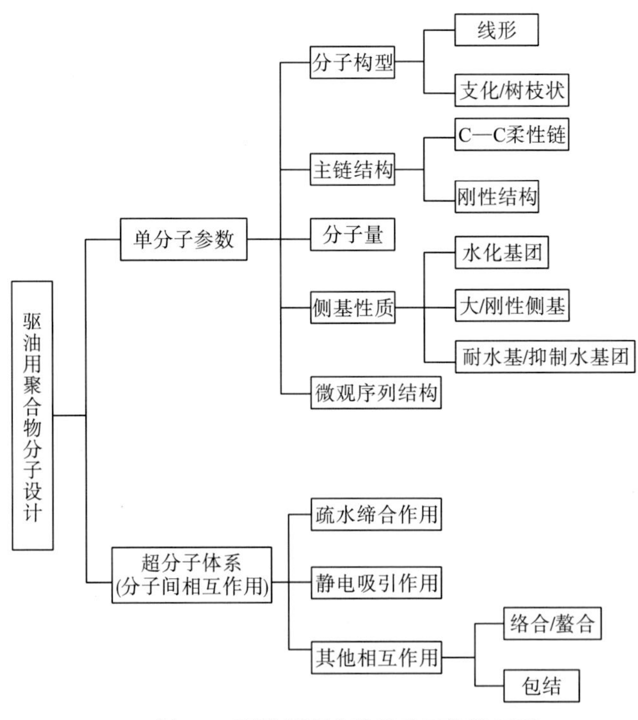

图 2.5　驱油用聚合物的分子设计原理

总的来看，驱油用聚合物的分子设计主要包括两个方面：聚合物单分子结构设计和超分子体系(分子间相互作用)设计。聚合物单分子方面可以调控的主要参数包括：①分子的构型：如支化结构比直链结构抗剪切，但是可能存在溶解性、增黏性或注入性方面的问题；②主链结构：如刚性主链具有更好的耐温抗盐性能，但是可能存在溶解性问题；③分子量：如分子量越高增黏性越好，但是高分子量聚合物可能存在抗剪切、注入性和溶解性问题；④功能单体：如引入合适比例带有大/刚性侧基的功能单体能够显著提高聚合物的耐温抗盐性能和长期稳定性；引入带有强水化基团、耐水解/抑制水解基团也是提高聚合物长期稳定性的主要技术手段之一；⑤微观序列结构：对于共聚物，功能单体的微观序列结构对于聚合物分子的各方面性能以及分子间相互作用都有一定程度的影响。

对于聚合物超分子体系设计方面，目前的理论研究仍然处于不断完善已有的和探索新的分子间相互作用模型阶段。从已有的研究成果和实际应用来看，利用疏水缔合作用和不同类型聚电解质的静电吸引作用构建具有超分子结构驱油体系的相关研究较多，特别是疏水缔合聚合物已经在国内多个油田开展了矿场试验，基本理论和相关技术成熟度较高。其他可以用于构建超分子结构驱油体系的分子间相互作用还可以包括分子间的络合/螯合作用、分子间包结作用(如环糊精与不同种类烷基)，这方面的研究工作目前都处于概念模型和室内研究阶段。利用分子间相互作用所构建的超分子体系，对于增黏性、耐温抗盐性、抗剪切性、长期稳定性等都有非常显著的影响，甚至可以构建具有特殊小分子(如表面活性剂)增稠、盐增稠、热增稠或剪切增稠效应的独特驱油体系，但是其调控机理也更为复杂。分子间相互作用类型和超分子体系的构建模式是影响此类体系性能的关键因素，需要进行综合分析、平衡，才能获得满足预期要求的驱油剂体系。

在实际的驱油用聚合物分子设计中，常常需要综合上述两个方面的内容，利用多种机理设计符合技术需要的复合型聚合物。例如，在疏水缔合聚合物的设计中，一方面要考虑引入疏水缔合基团的种类、比例、微观序列结构，另一方面也会采用支化/树枝状分子构型改变超分子体系的构建方式，引入耐水解/抗水解功能单体或大/刚性侧基功能单体进一步增强体系的耐温抗盐性能和长期稳定性。

3.驱油用聚合物的主要类型

目前在各油田使用的驱油用聚合物绝大部分是丙烯酰胺类聚合物。聚丙烯酰胺(polyacrylamide，简称 PAM)是丙烯酰胺均聚物和共聚物的统称。工业上凡含有 50%以上的丙烯酰胺单体的聚合物都泛称聚丙烯酰胺。按所带电荷性质，可分为非离子型聚丙烯酰胺(NPAM)、阴离子聚丙烯酰胺(APAM)、阳离子聚丙烯酰胺(CPAM)和两性聚丙烯酰胺。由于驱油用聚合物基本上都是以丙烯酰胺作为分子主链，分子中丙烯酰胺的比例通常都超过了 50%，因此按照 PAM 的定义都可以泛称为聚丙烯酰胺，根据其分子结构和增黏机理可以进一步分为以下主要类型：

(1)超高分子量聚丙烯酰胺。一般相对分子量(黏均分子量)超过 1000 万的聚丙烯酰胺称为超高分子量聚丙烯酰胺，目前是油田调剖堵水、聚合物驱和复合驱中应用最广泛的聚合物。

(2)耐温抗盐功能单体共聚物。通过各种耐温抗盐功能单体(如 AMPS、NVP 等)与丙烯酰胺的共聚可以大幅度提高聚合物的耐温抗盐性能和长期稳定性。

(3)疏水缔合聚合物。通过向水溶性聚合物分子主链(PAM)引入疏水基团，利用分子间的疏水缔合作用构建遍布整体溶液体系的三维网络结构，实现高效增黏、耐温抗盐、抗剪切等方面的性能。

(4)树枝状聚合物。聚合物具有多支化的树枝状分子构型，抗剪切性能突出。

(5)复合型聚合物。同时利用能改善单分子性能的因素(如引入耐温抗盐单体)和分子间相互作用设计的驱油用聚合物，如梳型聚合物、复合聚电解质、表面活性聚合物、两性离子聚合物等。

2.2.2　超高分子量聚丙烯酰胺

由于其价格低廉、性能良好，聚丙烯酰胺已成为我国聚合物驱最常用的聚合物。但是由于其相对分子质量不够高，常用部分水解 HPAM 的增黏性、耐温性以及抗盐性较弱，导致其驱油性能不能满足矿场要求。王德民(2010)指出，具有较高相对分子质量的聚合物除了可以提高聚合物溶液的黏度、增强聚合物的耐温性和抗盐性、扩大聚合物驱的波及体积之外，还可以利用其高黏弹性进一步提高聚合物驱的驱油效率，降低残余油饱和度。因此，为了改善聚合物的驱油性能，尽可能提高聚合物的相对分子质量是切实可行的方法。

驱油用 HPAM 一般为阴离子型部分水解 HPAM，通常的合成方法为丙烯酰胺均聚水解法和丙烯酰胺与丙烯酸钠共聚法。均聚法生产周期长且生产过程中会放出大量的 NH_3，既不环保，又腐蚀生产设备，而共聚法则能克服以上缺点，所以共聚法逐渐成为 HPAM 合成的主要工艺路线。目前，能够生产分子量在 2000 万左右的超高分子量聚合物的工艺技术有均聚后水解工艺、共聚工艺、前加碱聚合共水解工艺和均聚现场水解工艺。

油田注聚驱油矿场试验过程中，不仅对聚合物溶液的各项性能有明确的技术要求，还对聚合物的溶解速度、不溶物含量和过滤比等指标有相应技术要求，因此在聚合物的生产过程中必须兼顾聚合物的分子量和溶解性能，而水解度正是影响二者的关键因素。相比于其他水解工艺，后水解工艺生产的聚合物分子量较高，并且能避免一些杂质的带入，因此应用比较广泛。目前世界上超高分子量 HPAM 的主要生产厂，如日本日东化学工业公司、日本三菱化成工业公司、英国联合胶体公司、德国斯托克豪森公司等均是采用后水解生产工艺。而法国 NSF 公司、美国马拉松石油公司等采用共水解生产工艺得到的部分水解聚丙烯酰胺，无论分子量还是稳定性均不如后水解生产工艺。我国 PAM 产品的开发始于 20 世纪 50 年代末期，由于我国 PAM 在油田应用广泛、用量大，所以石油化工企业成为生产 PAM 的主力军，比如大庆炼化公司的聚丙烯酰胺生产能力达到 25×10^4t/年。1962 年在胜利油田建成我国最早的聚丙烯酰胺生产厂，目前国内生产厂家有 100 多家，大多也采用后水解法制备 HPAM。由于国内油田化学驱技术的巨大需求，在超高分子量 HPAM 的科研和生产方面，国内处于世界领先水平。根据报道，大庆炼化公司生产的分子量达到 3500 万的 HPAM 已经实现工业化生产。

由于超高分子聚合物具有更高的相对分子质量，因此随着质量浓度的升高，其水溶液具有更大的流体力学半径，分子间更容易彼此缠绕形成更多缠结点，从而具有更好的增黏性。在相同温度和矿化度条件下，超高分子量 HPAM 的溶液具有更好的耐温抗盐性能。同时，超高分子量 HPAM 的溶液表现出更强的假塑性(剪切稀释)流体特征，在低剪切速率下，超高分子量 HPAM 溶液的表观黏度远高于常用聚合物溶液，有利于在低速渗流条件下提高驱替液的波及能力。此外，在相同质量浓度下，超高分子量 HPAM 的溶液具有更好的黏弹性，有助于提高聚合物驱的驱油效率。

由于超高分子量 HPAM 能够高效地增加驱替相的黏度，调节驱替相的流变性，改善水驱波及效率，降低地层中的水相渗透率，所以在化学驱提高石油采收率技术中，超高分子量 HPAM 驱油具有非常重要的地位。

大庆油田聚合物驱技术中主要采用分子量在 2000 万左右的超高分子量 HPAM，自 1995 年实现工业化推广应用以来，主力油层原油采收率提高了 10 个百分点以上，目前已累计产油 1.7×10^8t。截至 2013 年底，大庆油田聚合物驱年产油量已连续 12 年超过 1000×10^4t，聚合物驱已成为大庆油田开发的核心技术之一，为提升油田产量递减起到了不可替代的作用。胜利油田在三次采油的生产实践中发现，采用超高分子量 HPAM 进行聚合物驱可提高采收率 10%左右(参见表 2.14)。

表 2.14　胜利油田聚合物驱增油效果表

项目	孤岛中一区	孤岛西区	孤岛八区
累计 HPAM 干粉用量/t	20923	10462	8317
累计增产原油/$\times10^4$t	285.7	100.3	84.2
每吨 HPAM 增产原油/t	136.55	95.87	113.26
有效期/年	15	17	14
提高采收率/%	10	9.6	8

2.2.3　耐温抗盐功能单体共聚物

耐温抗盐功能单体共聚物是指将一种或几种耐温、抗盐的单体与丙烯酰胺共聚(AM)而得到的聚合物，这类聚合物在高温、高矿化度条件下水解会受到抑制，不会出现与 Ca^{2+}、Mg^{2+}等金属离子反应而产生沉淀的现象，从而达到耐温、抗盐的目的。

能够抑制酰胺基水解的非离子型水溶性单体可分为两大类，一类为可溶于水的 N-取代丙烯酰胺或 α-烷基取代丙烯酰胺；另一类是 N-乙烯基吡咯烷酮(N-VP)，其五元环结构可增加链刚性、抑制酰胺基水解，因此可以提高聚合物的耐温抗盐性能。有研究报道，AM/NVP 二元共聚物在高温(120℃)、高盐度条件下的性能优于聚丙烯酰胺，当 AM∶NVP=1∶1 时，放置 74 个月无沉淀。

具有抗 Ca^{2+}和 Mg^{2+}性质的单体有乙烯基磺酸、磺化乙烯基甲苯、丙烯酸磺丙酯、丙烯基磺酸、烯丙氧基苯磺酸钠、甲基丙烯酸磺乙酯、2-丙烯酰胺基-2-甲基丙磺酸(AMPS)等，其中 AMPS 的应用最为广泛。由于 AMPS 单体有一个庞大的侧基，增大了空间位阻，使得丙烯酰胺基抗水解能力增强，另外—SO_3H 基团是一个极性很强的基团，它的强亲水作用与静电排斥力使共聚物具有良好的水溶性，使分子链的流体力学体积增强显著，且 pH 的变化基本不影响分子链的流体力学体积。更重要的是聚合物具有出色的耐温抗盐性，不会与二价阳离子 Ca^{2+}和 Mg^{2+}反应产生沉淀。Doe 等(1987)合成了单体质量比为 40∶60 的 AM/NaAMPS 共聚物，在海水中的最高耐温温度能到达 93℃。另外，其研究还表明单体质量比为 50∶50 的 AM-NVP 共聚物具有很好的抗热水解性能，这种共聚物甚至可以在 121℃下老化 6 年也能保持其原有的性能。宋华等(2013)以 AM 和 AMPS 为单体，采用氧化还原引发体系在水溶液中合成二元共聚物。结果表明 AMPS 与 AM 单体总质量分数为 25%，二者质量比为 3∶7，引发剂占单体总量的质量分数为 0.09%，其中氧化剂与还原剂质量比为 4∶1，反应温度为 20℃时，AM/AMPS 共聚物表观黏度最高，与 3500 万 HPAM 工业产品相比，具有更好的耐温抗盐性能。

王爱国等(2007)通过丙烯酰胺单体复配引入苯乙烯磺酸基团、磺酸基团或同时引入这两种基团，合成得到了高分子量的丙烯酰胺类共聚物，经分析，得到的聚合物的耐高矿化度、耐高温及抗剪切性能均有较好的改善。赵修太等(2008)合成了 AM/AMPS 二元共聚物，其 90℃时黏度保留率为 81.51%，而 PAM 仅为 30.85%，证明 AM/AMPS 二元共聚物具有较好的耐温性能。王中华(2010)研究了 AMPS、N，N-二甲基丙烯酰胺(DMAM)、二甲基二烯丙基氯化铵(DMDAAC)、2-丙烯酰胺基十二烷磺酸、2-丙烯酰胺基十四烷磺酸、N-乙烯基-2-吡咯烷酮(N-VP)等与丙烯酰胺单体的共聚，合成的二元和多元共聚物溶液在 90℃下经过 180d 老化后仍保持较高的溶液黏度。吕茂森等(2001)也研究了 AM/AMPS 二元共聚物的合成与性能，经 90℃、90d 热稳定试验后，仍保持较高溶液黏度。

此外，梁兵等(1997)用偶氮类引发剂自由基聚合方法也合成了 AM/AMPS/DMAM 三元共聚物，并表征了该三元共聚物的结构，测定了其在水溶液和盐水溶液中的溶液性质，结果表明该三元共聚物体系具有良好的热稳定性。苏雪霞等(2006)采用水溶液聚合法合成了 AMPS/AM/TBAA(N-异丁基丙烯酰胺)三元共聚物，单体总量为 30%，引发剂用量为 75μg/g，TBAA 加量为 4%，聚合体系 pH 为 9，结果表明此三元共聚物体系具有较高的黏度、良好的抗剪切性和高温稳定性。

但是，以上研究目前在油田应用并不普遍，主要是目前的生产条件(合成原料、合成方法、生产工艺)制备的耐温抗盐单体成本太高、纯度低，达不到生产要求，聚合得到的共聚物分子量低、成本高，只能少量用于特定场合，难以推广使用。

2.2.4 疏水缔合聚合物

疏水缔合聚合物(hydrophobically associating water-soluble polymers，HAWSP)，是指在聚合物亲水性大分子链上带有少量疏水基团的水溶性聚合物。疏水基团含量一般小于 2%，也有少数研究人员认为可高达 5%。在水溶液中，当聚合物浓度高于某一临界浓度(critical association concentration，CAC)后，大分子链通过疏水缔合作用聚集，形成以分子间缔合为主的超分子结构(动态物理交联网络)，流体力学体积增大，溶液黏度大幅度升高。由于疏水缔合聚合物所形成的超分子网络结构具有可逆恢复的特点，因此在不同溶液环境中和不同剪切速率下 HAWSP 表现出良好的控制工作液流变性的能力，已经在涂料行业和化妆品行业得到广泛应用。HAWSP 具有良好流度控制和改善地层渗透率的能力，在油气井工程和石油工程领域，特别是在钻井液和提高采收率方面具有巨大的应用潜力，并且已经在油田的实际生产中获得了一定程度的应用。

1.疏水缔合聚合物的合成方法

由于亲水性单体与疏水性单体极性相差较大，因此合成过程中很难把亲水单体与疏水单体充分混合。HAWSP 的合成方法可以分为共聚法和接枝法，其中共聚法又包括均相共聚(水/有机溶剂)、非均相共聚两种类型，而非均相共聚又包括了胶束聚合、反相乳液聚合和微乳液聚合等聚合方式。由于接枝法疏水改性具有疏水基团分布无法调控和改性产物在二价盐环境中发生沉淀的缺点，因此采用自由基共聚法是 HAWSP 的主要合成方式。胶束聚合(miccelar copolymerization)被公认为是最佳方法，该方法是利用表面活性剂在溶液中形成胶束，增溶疏水单体，保证疏水单体可以很好地分散在聚合体系中，进而与水溶性单体发生共聚，这种共聚实质上是一种微观非均相过程。因为其可以很好地解决亲水和疏水单体在水连续体系中的溶解问题，而且产物的微结构也易于控制。随着研究的发展，还出现了诸如阴离子聚合法、活性可控自由基聚合法、超声波法和超临界 CO_2 法等新的合成方法。

2.疏水缔合聚合物溶液性质及其影响因素

HAWSP 分子上的疏水基团在水溶液中存在疏水缔合作用，这种作用是疏水基团与溶液环境之间的一种相互作用，溶液环境与疏水基团在物理化学性质上的巨大差异是产生这种作用的根源，这种差异性的大小决定了疏水缔合作用的强弱，凡是能够影响疏水缔合作用的因素必然会显著影响聚合物溶液的性质(如图 2.6 所示)。研究表明：聚合物的浓度、聚合物分子结构和溶液环境是影响溶液性质的主要因素。聚合物分子结构因素主要包括分子量、离子基团、疏水基团的种类、疏水基团链长和含量、疏水基团的分布、疏水基团与主链连接的间隔基团等；溶液环境因素包括温度、电解质、剪切速率、表面活性剂等。

1)疏水缔合聚合物浓度

聚合物的浓度对疏水缔合聚合物溶液性质有着至关重要的作用，它决定着溶液能不能形成有效的超分子动态物理交联网络，并具有良好的增黏性能。当 HAWSP 溶液的浓度低于其临界缔合浓度(CAC)时，聚合物大分子的存在形式主要以分子内缔合为主，聚合物大分子链趋于卷曲和收缩，导致聚合物流体力学体积降低，特性黏数较小；当 HAWSP 溶液浓度高于 CAC 时，聚合物大分子链开始由以分子内缔合形式为主向以分子间缔合形式为主转变，分子链间开始由于疏水缔合作用而相互聚集，形成超分子动态物理交联网络，宏观表现为聚合物溶液黏度的急剧上升，表现出良好的增黏效果，而且，随着疏水基团疏水性的增强、疏水链段的延长以及嵌段式的分布，聚合物溶液的 CAC 更低，表观黏度的突变幅度也更大。

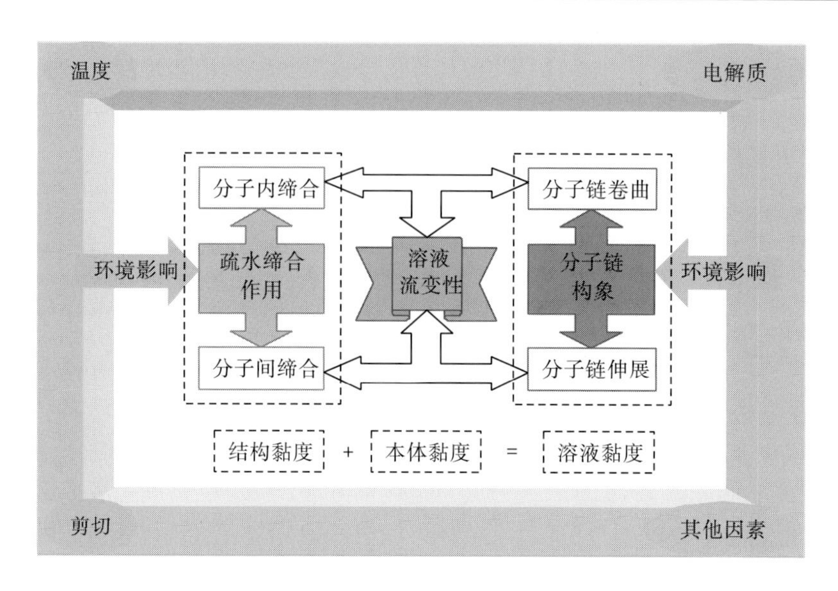

图 2.6 溶液环境-疏水缔合作用-聚合物溶液流变性之间的相互关系示意图

2）分子量

HAWSP 溶液中形成分子间缔合为主的超分子网络结构要求 HAWSP 分子量必须大于某一临界值，低于该临界值时，不论聚合物的浓度是多少，都不会有分子间缔合的发生。在一定聚合物浓度下，聚合物相对分子量的增加会使溶液黏度增大。Bock 等（1988）对 N-正辛基丙烯酰胺/丙烯酰胺共聚物的研究表明，在聚合物浓度及其他条件不变的情况下，若聚合物分子量增大，分子间缔合作用将增强，宏观表现为溶液黏度明显增大。但是聚合物分子量过高将不利于溶液的剪切稳定性，合适的分子量取决于聚合物体系应用的具体条件，如 Evani 等（1984）利用 N-烷基丙烯酰胺、丙烯酰胺和丙烯酸的共聚物与表面活性剂共同作用增稠体系的适宜聚合物分子量为 80 万～250 万。

3）疏水缔合聚合物中离子基团的影响

提高 HAWSP 分子链上离子基团的数量可增加其水溶性，此时溶液的性质由静电作用力和疏水缔合作用共同决定。静电斥力越大，会使聚合物大分子链趋于扩张和伸展，这有利于聚合物形成分子间缔合。Shalaby 等（1991）研究了在分子结构相同条件下，—COO^-、—SO_3^{2-} 及—$RCOO^-$ 对疏水缔合聚合物溶液性质的影响。研究显示，当分子结构中含有—COO^- 及—$RCOO^-$ 时，聚合物表现出良好的缔合行为，其在盐溶液中的增黏幅度也比较明显；当分子结构中含有—SO_3^{2-}，离子基团强度对聚合物溶液性质的影响微乎其微。

4）疏水基团的种类、链长及含量

全氟取代烷烃的疏水性强于含氢烷烃，一般芳香环类疏水基（苯基、萘基、芘基）的疏水性强于烷烃类。通常聚合物所含疏水基团的疏水性以及疏水基团碳链长度增加时，聚合物分子在溶液中的缔合能力增强，增黏效果明显，且聚合物临界缔合时的浓度减小。聚合物分子中疏水基团所占比例较高时，溶液黏度的提高较为显著。

5）疏水基团分布的影响

疏水基团在聚合物分子主链的微观分布和排列对聚合物的溶液性质也会产生重要的

影响。研究表明：疏水基团和亲水基团在聚合物分子链上的分布状况是影响分子内缔合还是分子间缔合的一个重要因素；无规分子结构的聚合物相比微嵌段分子结构聚合物形成的分子间疏水缔合作用更弱；对于同一种疏水基团而言，若疏水基团嵌段越长，则疏水缔合聚合物分子间的疏水缔合作用效果越明显。

6) 疏水基团与主链相连间隔基团的影响

疏水基团与主链相连间隔基团与疏水缔合聚合物溶液性质有着密切联系。Yamamoto 等(1999) 的研究表明，若疏水基团通过酰胺基与聚合物主链相连，则该聚合物在溶液中具有很强的分子内缔合能力，并在高聚合物浓度下形成密实的单分子胶束。原因是酰胺基间隔基团周围存在氢键缔合作用，加大了分子内缔合的潜能。若疏水基团与聚合物大分子主链之间的间隔基团为酯基，则聚合物溶液即使在稀溶液条件下，仍可发生分子间疏水缔合，并形成多个大分子胶束聚集体。

7) 温度的影响

温度对 HAWSP 溶液性质的影响比较复杂，温度升高对溶液的本体黏度和结构黏度都会产生影响。一方面是"正效应"：当温度升高时，聚合物体系会吸热，对"熵驱动"的疏水基团之间的相互作用产生有利影响，使大分子链疏水缔合作用加强，此外温度的升高会使分子链热运动加剧，分子链趋于伸展和扩张，有利于形成分子间缔合作用，这些作用使聚合物溶液的表观黏度上升；另一方面是"负效应"：温度升高也会使疏水基团分子的热运动加剧，改变了疏水基团周围的"冰山结构"，从而减弱了分子间的疏水缔合作用，同时，也会使溶液中亲水基团的水化作用减弱，致使聚合物分子链趋于卷曲、聚集，这些作用的结果又使得聚合物溶液的表观黏度降低。因此，HAWSP 的溶液性质是由"正效应"和"负效应"共同决定的。McCormick 等(1989) 研究温度对非离子 N-正癸基丙烯酰胺/丙烯酰胺共聚物黏度的影响时发现：共聚物的比浓黏度在一定温度范围内随温度上升而增加；叶林等（1998）考察了温度对一种两性离子型疏水缔合聚合物 ASDO(AM-AMPS-DMDA) 增黏性的影响，结果表明：随温度(10～70℃)的升高，溶液的表观黏度单调下降，当温度超过 40℃后，其溶液表观黏度趋于稳定。

8) 剪切速率的影响

HAWSP 溶液性质随剪切速率的变化情况是非常复杂的，一定条件下剪切作用可以使聚合物分子链构象更为伸展从而有利于分子间缔合作用，表现为剪切增稠效果；较强的剪切作用则会破坏已经形成的超分子网络结构，产生典型的剪切稀释行为，因此剪切增稠或剪切变稀现象都有可能出现。当疏水缔合聚合物溶液浓度较低时，溶液的表观黏度会随着剪切速率的增大而降低；当聚合物溶液的浓度超过了其临界缔合浓度时，在对体系施加较低的剪切速率的情况下，溶液的表观黏度基本不变，随着外界施加的剪切速率逐渐变大，溶液会出现剪切增稠现象，如果继续增大剪切速率，体系的表观黏度又会迅速降低，这是由于此时超分子聚集体网络结构已经被剪切力所破坏，表观黏度迅速下降。

9) 电解质的影响

电解质的加入对 HAWSP 溶液中的疏水缔合作用和分子链的流体力学体积都会产生重大的影响。盐效应对本体黏度的影响表现在两个方面：一方面，通过屏蔽聚合物离子基团上的电荷，使聚合物分子链构象卷曲，流体力学体积减小，有利于形成分子内缔合；另一方面，通过对聚合物水化膜的压缩作用，也会使流体力学体积减小，溶液本体黏度大幅度降低；盐效应能够增加疏水缔合作用，这是因为盐的加入使溶剂极性增强，从而增大了环境与疏水基团之间的差异性，即增加了疏水缔合作用。疏水缔合作用的增强可能造成两种截然相反的效果：一是分子间缔合占主导地位，大分子线团物理交联点增多，形成三维网络结构，大幅度增加结构黏度，表现出良好的抗盐性能；二是以分子内缔合为主，则会使聚合物分子链构象更加卷曲，进一步减小流体力学体积，降低本体黏度。HAWSP 的类型不同，矿化度对其影响也不同。对于非离子型疏水缔合聚合物，电解质的加入能够适当地提高溶液的表观黏度；而对于离子型疏水缔合聚合物，矿化度的影响则较为复杂，需要同时考虑离子类型、含量等因素。

10）表面活性剂的影响

表面活性剂分子能够与 HAWSP 的疏水基团通过疏水缔合作用形成混合胶束结构，改变超分子空间网络结构，从而对 HAWSP 溶液性质产生显著影响。表面活性剂对 HAWSP 溶液性质的影响要视表面活性剂的类型、HAWSP 类型及疏水缔合作用形式而定。

2.2.5 树枝状聚合物和超支化聚合物

树枝状聚合物，顾名思义就是分子结构类似于“树”外表形态的一类聚合物，它是从多官能团内核出发，通过支化基元逐步重复反应得到的，具有高度支化的三维大分子。根据其支化的程度不同，将具有完美对称结构的该类聚合物称为树枝状聚合物，而将结构不具有严格对称性的该类聚合物称为超支化聚合物，二者的结构示意图如图 2.7 所示。

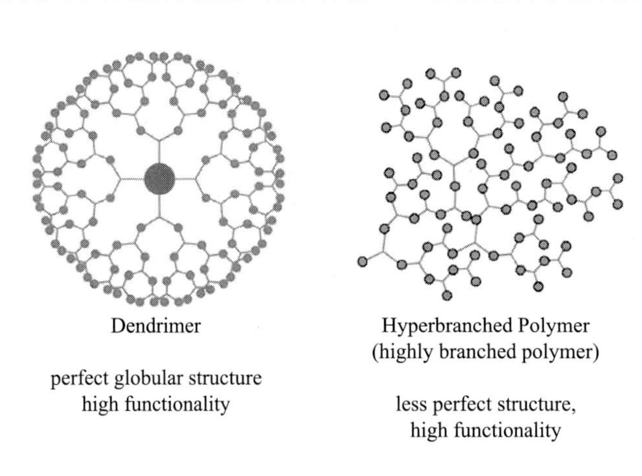

图 2.7 树枝状聚合物和超支化聚合物的结构示意图

1.树枝状聚合物

树枝状聚合物是当前正在蓬勃发展的一类新有机聚合物，它是一类具有三维立体结构、高度有序的聚合物。按照空间分布，树枝状聚合物由内核、内部空间和外表可改性的多官能团组成，分子在三维立体空间呈近似球形，其三维立体结构示意图如图 2.8 所示。

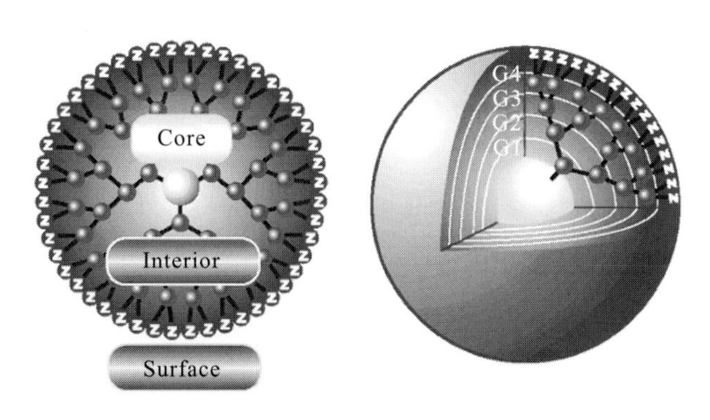

图 2.8　树枝状聚合物分子三维立体结构

1) 树枝状聚合物的发展历程

1985 年，Tomalia 等(1985)最早利用“发散法”合成了聚酰胺-胺(PAMAM)型树枝状大分子，迄今为止，其典型的合成方法仍是世界上最常用的方法，并且他所研究的聚酰胺-胺系列树枝状大分子在材料、分析化学、生物和医学等诸多领域都有广泛的应用。1990 年，Cornell 大学 Frechet 等(1990)提出并实践了新的树枝状聚合物的合成方法——“收敛式合成法”。1993 年 3 月，荷兰 DSM 公司在美国化学学会召开的大会上宣布该公司已开始扩大树枝状体的生产，这是世界上首次大规模生产树枝状体这种新材料。

国外目前仅有荷兰 DSM 等几家企业可以生产高纯度实验室级别和工业级别的树枝状分子，而国内仅威海晨源公司可以生产高纯度实验室级别和工业级别的树枝状大分子。

2) 树枝状聚合物的合成方法

树枝状聚合物主要有三种合成方法，分别是：“发散式合成法”(attach-to 路线)、“收敛式合成法”(大单体路线)和“一步法”。除此之外，还有一些综合应用发散式合成法和收敛式合成法的方法，例如，“双指数增长法”和“固相合成法”等。

发散式合成法是指从多官能团内核出发，通过支化基元重复反应，分子由内向外增长的合成方法；收敛式合成法则正好相反，是支化基元合成的大单体收敛到多官能团内核的合成方法，具体如图 2.9 所示；而一步法与前两者完全不同，采用一步法合成树枝状聚合物只需将反应原料一次投入，不需处理中间产物，就能直接得到产物。

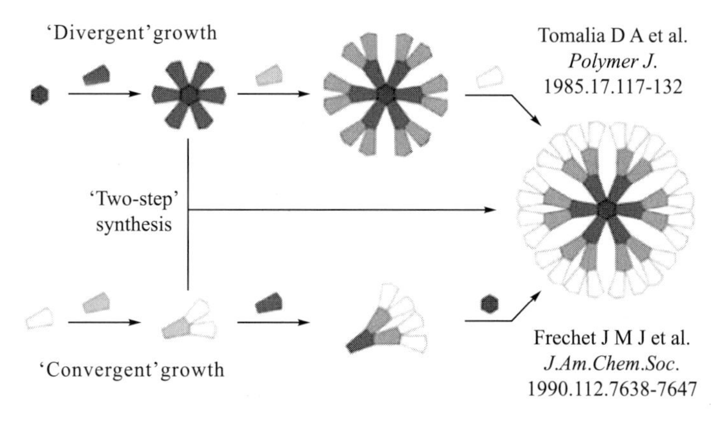

图 2.9　合成完美对称性树枝状聚合物的两种方法

目前合成的树枝状聚合物有聚酰胺-胺、树枝状聚醚、树枝状聚甲基丙烯酸甲酯、树枝状聚乙炔等等，其中聚酰胺-胺是目前世界上研究最深入和最广泛的树枝状聚合物。

3) 树枝状聚合物的分子特点及性能

与传统的线性高分子相比，树枝状聚合物的分子具有以下特点：

(1) 精确的分子结构和高度的几何对称性。三维立体球形结构使树枝状聚合物具有高度的几何对称性；同时，大小、形状、分子量等参数在分子水平上的精确控制，使树枝状聚合物具有规整、精确的分子结构。

(2) 大量可改性的官能团。随着反应“代数”的增加，树枝状聚合物外围可改性的官能团逐渐增多，使树枝状聚合物呈现多种功能。

(3) 分子内存在空腔。随着反应“代数”的增加，聚合物呈外紧内松状，其内部树枝骨架间有一定的空间。

(4) 纳米级别的分子尺寸。树枝状聚合物的整体尺寸在几纳米到几十纳米之间，小于一般线性聚合物的尺寸。

聚合物的结构决定其性能，由于树枝状聚合物具有独特的分子结构，因而具有独特的性能：①良好的单分散性：规整精致的结构必然导致树枝状聚合物具有良好的单分散性；②多功能性：大量外围可改性的官能团必然导致树枝状聚合物的多功能性；③良好的铺展性：球形分子使分子间容易滑动，容易成膜；④良好的增溶能力：分子内的空腔可以容纳小分子或疏水基团，起到增溶的作用。

4) 树枝状聚合物的应用

由于其独特的分子结构及性能，树枝状聚合物在材料、医学、生物、油田等很多领域都有应用。在化学驱提高采收率方面，树枝状聚合物目前尚处于实验室探索阶段。

Ali 等(2008)合成了一种疏水改性的二烯丙基氯化物，利用它合成了树枝状单体，并对它的外围官能团进行改性，得到了一系列的水溶性阳离子聚电解质。结果发现当疏水基含量大于摩尔分数 0.35%时，聚合物变为部分溶解，但是其黏度激增。在 30℃淡水条件下，4g/dL 的聚合物表观黏度($0.36s^{-1}$)由 1200mPa·s(0.35%)激增到 180000mPa·s(0.53%)。除此之外，发现该聚合物具有一定的抗剪切性、耐盐抗温性、抗酸碱性。徐辉博士(2017)研究了树枝状聚合物改善聚合物驱油剂的可行性。他合成了带有部分疏水基团的树枝状聚合物，考察了树枝状聚合物的流变性，发现在低频条件下，其具有较好的黏弹性，有助于提高驱油效率；同时发现在实验室驱替条件下，该树枝状聚合物能建立较高的阻力系数和残余阻力系数，有助于扩大波及体积。

2.超支化聚合物

1) 超支化聚合物的发展历程

超支化聚合物的报道要早于树枝状聚合物。早在 19 世纪末，Berzelius 报道了用酒石酸和甘油合成的树脂。1901 年，Wasten Smith 报道了邻苯二甲酸酐或邻苯二甲酸与甘油的反应。1941～1942 年，Flory 发表了大量关于支化、三维大分子的理论和实验依据的文章。直到 20 世纪 90 年代，杜邦公司的 Kim 等(1990)合成了一种超支化聚苯，他们将这种聚合物命名为“超支化聚合物”，这种叫法一直沿用至今。

2)超支化聚合物的合成方法

超支化聚合物的合成方法有 AB_X 型单体缩聚、开环聚合(SCROP)、自缩合乙烯基聚合(SCVP)、A_2+B_3 型单体缩聚(DMM)、原子转移自由基聚合(ATRP)等方法。AB_X 型单体缩聚即单体中的 A 官能团只能与其他单体中的一个 B 官能团反应，单体自身不发生分子间缩合反应和分子内成环反应，且单体的反应活性不随反应降低的一种聚合方式。以 AB_2 型单体缩聚为例，其反应原理如图 2.10 所示。

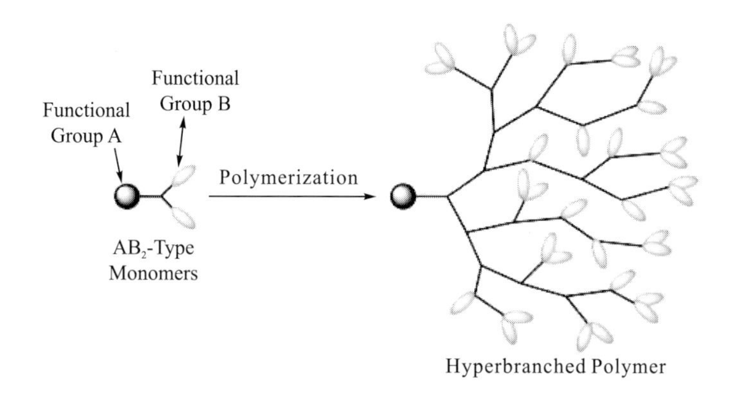

图 2.10 AB_2 型单体缩聚反应过程

开环聚合将反应单体推广到了环状物。环状物自身不具备反应“支点”，只有在外界激发下才能形成类似于 AB_X 型单体，因此也将它看作是潜在的 AB_X 型单体缩聚。自缩合乙烯基聚合所用单体是 AB*类型，该单体既是引发剂也是支化点，B*在外激发作用下活化，产生活性基团，引发 A 中的乙烯基进行增长反应。A_2+B_3 型单体缩聚通过两种易得的单体缩聚得到超支化聚合物，该方法有效地避免了 AB_X 型单体难以合成的困难。原子转移自由基聚合是指过渡金属催化卤原子使其转移自由基，进而通过加成反应得到超支化聚合物的一种合成方法。

3)超支化聚合物的应用

超支化聚合物具有树枝状聚合物的部分性能，所以在某种程度上可以代替树枝状聚合物。例如，超支化聚合物可以作为化学驱油剂，并且在涂料、医药用品、高分子材料等其他领域也有广泛的应用。

Ye 等(2013)研究了超支化聚合物降低多孔介质渗透率的能力。通过比较聚丙烯酰胺和超支化聚合物的基本参数，发现超支化聚合物具有良好的溶解性、显著的抗剪切性。进而评价其流变性和产生阻力系数、残余阻力系数的能力，发现其性能均优于同等条件下的聚丙烯酰胺。Lai 等(2016)室内合成并评价了水溶性超支化聚合物作为化学驱油剂的性能。考察了其抗温抗盐性、抗剪切性等，并进行室内驱替实验，发现即使是在恶劣的油层条件下，超支化聚合物仍具有良好的提高采收率能力。

值得注意的是，在驱油用聚合物领域，树枝状聚合物或超支化聚合物的概念一般仅仅是指分子构型或拓扑结构具有高度支化特征，与作为功能材料的上述两种聚合物有很大差别。

2.2.6 复合型聚合物

在进行驱油用聚合物分子设计时，可以通过调整聚合物分子参数达到改善聚合物溶液性能的目的，例如耐温抗盐聚合物、超支化聚合物等；也可以通过引入特定性质的基团使聚合物分子间产生相互作用，并利用这种相互作用使聚合物溶液性能得到改善，例如疏水缔合聚合物、不同类型聚电解质的复配。而复合型聚合物是同时利用改善单分子性能的因素(如引入耐温抗盐单体)和分子间相互作用设计的一类聚合物，并且主要利用分子间相互作用在溶液中所形成的复合结构实现其驱油性能，例如梳形聚合物、聚表剂等。作为化学驱油剂，复合型聚合物是一类比较年轻的聚合物，迄今为止只有几十年的研究历史，但这种分子设计理念和思路，正受到更多的关注。

2.2.7 梳形聚合物

梳形聚合物是指作为侧链的聚合物分子链的一端高密度的以化学键结合于柔性的聚合物主链上，从而形成一种高密度的接枝共聚物。作为化学驱油剂，梳形聚合物的侧链具有独特的结构，其柔性链上同时带亲油基团和亲水基团，这两种不同性质的侧基相互排斥，使分子内的卷曲和分子间的缠结程度减弱，水力学半径增大，耐温抗盐性能得到明显提高。因此，可以根据需要对梳形聚合物链上的侧基种类、性质和分布以及主链进行调整，由于侧链具有亲油基团，因此也具有分子间疏水缔合作用，也可以根据分子内及分子间的相互作用对聚合物分子进行重新设计。通过综合调整以后，梳形聚合物自身性质发生改变，满足具体应用的技术要求。

到目前为止，已经发展了三种合成梳形聚合物的常用方法：偶联法(grafting onto)、引发法(grafting from)、大单体法(grafting through)。偶联法分别制备主链和侧链，主链含有可以和侧链反应的官能团，在合适的条件下，二者发生偶联反应，即可得到目标产物；引发法先合成主链，主链上具有可以和侧基反应的活性点，与侧基反应后即可得到目标产物；大单体法先制备含有可聚合端基的大单体，然后这些大单体相互反应即可得到目标产物。随着科技的发展，通常这三种合成方法和原子转移自由基聚合(ATRP)联用，可以合成分子量可控、结构确定的梳形聚合物。

梳形聚合物的应用非常广泛，在提高采收率方面，进行了大量的实验室研究和矿场应用试验。罗健辉等(2004)研制的梳形聚丙烯酰胺(KYPAM)的现场应用结果表明，在相同条件下，梳形聚丙烯酰胺比大庆产聚丙烯酰胺(超高分子量 HPAM)的增黏能力高 58%～81%，比日本三菱公司产 MO-4000 的增黏能力高 22%～70%；其驱油效果比聚丙烯酰胺约提高一倍，可降低聚合物用量 30%以上。

梳形聚合物具有良好的驱油性能，大庆油田采油六厂喇嘛甸油田北西块进行了试验面积为 3.45km^2 的污水配制梳形 KYPAM 抗盐聚合物驱油试验，试验区共有注入井 39 口，采油井 44 口，其中中心井 25 口。2001 年 5 月开始注 KYPAM，到 2002 年 12 月底，在相同条件下，聚合物驱采用污水配制 KYPAM 的中心单采井平均含水比采用清水配制超高分子量聚丙烯酰胺的邻近区块平均含水率下降了 15.5%，平均提高采收率增加了 2%，比水驱的平均产油量提高了 4.6 倍。

2.2.8　聚表剂

聚表剂是一种以分子间相互作用为基础，以柔性碳氢链为骨架，多元接枝共聚而成的新型多功能驱油聚合物。其具体结构如图 2.11 所示，其中：X 和 Y 可分别为—OR，—NHR，—RSO_3Na，—季铵盐表面活性剂单元，—阳离子 Gemini 单元，—RSH 等。

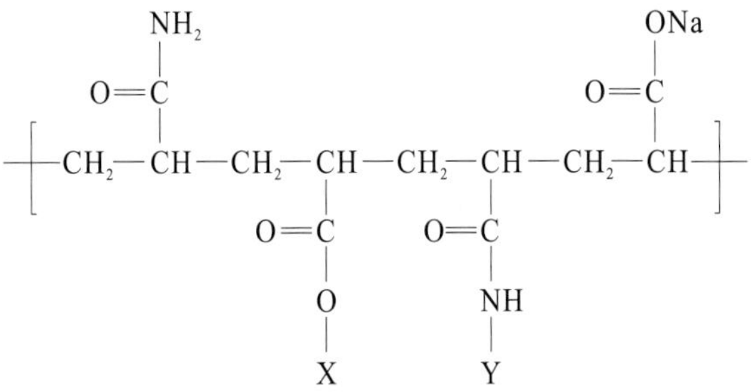

```
          NH2                                            ONa
          |                                              |
        O=C                                            O=C
          |                                              |
 ┤ CH2—CH—CH2—CH—CH2—CH—CH2—CH ├
                     |              |
                   O=C            O=C
                     |              |
                     O              NH
                     |              |
                     X              Y
```

图 2.11　聚表剂分子结构

聚表剂是一种基于分子间复合结构的聚合物类驱油剂，其独特的分子结构使其兼具聚合物和表面活性剂的特性，因此具备流度调控、降低界面张力、乳化增溶等能力，能有效地避免二元、三元复合驱中因驱油剂吸附、扩散、运移等性能差异所导致的“色谱分离效应”。除此之外，聚表剂分子量较低，可逆聚集，具有高黏度、抗机械剪切、抗生物降解、抗氧化降解、耐温抗盐特性，适用于不同渗透率和矿化度的油藏，且能直接污水配注。

目前，聚表剂已经在一些油田进行了矿场试验，并取得了良好的效果。萨南开发区于 2007 年 6 月开展了聚合物驱后聚表剂驱现场试验，重点解决高含水饱和度地区见效程度低的问题。萨南开发区南四区东部试验区面积 $2.01km^2$，平均单井射开砂岩厚度 16.7m，有效厚度 9.6m，水驱阶段含水饱和度 54.2%，孔隙体积 $530\times10^4m^3$，地质储量 290.6×10^4t。2007 年 6 月 3 日开始注入 I 型聚表剂。2008 年 6 月 5 日改注III型聚表剂。2009 年 3 月 13 日停注聚表剂。试验阶段累计注入聚表剂溶液 $123.83\times10^4m^3$，注入地下体积 0.234PV/a，使用聚表剂干粉商品量 1264.5t，纯量 1143.8t，聚表剂用量 215.81mg/L·PV。试验期间 26 口采出井累计产液量 151.1817×10^4t，累计产油 9.1744×10^4t，阶段采出程度为 3.16%。

杏五聚表剂试验区于 2004 年 4 月 20 日开始注水，累计注水 0.357PV；2005 年 10 月 19 日注入聚表剂，截止到 2011 年 1 月 31 日，试验区 4 口注入井累计注入聚表剂溶液 $32.76\times10^4m^3$，占地下孔隙体积 1.143PV，聚表剂用量 1214.1mg/L·PV。截至 2011 年 1 月底，中心井聚表剂驱阶段累计产油 11691t，累计增油 8006t，阶段采出程度 27.4%，提高采收率 18.8%。

2.2.9 复合聚电解质

聚电解质也称高分子电解质，是一类结构单元上含有可电离基团的长链高分子，在极性溶剂环境下高分子链上带有一定的电荷，但溶液总体上呈电中性。聚电解质复合物(polyelectrolyte complex)简称PEC，是指两种具有不同电荷的聚电解质通过库仑相互作用力而形成的一种复合物。在溶液中，聚电解质复合所产生的分子间作用力较大，可降低分子链的自由度，提高大分子的流体力学体积，从而使溶液黏度增加，具有不同于单一组分聚合物的独特性质。

一般认为复合聚电解质的形成分两步：首先是荷电相反的两个聚合物分子的互相接近，这是一个扩散控制过程；其次是已经接近的聚电解质链段上相反电荷的中和过程。通常可以通过三种方法来制备聚电解质复合物：①通过聚合物酸和聚合物碱之间的中和反应；②通过聚合物酸形成的盐和聚合物碱形成的盐之间的反应；③具有离子基团的单体接合在聚电解质上之后再进行模板聚合。

阴离子聚电解质和阳离子聚电解质在水溶液中混合得到的复合体系，按其宏观状态可分为四种：①包含有小的复合物聚集体的宏观均一体系(可溶解的复合物)；②处于相分离边界的由悬浮的复合物粒子构成的胶质体系；③由上层清液和沉淀的聚盐(易分离，洗涤和干燥后呈固态)组成的两相体系；④阴离子聚电解质和阳离子聚电解质的浓溶液宏观均一体系。上述各种类型的体系都可以通过调整反应条件，如改变聚电解质浓度、改变体系pH或盐浓度来获得，而与各组分的化学结构无关。

目前有关复合聚电解质作为驱油剂的研究多为室内实验，矿场应用比较少。徐赋海（2006）研究了阳离子聚电解质P(DMDAAC-AM-NAM)与HPAM的反应，发现阳离子度大于12.6%时，与HPAM无法形成均一相的溶液；阳离子度为6.14%时，与HPAM在一定的范围内能形成均匀复合液；阳离子度为3.97%时，与HPAM任意比例混合都能形成均一稳定的复合液。除此之外，对阳离子聚电解质共混剂CFZ-300进行室内评价，发现CFZ-300溶液在不同pH和温度下都稳定存在，高温下表现出反聚电解质的增稠特点，而且CFZ-300与HPAM在盐水中可任意比例复合，得到性能良好的均匀增稠复合液；注聚后CFZ-300与滞留聚合物作用可进一步提高采收率，达到滞留聚合物的再利用。冯茹森等(2015)合成了两种带有不同电荷的聚合物AP和DP，探究了AP和DP之间的协同效应及机理，结果表明，当AP与DP的质量比为7∶3、聚合物浓度为2000mg/L、NaCl浓度为15000mg/L时，AP和DP的表观黏度分别为19.9mPa·s、4.2mPa·s，而复合溶液的表观黏度高达370.2mPa·s，即复合溶液的表观黏度远高于AP和DP溶液的表观黏度，且表现出较强的抗盐性能。通过流变手段发现，复合溶液缔合点的密度和强度都高于单一聚合物溶液。

2.3　驱油用表面活性剂

2.3.1　驱油用表面活性剂的主要类型及分子设计

1.驱油用表面活性剂种类及其耐温抗盐能力

驱油用表面活性剂主要包括以下类型：

1) 石油磺酸盐

石油磺酸盐具有低界面张力，在结构上与原油具有较好的相容性，具有较高的增溶能力，并且耐温性好，价格低，来源广。但抗盐能力差，尤其不耐高价金属离子。若水中盐含量超过 30000mg/L（其中高价金属离子超过 500mg/L），石油磺酸盐就会产生沉淀或转移至油相，失去其界面活性。

2) 合成磺酸盐

主要包括烷基磺酸盐、烷基芳基磺酸盐、α-烯烃磺酸盐等。其中，α-烯烃磺酸盐特别耐温（可达 96℃）、耐盐、耐高价金属离子。例如，$C_{10}-C_{30}$ 的 α-烯烃磺酸盐可在盐含量为 80000mg/L，其中高价金属离子含量为 4000mg/L 的条件下使用。

3) 羧酸盐型表面活性剂

主要包括石油羧酸盐、脂肪醇醚羧酸盐等。它具备阴离子表面活性剂普遍具备的优点，但耐盐、耐高价金属离子能力远不如磺酸盐类表面活性剂。

4) 非离子型表面活性剂

主要为聚氧乙烯醚类型的表面活性剂，非离子表面活性剂不能在水中离解为离子，因此其稳定性高，抗盐性能好，而耐温性能较差，一般与阴离子表面活性剂复配使用。

5) 阴离子—非离子型表面活性剂

主要由两部分组成，非离子部分为聚氧乙烯链或者是聚氧丙烯链；阴离子部分为 SO_4^{2-}、PO_4^{2-}、—SO_3H、—COOH 等。图 2.12 所示为一种阴离子—非离子型表面活性剂结构示意图。

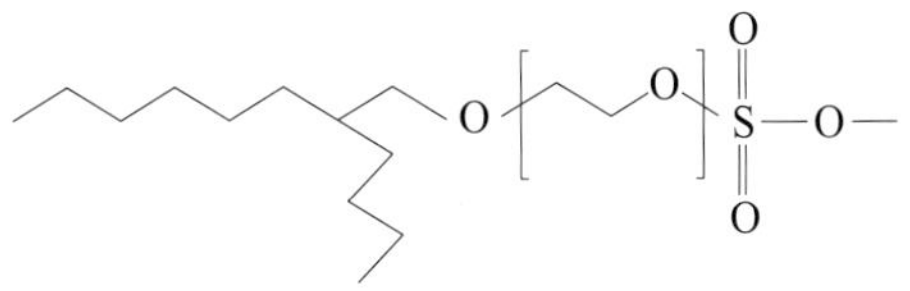

图 2.12　含 EO 基团和 SO_4^{2-} 的双尾复合型表面活性剂

醇(酚)醚硫酸(酯)盐易水解，只能用于小于 50℃的油层；其他各类都有希望用于高矿化度、较高温度的地层。抗盐可达 100000mg/L，抗高价金属离子可达 20000mg/L。

6）两性离子表面活性剂

主要为甜菜碱型表面活性剂，独特的内盐结构使其具有较好的耐温、抗盐性能，较高的抗硬水能力，对高温、高矿化度的恶劣油藏具有良好的适应性。

从表面活性剂分子结构与耐温性能的关系来看，离子型表面活性剂中，磺酸盐类最稳定，这是由于C－S键比较稳定，不易受到高温破坏；非离子型表面活性剂在使用时受其浊点的限制，不宜在高温下使用。在所有类型的表面活性剂分子中，凡具有酯结构者，在强酸、强碱溶液中都易发生水解。温度越高，水解程度越大。因此，此类结构表面活性及耐温性能均较差。从抗盐性能方面来看，阴离子型表面活性剂一般抗硬水性能较差，抗盐能力顺序为：羧酸盐<磷酸盐<硫酸盐<磺酸盐；两性表面活性剂一般能耐硬水，钙皂分散力较强，甚至在海水中也可以有效地使用；非离子表面活性剂不能在水中离解为离子，因此稳定性高，耐硬水性强。在疏水链和阴离子头基之间引入短的聚氧乙烯链可极大改善抗盐性能。

2.驱油用表面活性剂分子设计

与驱油用聚合物的分子设计类似，表面活性剂的计算机辅助分子设计技术尚未成熟，缺少表面活性剂分子结构和分子性质之间的定量关系，因此驱油用表面活性剂的分子设计概念也是广义的，主要依赖于研究人员的科学实验和理论研究经验积累，以及对表面活性剂分子结构与油水界面性质关系的认知水平。

在设计开发适应特定油藏条件的、具有特定性能的表面活性剂时，需充分考虑油藏条件、表面活性剂分子结构和表面活性剂性质的综合关系，然后再进行分子设计，其基本设计原理如图2.13所示。

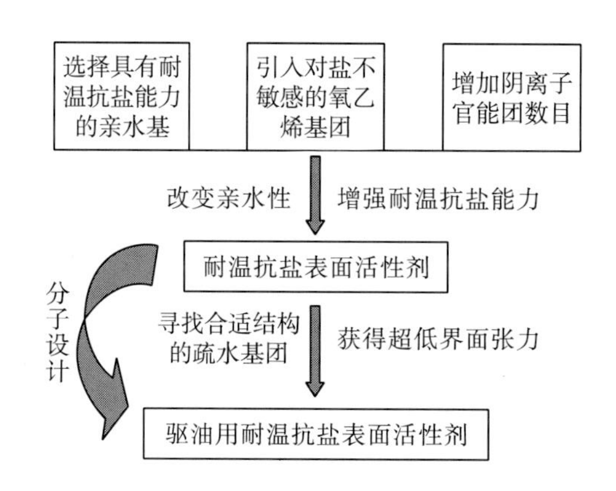

图2.13 耐温抗盐驱油用表面活性剂分子设计原理

研究表明：油水界面性质不仅与亲水—亲油平衡有关，表面活性剂分子结构不同引起的空间效应在超低界面张力机理方面同样起着至关重要的作用，因此分子的结构参数才能全面反映影响界面张力的各因素。如何选择和完善表征分子结构的参数，是研究表面活性剂分子结构—界面活性的关键，例如用分子独占面积定量描述表面活性剂分子的空间参数对界面能力的作用。

2.3.2　阴离子型表面活性剂

阴离子型表面活性剂是指亲水基团为阴离子的一类表面活性剂。根据亲水结构可将其划分为磺酸盐、羧酸盐、硫酸酯盐和磷酸酯盐四大类。其中，磺酸盐是化学驱技术中应用最为广泛的一大类阴离子型表面活性剂，羧酸盐是仅次于磺酸盐的一类驱油用表面活性剂。

1.磺酸盐类表面活性剂

常用的驱油用磺酸盐表面活性剂按亲油基团或磺化原料可以分为石油磺酸盐、木质素磺酸盐等。

1) 石油磺酸盐

石油磺酸盐是富含芳烃的原油或馏分油经磺化剂磺化、碱中和后得到的包括烷基磺酸盐、烷基苯磺酸盐以及重烷基苯磺酸盐等的复杂混合物。石油磺酸盐作为表面活性剂的主要特点就是能显著降低溶液的表面张力和两个不溶相的界面张力。一般而言，在水中加入 0.2%的石油磺酸盐，能使水的表面张力从 72mN/m 降至 42mN/m；1%水溶液表面张力为 32mN/m；0.05%的石油磺酸盐，能使油水界面张力从 56.6mN/m 降至 12.5mN/m。含有盐、助表面活性剂、烃类的石油磺酸盐胶束体系可将油/水间界面张力降到 10^{-3}mN/m。石油磺酸盐由于具有原料易得、生产工艺简单、成本相对低，并且在结构上与原油具有较好的相容性，易形成超低界面张力体系，性能相对稳定等优点，使其在三次采油中作为表面活性剂主剂而受到广泛关注。

石油磺酸盐是一种具有一定相对分子质量分布的混合表面活性剂，在平衡油水体系中，石油磺酸盐分子按照亲油性由强到弱分布在油相、油水界面和水相，与油相分子和水相分子亲和力相当的石油磺酸盐分子吸附在油水界面组成界面吸附层。油水界面表面活性剂吸附层决定了石油磺酸盐体系的油水界面张力。油水界面张力不仅对相对碳链长度有很大的敏感性，而且对芳环所处碳链上的位置及干扰基团大小也有很大的敏感性。因此，其油水界面活性与石油磺酸盐的分子结构密切相关，而且具有一定的规律。石油磺酸盐是一种混合表面活性剂，其烷基链越长，分子量越高，则油溶性越强。通常分子量大于 450 的为油溶性，分子量在 400 以下的为水溶性，分子量在 400～450 的油水兼溶。一般来说，驱油用石油磺酸盐的适宜平均分子量范围为 375～457。Gale (1975) 研究了石油磺酸盐不同当量的组分的界面张力，发现高当量磺酸盐(＞500)界面张力低，而低当量的石油磺酸盐(＜330)界面张力值较高，但水溶性好，可以起到增溶剂的作用，因此宽当量分布的石油磺酸盐驱油效率更高。美国专利指出，合成石油磺酸盐用原料油应当含有 10%～95%的可磺化成分(如芳烃)，而原料油的沸点范围一般在 260～600℃。另一美国专利提出，磺化原料油的平均分子量的最佳选择是在 350～500，且认为芳烃和烯烃含量的最佳范围为 25%～50%。针对国内油田现场使用表面活性剂的特点，有专利指出：原料油的分子量在 200～400，沸点在 200～500℃，可合成各方面性能优良的石油磺酸盐。

磺化是制备石油磺酸盐重要的工序，其本质是在有机分子结构中引入磺酸基

(—SO_3H)。工业上常用发烟硫酸和三氧化硫作磺化剂。目前，工业上合成石油磺酸盐一般选用下列三种磺化方法：磺化剂为发烟硫酸，优点是操作方便，但生成大量的酸渣，产品含盐量高，收率偏低；磺化剂为液态三氧化硫，磺化时则需加入稀释剂；以气态三氧化硫为磺化剂，普遍采用的生产技术是膜式磺化工艺，优点是成本低，且无废酸产生，缺点是设备加工精度要求较高，操作工艺必须严格要求。合成石油磺酸盐工艺流程如图 2.14。

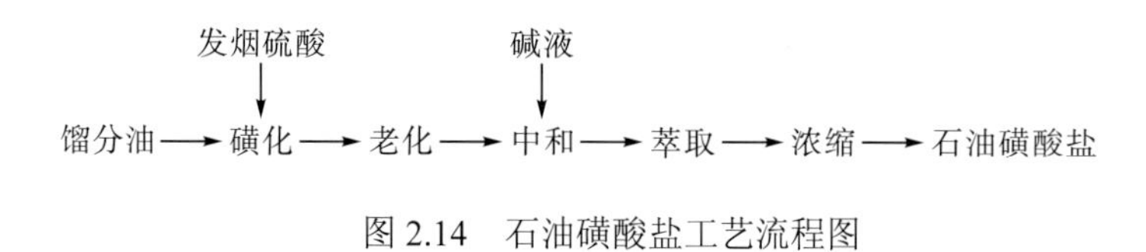

图 2.14　石油磺酸盐工艺流程图

石油磺酸盐产于油田用于油田，界面活性较好，且生产成本低，目前已作为驱油用表面活性剂主剂使用，与聚合物和碱组成的二元或三元复合驱体系可在水驱的基础上继续提高采收率。我国部分油田如克拉玛依、大庆等分别在三元复合驱中采用由特殊工艺合成的KPS-2和美国Witco公司生产的石油磺酸盐ORS-41进行了现场驱油试验及体系性能评价，结果表明石油磺酸盐对复合驱的驱油效率有重大影响。

虽然石油磺酸盐在先导性矿场试验阶段中表现出了良好的驱油效果，具有很好的应用前景，但是在试验过程中也发现存在着许多问题，主要表现在以下几个方面：①产品的组成和性能不稳定，组分复杂，有时需要对每批产品进行配方调整；②抗盐性差，易与多价阳离子形成沉淀物，限制了在地层水矿化度高的场合下使用；③易被黏土表面吸附，导致消耗量大；④当量分布宽，不同当量组分在岩层上的吸附能力差别大，引起严重的色谱分离效应。

石油磺酸盐的发展趋势是对石油磺酸盐进行改性，以及合成结构与性能关系清晰、对特定原油和油藏条件具有良好适应性的、精细化、系列化的驱油专用石油磺酸盐。例如，抚顺洗涤剂化学厂生产的重烷基苯，通过分段切割和磺化，获得了系列不同分子量的烷基苯磺酸盐，与聚合物 HPAM 和弱碱 Na_2CO_3 复配后体系的驱油效率在水驱的基础上提高了 20%。

2) 木质素磺酸盐

木质素是自然界唯一能提供可再生芳基化合物的非石油资源，木质素的分子结构非常复杂，但构成木质素分子的基本单元是苯丙烷基。木质素磺酸盐是以造纸工业中产生的废液为原料，通过磺化反应而合成的一类价格低廉的表面活性剂。常规木质素磺酸盐是比较常用的一种表面活性剂，具有较强的亲水性，但缺乏长链亲油基，因而在单独使用情况下，其界面活性较差，在化学驱技术中只能用作吸附牺牲剂或助表面活性剂。所以研究者们常将木质素磺酸盐进行改性，使其具有更好的界面活性，可以作为驱油用表面活性剂。改性研究主要集中在增加木质素的亲油基方面，增加其亲油活性。经改性的木质素磺酸盐具有较高的表面活性，与石油磺酸盐复配可产生较好的协同效应。改性木质素磺酸盐的合成工艺如图 2.15。

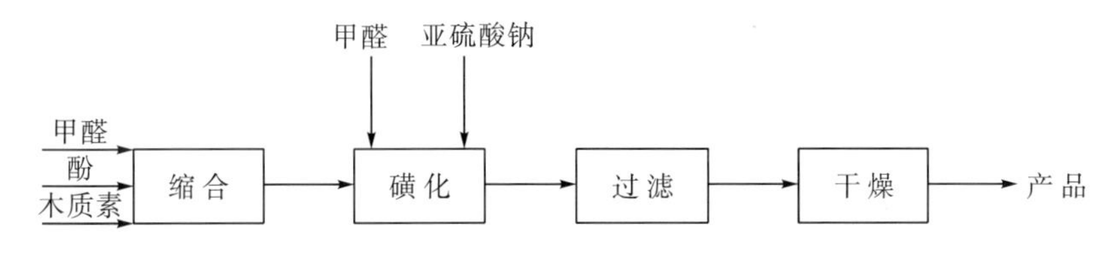

图 2.15　改性木质素磺酸盐工艺流程图

早在 1931 年，DeGroot 和 Monson 就申请了注木质素废液采油的专利。国内外的科研工作者在 DeGroot 的工作基础上做了大量的研究，通过各种方法对木质素磺酸盐进行改性，将改性产物与其他表面活性剂复配，组成各种各样的驱油剂配方。20 世纪 70 年代末至 80 年代初，Kalfoglou(1978，1979，1980)取得了多个将木质素用作吸附牺牲剂的专利。国内的韦汉道等(1990，1991)对木质素磺酸盐及其改性产品作为牺牲剂进行了深入的研究，发现烷基化产品性能最好，可使石油磺酸盐的吸附损失减少 60%左右。

李雪峰(2006)对以木质素为原料合成油田化学品、木质素磺酸盐的改性方法及这类表面活性剂在油田中的应用进行了综述。焦艳华(2005)以造纸工业的副产物——碱木素为原料，设计并合成了具有高活性的改性木质素磺酸盐，将其单独与胜利原油、大庆原油作用，均能达到超低界面张力。制浆废液经特殊工艺处理生成的新型表面活性剂木质素磺酸碱 PS 剂，不受温度和地层水矿化度的影响，物理化学性能稳定，室内和现场驱油试验表明，PS 剂能与原油形成稳定的乳状液，降低油水界面张力，起到明显的增油降水效果，可用作驱油剂提高采收率。

木质素磺酸盐因原料来源广泛、价格低廉被认为是最有潜力的表面活性剂吸附牺牲剂，经过改性的木质素又具有较好的界面活性，与石油磺酸盐复配产生协同效应增加了界面活性，在化学驱中具有一定的应用前景。

3) 合成烷基苯磺酸盐

烷基苯是指苯环上连有烷基的化合物。在工业生产和商品销售中，人们习惯上将其用作合成洗涤剂原料，烷基 C 数为 C10～C14 的直链烷基苯的混合物称为烷基苯(简称 LAB)。合成烷基苯磺酸盐的原料按烷基碳链组成不同分为轻烷基苯(C 数为 C8～C13)和重烷基苯(C 数为 C13 以上)。单纯的苯磺酸盐是没有表面活性的，当苯环上的 H 原子被 C6 以上的烷基取代时，才具有表面活性，并随链长增加而增大，但 C18 以上的烷基苯磺酸盐，表面活性又下降。烷基碳链长度小于 5 个 C 的烷基苯磺酸盐不能形成胶团，随 C 数的增加，临界胶束浓度下降，但 C18 以上的直链烷基苯磺酸盐水溶性很差，不能形成胶团溶液。实际应用中发现烷基链过短的烷基苯磺酸盐，虽然溶解性和润湿性有所增加，但是去污力降低了。碳链过长，成品溶解性较差，去污力也下降，长碳链同系物为油溶性。泡沫性能以 C14 最好，泡沫稳定性则以 C10～C14 较好。润湿性以低碳链烷基苯磺酸盐较好。烷基为 C12～C14 的烷基苯磺酸盐，洗涤性能最好。而油水界面活性以平均碳链长度为 C17 的烷基苯磺酸盐最好，碳链长度过长或过短的烷基苯磺酸盐界面活性差。重烷基苯磺酸盐烷基 C 数在 C13 以上，主要成分在 C17 左右，其结构以直链烷基、支链烷基为主，还有部分多烷基、烷基萘及苯环与环烷相连的烷基化合物。重烷基苯磺酸盐有较好的润湿、乳化、发泡和去污能力。重烷基苯磺酸钠作为主剂可以与我国大多数油田的原油形成超低界面张力体系，成为重要的驱油用表面活性剂。

20 世纪 90 年代初，国外化学驱用表面活性剂主要集中到对重烷基苯磺酸盐的研制上，因该类产品的原料（生产洗涤剂用十二烷基苯的副产品）来源广，转化率高，无副产品，且产品质量较稳定、性能好，所以被迅速推广使用，尤以美国为多。美国的 Stepan 公司、SCI 公司和 Witco 公司先后研制出了各自的产品，如 ORS-41（SCI 公司技术委托 Witco 公司生产）、B-100（Stepan 生产），并在世界范围内得以广泛使用。国内在“九五”“十五”期间重点开展了重烷基苯磺酸盐类表面活性剂的研究，并通过中试，进入批量生产，形成万吨级规模的生产能力，替代进口产品，满足了先导性矿场试验需要，显示出了良好的前景。大庆油田从 2001 年开始采用重烷基苯磺酸盐作为复合驱用表面活性剂进行矿场实验，所使用的表面活性剂为大庆东昊投资有限公司生产的强碱型和弱碱型重烷基苯磺酸盐。2006 年东昊公司 2×10^4t/a 重烷基苯磺酸盐工程投产成功，2008 年东昊公司 6×10^4t/a 重烷基苯磺酸盐一期工程（3×10^4t/a）投产成功，标志着重烷基苯磺酸盐进入工业推广应用阶段。

重烷基苯磺酸盐是一种结构清楚、性质稳定，能实现大规模工业化生产的表面活性剂，但是重烷基苯磺酸盐不是单一组分。目前生产重烷基苯磺酸盐的主要原料是十二烷基苯生产过程的副产物，产量约占烷基苯的 10%。随十二烷基苯的生产方式不同，重烷基苯组成和结构都有很大的差异。由于工艺、原料的不同，重烷基苯的烷基碳链链长及支链情况不同；苯环和烷基链连接位置不同；磺酸基进入苯环的多少和位置也不同，因此它是一个十分复杂的体系，体系组成和结构差异对重烷基苯磺酸盐产品性能有很大影响。正是由于重烷基苯磺酸盐存在原料来源不稳定和组成不确定性等缺点，所以其性能有一定的不确定性，使得最终产品磺酸盐的性能不稳定，矿场应用也受到一定程度的限制。

2.羧酸盐类表面活性剂

驱油用羧酸盐表面活性剂主要包括石油羧酸盐和天然羧酸盐两类。

1）石油羧酸盐

石油羧酸盐是由原油馏分经氧化、皂化制成，又称为石油氧化皂（POS）。目前国内外通常将石油磺酸盐作为驱油用表面活性剂。然而，国内石油多为石蜡基（如大庆原油），芳烃含量相对较少，导致选择合成石油磺酸盐用原料馏分油较困难。相对来说，石油羧酸盐活性剂具有原料易得、生产成本低、制备工艺简单，可在较宽的盐度范围内与原油形成超低界面张力等特点，使其在化学驱中占有相当重要的地位。

20 世纪 60 年代，美国加州原油中分离得到烷基和芳基羧酸盐，发现它们能大幅度地降低油水之间的界面张力。近年来，美国宾州大学进行了从烷烃气相氧化产物直接制备驱油用表面活性剂的研究工作，在室内驱油试验中注入一个 PV 浓度为 1%的表面活性剂浓度溶液可以驱出 40%～50%的水驱残余油。李金霜（2007）选择 7 种大庆原油馏分油做原料通过气相氧化法，以环烷酸锰和硬脂酸锰作为催化剂进行氧化反应实验，再在碱的作用下进行皂化反应、二次抽提及盐度调节，最终将获得的石油羧酸盐产物与石油磺酸盐进行复配，该复配体系对大庆模拟油具有较好的界面效果。石油羧酸盐的合成路线如图 2.16 所示。

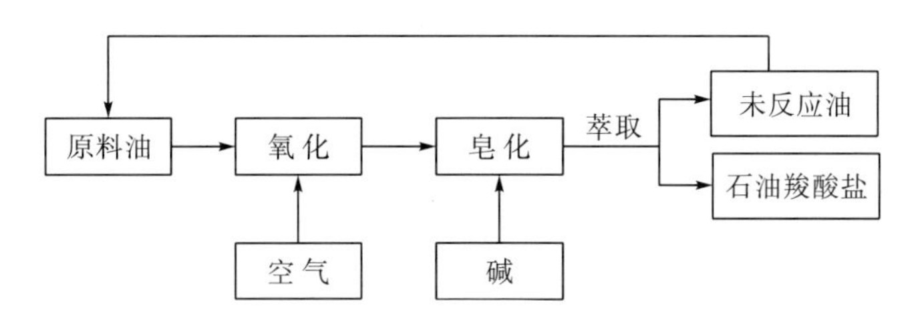

图 2.16　石油羧酸盐工艺流程图

研究表明，石油羧酸盐可以单独作为驱油用表面活性剂主剂使用。例如，黄宏度(1987，1988)针对大庆原油含蜡量高的特点，用不同沸程馏分油分别通过汽相和液相氧化法合成石油羧酸盐，并考察其弱碱体系与大庆原油间的界面张力，结果表明二元复合体系能与大庆原油达到超低界面张力，且具有良好的抗二价阳离子的能力。同时，石油羧酸盐是一种重要的辅助表面活性剂，与石油磺酸盐一起使用，可以增加表面活性剂体系的稳定性、抗吸附性能以及与碱的配伍性。例如，黄宏度等(1992，2000)将辽宁阜新有机化工厂生产的石油羧酸盐 POS 与不同石油磺酸盐复配，测定体系与大庆原油的界面张力后发现，复配体系相对于单独的石油羧酸盐或石油磺酸盐体系，界面活性都有很明显的提高，说明二者可以产生协同效应。伍晓林等(2001)通过液相氧化法制备了石油羧酸盐，并改变其与国产烷基苯磺酸盐的复配比，研究了三元复合驱的驱油能力，结果显示复合体系驱油效率比水驱提高 22%，且使三元复合驱成本降低 30%以上。

2)天然羧酸盐

天然羧酸盐是指由天然油脂(包括植物油脂和动物油脂)及其下脚料为原料合成的烷基羧酸盐表面活性剂。目前国内外已有部分学者将其与其他化学剂进行复配运用到化学驱提高采收率技术中，取得了比较理想的效果。Baldwin 和 Neal(1978)将油酸钠加入盐水和烃类的混合体系中，发现其界面张力可达到超低。Qutubuddin 等(1984)和 Shaw 等(1985，1984)系统地进行了油酸钠与原油形成中相微乳液的研究，均可形成稳定的乳状液。山东大学以油脂下脚料为原料研制了天然混合羧酸盐，分别针对大庆油田、胜利油田、中原油田试验区块筛选出聚合物、碱和混合羧酸盐构成的最佳驱油体系，均能使油水界面张力达到超低，室内驱油实验表明驱替效率可达 20%左右。

烷基羧酸盐的致命缺点是抗水中二价金属离子的能力大大低于石油磺酸盐，因此使用上受到一定限制。由天然油脂下脚料制成的天然混合羧酸盐作为驱油用表面活性剂与单一的烷基羧酸盐油酸钠相比，降低油水界面张力的能力更高，同时具有较强的抗 Ca^{2+}、Mg^{2+} 的能力，因而可以作为驱油用表面活性剂。相对于原油来说，我国有丰富的可再生天然油脂资源，即天然混合羧酸盐的原料来源更广泛，生产成本也较低，且具有良好的抗 Ca^{2+}、Mg^{2+}能力，这些特点都为天然混合羧酸盐表面活性剂在油田中的应用奠定了基础。宋立姝(2000)对比了石油磺酸盐和天然混合羧酸盐的生产程序以及成本：石油磺酸钠需要将原油进行常减压蒸馏，提取石油中的某段组分进行磺化，设备投资昂贵，操作复杂，约为 8000～9000 元/t；从天然油脂下脚料提取，经过水解、皂化等步骤即可合成天然羧酸盐，成本可控制在 3000～4000 元/t。

2.3.3 非离子型表面活性剂

非离子型表面活性剂按亲水基的结构不同，可分为聚氧乙烯型、多元醇型、烷醇酰胺型和烷基多苷等。相对于聚氧乙烯型表面活性剂，目前油田研究和应用相对较多的是Span、Tween 系列多元醇型以及烷醇酰胺型表面活性剂。

1.聚氧乙烯型和多元醇型表面活性剂

合成烷基酚聚氧乙烯醚所用的酚为苯酚、甲苯酚、萘酚等，其产品为 OP 型。OP 型表面活性剂单独用作驱油剂界面活性一般，油水界面张力最低能降到 10^{-2}～10^{-1}mN/m 数量级。

苏联油田矿场多使用非离子表面活性剂，主要使用烷基酚聚氧乙烯醚，但非离子活性剂的化学结构的破坏及其吸附损失使其驱油效果并不是很理想。Garciaa 等(1982)研究发现，单独使用聚氧乙烯型非离子表面活性剂很难使原油与水之间的界面张力达到超低值；Lawson(1978)的研究表明，非离子表面活性剂在地层中具有较高的吸附性。不过，这种表面活性剂因独特的分子结构而具有较好的抗盐性能，因此，在油田这类表面活性剂一般不单独使用，通常与石油磺酸盐、重烷基苯磺酸盐等阴离子型表面活性剂复配使用，以改善驱油体系的抗盐性能。OP-10 与中国石油勘探研究院合成的烷基苯磺酸盐 ZSY 复配后使华北油田和胜利油田等较高矿化度地层水质的油水界面张力在较低的碱浓度范围仍保持超低，大大提高了磺酸盐表面活性剂抗二价阳离子的能力。

李干佐等(1999)研究了多元醇型非离子表面活性剂 Tween80 在胜利孤东油田驱油方面的应用，得到溶解性、配伍性和稳定性较好的最佳 ASP 复合驱驱油体系配方，该体系与原油可形成稳定的乳状液，具备较强的降低油水界面张力的能力，原油采收率可达 45%；毛宏志(1999)在李干佐的基础上对胜利油田孤东区块筛选出来的三元复合驱中的 Tween80 在油砂上的静态吸附做了研究，发现碱与聚合物的协同效应显著地降低了 Tween80 的吸附量。

2.烷醇酰胺型表面活性剂

烷醇酰胺型表面活性剂是 20 世纪 90 年代发展起来的新型的绿色表面活性剂，它是由烷基胺和脂肪酸酯为原料制得的具有阴离子性质的非离子表面活性剂。脂肪酸与单乙醇胺和二乙醇胺反应可分别制得脂肪酸单乙醇酰胺和脂肪酸盐二乙醇酰胺。一般情况下，二乙醇酰胺的水解性要强于单乙醇酰胺。此类表面活性剂分子中有酰胺键存在，具有较强的耐水解能力和良好的增稠、耐硬水和乳化等性能。

早在 20 世纪 30 年代中期，最先以椰油酸和二乙醇胺为反应原料合成了椰油酸二乙醇酰胺；20 世纪 40 年代末期，Perry 和 Schwartz(1949)直接以高级脂肪酸为原料和二乙醇胺反应，合成烷醇酰胺；20 世纪 90 年代以来，烷醇酰胺型表面活性剂逐渐应用到油田驱油剂当中。

烷醇酰胺型表面活性剂在国内的中原油田、大庆油田、克拉玛依油田等已进行了室内实验或矿场试验，并取得较好结果。考虑到中原油田高温高矿化度的特殊性质，赵普春等(1998)选择了一种烷醇酰胺型的非离子表面活性剂 NS(化学成分为脂肪酸烷醇酰胺双聚氧乙烯醚)，并且研究了其在中原油田文明寨区块的驱油性能。实验表明 NS 的弱碱体系在 80℃下放置 60 天后，该体系与原油之间的界面张力仍在 10^{-2}mN/m 数量级，表现出良好的抗温抗盐性能。单希林等(1999)以蓖麻油酸和二乙醇胺为原料通过改进的一步法合成蓖麻油酸烷醇酰胺(NOS)，将其与聚合物和碱构成三元复合体系，对大庆原油具有较好的界面活性。利用新疆克拉玛依油田原油中富含石油环烷酸的特点，唐军等(2004)以当地石油环烷酸为原料合成出石油环烷酸二乙醇酰胺，在较低浓度下该表面活性剂的弱碱体系即可与克拉玛依七东一区原油形成超低界面张力，体现出优良的界面性能。

非离子型表面活性剂具有良好的抗 Ca^{2+}、Mg^{2+}性能和界面活性，但是其价格偏高及在现场应用中的吸附损失较大阻碍了这一类活性剂作为驱油剂的工业化应用前景，因此，许多学者们通过对聚氧乙烯型和烷醇酰胺型表面活性剂进行改性，研制了新一类阴-非离子型表面活性剂。

3.阴-非离子型表面活性剂

阴-非离子型表面活性剂分子同时含有非离子和阴离子两类亲水基团，既具有非离子、阴离子型表面活性剂的优点，又克服了各自的缺点，主要通过对上述驱油用非离子活性剂进行改性获得，是一类性能优良的表面活性剂，可用于高温高盐的非常规油藏。

目前对该类表面活性剂研究较多的是以脂肪链为疏水基的阴—非离子型表面活性剂，而对于含有苯基结构疏水基的阴-非离子型表面活性剂研究很少。许多科研人员对脂肪醇聚氧乙烯醚磺酸盐、硫酸酯盐、羧酸盐及磷酸酯盐等的合成、耐温抗盐能力、界面性能及其在化学驱中的应用进行了研究，实验结果表明，上述各表面活性剂都具有优异的抗盐能力，且随氧乙烯数的增加，抗盐能力增强，其中非离子—磺酸盐表面活性剂的抗盐能力最强；此外，阴-非离子表面活性剂在非离子表面活性剂的基础上浊点有所升高，Krafft 点降低，提高了其耐高温能力。

国内外学者对阴—非离子型表面活性剂在油田的应用展开了研究。Shuler 等(2005)对不同亲油基、不同氧丙烯链节的聚氧丙烯支链醇醚硫酸酯盐 Alfoterra 进行了研究，结果表明少量(0.1%) Alfoterra 在不加碱和助溶剂的情况下即可使油水界面张力降至 0.01mN/m；以 0.2% Alfoterra 作驱油剂，可使水驱后残余油饱和度降低 50%。近年来，我国的科研人员对此类表面活性剂也展开了有针对性的研究。李立勇等(2008)合成了系列脂肪醇聚氧乙烯醚磺酸盐 AESO，实验表明：单独使用此系列表面活性剂的三元复合体系虽有很好的抗盐性但油水界面张力达不到超低，但与重烷基苯磺酸盐复配后，界面活性、耐盐耐高价离子的能力均获得提高。烷基酚聚氧乙烯醚的盐类也具有优良的耐温、抗盐性能，沙鸥等(2007)合成了烷基酚磺酸聚醚磺酸盐，在 90℃ Ca^{2+}+Mg^{2+}质量浓度为 1g/L 条件下，该表面活性剂溶液与胜坨二区原油间的界面张力可达 10^{-3}mN/m 数量级；室内物理模拟实验表明，由该表面活性剂与聚丙烯酰胺组成的二元复合体系在水驱的基础上可使采收率提高 16.4%。此外，还有研究表明，聚氧乙烯烷基醇(酚)醚硫酸酯钠盐、羧甲基聚氧乙烯烷基醇(酚)醚、聚氧乙烯烷基醇(酚)醚磺酸钠是性能优异的稠油乳化剂。

阴—非离子型表面活性剂既避免了阴、非两种活性剂复配时出现的色谱分离现象，又保留了它们各自作为驱油剂的特点，与其他类型的驱油用表面活性剂相比较，具有很大的优势，在复杂油藏化学驱提高采收率技术中具有非常重要的发展潜力和应用前景。

2.3.4 两性离子表面活性剂

两性离子表面活性剂(zwitterionic surfactants)是指在同一分子结构中同时存在被桥链(碳氢链、碳氟链等)连接的一个或多个正、负电荷中心(或偶极中心)的表面活性剂。换言之，两性离子表面活性剂也可以定义为具有表面活性的分子残基同时包含彼此不可被电离的正、负电荷中心(或偶极中心)的表面活性剂。

两性离子表面活性剂主要有甜菜碱型、咪唑啉型和氨基酸型，其中以甜菜碱型两性离子表面活性剂的研究和应用最为广泛，也是驱油用表面活性剂的主要类型之一。甜菜碱是天然的化合物，是最早从甜菜汁中分离出来的具有季铵内盐结构的一种天然含氮化合物，化学名称为三甲基乙酸铵，其分子结构为：

$$\begin{array}{c} CH_3 \\ | \\ H_3C-N^{+}-CH_2COO^{-} \\ | \\ CH_3 \end{array}$$

由此结构可知，天然甜菜碱碳链长度过短，不具备表面活性。因此，必须通过化学改性，在天然甜菜碱中接入长链疏水基团后才能形成真正意义上的两性表面活性剂。甜菜碱独特的内盐结构决定了其独特的性能，如具有较高的抗硬水能力，不论在酸性、碱性、中性条件下均能溶于水，而且起泡性能好，去污力强。这也是甜菜碱两性表面活性剂在无碱或弱碱的复合驱体系中应用的前提。基于甜菜碱的上述特性，可知该类表面活性剂对高温、高矿化度的恶劣油藏具有良好的适应性，并且其降低界面张力的能力对碱的依赖性较小。根据其负电荷中心载体的不同，分为磺基甜菜碱、羧基甜菜碱、亚磷酸酯甜菜碱、亚硫酸酯甜菜碱、亚磷酸基甜菜碱等，其中，磺基甜菜碱型两性离子表面活性剂性能全面，不仅有两性表面活性剂的全部优点，还具有独特的耐高浓度酸、碱、盐优点，已成为近几年的研究热点。

磺基甜菜碱型两性离子表面活性剂分子结构中，强酸性磺酸基官能团作为负电荷中心载体，阳离子为强碱性季铵基，因此表现出优越的耐高浓度酸、碱、盐等独特的优点。由于分子结构中含有的强碱性的季铵基离子和强酸性的磺酸基离子相平衡，因此不管是碱性条件还是酸性条件，磺基甜菜碱型两性离子表面活性剂分子几乎始终以内盐形式或两性离子形式存在。

江建林等(2003)在室内利用浓度为1.5×10^4mg/L的天然羧酸盐和800mg/L的十二烷基磺基甜菜碱组成的混合羧酸盐作为驱油主段塞，使体系的抗Ca^{2+}、Mg^{2+}能力由原先的380mg/L提高到5000mg/L，室内驱油实验和矿场试验效果表明，此种体系对于提高采收率起到了一定的作用。此次矿场试验的成功，使甜菜碱在油田应用的前景受到广泛关注。

吴文祥等(2009，2007)研究了一种代号为 BS11 的磺基甜菜碱的界面特性，在无碱条件下，很低浓度(0.05g/L)的磺基甜菜碱 BS11 就可使矿化度为 3700mg/L 的油田污水与大庆原油间的界面张力达到超低；在弱碱 Na_2CO_3 浓度仅为 1g/L 时，含 BS11 浓度为 0.01～0.3g/L 的污水体系与原油间的界面张力仍能达到超低；此外加入 NaCl 和 $CaCl_2$ 对 BS11 污水体系与大庆原油间的界面张力影响不大。

甜菜碱还具有优良的复配性能，与其他类型表面活性剂复配后可以得到性能更加优良的驱油体系。张群等(2006)在研究十二烷基硫酸钠(SDS)和两性表面活性剂月桂酰胺丙基甜菜碱(LMB)的复配时发现：SDS 和 LMB 的质量比在 7∶3～3∶7，复配体系具有显著的增效作用。张雪勤等(2002)对阴离子表面活性剂十二烷基硫酸钠(SDS)和两性表面活性剂十二烷基磺基甜菜碱(SB-12)复配后的表面张力、黏度、pH 等进行了研究，发现当 SDS 与 SB-12 摩尔比为 7∶3 时，此复配体系在较宽 pH 范围内，表面活性并不随溶液酸碱性的改变而改变，能满足无碱复合体系的要求。

甜菜碱型表面活性剂不仅有两性表面活性剂所共有的一些结构特征及性能，而且与其他表面活性剂的配伍性良好，复配时有明显协同效应，在化学驱提高采收率技术中具有广泛的应用前景。

2.3.5　双子(多极)表面活性剂

双子表面活性剂是将两个同一分子结构的单体表面活性剂，在亲水头基或靠近亲水头基附近用化学键联接基团联接在一起，形成的一种表面活性剂，也称为孪连表面活性剂、双生表面活性剂或偶联表面活性剂。双子表面活性剂的结构示意如图 2.17 所示。

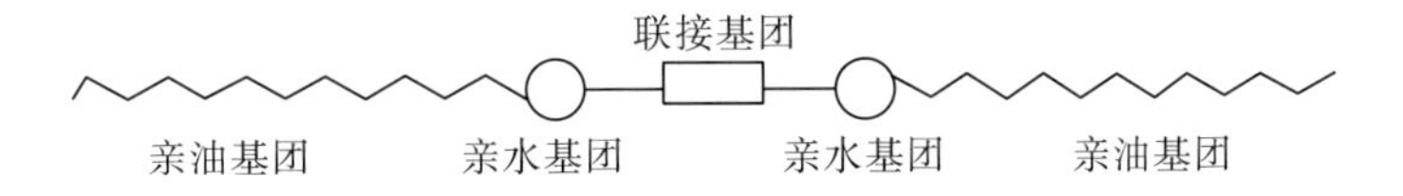

图 2.17　双子表面活性剂的结构示意图

多极表面活性剂分子中包含两条或两条以上分子结构不同的疏水链或亲水基，联接基团通过化学键将亲水基连接，构成了多个单体表面活性剂紧密连接，从而加强了碳氢键间的疏水作用。传统表面活性剂为单亲水基、单疏水链的两亲分子，由于离子头基之间的静电排斥作用，分子在界面处不能紧密的排列，从而导致表面活性剂分子的界面活性较低。而双子(多极)表面活性剂独特的分子结构赋予其独特的性能，主要体现在：①具有更低的临界胶束浓度(CMC)，降低表面/界面张力能力更强；②具有很低的 Krafft 点，在水中溶解度更好；③与传统的尤其是非离子型的表面活性剂有很好的协同性；④增溶能力更强，黏度更小；⑤生物安全性高，环境友好型。

根据亲水基所带电荷种类不同，双子表面活性剂可分为阴离子型(磺酸盐型、羧酸盐型、磷酸盐型、硫酸盐型)，阳离子型(铵盐型、季铵盐型)，非离子型(聚氧乙烯型、脂肪酸多元醇酯型)和两性离子型(阴阳离子、离子对、阴离子-非离子、阳离子-非离子)。而目前对于油田用双子表面活性剂的研究以阳离子型、阴离子型为主，非离子型及两性离子型的研究非常少。

1.阳离子型双子表面活性剂

阳离子型双子表面活性剂的物理化学性质稳定，合成工艺相对简单，到目前为止，是研究最多、最彻底的双子表面活性剂类型，其中最主要的是季铵盐型阳离子双子表面活性剂。季铵盐型阳离子双子表面活性剂具有很多优点，如：生物降解性好、化学性质稳定、毒性低、结构简单、合成简单、分离提纯容易、产品性能优良，同时具备一些独特的性能，如杀菌性、防腐性、抗静电性、柔软性等。

双季铵盐表面活性剂的合成工艺大致有两种。一种是利用双卤代烷烃和N，N-二甲基单链烷基叔胺(单链烷基的 C 原子个数为 m)，以无水乙醇为溶剂，加热回流发生季铵化反应制得。另一种是以溴代烷烃和四甲基烷基乙二胺为原料，无水乙醇为溶剂，加热回流发生季铵化反应制得。

国内许多研究人员对阳离子型双子表面活性剂用于化学驱提高采收率领域进行了一些研究。罗平亚院士课题组从驱油用表面活性剂所需性能和存在的问题入手，合成了一系列不同疏水链长度、不同联接基长度的阳离子型双子表面活性剂，系统分析了双子表面活性剂溶液与原油之间的界面张力、表面活性剂溶液的黏度行为及双子表面活性剂的油水界面黏度行为，发现某些双子表面活性剂在界面出现反常的吸附行为，可以将油/水界面张力降低至超低，且具有比普通驱油用表面活性剂更低的油水界面黏度。由于阳离子型表面活性剂容易通过静电吸附作用吸附在带负电荷的储层矿物表面，因此使用量较大或难以进入储层深部，这是制约此类表面活性剂在化学驱领域应用的主要问题。

2.阴离子型双子表面活性剂

阴离子型双子表面活性剂按分子中亲水基团的不同，大致可分为磺酸盐型、硫酸盐型、磷酸盐型及羧酸盐型四大类，其中主要研究工作集中在磺酸盐型双子表面活性剂，羧酸盐型、硫酸盐型研究较少。

阴离子型双子表面活性剂的合成工艺有三种：一种是用联接分子将疏水长链进行连接后，再引入亲水链端合成目标产物；另一种是将两个亲水基团用联接分子进行连接后，再在中间产物上引入疏水链合成双子表面活性剂产物；第三种是先采用传统方式合成单链表面活性剂即常规表面活性剂后，再在该中间体上引入联接分子合成双子表面活性剂。

阴离子型双子表面活性剂因其优异的性能在化学驱提高采收率技术中展现出广阔的前景。如孙焕泉(2002)通过界面张力、正交试验、吸附损失实验、室内模拟驱油实验等方法，系统研究了所合成的系列羧酸盐双子表面活性剂的界面活性、与普通羧酸盐表面活性剂的协同效应、吸附损失及驱油效果，在此基础上确定了适合孤岛油田东区稠油油藏的无碱二元复合驱配方。室内模拟驱油实验提高采收率高达 36%，具有很好的驱油效果。

阴离子型双子表面活性剂合成条件较苛刻，原料价格较高，制约了此类双子表面活性剂的产业化发展，也制约了双子表面活性剂在油田上的广泛应用。

2.3.6　表面活性剂的复配

表面活性剂相互间或与其他化合物的配合使用称为复配，在表面活性剂的应用中，如果能够选择适宜的复配体系，可以大大增加表面活性，同时减少表面活性剂用量。常用的复配化合物包括无机盐、极性有机添加剂、水溶性高分子等。表面活性剂复配的目的是达到加和增效作用，即协同效应。把不同类型的表面活性剂或其他化合物人为地进行混合，得到的混合物性能比原来单一组分的性能更加优良，也就是通常所说的“1+1＞2”的效果。表面活性剂最基本的性质是降低表面/界面张力和形成胶束，判断表面活性剂复配体系是否具有协同效应的依据是能否在较低的浓度下，使溶液的表面/界面张力下降到很低的程度并形成胶束，具体包括三个方面：

(1) 降低表面/界面张力。指使溶液的表面/界面张力降低到一定程度时，所需的两种表面活性剂的浓度之和低于单独使用复配体系中的任何一种表面活性剂所需的浓度。如果这个浓度高于其中任何一种表面活性剂所需的浓度，则说明产生了负加和增效作用。

(2) 形成混合胶束。当复配体系水溶液形成混合胶束的临界胶束浓度低于其中任何一种单一表面活性剂的临界胶束浓度时，即称为产生正加和增效作用；如果混合物的临界胶束浓度比任何一种单一组分的高，则称产生负加和增效作用。

(3) 综合考虑。将降低表面/界面张力和形成混合胶束综合起来看，正加和增效是指两种表面活性剂的复配体系在混合胶束的临界胶束浓度时的表面张力/界面低于其中任何一种表面活性剂在其临界胶束浓度时的表面/界面张力，相反则产生负加和增效作用。

表面活性剂的复配可以产生协同效应，已经在实际的生产中得到广泛应用，但其基础理论方面的研究仍然处于初级阶段，主要集中在双组分复配体系。在复配体系中，不同类型和结构的表面活性剂分子间的相互作用，决定了整个体系的性能和复配效果，因此掌握表面活性剂分子间相互作用是研究表面活性剂复配的基础，相关研究结果可以为预测表面活性剂的协同增效行为提供指导，以便得到最佳复配效果。

在化学驱提高采收率技术领域，驱油用表面活性剂必须同时满足以下技术条件：①界面活性很高，使油水界面张力降至 10^{-3}mN/m 以下；②岩石上的吸附量小；③与其他驱油剂组分的配伍性好；④对不同油藏具有良好的适应性；⑤生产及使用成本低，投入产出比具备优势。

研究发现，单一表面活性剂体系很难同时满足以上技术要求，因此需要采用表面活性剂复配技术获得适合特定油藏条件的专用表面活性剂体系。驱油用表面活性剂的复配主要为了达到以下目的：①利用协同作用使复配表面活性剂的溶液能够在更宽的浓度范围达到和保持超低界面张力；②达到同等驱油效果，复配表面活性剂用量大幅度减少、显著降低成本；③复配表面活性剂耐温抗盐性能明显改善，对油藏具有更好的适应性。

从矿场试验来看，由于每一个油藏的原油性质和油藏条件都有其特殊性，只有采用复配技术才能获得满足特定油藏技术要求的表面活性剂优化配方，因此全部化学复合驱的工业应用中表面活性剂都采用了复配体系。复配技术的广泛应用使复合驱中表面活性剂的用量降低一个数量级，从 20 世纪 80 年代的 4%以上，降低到目前的 0.2%～0.4%；同时，也解决了复杂油藏条件下没有适合驱油用表面活性剂的技术难题，比如适用于高温高盐油藏和稠油的表面活性剂体系。例如，王宪中等(2012)研究了在高盐油藏中，利用两性/阴离子表面活性剂的协同效应获得油水超低界面张力的方法。十六烷基磺基甜菜碱在浓度范围为 0.07%～0.39%(质量分数)时仅能使油水界面张力达到 10^{-2}mN/m 量级，和十二烷基硫酸钠复配后，复配体系总浓度仅为 0.01%时，体系就可以达到 9.7×10^{-3}mN/m 的超低界面张力。此外探讨了金属离子浓度对表面活性剂复配体系的影响，发现两性/阴离子表面活性剂复配体系在高矿化度、低浓度和 0.04%～0.37%的宽浓度范围下获得了 10^{-5}mN/m 量级的超低界面张力，表现出了很好的界面活性和很强的抗盐性。合适的表面活性剂复配体系，不仅能产生很好的协同效应，进一步降低体系的界面张力，而且能降低主表面活性剂吸附损失量，降低复合驱成本。张逢玉等(1999)研究发现，木质素磺酸盐和石油羧酸盐的加入，使石油磺酸盐体系的界面张力进一步降低，并且加宽了低界面张力区范围。在木质素磺酸盐与 ORS-41 的混合比为 3∶2，表面活性剂总浓度为 0.4%～0.75%，NaOH 含量为 1.0%时，界面张力可达 10^{-4}mN/m。石油羧酸盐与 ORS-41 的复配比为 5∶1，在表面活性剂总浓度为 0.06%～0.72%，NaOH 为 1.0%条件下，与大庆原油可以产生 10^{-3}～10^{-2}mN/m 的低界面张力。

廉价、高效驱油用表面活性剂的研制仍然是制约化学驱技术发展的关键因素之一，采用复配技术是获得复杂油藏化学驱专用表面活性剂体系的主要技术手段。由于表面活性剂的混合胶束行为、界面吸附行为，表面活性剂分子之间、表面活性剂与小分子极性有机化合物、表面活性剂与高分子之间相互作用的基础研究相对薄弱，表面活性剂复配体系协同效应产生的原理目前尚没有清晰的基础理论能够进行解释，配方优化研究工作主要依赖于大量的复配实验和研究者的经验。随着相关基础理论研究的深入，将会对驱油用表面活性剂复配体系的应用提供有力的理论指导，开发更廉价和更高效的复杂油藏驱油专用表面活性剂体系。

2.4 新型驱油专用化学剂

除了传统的聚合物和表面活性剂，随着对化学驱提高采收率原理的认识的不断深入，各种新类型的驱油剂的室内研究工作也不断在取得研究进展，并且已经在油田开展了矿场试验。

2.4.1 交联聚合物/预交联颗粒/聚合物纳米微球

交联聚合物是指聚合物在交联剂的交联作用下，形成的一种凝胶或溶液体系。交联作用可以是发生在同一聚合物分子上任意两个官能团之间的内交联，也可以是发生在不同聚合物分子上官能团之间的分子间交联；当聚合物浓度很低时，交联作用通常只发生在聚合物分子的内部，形成的是分子内交联聚合物线团在溶剂中的分散体系，由于受到化学交联键的约束，在外界条件发生变化时，聚合物分子通常不能充分地舒展开来，同时，线团中含有大量水合水；这种分子内交联的聚合物分子与不交联的聚合物分子在多孔介质中有完全不同的吸附滞留特性，前者在室内岩心实验中的残余阻力系数为后者的10倍以上。

聚合物交联体系根据其力学性质可分为三类：凝胶体、弱凝胶和交联聚合物溶液。凝胶体有整体性和形状保持能力，无流动性，并且脱水收缩；弱凝胶有整体性和流动性，较稳定，但无形状保持能力；交联聚合物溶液则有一定的流动性，而无整体性和形状保持能力。当聚合物和交联剂的浓度增大到一定程度时，在一定条件下便可形成凝胶。凝胶是交联剂与不同聚合物分子上的官能团发生交联反应而形成的具有网络结构的分散体系，其最显著的特点是将分散介质全部包含其中。聚合物分子交联后形成什么形态取决于溶剂类型、聚合物性质及环境条件等诸多因素，现在大多数研究主要针对特定的高温、高盐油藏条件，并对聚合物、交联剂、添加剂及其配方对体系强度和稳定性的影响进行评价。可选用的交联剂种类也较为繁多，如有机铝、有机铬、多元羟基化合物、酚醛类以及聚乙烯亚胺等。

弱凝胶深部调驱技术是近年发展起来的用于注水井深部处理以改善井组水驱开发效果的一项提高采收率新技术，该技术使用接近于聚合物驱浓度的聚合物(100～1500mg/L)，加入少量延缓型交联剂(20～100mg/L)，使之在地层内缓慢生成非三维网络结构的弱凝胶体。一方面弱凝胶具有一定的强度，能对地层中的高渗透通道产生一定封堵作用，使后续注入水绕流至中低渗透层，起到调剖作用；另一方面，由于交联强度不高，弱凝胶在后续注入水的推动下在该高渗透通道中还能缓慢向地层深部移动，产生像聚合物驱一样的驱油效果。何冯清等(2008)通过室内实验研究表明，用油田污水能配制出强度可调、耐温抗盐的弱凝胶调驱剂，且其形成的凝胶黏度保留率高、稳定性能好。因此，利用油田污水配制弱凝胶能有效地解决当前油田亟待解决的采出污水的处理和利用这一重大技术难题。

为克服交联聚合物溶液、可动弱凝胶等在矿场应用中的不足，如随着温度和矿化度的增加，弱凝胶体系的封堵强度变差甚至消失等，国内外许多学者致力于研究开发以AM为单体的交联聚合物新体系。韩大匡院士(2010)提出的可动微凝胶(SMG)就是这些新体系中的一种。田鑫等(2011)发现纳米级SMG粒径约几十纳米，水化10d后粒径溶胀为几百纳米，粒径随溶胀时间增加而变大；体系黏度较低，且随质量浓度变化较小，而随温度升高而下降。另外，体系的封堵能力与渗透率关联较强，粒径一定的体系在一定的渗透率范围内可产生有效封堵，在岩心中具有封堵、突破、深入、再封堵的逐级封堵调剖特性。总的来看，SMG具有遇水溶胀的特点，溶胀后的可动凝胶可对高渗层进行有效封堵，具有较好的深部调驱效果。随后发展了预交联颗粒，聚合物在地面交联，达到地层后遇到地层水逐渐膨胀运移封堵地层，发展到现阶段已经成为注水开发油田中必备的材料；同时发展了聚合物纳米微球技术，该技术能够在恶劣的油藏得到应用。

2.4.2　泡沫凝胶驱油剂

泡沫凝胶是一种气体均匀分散在凝胶中的分散体系，它是由凝胶泡沫剂、交联剂和高分子溶液在气体作用下发泡形成的固态化、泡沫状凝胶体系，也有文献称之为凝胶泡沫、交联聚合物增强泡沫。

泡沫驱油技术在非均质性油藏中具有良好的封堵调剖效果，但是对油藏非均质性的适应性范围较窄，对于渗透率过高、非均质性特别严重的油藏，泡沫在高渗层中不能形成有效堆积，易发生窜流，渗流阻力达不到低渗层的启动注入压力，导致后续流体不能转向，泡沫调剖效果变差，提高采收率的能力受到限制；同时由于在渗流过程中的稳定性问题没有得到有效解决，不能保证在油藏深部发挥作用。泡沫凝胶体系具有凝胶体系和泡沫体系的双重优势，既能够有效地封堵大孔道，防止水窜，又能调整吸水剖面，提高驱油效率。

泡沫凝胶体系由气体、起泡剂、聚合物和交联剂组成，起泡剂、聚合物类型、浓度和气体流量是影响泡沫质量的主要因素，聚合物和交联剂的选择是影响其稳定性的主要因素。当前的泡沫凝胶体系大多利用常规聚合物进行化学交联构成，在 pH、耐温抗盐、抗剪切性能等方面存在缺陷与不足；交联剂主要还是集中在重铬酸盐-亚硫酸钠，三价铬盐、有机铬体系，随着环境保护要求力度的增加，此类含铬交联剂的使用将会受到很大的限制。目前泡沫凝胶体系配方研究中的主要问题是起泡剂与聚合物加量过高，体系成本和性能还有较大优化空间，特别是在目前国际油价低迷的形势下，更加迫切地需要开发一种低成本、高效的泡沫凝胶体系，保证油田开发的经济性。泡沫稳定性及泡沫凝胶体系的深部液流转向能力直接决定了体系的有效性，也是配方优化的重点。

矿场应用中多数将泡沫凝胶技术作为化学驱的配套技术，利用该体系优秀的“调、堵”能力，扩大波及体积，调整吸水剖面。现有应用主要针对陆上低渗且内部裂缝发育（局部发育高渗）、层内（层间）非均质性严重、特高含水、藏埋深度大、地温高（低）、大孔道等油藏。例如，陕北甘谷驿油田是典型的浅层特低渗低温油藏，受层内、层间严重非均质性的影响，注入水或边底水沿高渗带、大孔道、微裂缝产生指进或锥进，使油井过早见水，含水上升速度加快，造成产量递减，采油速度低。常规调剖手段效果不理想，为了解决上述问题，蒲春生等（2012）实施了泡沫凝胶复合调驱技术，能够有效地封堵地层深部裂缝，迫使液流转向，从而提高波及系数，取得了良好的增产效果。火烧山裂缝性油田 H1304 井属特低渗且内部裂缝发育的层状砂岩油藏，平均渗透率为 0.32mD，平均孔隙度为 9.6%，层内裂缝发育，以高角度直劈裂缝为主，裂缝分布不均一。王业飞等研究了泡沫凝胶体系，将该技术应用于 H1304 井，取得了良好的堵水效果。张贤松等（2006）以胜利孤岛油田中二中注聚单元的 28-8 井组为研究对象，该井组存在大孔道相对发育区域，窜聚较严重，聚合物驱效果较差，难以取得预期效果，通过物理模拟试验及现场应用，取得了较好的效果，表现在注入井压力有所上升，吸水剖面得到改善，生产井日产油量明显上升，含水持续下降。董宪彬等（2008）将泡沫凝胶应用于特高含水油藏的防砂和堵水，该技术现场施工工艺安全、简单，作业占井时间短，防砂成功率高，防砂堵水增油效果好，同时套变井防砂问题的解决可完善井网注采关系。商永刚（2015）将泡沫凝胶技术应用于辽河油田曙一区杜 84 块超稠油油藏，该油藏水平井蒸汽吞吐开发已经进入中后期，油层非均质性强，井间气窜严重，使油层层间及平面动用不均匀，油井周期递减快，自 2014 年现场试验实施以来，累计实施 3 井次，平均单井增油量为 587t，最高单井增油量达到 1100t 以上；蒋晓波（2012）针对辽河兴隆台超稠油油藏具有压实弱、胶结疏松、大孔高渗、原油熟度高、非均质严重、近井距设计、井间动用差异大导致蒸汽吞吐过程中气窜干扰突出等特点，研制出高温泡沫凝胶体系，2010 年以来，现场应用 51 井次，结果表明该体系可有效封堵气窜大孔道，减缓气窜影响，调整蒸汽流向，改善吸汽剖面，大幅提升剩余稠油的开发水平。

综合分析目前泡沫凝胶技术的现场应用现状可以发现，现有泡沫凝胶体系能够有效实现“堵或调”的功能，多数作为改善各提高采收率技术后期窜流的配套“调堵”技术，尚未形成“堵、调、驱”三者有机结合的驱油技术。同时，泡沫凝胶调驱体系在多孔介质中的渗流特征及其调驱机理十分复杂，目前机理研究工作还不够完善，如凝胶成胶过程中泡沫的稳定性机理，选择性封堵能力、深部调驱能力的机理及影响因素需要进一步深化研究。

2.4.3　分子沉积膜驱油剂

分子沉积膜驱是一种新型的纳米膜驱油技术。驱油机理有别于传统的化学驱，它是以水溶液为传递介质，依靠强的离子间静电相互作用，沉积在储层表面，形成单层膜，降低原油与岩心表面间的黏附力，使岩心的润湿性向亲水方向转化，从而提高采收率的一种方法。该技术具有施工成本低、适应性广、无污染、不损害地层等优点，因此是比较瞩目和有发展前景的一类新技术。

分子沉积(molecular deposition)膜，简称MD膜，它是采用与纳米微粒具有相反电荷的双离子或多聚粒子化合物，与纳米微粒进行交替沉积生长，制备得到的复合纳米微粒有机—无机复合膜，主要以阴阳离子间强烈的静电相互作用为驱动力。MD膜的组合成膜方式表明MD膜在水中不会形成胶束，也不会明显降低油水界面张力，明显区别于表面活性剂。

MD膜剂在地层中的微观作用机理主要表现在以下几个方面：吸附作用、润湿性改变、扩散作用、毛细管自发渗吸作用以及界面性质改变等。

(1)吸附作用。MD分子膜驱油剂在储层中的吸附主要是由静电作用引起，膜剂分子会在油膜脱落的岩石表面吸附，形成超薄膜，降低了原油与岩石表面间的附着力，使原油易于被外力剥落和流动。

(2)润湿性改变。MD膜剂可将油湿表面转变为水湿表面，可以将强水湿表面转变为中性润湿或弱水湿表面，利于驱替的进行。

(3)毛细管自发渗吸作用。膜剂通过吸附与扩散作用逐渐向岩石毛细管内扩展，到一定程度时，产生毛细管渗吸作用，自吸吮作用有利于把盲端孔隙和非水动力学连通孔隙中的原油驱赶出来，产生“剥离”效应。

(4)表面电性转变。MD膜剂含有阳离子基团，能改变岩层表面电性，提高原油采收率。

鉴于MD分子膜驱独特的优点和优良性能，有关于MD分子膜驱的室内研究和矿场先导性试验较多。李斌会等(2006)选取大庆油田主力油层的砂岩岩心，测定分子膜驱的相对渗透率曲线和岩心的润湿性变化，在水驱、聚合物驱和三元复合驱后进行了不同浓度、不同注入量的分子膜驱油实验。结果表明：分子膜驱相对于水驱可降低残余油饱和度，且注入量越大，效果越好；可使岩心表面的润湿性由亲油向亲水方向转化；在水驱、聚合物驱和三元复合驱的基础上，分子膜驱可进一步提高采收率。从矿场试验来看，MD分子膜也具有优良的性能，1998年辽河油田在兴隆台油田兴42块兴53井组进行分子膜驱矿场试验，截止到2000年底，全井组纯增产原油7092t（相当于每吨工业膜驱剂增产原油177t）。1999年又在兴212块进行分子膜驱油扩大试验。截止到2000年12月，全块增产原油3235.6t，累积增气$32.5\times10^4m^3$，取得了阶段投入产出比1∶1的现场试验效果。

虽然MD膜驱技术已经得到了长足的发展，并且已经应用于一些矿场，但是还有一些地方需要完善。例如，MD膜的成膜机理仍然值得商榷，相关驱油机理也需要进行进一步的研究，对MD膜驱技术的相关评价手段和方法也不完善，因此针对MD膜驱技术需要进行大量研究以促成该技术的发展成熟。

2.4.4 纳米驱油剂

纳米技术是在20世纪80年代开始兴起，并不断发展完善的一项新兴技术，通过在0.1～100nm空间内研究物质组成体系的运用规律和相互作用，以及实际应用中技术问题的纳米科技，被诸多国家列为21世纪的关键技术之一。纳米材料是指微观结构范围在1～100nm的固体材料。纳米液驱油是一种新兴的采油技术，以水溶液为介质，在水中形成几个甚至几百个纳米小颗粒，具有比表面积大、表面能高、降低界面张力的特点，使得小孔隙中原油易于剥落成小油滴，而被驱替液驱替出来。另一方面，纳米液的颗粒能暂时堵塞孔道，扩大波及体积，使未被波及的原油驱替出来。

近年来，作为驱油剂得到蓬勃发展的纳米材料主要有纳米二氧化硅、改性纳米二氧化硅、聚硅、纳米氧化铝、纳米磷酸锆等，以及纳米材料与聚合物、表面活性剂、泡沫、凝胶以及注气等复配形成驱油体系。纳米驱油剂在低渗透/特低渗透油藏注水中起到重要的作用，如在长庆油田胡尖山新五区，应用邦德007MD纳米驱油剂驱油技术试验获得突破，10口油井日增产11.2t。同时，随着纳米材料的进步，纳米驱油剂在其他领域的应用也逐渐大放异彩。

第3章　复杂油藏聚合物驱

3.1　高温高盐油藏聚合物驱

高温高盐油藏属于一个相对的概念，在化学驱领域中，主要是针对聚合物驱技术的适用油藏条件而言；常规聚合物驱适应的油层温度一般小于 75℃，地层水矿化度小于 10000mg/L，高于该油层温度和矿化度的油藏，通常统称为高温高盐油藏。但也有研究和现场条件变化，将油藏温度大于 80℃、地层水矿化度大于 20000mg/L 的油藏称为高温高盐油藏。随着油田的不断开发，我国各大油田已进入开采的中后期，开发状态逐渐进入具有综合含水高、地层温度高、地层水矿化度高、原油黏度高等特征的阶段。

一般聚丙烯酰胺(PAM)/部分水解聚丙烯酰胺(HPAM)在高于 75℃时会发生不可逆的水解作用和分子降解反应，当盐含量高于 20000mg/L，特别是 Ca^{2+}、Mg^{2+}等高价阳离子含量高时，聚合物溶液黏度更是大幅下降，甚至发生相分离而生成沉淀，导致聚合物溶液的抗温抗盐性能变差，其提高采收率效果显著下降，增加了聚合物驱/化学驱技术和经济的风险性。因此，针对聚合物驱/化学驱技术而言，这类油藏即所谓的高温高盐油藏，聚合物驱/化学驱技术很少运用于这种恶劣条件。

在高温高盐油藏中实施聚合物驱技术，其渗流机理复杂，投资高，风险大。一方面是油藏地质因素的影响，另外一方面是油藏温度和地层水矿化度的影响。当聚合物驱油剂注入油层后，在高温条件下会发生热降解和进一步水解，破坏驱油剂的稳定性；在高盐或高价阳离子条件下，其黏度会大幅下降，甚至产生沉淀，大大降低驱油剂的驱油效果。不同的温度和矿化度影响程度差异也较大。为此有学者将高温高盐油藏又分为四类：①低高温低高盐油藏：温度在 80～90℃，矿化度在 2×10^4～4×10^4mg/L；②中高温中高盐油藏：温度在 90～120℃，矿化度在 4×10^4～10×10^4mg/L；③高高温高高盐油藏：温度在 120～150℃，矿化度在 10×10^4～16×10^4mg/L；④特高温特高盐油藏：温度在 150～180℃，矿化度在 16×10^4～22×10^4mg/L。

针对聚合物驱/化学驱技术而言，所选用的驱油用聚合物是技术成功的关键，部分水解聚丙烯酰胺又是驱油用聚合物的主力产品，而目前常规的部分水解聚丙烯酰胺的耐温能力小于 75℃，耐盐能力小于 10000mg/L。但我国有较多的高温高盐油藏，储量丰富。塔里木油田和中原油田的高温高盐油藏储量丰富，但温度和矿化度都比较高。如濮城油田西区沙二上 2+3 油藏，含油面积为 5.0km^2，油藏平均温度为 85℃，地下原油黏度为 1.25mPa·s，地层水水型为 $CaCl_2$ 型，总矿化度为 25.58×10^4mg/L，其中 Ca^{2+}和 Mg^{2+}质量浓度分别为 4700mg/L 和 1000mg/L，Cl^-质量浓度为 15.75×10^4mg/L。该油田地层矿化度高，特别是 Ca^{2+}、

Mg^{2+}含量高，但剩余储量仍高达 605×10⁴t，具有很大挖掘潜力。特别是在胜利油区高温高盐油藏(温度超过 80℃，地层水矿化度大于 20000mg/L))的石油地质资源十分丰富；根据 EOR 资源评价结果，胜利油区高温高盐油藏储量 7.25×10⁸t，主要分布在胜坨、利津、林樊家、临盘、尚店、八面河及新滩等油田，其中胜坨油田的高温高盐油藏储量就占到 73%。但高温高盐油藏对化学剂的性能和注入性提出了较高的要求，常规聚合物驱很难满足或者实施现场试验后很难获得理想的效果，急需要解决相关的关键理论和发展相应的驱油用化学剂。

3.1.1 高温高盐油藏聚合物驱关键基础难题

在普通油藏中，应用常规聚合物(如 PAM 和 HPAM)进行驱油取得了较好的效果，但在高温高盐油藏中，由于常规聚合物的耐温抗盐能力差，在高温高盐条件下会发生黏度下降、分子降解、水解以及沉淀等一系列问题，从而降低了聚合物驱效果(地层温度和地层水矿化度对聚合物驱采收率的影响如图 3.1 和图 3.2 所示)。

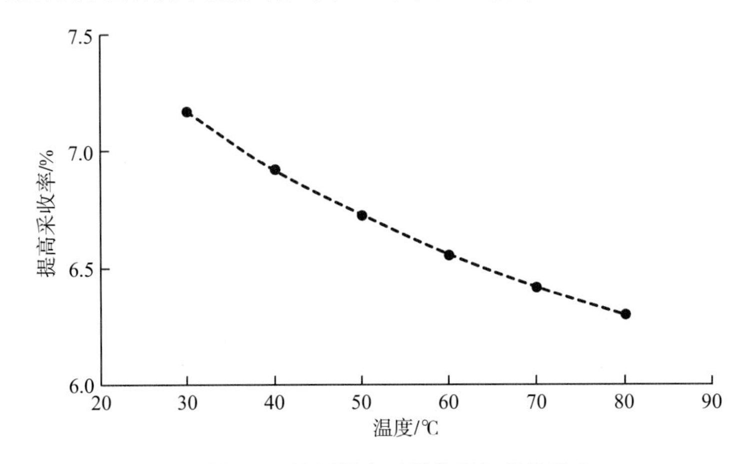

图 3.1 地层温度对提高采收率的影响

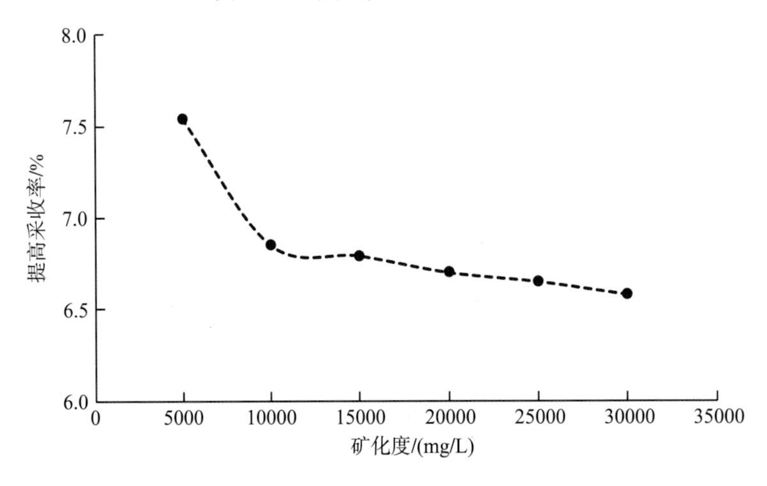

图 3.2 地层水矿化度对提高采收率的影响

例如在胜利油田坨11南试验区，其原始地层温度 90℃，地层水矿化度 20000～33000mg/L，Ca^{2+}+Mg^{2+}含量 600mg/L，属于典型高温高盐油藏。在该油藏开展了新型耐温抗盐聚合物先导试验，方案设计第一段塞注入浓度2400mg/L，井口黏度值应不低于35mPa·s。①实验室黏浓关系曲线反映浓度为 2400mg/L 时，黏度达到 50mPa·s，而现场黏度仅 13～14mPa·s，低于方案设计要求黏度值；②在注聚同井场井距仅为 22m 的两口对应油水井井底取样，井底黏度保留率在 50%左右，地下形不成有效段塞；③用现场污水配制 2000mg/L 聚合物(恒聚)溶液，75℃条件下恒温 20d，发现初期黏度下降较快，黏度保留率不到 50%，说明聚合物在地下的稳定性不好。因此，在高温高盐油藏中，常规聚合物驱已经不能满足苛刻条件，其使用效果也不够理想。

常规 HPAM 在实际应用中有许多缺点：①耐温性差，聚合物溶液的温度超过 70℃时，聚合物酰胺基(—$CONH_2$)的水解速率大大加快，水解度越大，HPAM 分子链卷曲越严重，增黏能力大大下降；②抗盐性差，HPAM 遇到 Ca^{2+}、Mg^{2+}、Al^{3+}等高价离子时易发生絮凝沉淀；③耐剪切性差，HPAM 受到高速剪切时，溶液黏度会大幅度下降；④长期稳定性差，高温条件下，氧和微生物的降解作用会造成聚合物分子量的显著降低；同时，丙烯酰胺类聚合物在高温高盐水质条件下的快速水解会导致聚合物分子链上的—COOH 含量急剧增加，与高硬度水中的 Ca^{2+}和 Mg^{2+}相互作用，将会产生沉淀和相分离，在宏观性能上的表现为溶液黏度急剧降低，长期稳定性能极差；一般在一周内黏度损失超过 50%，15d 后则完全沉淀，失去增黏能力；⑤注入性较差，HPAM 受到絮凝和沉淀的影响，易在孔道中堵塞，导致注入性变差，同时在油层中的压力传递性较差，不能有效补充油层能力；⑥驱油效果差。

从以上几个方面可以看出，高温高盐油藏聚合物驱的技术关键是常规聚丙烯酰胺溶液的黏度低，不能有效地改善油层中的油水波及状况。所以部分水解聚丙烯酰胺(HPAM)特定的分子结构决定了它不适用于高温高盐油藏。

3.1.2　高温高盐油藏聚合物驱评价方法与技术

部分水解聚丙烯酰胺(HPAM)和聚丙烯酰胺(PAM)在高温高矿化度油藏中使用时存在黏度降低、易降解等问题，常规做法是增加聚合物用量和提高聚合物分子量，导致成本和生产技术的难度增加，而问题解决的并不是十分完善，达不到现场试验要求。为此，在耐温抗盐类丙烯酰胺共聚物的发展趋势中，通过在聚合物分子中引入特殊/功能单体，选取合适的引发剂及聚合方法，实现提高聚合物分子量及其耐温抗盐性的目的。在聚丙烯酰胺中引入各类功能单体，其中两亲性单体、疏水单体和丙烯酰胺共聚得到的共聚物，耐温、抗盐、抗剪切性能相对比较好，成为耐温抗盐聚合物的研究热点和研究重点。

因此，以高分子合成理论为基础，以聚合物分子结构与溶液性能的关系研究为依据，以三类油藏条件下聚合物驱提高采收率能力和油藏适应性为目标，研究出适合三类油藏驱油用聚合物的分子结构，并将其工业化生产，最终研制出适应此类油藏的无污染、适应性强、廉价高效的驱油用化学剂，成为高温高盐油藏高效开发的迫切需要。

大量研究表明疏水缔合聚合物在高温高矿化度条件下仍具有较强的增黏能力，显示出了良好的耐温、抗盐特性和抗剪切性能。在高温高盐中渗油藏条件下，疏水缔合聚合物溶液能够通过疏水缔合效应在多孔介质中建立较高的阻力系数和残余阻力系数，表现出较强的流度控制能力和较好的驱油效率。

但疏水缔合聚合物的微嵌段结构对溶液性能具有较大的影响。有关研究表明，含有相同疏水单体及含量的缔合聚合物，其分子主链上疏水嵌段越长，单位疏水基团越大，范德华力越强，当疏水基团碰撞时，更易形成分子间缔合；另外，疏水基团的嵌段越长，在同一分子链上相邻疏水基团的间距越大，发生分子内缔合的概率就较小。因此，常规疏水缔合聚合物也很难满足高温高盐油藏的需求。

虽然疏水缔合聚合物在水溶液疏水缔合的相互作用下，比传统的 HPAM 具有更优的老化稳定性，但随着油藏温度和矿化度的进一步提高，当温度达到 85～90℃、矿化度达到 20000～30000mg/L、Ca^{2+}+Mg^{2+}含量达到 500～800mg/L 时，传统的疏水缔合聚合物已经不能满足老化稳定性的要求。在此基础上对疏水缔合聚合物进行改性，合成了 AM/缔合单体/抗盐功能单体(或强化水功能单体)三元共聚物，能够很好地解决老化稳定性问题。

抗盐功能单体的加入使疏水缔合聚合物的老化稳定性能得到明显的提高，然而有关影响老化稳定性(黏度稳定性、水解稳定性以及降解稳定性等)的机理研究极少，为此必须解决缔合聚合物分子结构组成、温度和矿化度等与油藏的适应性/配伍性。

常规油藏聚合物驱的评价和筛选，主要是根据石油行业标准 SY/T 6576—2003(1984)，开展聚合物评价和筛选。如大庆油田，主要评价包括：聚合物常规性能评价、聚合物特殊性能评价、注入性能评价、驱油效果评价、聚合物驱油藏筛选标准以及矿场先导试验设计与评价。①常规性能评价主要包含：聚合物固含量、分子量、水解度、溶解速度、不溶物、黏浓关系、黏温关系、黏盐关系、老化稳定性等。②特殊性能评价主要包括：在常规性能满足要求的基础上，进一步进行特殊性能评价：筛网系数；过滤因子；抗剪切性；残余单体含量小于 0.05%；聚合物溶液的流变性、黏弹性；生物、化学稳定性等。③注入性能评价主要包含：吸附/滞留、有效黏度、孔隙介质中的流变性、注入性、阻力系数、残余阻力系数、黏弹效应系数、不可入孔隙体积、浓度剖面测定与分析等。④驱油效果评价：主要评价浓度、分子量、注入段塞尺寸与组合及注入时机等对驱油效果的影响；认识聚合物驱提高波及体积和微观驱油效率的过程，并建立相互关系，为油藏方案设计提供基础数据。⑤聚合物驱油藏筛选：主要进行油藏与聚合物驱油剂之间的适用性研究，为聚合物驱技术应用提供指导。⑥矿场先导试验设计与评价：针对目标/具体油藏或者区块，开展注入浓度与注入量、注入速度与压力梯度、注入时机、地层非均质性(分层)影响、增产潜力与经济效益、环保问题等方面的研究，为聚合物驱技术进入现场做好充分保障。

驱油用新型耐温耐盐聚合物的研究已取得较大进展。但是，国内外有关驱油用新型耐盐聚合物的评价方法研究相对滞后。新型驱油用耐温耐盐聚合物的分子结构和溶液结构不同于部分水解聚丙烯酰胺，如疏水缔合水溶性聚丙烯酰胺具有临界缔合浓度和临界缔合黏度等特征，其溶液的静吸附黏度保留率、视黏度指数、注入性能、黏弹性等性能均与常规部分水解聚丙烯酰胺不同，建立相应的评价方法和技术也有所差异。通过建立一些相应的方法，或者重点指标的评价，才能更好地评价耐温耐盐聚合物在高温高盐油藏中的适应性。如在高温高盐油藏中，对聚合物的老化稳定性要求较高，需要严格评价和分析。

1.高温高盐条件下聚合物老化稳定性研究

在国内，孔柏岭(2000)研究了油藏污水中聚丙烯酰胺的老化稳定性能，认为 HPAM 溶液中溶解氧含量是影响长期高温稳定性能的重要因素，溶解氧含量越高，HPAM 溶液的稳定性越差，稳定溶液所需稳定剂的量就越大，多羟基化合物可与 HPAM 分子链上的酰胺基发生缩合反应，产生一定程度的交联作用而明显提高老化稳定性能。而在 HPAM 的水解作用方面，作者详细研究了 HPAM 在清水和污水中的水解速率，结果表明污水中的水解速率远远大于清水中的水解速率，温度和 pH 是影响速率的最主要因素，碱性条件下 OH^-对酰胺基的水解具有催化作用，而矿化度对水解速率无影响。在高温老化过程中，HPAM 在水解度低于 44%时的水解速率较快，但是在水解度超过 44%以后，水解速率变得缓慢，这是一种典型的自阻滞水解反应机理，在整个老化过程中，HPAM 溶液的黏度、吸光度和吸附量均发生明显的变化；刘颖(2009)研究了聚丙烯酰胺的化学降解，体系 pH、温度、时间等对降解具有较大影响，低 pH 和高温度对降解有利，Fe^{2+}和$S_2O_8^{2-}$组成的自由基快速降解复配体系对聚丙烯酰胺具有很好的降解效果，可使质量浓度为 200～2000mg/L 的聚丙烯酰胺溶液黏度降低 90%以上；在外界环境对聚丙烯酰胺溶液老化稳定性的影响方面，谭中良等(1998)研究了原油、油砂、温度场和溶解氧等对聚丙烯酰胺溶液黏度的影响。研究表明，原油对聚合物溶液老化稳定性无影响，溶解氧含量越高聚合物溶液越不稳定，而油砂由于其大表面积效应阻止了自由基的传递反应而有利于提高老化稳定性，大大削弱溶解氧的不利影响。在 PAM 的降解机理研究方面，PAM 在 Fenton 试剂、TiO_2光催化和K_2FeO_4中的降解情况，研究表明，PAM 在氧化降解时首先断链，大分子聚合物分解成小分子聚合物，小分子聚合物再氧化成丙烯酸和丙烯酰胺，如果继续增加反应时间，丙烯酸和丙烯酰胺有望降解成无机物。

在国外，Zaitoun 等(2014)研究了水解聚丙烯酰胺在二价离子存在时的稳定性能。研究表明，在稀释溶液中，室温时聚合物在Ca^{2+}存在时可能沉淀的临界水解度为 35%，即无论Ca^{2+}浓度是多少，水解度低于 35%时的聚合物溶液均不会发生沉淀，而在 80℃时的临界水解度则为 33%。在水解度低于 60%时，沉淀聚合物在高浓度$CaCl_2$或者 NaCl 条件下会重新溶解。研究表明，磺化度对热稳定性有直接的影响，磺化度越高，黏度热稳定性越好。对于低分子量聚合物，随温度的增加聚合物溶液黏度缓慢降低，高温下二价离子的存在导致 HPAM 溶液黏度大幅度降低，但是高温下含 AMPS 共聚物溶液的黏度保持较高。HPAM 在 80℃时首次沉淀出现在 3 个月以后，而磺化聚丙烯酰胺聚合物出现沉淀的时间在 7 个月以后。聚合物的滞留完全不依赖于温度，与 HPAM 相比，磺化共聚物的滞留更低。

1)分子结构对水解稳定性的影响

疏水缔合聚合物的老化稳定性影响因素可划分为两大类：一是自身分子结构组成的影响(内因)，疏水缔合聚合物较 HPAM 具有更优的老化稳定性能，而抗盐功能单体的加入又能进一步提高疏水缔合聚合物的老化稳定性，尤其是在高Ca^{2+}、Mg^{2+}条件下的老化稳定性；二是油藏温度和矿化度的影响(外因)，随温度和矿化度的增加，老化稳定性变差。

为此，本书研究了疏水缔合聚合物分子结构组成(缔合单体含量和功能单体含量)、温度以及二价离子含量等对缔合聚合物水解速率的影响，结果如图 3.3～图 3.5 所示。

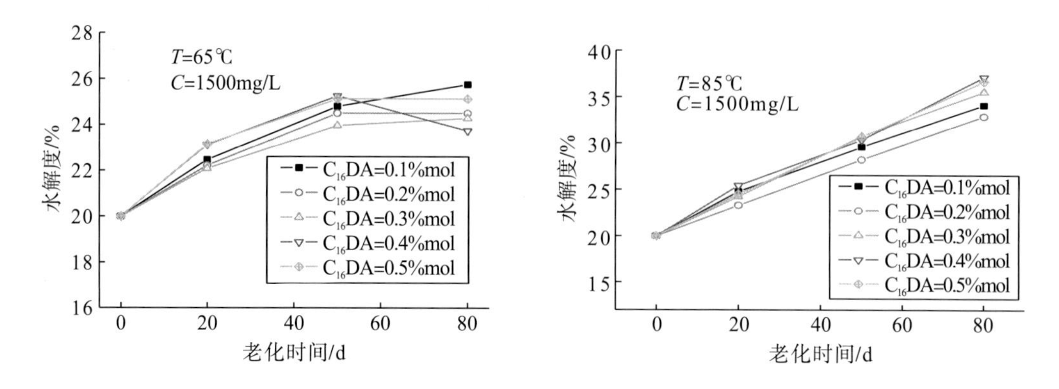

图 3.3 不同温度条件下缔合单体含量对水解速率的影响

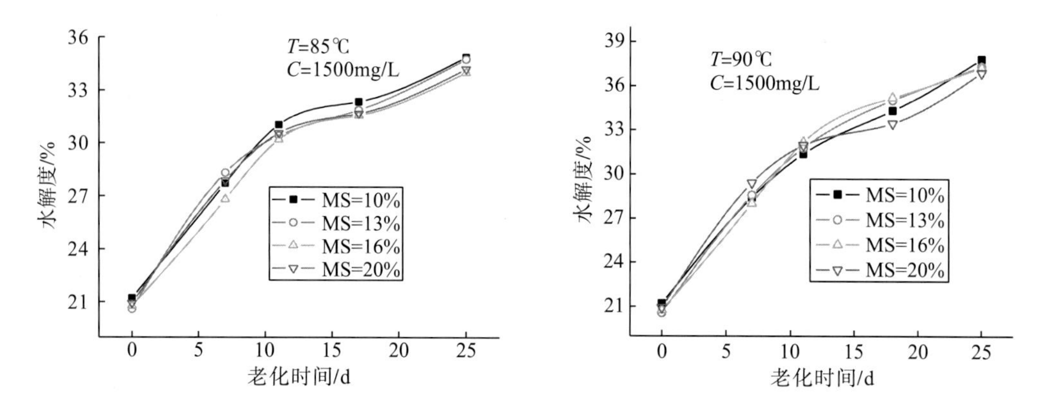

图 3.4 不同温度条件下抗盐功能单体含量对水解速率的影响

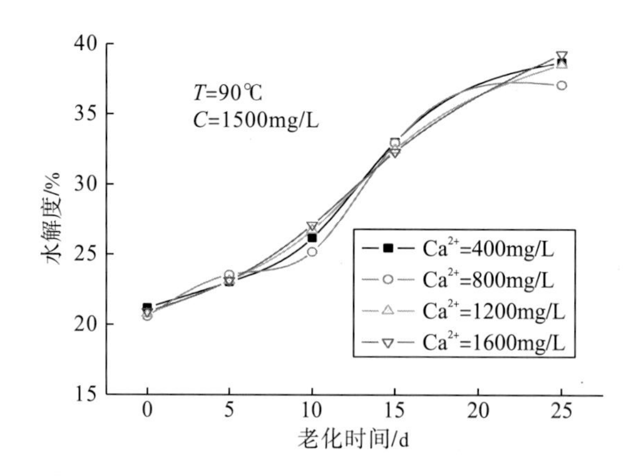

图 3.5 二价离子含量对水解速率的影响

上图的实验结果表明：缔合单体含量以及功能单体含量对疏水缔合聚合物的水解稳定性影响较小，随老化时间的增加，水解度基本保持一致。具体表现为：

(1)缔合单体含量对缔合聚合物的水解速率影响较小。在老化温度分别为 65℃和 85℃

时，经 80d 老化后不同缔合单体含量的缔合聚合物水解度比较接近。但是温度从 65℃增加到 85℃时，经 80d 老化后水解度增加了10%左右，温度对水解速率的影响超过了缔合单体含量的影响。

⑵功能单体含量对缔合聚合物的水解速率影响较小。在老化温度为 85℃和 90℃时，经 25d 老化后不同功能单体含量的缔合聚合物水解度比较接近。但是温度从 85℃增加到 90℃时，经 25d 老化后水解度增加了5%左右，表现为温度对水解速率的影响超过了抗盐功能单体含量的影响。

⑶二价离子含量对缔合聚合物的水解速率影响较小。在老化温度为 90℃，二价离子含量为 400～1600mg/L 的条件下，二价离子含量的增加对缔合聚合物的水解速率影响较小，经 25d 老化后水解度基本一致。

⑷温度是影响缔合聚合物水解速率的主要原因。当老化温度从 65℃增加至 85℃，或是 85℃增加至 90℃时，水解速率均有不同程度的增加。

因此，疏水缔合聚合物比传统的 HPAM 具有更优的老化稳定性，以及引入抗盐功能单体后疏水缔合聚合物老化稳定性明显提高并不是水解速率降低造成的。当然，缔合单体或抗盐功能单体的结构是否对水解速率具有抑制作用还有待研究。

2)分子结构对降解稳定性的影响

作为一种驱油用缔合聚合物，在使用过程中不可避免地会发生降解，主要有机械降解、热降解、微生物降解和化学降解等，降解的结果为疏水缔合聚合物的分子量降低，增黏性能下降，若降解过快，将大大削弱驱油能力。本书分别研究了缔合单体含量、功能单体含量以及温度对疏水缔合聚合物降解速率的影响，实验结果见图 3.6、图 3.7。

实验结果表明：缔合单体含量以及功能单体含量对疏水缔合聚合物的降解稳定性具有一定的影响，整体来讲随缔合单体含量和抗盐功能单体含量的增加，降解速率更加缓慢，这说明疏水缔合作用以及抗盐功能单体的刚性对降解具有一定的抑制作用，从而表现出更佳的老化稳定性。具体表现为：①随缔合单体含量的增加，降解速率变得缓慢。在缔合单

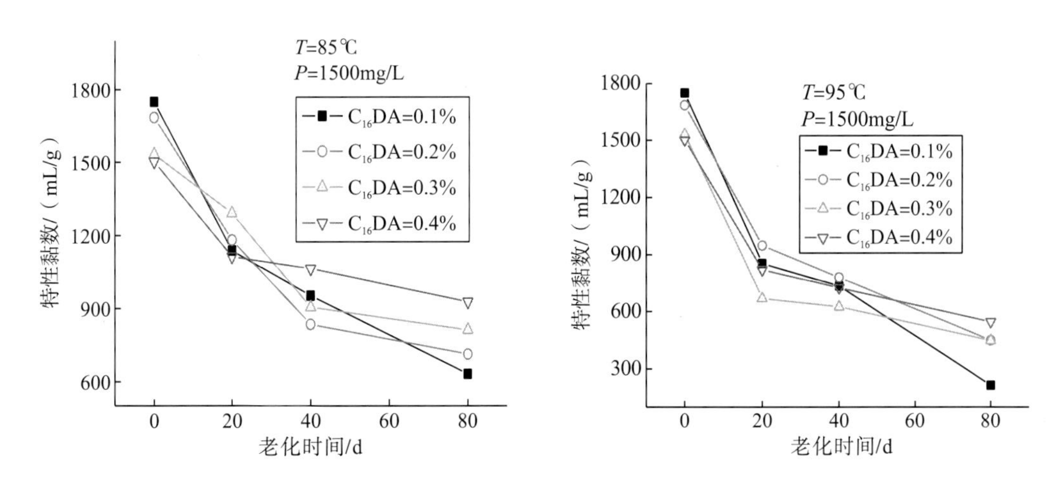

图 3.6　不同温度条件下缔合单体含量对降解的影响

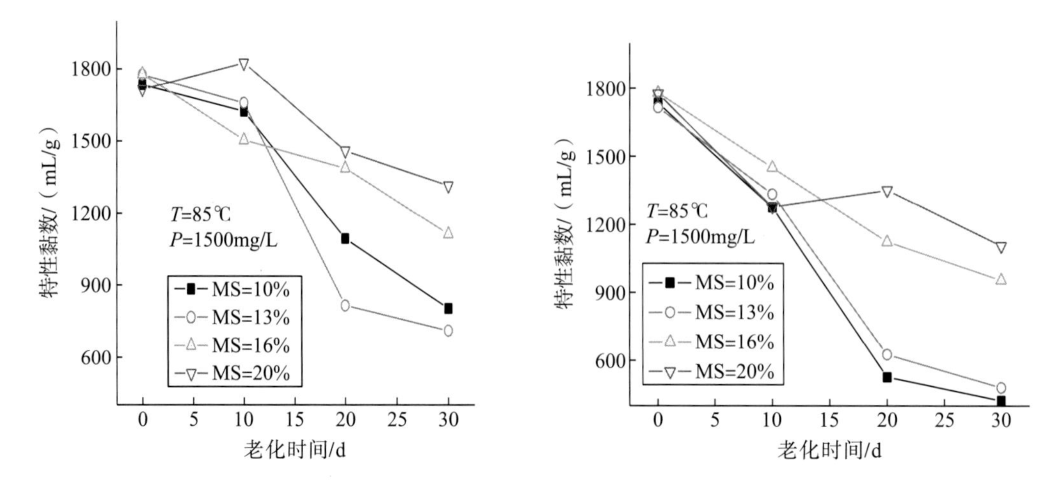

图 3.7 不同温度条件下功能单体含量对降解的影响

体含量为 0.1%～0.4%，老化温度为 85℃和 95℃时，经 80d 老化后，缔合单体含量高的缔合聚合物分子量保留率高，这可能是由于分子链间相互作用对降解具有抑制作用。②随功能单体含量增加，降解速率变得缓慢。这是因为功能单体 MS 分子结构中具有庞大的侧基，提高了缔合聚合物的刚性，因此减缓了降解速率。③温度越高，缔合聚合物降解越快。

2.基本物性评价

根据胜利油田的油藏特点，主要在矿化度为 3×10^4mg/L、Ca^{2+}+Mg^{2+}含量为 800mg/L、温度为 90℃的条件下开展了疏水缔合聚合物评价研究。在“十二五”期间通过对疏水缔合聚合物分子结构与溶液性能的关系进行研究，初步确定改性“超高分缔合”聚合物分子结构，其性能有望解决高温高盐油藏聚合物驱的“无米之炊”的现状。

根据相关行业标准，评价了中试与工业化产品的固含量、水解度、特性黏数、溶解时间和残余丙烯酰胺含量等基本物性，均符合行业标准(企业标准)指标的要求(见表 3.1)。

表 3.1 中试与工业化产品综合性能表

检测项目	固含量/%	水解度/%	特性黏数/(mL/g)	溶解时间/h	残余 AM/%
指标要求	≥89.0	≤22.0	≥1800	≤3.0	≤0.1
中试产品检测结果	91.2	16.8	2087.2	3	0.062
工业化产品检测结果	91.5	15.4	2075.8	3	0.075

3.耐温抗盐性能评价

评价了改性“超高分缔合”聚合物中试产品和工业化产品的耐温抗盐性能，并与恒聚(KYPAM)进行对比，实验结果见图 3.8 和图 3.9。

从图 3.8 和图 3.9 中试产品和工业化产品的耐温抗盐性能可以看出：中试与工业化产品的增黏性能优异，其临界缔合浓度约为 1250mg/L，在溶液浓度为 1500mg/L 时黏度大于 30mPa·s；随着矿化度的增加，中试产品的黏度先降低后增加。一般而言，随矿化度的增

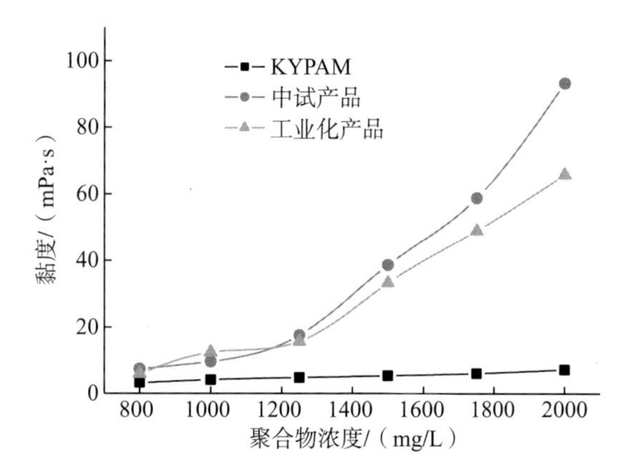

图 3.8　中试与工业化样品的增黏性能(90℃，3.2×10^4mg/L)

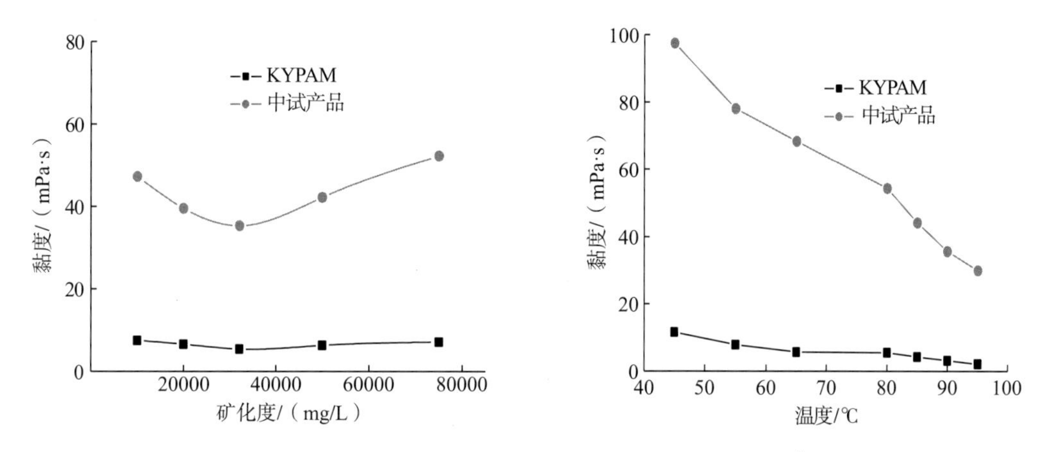

图 3.9　中试产品的抗盐性能(90℃)与抗温性能(3.2×10^4mg/L)

加，聚合物分子量变得卷曲使增黏性下降，但对于疏水缔合聚合物的水溶液，随着离子强度的增加，环境极性相应增强，弱极性的疏水基团更趋向于进一步增加缔合概率，物理交联点进一步增高，导致流体力学体积增大而有利于黏度的增加；随温度的增加，中试产品的增黏性有所降低，并未出现“温增稠”效应。

4.剪切及静吸附黏度保留率评价

剪切黏度保留率测试方法：测定 1500mg/L 的待测溶液的初始黏度(剪切前黏度)，然后将待测溶液在 Waring 搅拌器 1 档剪切 20s 条件下进行剪切，剪切后静置 24h 测试其黏度(剪切后黏度)。剪切黏度保留率为剪切后黏度与初始黏度的百分比值。

静吸附黏度保留率测试方法：首先测定 1500mg/L 的待测溶液的初始黏度(吸附前黏度)，然后在 250mL 葡萄糖瓶中放入 25g 石英砂[粒径范围：0.4～0.5mm(对应 30～40 目)]；用蒸馏水清洗并在 105℃±2℃下烘干，共 2 次，后加入 75g 待测溶液，使固液比为 1∶3，盖紧塞子，置于恒温水浴振荡器中，振荡频率为 120 次/min，在 25℃下振荡 24h；取出样品进行离心分离，取上部清液测试黏度(吸附后黏度)。静吸附黏度保留率为吸附后黏度与初始黏度的比值。

评价了中试产品与工业化产品的剪切黏度保留率及静吸附黏度保留率。中试产品和工业化产品的剪切黏度保留率和静吸附黏度保留率均大于 80%(见表 3.2)。

表 3.2 中试与工业化产品剪切及静吸附黏度保留率

聚合物类型	初始黏度/(mPa·s)	剪切后黏度/(mPa·s)	吸附后黏度/(mPa·s)	剪切黏度保留率/%	静吸附黏度保留率/%
中试产品 1500mg/L	38.6	31.1	32.4	80.57	83.94
中试产品 1750mg/L	58.7	51.2	48.9	87.22	83.30
工业化产品 1500mg/L	33.1	26.5	27.2	80.06	82.18
KYPAM 1500mg/L	5.4	2.4	4.6	44.44	85.19
KYPAM 1750mg/L	6.1	2.9	5.2	47.54	85.25

5.聚合物溶液在岩心中注入性能评价

选用气测渗透率为 1500mD 的人造小岩心，测量好岩心尺寸，放入 80℃真空干燥箱中烘 12h 至恒重，称其质量记为岩心干重 m_1，再将其放入装有纯水的烧杯中，纯水要淹没岩心，用真空泵抽其真空，每半小时真空泵放压一次(整个抽真空过程中要保证纯水始终淹没岩心)，待岩心中无气泡冒出时结束抽真空，称取岩心重量 m_2 记为湿重，通过换算得到岩心孔隙体积。

用地层水将中试聚合物配成 5000mg/L 的母液，熟化 24h，再将聚合物溶液稀释成 1500mg/L 的目标液，500 目筛网过滤两遍后放置 24h 备用。

将准备好的岩心放入岩心夹持器，在 90℃条件下，将 3.2×10^4mg/L 地层水以 3mL/min 的流速恒速注入岩心，每 20min 记录一次压力，待 40min 内压力偏差小于 5%时结束，μ_w=0.5 mPa·s，利用达西公式计算岩心水测渗透率。

将水测渗透率的注入速度调节到 0.5mL/min，注入地层水至压力稳定 1～3PV，转注 1500mg/L(过滤老化后的溶液)的聚合物溶液，至压力和产出液黏度稳定 5～10PV 后转后续水驱，在后水驱至压力稳定 3～5PV 的结束实验。其中水驱和聚合物驱阶段每 1min 记录一次压力，聚合物驱和后续水驱阶段，每接 25mL 产出液测量一次黏度。

90℃条件下，取 20mL 目标液在磁力搅拌器 20r/min 条件下搅拌 3min，用 DV-III型黏度计 00# 100r/min 剪切 30s、静置 90s，测 3min、5min、8min 黏度值，计算平均值。

中试聚合物的注入曲线如图 3.10 所示。

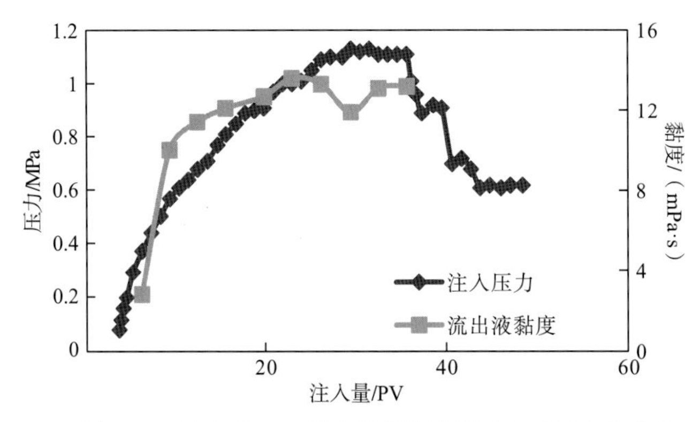

图 3.10 注入压力、流出液体黏度随注入量的变化曲线

在高温高盐条件下 1500mg/L 的中试聚合物具有良好的注入性，注入稳定压力为 1.11MPa，能建立较高的阻力系数和残余阻力系数。

6.聚合物驱油效果评价

实验温度：90℃；实验用油：胜利原油(2013 年提供)；聚合物：中试产品聚合物，1500mg/L；实验用水：3.2×10^4mg/L；实验用岩心：两层非均质岩心 4.5cm×4.5cm×30cm，1000/5000mD(气测渗透率)；均质岩心 4.5cm×4.5cm×30cm，1000mD(气测渗透率)；注入速度：3m/d。

实验流程：①真空饱和纯水，称量饱和水前后岩心的质量，计算孔隙度和 PV 体积；②按流程图(如图 3.11 所示)连接好管路；③将饱和水的岩心装入岩心夹持器，测定水相渗透率 K；④水测岩心渗透率压力稳定饱和 30min 后，开始饱和原油；饱和油时在岩心夹持器两端装两个水平阀，以 3m/d 饱和原油，计量出口端的产水量；⑤饱和油完毕后，关闭尾端水平阀，憋压至 0.1MPa 后停泵，关闭两端水平阀，封闭 90℃保温 24h；记录出水量计算饱和油量(含油饱和度＝驱替出的水的体积/PV 体积)(在实验温度下读数，密封性好防止挥发、损耗)；⑥驱油效果评价：先水驱 2PV，然后注入 0.3PV 聚合物溶液(1500mg/L)，接着进行后续水驱 2PV。每隔 10min 记录一次产出液油、水体积和对应压力；分别计算不同驱油阶段的采收率。

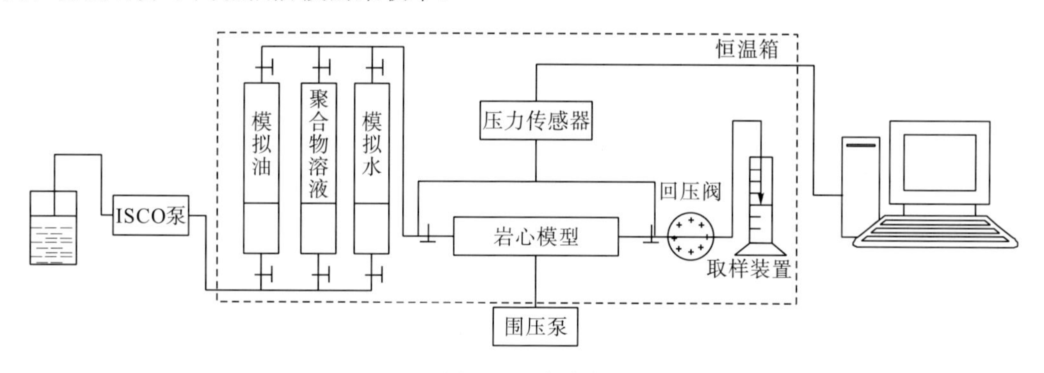

图 3.11　实验流程图

实验室利用气测渗透率为 1500mD 的均质方岩心和气测渗透率为 1000/5000mD 的非均质岩心进行驱油实验，其实验结果见表 3.3。

表 3.3　中试聚合物的驱油实验结果

注聚方案	注聚量/PV	孔隙度/%	含油饱和度/%	漏斗含水率/%	含水漏斗宽度/PV	水驱采收率/%	最终采收率/%	提高采收率/%
1500mD 均质方岩心	0.3	26.08	69.84	52.50	0.49	43.21	58.90	15.69
1000/5000mD 非均质岩心	0.3	23.50	68.79	80.83	0.75	36.11	51.02	14.91

两种注聚方案条件下的驱油曲线如图 3.12、图 3.13 所示。

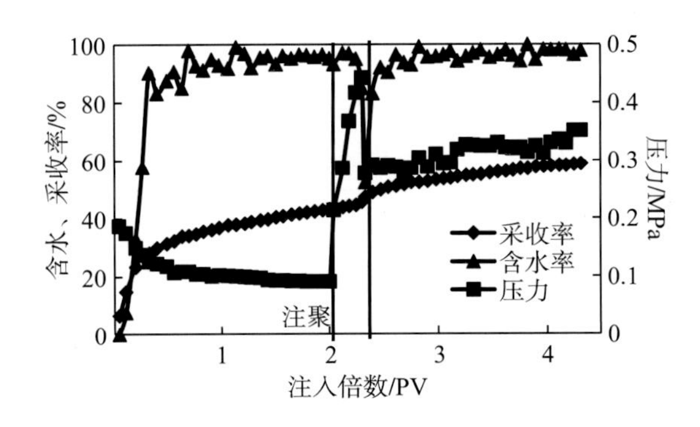

图 3.12 均质岩心驱油曲线

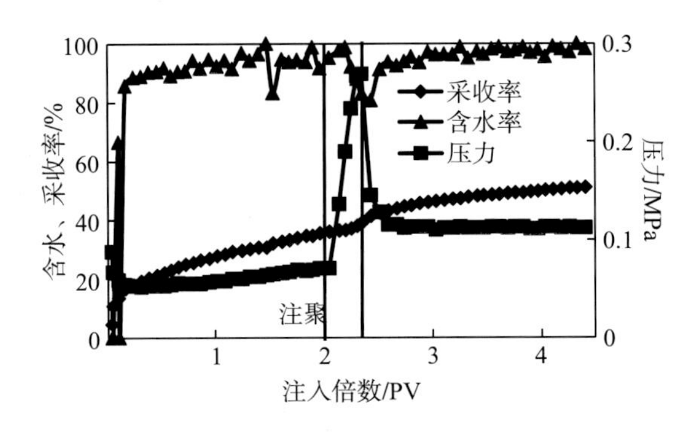

图 3.13 双层非均质岩心驱油曲线

由实验结果可以看出，中试聚合物提高采收率幅度可达到 15%左右，其在均质岩心中能够观察到漏斗含水率较低的含水漏斗体现了聚合物“驱”的能力，而在非均质岩心中更多的是体现聚合物“调”的能力，故含水漏斗不明显。

3.1.3 高温高盐油藏聚合物驱配套技术

疏水缔合聚合物具有很好的抗盐能力等性质，但它的溶解问题一直是制约这类聚合物工业化应用的障碍。为了加快疏水缔合聚合物的溶解速度，本书提出了聚合物在线熟化工艺的设想，其目的是减少熟化罐、减轻平台负重，最终目标是不用熟化罐、直接在管线中完成熟化过程。这将为海上油田推广聚合物驱技术解决一个瓶颈问题。

聚合物固体粉末的溶解分为两个阶段：溶胀和溶解。溶胀是指聚合物干粉颗粒吸水膨胀，形成聚合物水合胶团颗粒的状态；溶解则是指聚合物溶胀颗粒中的聚合物分子扩散到水中形成均匀溶液的状态。聚合物从溶胀状态到溶解状态的过程称为熟化。

聚合物干粉颗粒与水接触后，吸水缓慢形成比干粉颗粒大几十到上百倍易变形的胶团，这是水分子向胶团中扩散的过程，随后高分子从胶团中向外扩散，胶团的体积减小，溶液的黏度增大，高分子全部扩散到溶液中达到溶解状态，熟化过程完成(图 3.14)。熟化过程的时间长短取决于许多因素，包括聚合物本身的性质、水初始润湿固体颗粒表面的程度、环境温度以及外力(如机械搅拌等)。

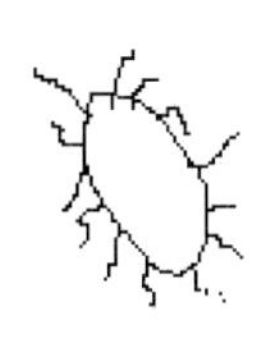

图 3.14　聚合物熟化过程

1.不同类型聚合物的溶胀与溶解

实验采用称重法测量在盐水中聚合物未溶解胶团的重量随时间的变化。表 3.4 表示模拟绥中 36-1 油田注入水的组成。表 3.5 表示所采用的两种聚合物的基本性质，其中之一是疏水缔合聚合物 AP-P4，另一种是超高分子量聚丙烯酰胺 MO4000。选用这两种聚合物进行比较的目的是考察疏水缔合聚合物与常规聚丙烯酰胺在熟化方面的差异。

表 3.4　模拟绥中 36-1 油田注入水水质

离子组成	K^+/Na^+	Mg^{2+}	Ca^{2+}	Cl^-	SO_4^{2-}	HCO_3^-	CO_3^{2-}	总矿化度
(mg/L)	2551.91	228.9	569.0	5470.7	36.6	190.6	0	9048.0

表 3.5　聚合物样品基本物理性质

聚合物	厂家	固含量	水解度/%	分子量/($\times10^6$)	水不溶物/%
MO4000	日本三菱公司	87.90	27.1	23.4	0.109
AP-P4	四川光亚	88.20	25.3	12.5	0.130

图 3.15 表明疏水缔合聚合物 AP-P4 溶胀程度随时间而增加，经历了两个界限较明显的阶段，第一个阶段聚合物干粉溶胀速度较快，溶剂水大量渗入聚合物颗粒内部，发生水化作用，溶胀聚合物重量迅速增加。而后进入溶胀速度缓慢的阶段，但由于聚合物分子内聚力强，形成网状结构，颗粒内部和外部的水分子的化学势趋于平衡，聚合物分子本身向颗粒外部的扩散也很缓慢。而聚丙烯酰胺 MO4000 则表现为持续溶胀，没有明显的阶段界线，聚合物分子本身向颗粒外扩散，成为自由的分子。

实验结果说明，疏水缔合聚合物在溶胀之后，状态稳定。这意味着需要外力来加快其熟化过程，使溶胀胶团中的缔合聚合物分子相互分离，扩散到溶液中形成均匀溶液，最终完成溶解。

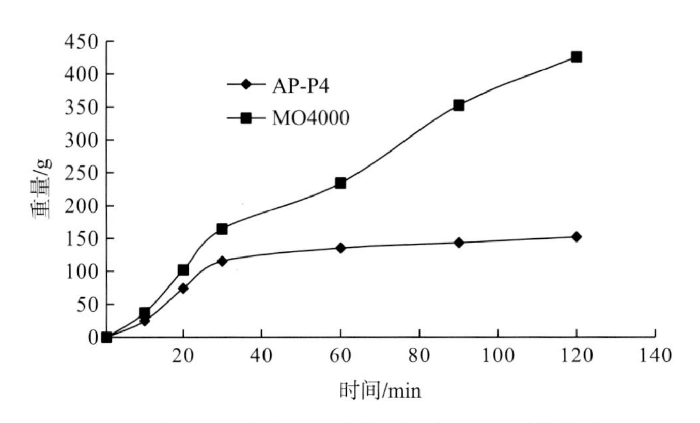

图 3.15 聚合物溶胀胶团重量与时间的关系

2.疏水缔合聚合物的溶解过程和加快溶解方法

在室内、绥中 36-1 油田模拟混配水、温度 40℃、搅拌器转速 120r/min 的条件下，将 AP-P4 配制浓度为 5000mg/L 的配制液，2.5h 内，每 5min 测量一次黏度，为避免实验过程中的误差，重复 7 次实验，取平均值绘制黏度随时间变化的曲线。实验结果见图 3.16。AP-P4 的溶解过程可细分为三个阶段：溶胀阶段、溶解阶段、熟化阶段。

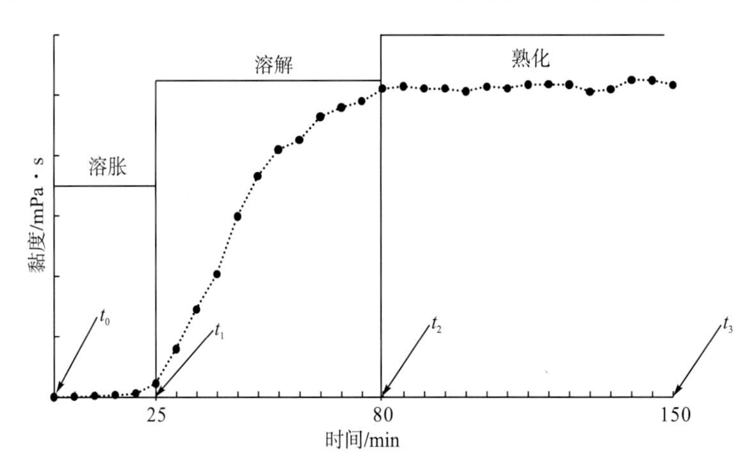

图 3.16 聚合物室内配制黏度随时间的变化曲线

溶胀阶段：水粉混合开始到聚合物颗粒完全溶胀，溶胀阶段时间为 t_1-t_0。溶解阶段：聚合物颗粒完全溶胀到基本溶解，溶解阶段时间为 t_2-t_1。熟化阶段：基本溶解到完全溶解，熟化阶段时间为 t_3-t_2。

可见，疏水缔合聚合物 AP-P4 的溶解过程不同于超高分子量部分水解聚丙烯酰胺。疏水缔合聚合物的溶胀时间占整个溶解过程的比例很小，因此 AP-P4 的溶解过程就是 AP-P4 溶胀后分子从溶胀层解离进入溶剂的过程，该过程控制了疏水缔合聚合物的溶解速度，主要表现为溶胀胶团中的大分子难于向溶液中扩散。因此在疏水缔合聚合物的溶解过程中，需要采用额外附加作用力促进溶胀后的分子快速进入溶剂。

实验表明，疏水缔合聚合物的溶解速度与溶胀胶团大小关系密切，溶胀胶团尺寸越小，溶解越快。可以利用强制快速剥离溶胀胶团的方法，加速溶胀胶团的分子向水中扩散，从而提高缩短疏水缔合聚合物的溶胀阶段时间。同时利用在管线中加入剥离网和增强混合孔板等方式，强制拉伸溶胀后聚合物分子向溶剂中扩散的速度，实现在管线内完成从溶胀到溶解的熟化过程，缩短聚合物溶解时间。

3.疏水缔合聚合物强制拉伸水渗速溶方法建立和装置

疏水缔合聚合物 AP-P4 溶解过程中分子间的作用力除了氢键(吸引作用)外，还有疏水缔合作用力(排斥作用)，导致 AP-P4 分子从溶胀颗粒表面解离的速度比 HPAM 慢；利用强制拉伸聚合物溶胀颗粒、增大比表面积、增加水聚接触面、高压水定向喷射等方法，加速溶胀颗粒水化，提高水聚双向扩散渗透能力，协同实现疏水缔合聚合物的快速溶解。

研制出了聚合物快速溶解装置(如图 3.17 所示)，溶解时间从 120min 缩至 40min 以内，占地仅 $1m^2$，聚合物母液配制量达 $1500m^3/d$。以聚合物快速溶解装置为核心，优化集成聚合物配制系统(如图 3.18 所示)。与陆地油田配聚系统相比，相同配聚量下占地面积减少 86%，保障了海上聚合物驱的工业化应用，解决了疏水缔合聚合物难以在低浓度迅速溶解的难题，使聚合物的溶解配制方式易于调整。

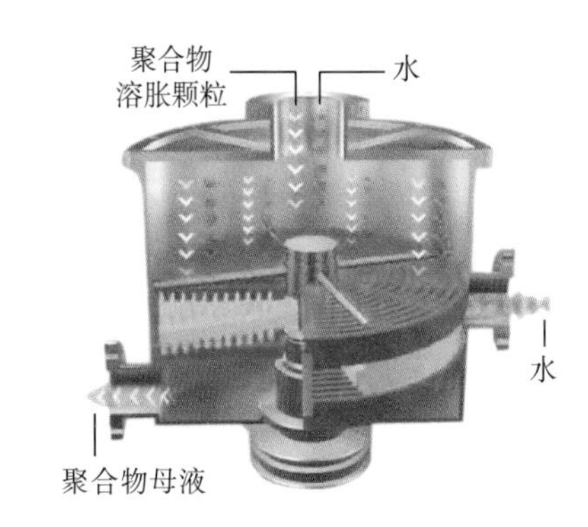

图 3.17　聚合物快速溶解装置

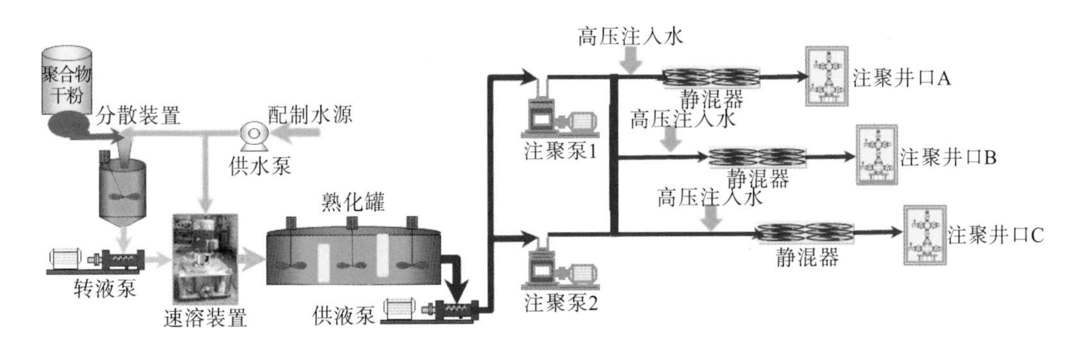

图 3.18　海上聚合物配注工艺流程

3.1.4　高温高盐油藏聚合物驱设计及效果评价

坨二 8 区块油藏地层水矿化度 $2.09\times10^4mg/L$，二价离子含量 503mg/L；注聚区水驱标定采收率 36.86%，注聚前采出程度 31.5%，注聚前综合含水 97.3%。2010 年单井试注，2011

年 5 月正式投注，注入聚合物溶液共计 6 年，注聚后水驱跟踪 6 年，2017 年 5 月结束注聚，2023 年 5 月结束跟踪；注入井 6 口，受效油井 12 口，其中中心受效油井 2 口，采用不规则反五点井网(如图 3.19 所示)。

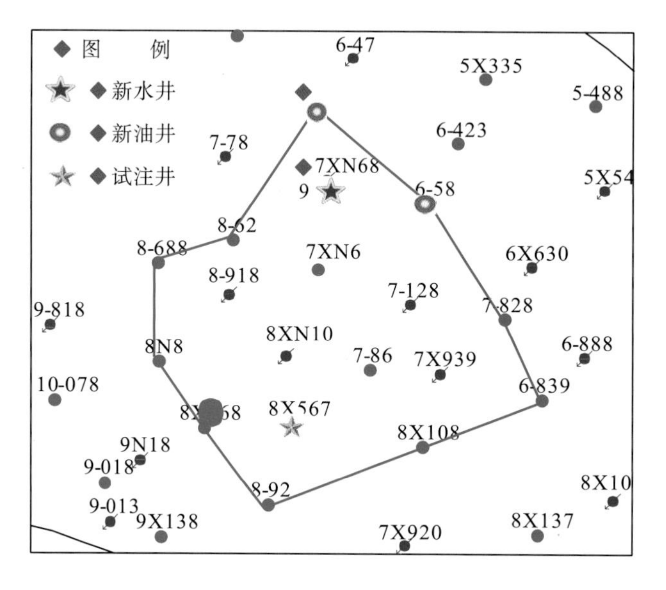

图 3.19 坨二 8 区块井位图(注聚井 6 口)

沙二 8 区块试验区含油面积 2.9km^2，石油地质储量 690×10^{4}t，细分为 $8^{2(1\sim5)}$、$8^{3(1\sim6)}$ 共 11 个韵律层，平均有效厚度 15.1m；油层平均渗透率 1055mD，地层温度 80℃，地下原油黏度 12～26.5mPa·s，地层水矿化度 18500mg/L，二价离子含量 505mg/L；注聚区水驱标定采收率 39%，注聚前采出程度 40.6%，注聚前综合含水 97.9%。疏水缔合聚合物与膨胀颗粒 PPG 复配使用。注入井 12 口，受效油井 23 口(如图 3.20、图 3.21 所示)。

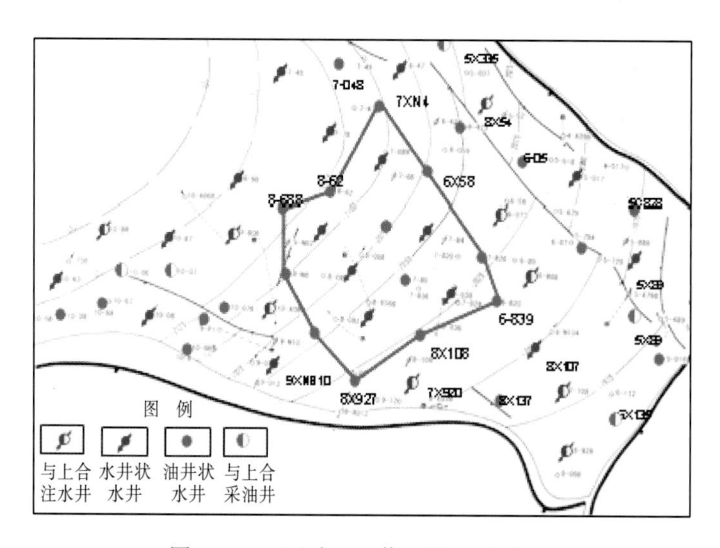

图 3.20 二区沙二 8 井网图(注聚井 12 口)

图 3.21　二区沙二 8 注聚站

2014 年 1 月投注，注入聚合物溶液共计 8 年，注聚后水驱跟踪 6 年，预计在 2022 年 1 月结束注聚，2028 年 1 月结束跟踪。

3.2　低渗透油藏聚合物驱

从我国油田开发和勘探现状来看，目前勘探出来的储量“品位”越来越差，而在中高渗透油藏开展的聚合物驱等措施即将结束，急需要寻求聚合物驱提高采收率的接替资源。随着大庆油田主力油层聚合物驱的结束，形成了聚合物驱提高采收率的配套技术，并能够大幅度提高油藏的采收率。为此，大庆油田针对二、三类油藏进行了前期聚合物驱技术研究，并得到中等分子量聚合物驱在低渗透油藏中的可行性，并开始向矿场实验进行。由此可见，由于低渗透油藏存在大孔道，油层非均质性严重，处于含水率较高时期，低渗透油藏的采收率和采出程度很低，而低渗透油藏资源却占据了我国大部分的资源量。因此，开展利用化学驱提高低渗透油藏采收率技术研究，形成先进的低渗透油藏中高含水期综合调整技术(开发配套技术)，快速、高效地开发低渗透油藏，将是我国未来油气开发的主要战略方向。同时，聚合物驱和复合驱是低渗透油藏化学驱的主要选择方向。

3.2.1　低渗透油藏聚合物驱关键技术

我国油田大多数属于陆相沉积地层，油层非均质性比较严重，渗透率变异系数大多在 0.65 以上，而且原油黏度较高，90%以上的地质储量的原油黏度大于 5mPa·s。因此聚合物驱是我国近年来提高采收率研究的主攻方向。经过“七五”国家科技攻关计划到国家“十二五”科技发展规划，我国在聚合物驱油方面已逐步完善和形成了较为完整的配套技术，成为国内外公认的能够提高原油采收率的油田开发技术，在“稳油控水”中起到了举足轻重的作用。

通过十几年的聚合物驱技术的研究，对聚合物驱的机理基本认识清楚。虽然，化学驱适用的油藏条件主要是由化学剂产品本身的性能决定的；但实施聚合物驱的油藏渗透率越高，聚合物溶液的注入性越好，提高采收率的幅度越大。不同渗透率对聚合物驱油效果影响如表 3.6 所示。

表 3.6 不同渗透率对聚合物驱油效果影响

序号	渗透率/mD	聚合物驱效果
1	>1.2	好
2	0.5～1.2	中等
3	0.15～0.5	一般
4	0.02～0.15	无法注入超高分子量聚合物
5	<0.02	现有条件下无法有效实施聚合物驱

孔隙度对聚合物驱油效果有显著影响。大庆、胜利、大港等油田的矿场应用实践表明，孔隙度越大，大孔道的比例越多，聚合物驱替液的注入性越好，波及程度越大，采收率越高。不同孔隙度对聚合物驱油效果如表 3.7 所示。

表 3.7 不同孔隙度对聚合物驱油效果影响

序号	孔隙度/%	聚合物驱效果
1	>23	好
2	17～23	中等
3	10～17	较差
4	<10	差

同时，孔隙结构对聚合物驱油效果有显著影响。孔隙结构包括两方面：一是孔隙尺寸和孔喉连通性，这是保证聚合物溶液流动(进出)的必要条件；二是死孔隙，由于聚合物分子的流体力学等价球直径大于一些小孔隙直径，因此驱替过程中存在不可入孔隙体积，一般达到整个孔隙体积的 1%～25%，因而，聚合物分子不能进入孔隙直径小的区域，波及程度受到较大的影响。不同孔隙结构对聚合物驱油效果影响如表 3.8 所示。

表 3.8 不同孔隙结构对聚合物驱油效果影响

序号	孔隙尺寸	不可入孔隙体积/%	聚合物驱油效果
1	孔喉连通好，尺寸大	<10	好
2	适中	10～20	中等
3	孔喉连通差，尺寸小	>20	较差

在聚合物驱的地质方面，在研究的 11 个地质因素中，影响聚合物驱效果的主次要因素依次是：非均质性、原油黏度、渗透率、韵律、孔隙度、孔隙结构、沉积相、厚度、敏感性(五敏)、面积分布系数、夹层。各影响因素对聚合物驱效果影响如表 3.9 所示。

表 3.9　不同地质影响因素综合表

影响因素＼聚合物驱效果	好	中等	差
沉积相	湖泊三角洲，河床	心滩	河漫滩
韵律	正韵律	复合韵律	反韵律
非均质性	0.65～0.75	0.52～0.65	>0.84，<0.52
渗透率/mD	>1.2	0.5～1.2	<0.15
夹层	无	一般	发育
孔隙度/%	>23	17～23	<17
孔隙结构	孔喉连通好，尺寸大	适中	孔喉连通差，尺寸小
面积分布系数	>0.5	0～0.3	<0.1
厚度/m	>15	3～15	<3
原油黏度/(mPa·s)	5～50	<5 或 50～100	>100
敏感性	无水敏、盐敏和速敏	一般	强

目前，在大规模工业化推广的聚合物驱区块中，主要集中在渗透率高(>500mD)、孔隙度和孔隙结构好、油层厚度大、非均质性适中的区块，是聚合物驱效果最好的区块。对于含油层系是砂、泥岩互层的多油层砂岩油田，剖面上可以细分为几十个到一百多个薄厚不等的单油层。储层的渗透率变化从 1mD 到 1000mD；有效厚度变化从 0.2m 到 10 多米；油层性质的平面非均质性和纵向非均质的相互交错和叠加，使油田水驱开发难度显著增加。油田进入高含水后期开采阶段以后，油层中厚度大(一般 2m 到 10m)、渗透率高(一般有效渗透率>500mD)、平面上大面积分布的主力厚油层或砂岩组采用聚合物驱油技术取得了很好的聚驱效果和显著的经济效益。而对于有效厚度为 0.2～5m，属低渗透率(有效渗透率 50～500mD)的非主力油层，由于其主体砂体即厚油层砂体平面上呈窄条带枝状分布，使聚合物驱难度加大，成为聚合物驱的主攻方向。

但是近年来，大庆油田主力油田逐渐转向后续水驱，聚合物驱驱替对象已转向渗透率更低、层间差异更大的二、三类油层。依托主力油层与二类油层聚合物驱成熟的配套技术，大庆油田开展了三类油层(主要指有效厚度小于 1m，有效渗透率小于 100mD 的油层及表外储层)聚合物驱技术研究。同时，长庆油田在延安组油藏开展了聚合物驱技术研究，延安组油藏属低渗透砂岩油藏，主要属于河流沼泽相沉积，以中细砂岩为主，石英含量 32%～39%；孔隙型或接触-孔隙型胶结，胶结物以黏土为主，黏土中自生高岭土占 90%～95%，自生伊利石占 5%～10%；孔隙结构属较均匀至不均匀喉型，有效孔喉半径 0.5～11.8μm，平均孔隙度 16.1%～17.8%，空气渗透率 0.0415～0.2100mD。1996 年在马岭中区 L266 井组实施了单井聚合物试注，2002 年华池油田悦 22 区实施聚合物驱试验。现场试验表明在聚合物驱初期含水率略有上升，随后含水率上升趋势得到控制，产能明显提高，说明聚合物驱明显扩大了低渗透油藏的注水波及体积。

由此可见，利用聚合物驱技术能够显著地改善低渗透油藏的注水开发效果，有效抑制低渗透油藏开发中后期的含水上升趋势，在聚合物驱平均含水率下降的有利条件下及时加大配注量，提高了产液能力，有效地发挥了聚合物驱油的增产效果，为提高低渗透油藏采收率，提供了一条可行的技术路线。

通过对聚合物驱机理的深入研究，认为在同一种油藏以及保证注入性的条件下，所用的聚合物分子量越大、聚合物溶液浓度越高，聚合物驱的效果越好，所以在矿场试验中，主力聚合物驱区块所选用的 HPAM 分子量，表现出越来越高的趋势。特别是在注聚后期，注入高浓度的聚合物溶液，能够达到大幅度提高聚合物驱采收率的目的。而针对低渗透油藏进行聚合物驱的难度较大，对聚合物分子的要求也很高。在满足油藏聚合物驱的效果要求下，需要尽可能地选择高浓度、高分子量的聚合物。

选择高分子量、高浓度聚合物的本质，就是要求注入地层中的聚合物溶液具有较高的黏弹性和抗剪切性。而这本身就对聚合物驱提出了更高的要求，在主力区块聚合物驱过程中，聚合物驱就涉及如图 3.22 的问题。

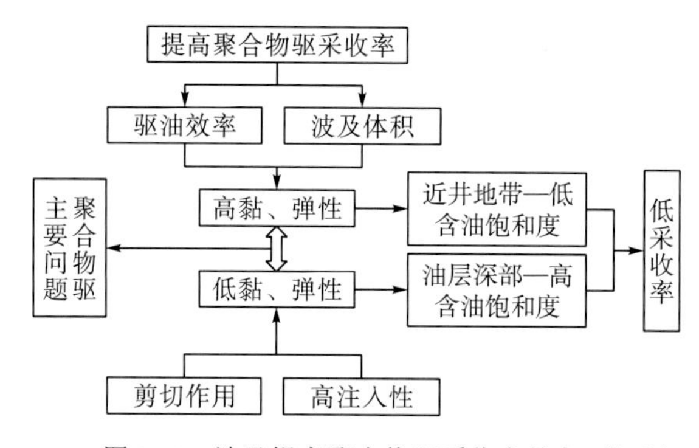

图 3.22　涉及提高聚合物驱采收率的主要问题

从图 3.22 中可以看出，聚合物溶液的高黏弹性明显可以提高聚合物驱的采收率，但是经过近井地带的剪切后，达到富含剩余油的油层时，聚合物溶液只有较低的黏弹性了，此时聚合物驱采收率明显降低；而保证聚合物具有较高黏弹性的同时，需要聚合物具有较好的注入性，这就要求不能有太高的黏弹性。由此可见，聚合物驱本身是否应该具有高黏弹性，是一个矛盾的问题。而对低渗透油层而言，实施聚合物驱除了面临上面的问题外，还将面临如图 3.23 所示的问题。

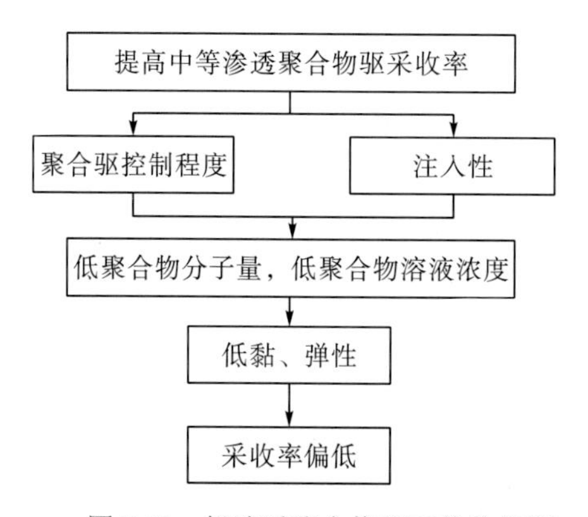

图 3.23　低渗透聚合物驱面临的问题

从图 3.23 中可以看出，低渗透油层的渗透率和孔隙度较低，同时其油层厚度较薄，连通性也较差。在保证聚合物具有较好的注入性的同时，必须让聚合物溶液能够更多地进入油层孔隙中。这就要求注入的聚合物分子量较小，浓度也不能太高，同时聚合物分子对低渗透层的伤害有一定的限度，以满足低渗透聚合物驱后，进一步提高采收率的技术要求。而当降低聚合物分子量和浓度的同时，聚合物驱的效果相应变差；同时低渗透油层条件较差，增大了聚合物驱的风险。目前大庆油田采用中高分子量聚合物，通过地面管道、高速注入和分注工艺等剪切作用，获得低分子量的聚合物，保证聚合物驱的注入性，这加剧了聚合物溶液优越性能的损失速度，降低了聚合物驱效果。而在三类油藏进行聚合物驱试验时，发现低分子量聚合物驱提高的采收率仅在 4%左右。

因此，如何在保证聚合物能够顺利注入低渗透油层深部的同时，使聚合物溶液在油层深部仍具聚合物驱的优越性能，提高低渗透层聚合驱的效果，是低渗透油层实施聚合物驱必须解决的难题。

虽然聚合物分子的高增黏性能够控制水驱的水窜，提高波及效率；但是不能有效改善边界层的厚度和提高驱油效率，因此提高低渗透油藏的采收率就必然受限。

据低渗透油藏的开发特征和多孔介质特点，单纯依靠提高波及效率来提高采收率幅，其提高度不大，而如果仅依靠提高驱油效率，由于低渗透油藏的非均质性，必然导致驱油剂驱替残余油的效果不理想。

因此，低渗透油藏聚合物驱应具有以下几方面的性能：

(1) 低分子量聚合物在保证具有较好的注入性的条件下，应具有较高的增黏性和抗剪切性，能够建立较好的流度控制能力，控制水驱突进和水窜、水淹；

(2) 高效驱油剂能够显著降低边界层流体的厚度(界面张力和黏弹性)，改善岩石的润湿性，提高可动油的饱和度和小孔隙中流体的渗流能力；

(3) 在技术和经济要求下，同时提高波及体积和驱油效率，是实现提高低渗透油藏采收率的主要途径以及必要条件。

3.2.2　低渗透油藏聚合物驱评价

聚合物分子因自身具有较强的缠绕能力或者氢键等产生的分子间作用力，使得分子量成为其性能的重要影响因素，增黏效果随着分子量的增加而增强。在高渗透油层中，常常需要提高聚合物的分子量或者聚合物溶液的浓度实现提高其流度控制能力的目的；而在低渗透油层中，受到油层孔隙结构的影响，如果聚合物的分子量过大，将不利于对油层的注入，反之如果聚合物的分子量太低，那么聚合物的黏度将会大大降低。所以，在进行聚合物驱矿场设计时，必须提前对聚合物分子量与油层渗透率的匹配关系进行研究。不仅要考虑选择分子量较高的聚合物来增加聚合物溶液黏度，改善油水流度比，降低聚合物用量，而且也要对聚合物分子量与不同渗透率油层的匹配关系进行分析，在不超过地层破裂压力范围内，尽最大能力增加聚合物溶液可进入的油层孔隙空间，进而获得更好的聚合物驱效果。

因此，除了评价聚合物溶液的增黏、抗剪切等性能和特征外，还需要着重研究聚合物的分子线团尺寸与其流动岩心孔喉尺寸之间的匹配关系，这是聚合物溶液在孔隙内流动的必要条件。在聚合物驱过程中，由于在流经多孔介质时，孔喉尺寸会对聚合物溶液进行自然选择，所以能顺利流经孔隙介质的只有一部分聚合物分子，当聚合物分子线团尺寸远远大于岩石的孔喉尺寸时，在正常的注入压力下该聚合物就不能进入该岩石孔道，即便可以在外力作用下进入孔道，该聚合物的分子结构也会被破坏，从而导致驱替效率下降。考虑到油藏“连续性差和微孔隙空间环境”、“流动和剪切作用”及“复杂化学环境”等方面的因素对矿场配置的制约，与室内条件相比较，较大尺寸的聚合物分子和较高浓度的聚合物溶液很难进入油层中部、达到驱替残余油或者波及水未波及的区域，导致聚合物驱效果大幅度下降。

高分子化学和胶体化学的发展，带动聚合物在分子结构设计、合成方法和结构表征方面，取得很大的进展。在物质达到纳米尺寸时，其物理、化学性质与宏观态相比有明显不同，通过两亲聚合物在溶液中的自组装行为，使得在许多体系实现了控制胶束大小、聚集数、结构和形状等目的，使其应用成为可能。

在此思路下，利用分子结构设计手段，设计一类分子量大小可控的聚合物，使其在溶液中本体水动力学尺寸较小，但分子链在溶液中通过较强的物理和化学作用形成网络结构，进而具有较大的流体力学体积，如图 3.24 所示。即使在较强的剪切作用下，部分链的断裂也不影响其整体结构特点；在较强的剪切作用下，溶液结构能够发生可逆转变，形成较小的胶束，在疏水作用、静电相互作用、氢键作用或金属络合等作用下，胶束之间的相互作用力，一个是导致分子缔合的吸引力，另一个则是阻止胶束无限制增长形成宏观态的排斥力，使相互作用的胶束仍具有较高的黏弹性，并能够顺利进入孔隙空间。这种胶束溶液，在经过小的孔喉处时网络结构被拆散，形成体积较小的胶束通过孔喉，在较大的裂隙处，集聚的胶束再次缔合，形成网络结构占据大孔道，降低大孔道的流动能力，实现流度控制的目的；同时在后续水驱过程中，滞留在孔喉处的聚合物随着水的冲刷，容易相互作用形成胶束，而与大孔道中滞留的聚合物相互作用后，可避免后续水驱迅速突破，起到改善水驱的效果，最终建立适度的残余阻力系数，避免造成低渗透油藏的伤害。设计合成思路如图 3.25 所示。

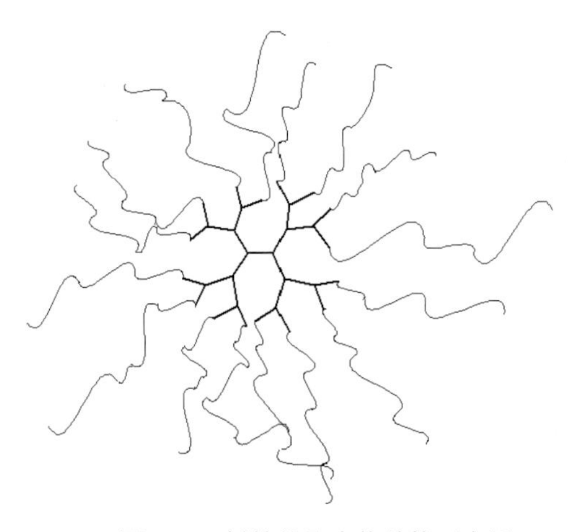

图 3.24　树枝状聚合物结构示意图

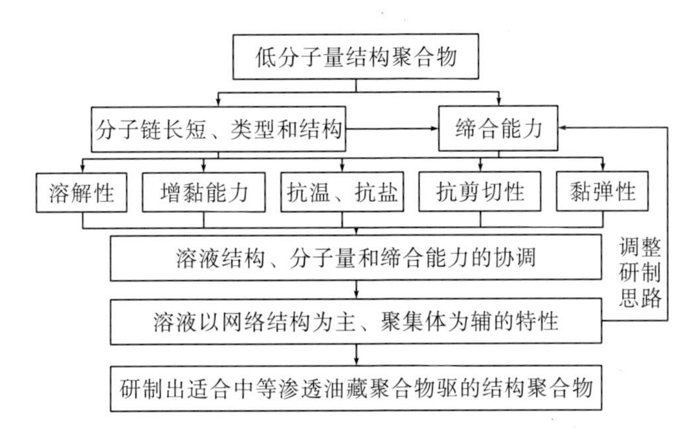

图 3.25　合成设计路线

以高分子化学为理论基础，通过“剪裁”聚合物分子结构和降低聚合物分子量合成具有一定功能的聚合物，具有较好的增黏性、抗温性、抗盐性和抗剪切性等能力，进而在中低渗透多孔介质中具有一定的阻力系数，形成较好的流度控制能力；同时建立合适的残余阻力系数，减少低渗透油层的伤害。

合成具有高增黏性，较好抗温性、抗盐性、抗剪切性和达到流度控制要求的低分子量的树枝状聚合物，是低渗透油层聚合物提高采收率的基础，但满足中低渗透油藏注入性要求，是低渗透油藏聚合物驱的关键之一。

1.聚合物驱注入性评价方法

在聚合物驱过程中，聚合物溶液的注入性尤为重要。聚合物溶液在油藏中有良好的注入性是聚合物驱成功的重要条件之一。良好的注入性表现在两个方面：第一，与注水相比，在向油藏注入聚合物溶液时增加的压力不应高于因黏度增加而应有的增加的压力；第二，在注入过程中，压差应能够达到一个稳定值，孔隙空间不应被聚合物不可逆地堵塞。在室内研究聚合物驱时，注入性主要集中评价聚合物在孔隙介质中的传播性能，即注入时是否存在堵塞现象以及压力的传播是否稳定。聚合物溶液注入过程中，注入压力不能太高，否则，在实际聚合物驱过程中，易堵塞油层，被视为注入性不好；同时，要求聚合物溶液具有良好的深部传播能力，便于聚合物溶液的流度控制，扩大波及体积。

聚合物溶液能否顺利进入油层，即 HDP 溶液的注入性是决定聚合物能否作为驱油剂的关键指标之一。特别是在低渗透油藏中，聚合物的注入性直接影响聚合物驱的应用范围。在做聚合物注入性实验时，会涉及两个重要的参数，即阻力系数和残余阻力系数。它们是度量聚合物溶液流度控制能力和降低水相渗透率能力的重要指标。阻力系数 R_F 是指聚合物降低驱替液流度比的能力，它是水流度（λ_w）与聚合物溶液流度（λ_p）的比值。

$$R_F = \lambda_w / \lambda_p = \left(\frac{K_w}{\mu_w}\right) \Big/ \left(\frac{K_p}{\mu_p}\right) \tag{3-1}$$

残余阻力系数 R_{RF} 描述的是聚合物溶液降低油藏水相渗透率的能力，它是聚合物驱前后油藏水相渗透率的比值，即渗透率下降系数。

$$R_{RF} = K_{wb} / K_{wa} \tag{3-2}$$

由于 K_p=K_{wa}，K_w=K_{wb}，所以

$$R_F = \left(\frac{\mu_p}{\mu_w} \right) R_{RF} \tag{3-3}$$

式中，R_F 和 R_{RF} 均为无量纲量，分别为阻力系数和残余阻力系数；K_w 和 K_p 分别为水相和聚合物溶液的渗透率；K_{wb} 和 K_{wa} 分别为注聚合物前后的水相渗透率；μ_w 和 μ_p 分别为水相和聚合物溶液的有效黏度。

由于油藏的非均质性，聚合物溶液在地层中的渗流通道不可能完全相同，而聚合物溶液能否进入油藏深部，扩大驱替液的波及体积，主要取决于聚合物分子尺寸与地层油藏中孔喉尺寸的配伍性是否良好。因而，可以通过考察 HDP 溶液在渗透率较低的多孔介质中的渗流特性来研究其注入性，进而找到适合 HDP 溶液注入的渗流条件，考察 HDP 能否作为驱油用聚合物是十分必要的。

2.聚合物驱注入性评价流程及步骤

实验流程如图 3.26 所示。

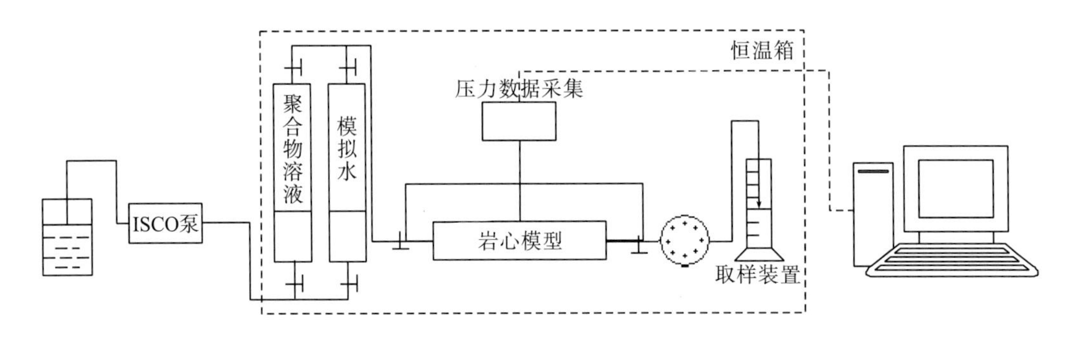

图 3.26 实验流程图

实验步骤如下：

(1)按照研究需要，将配制并静置 24h 后 5000mg/L 聚合物溶液的母液稀释到目标液，用抽滤瓶进行过滤并静置 24h，测定油层温度下目标聚合物溶液的黏度；

(2)抽真空饱和岩心，计算岩心的孔隙体积(PV)；

(3)在恒定流速(0.5mL/min)下再次饱和模拟水，利用质量守恒原则确定岩心的孔隙度和水测渗透率；

(4)注入聚合物溶液，记录不同时间下聚合物溶液的注入 PV 倍数和测压点处的驱替压力，压力稳定后才能进入下一步实验；

(5)后续水驱，记录不同时间下模拟水的注入 PV 倍数和两个测点处的驱替压力，直至压力稳定后才能停止实验；

(6)产出液监测，根据研究需要，可以监测产出端流体的黏度和浓度，分析流体的渗流规律；

(7) 实验过程中，流体流动时必须保持各相流体连续流动，在模拟水与聚合物溶液转换过程中保持压力稳定。

3.树枝状聚合物注入性评价

将 1000mg/L 的树枝状聚合物溶液经过吴茵搅拌器 (waring blender) 1 档 (3500r/min)、20s 的剪切后，对三种树枝状聚合物溶液进行注入性评价，实验结果如图 3.27～图 3.29 所示，三种聚合物的比较如表 3.10 所示。

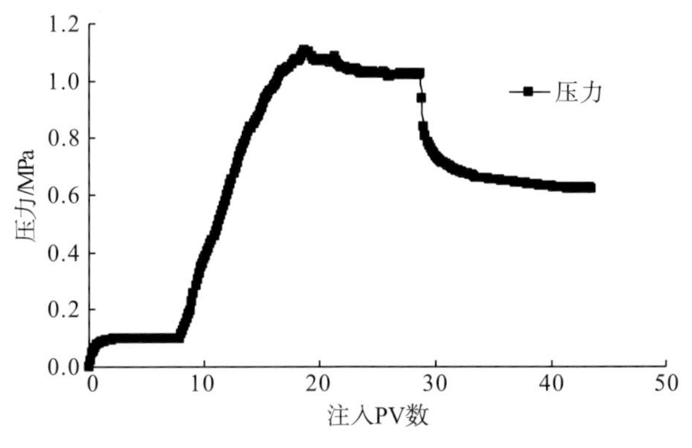

图 3.27 DG-1 的渗流曲线

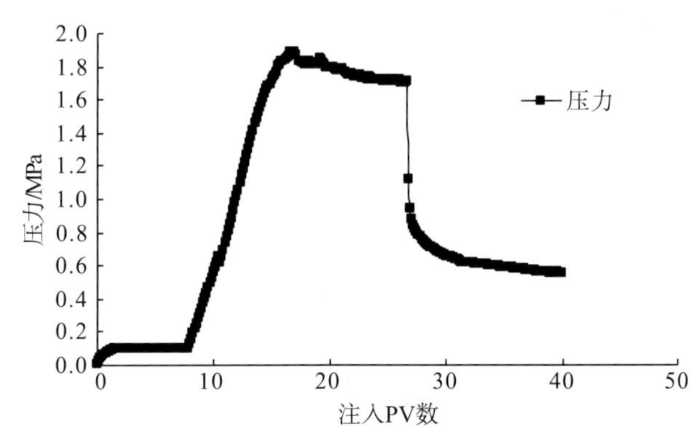

图 3.28 DG-2 的渗流曲线

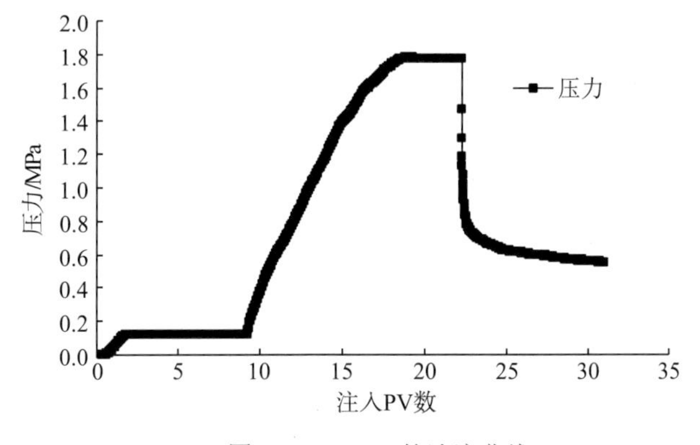

图 3.29 DG-3 的渗流曲线

表 3.10 三种聚合物的比较

序号	渗透率/mD	孔隙度/%	剪前黏度/(mPa·s)	剪后黏度/(mPa·s)	水驱压力/MPa	聚驱压力/MPa	后水压力/MPa	R_F	R_{RF}
DG-1	48	20.5	9.8	8.3	0.108	1.02	0.62	56.7	34.4
DG-2	45	19.8	7.5	6.1	0.105	1.70	0.56	97.1	32.0
DG-3	40	18.1	7.0	5.5	0.121	1.77	0.55	87.7	27.3

由上面的渗流曲线可以看出，树枝状疏水缔合聚合物有较好的注入性，树枝状疏水缔合聚合物应用于低渗透油藏是可行的，能够运移到油层中部。

但是聚合物的分子结构不同，其溶液的流变性和增黏能力也有着显著的差异，而且结构不同还会引起聚合物溶液注入性、传导性有较大的差异。选择了缔合能力较强的 GY9 结构聚合物，在浓度为 2000mg/L、多孔介质剪切后的黏度为 8.2mPa·s 的条件下，注入到水相渗透率为 48.8mD 的多孔介质中；同时，考察了浓度为 1500mg/L、多孔介质剪切后的黏度为 3.7mPa·s 的 T5 结构聚合物在 22.3mD 的多孔介质中的注入性。渗流特征曲线如图 3.30 所示。

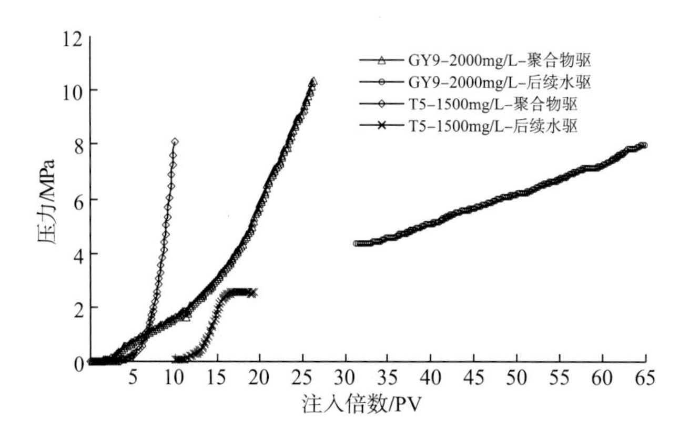

图 3.30 多孔介质剪切后的渗流特征曲线

从图 3.30 中可以看出，GY9 结构聚合物虽然注入黏度较低，黏均分子量也较低(47.4×10^4g/mol)，但是其溶液的注入性较差。由此可以看出，黏均分子量与低渗透岩心孔隙半径不存在唯一的匹配关系。同时，决定结构聚合物流动传导性能和驱油效果的因素已经不仅限于传统的分子量和黏度，聚合物的溶液结构(分子形态、聚集态)同样发挥了重要的影响作用。

同时，从 T5 聚合物渗流曲线特征中可以看出，在渗透率较低时出现了明显的注入性问题，分析认为 T5(黏均分子量为 570.7×10^4g/mol)在剪切后形成的聚集体的尺寸显著大于多孔介质喉道处允许通过的尺寸，表现出明显的堵塞现象。

因此，需要充分考虑结构聚合物溶液中的聚集体的尺寸大小与喉道的匹配关系，同时要兼顾聚合物溶液结构与聚合物分子链间合理的大小匹配关系，才能满足低渗透油藏的聚合物驱要求。

3.2.3　低渗透油藏聚合物驱设计及应用

温西三区块是一个断背斜构造，南高北低，顶缓翼陡，地层倾角 7°～16°。储层为中侏罗统，埋深 2300～2600m，主要为辫状河三角洲沉积体系。层位为侏罗系三间房组，共划分为 4 个砂层组，13 个小层。区块含油面积 7.9km^2，地质储量 1347.29×10^{4}t。储层物性以低孔、中低渗储层为主，局部出现中高渗储层，区块平均孔隙度为 16.4%，渗透率为 51mD。油层孔隙小、喉道窄，以低孔隙度、中低渗储层为主，储层非均质性严重。

原油性质具有三低的特点，即低密度、低黏度、低凝固点，原油密度变化不大，地面密度 0.8231t/m^3，地面原油黏度为 3.9mPa·s(30℃)，地层原油黏度为 0.5mPa·s，凝固点在 14℃。体积系数为 1.507，气油比为 161～180m^3/t，饱和压力为 14.6～17.9MPa (表 3.11)。

表 3.11　温西三区块原油性质分析数据表

密度/(t/m³)		黏度/(mPa·s)		体积系数	收缩率/%	气油比平均值/(m³/t)	原始压力/MPa	饱和压力平均值/MPa
地面	地层	地面(30℃)	地层					
0.8231	0.626	3.9	0.5	1.507	35.1	162	23.78	17.1

气顶气相对密度为 0.796～0.927，甲烷含量在 80%左右，不含 CO_2 和 H_2S 气体。溶解气相对密度为 0.762～0.898，甲烷含量为 72%～82%。

地层水性质有两类，七克台组以 $NaHCO_3$ 型为主，三间房组 s_1、s_2、s_3 多为 $CaCl_2$ 型。$CaCl_2$ 型水矿化度较高，均大于 20000mg/L(表 3.12)。本区地层水矿化度比较高，表明油藏封闭条件比较好。

表 3.12　温西三区块地层水性质分析数据表　(单位：mg/L)

层位	样品数	K^++Na^+	Ca^{2+}	Mg^{2+}	Cl^-	SO_4^{2-}	HCO_3^-	CO_3^{2-}	总矿化度	水型
J_2s_1	9	7351.485	914.86	74.1525	1246.885	221.71	892.445	—	21935.255	$CaCl_2$
J_2s_2	9	8344.105	1541.355	105.28	15362.145	201.9	1019.82	—	26709.855	$CaCl_2$
J_2s_2	3	10716.77	1099.93	—	18239.6	242.88	563.09	41.5	30567.21	$CaCl_2$
J_2s_3	13	8875.56	1760.925	44.09	16455.75	194.42	537.58	—	27869.37	$CaCl_2$

根据地层测试的温度资料，温度与海拔深度呈良好的线性关系，温度与海拔的关系式为

$$T = 0.0256 \times H + 29.0738 \qquad (n = 33, r = 0.8435) \tag{3-4}$$

式中，T 为地层温度，℃；H 为海拔深度，m。

本区地温梯度为 2.56℃/100m，为异常低温系统，地层温度为 76℃。温吉桑地区各油

气藏属正常压力系统，未发现压力异常区块，压力系数接近于 1，温西三区块原始地层压力为 23.78MPa。

1.开发现状及存在问题

温西三区块于 1992 年 3 月由温西 3 井发现，并于 1994 年 5 月投入注水开发，目前已进入高含水开发阶段。从区块综合含水来看，1995 年以前为无水开发期，1995～1998 年为低含水开发期，1998～2004 年为中含水开发期，2004 年以后油田进入高含水开发阶段。从区块年产油量变化来看，1994 年以前为产能建设期，1995～2003 年为高产稳产期，2004 年以后进入递减期。截至 2012 年 12 月，温西三区块油水井总数为 226 口，开井数为 150 口，其中采油井 109 口，平均单井产油 1.16t/d，区块采出程度为 23.62%，采油速度为 0.34%，综合含水为 80.56%。水井开井 41 口，平均单井注水 32.85m^3/d，累计注水 1248.35×10^{4}m^3，累计注采比为 1.44(图 3.31)。

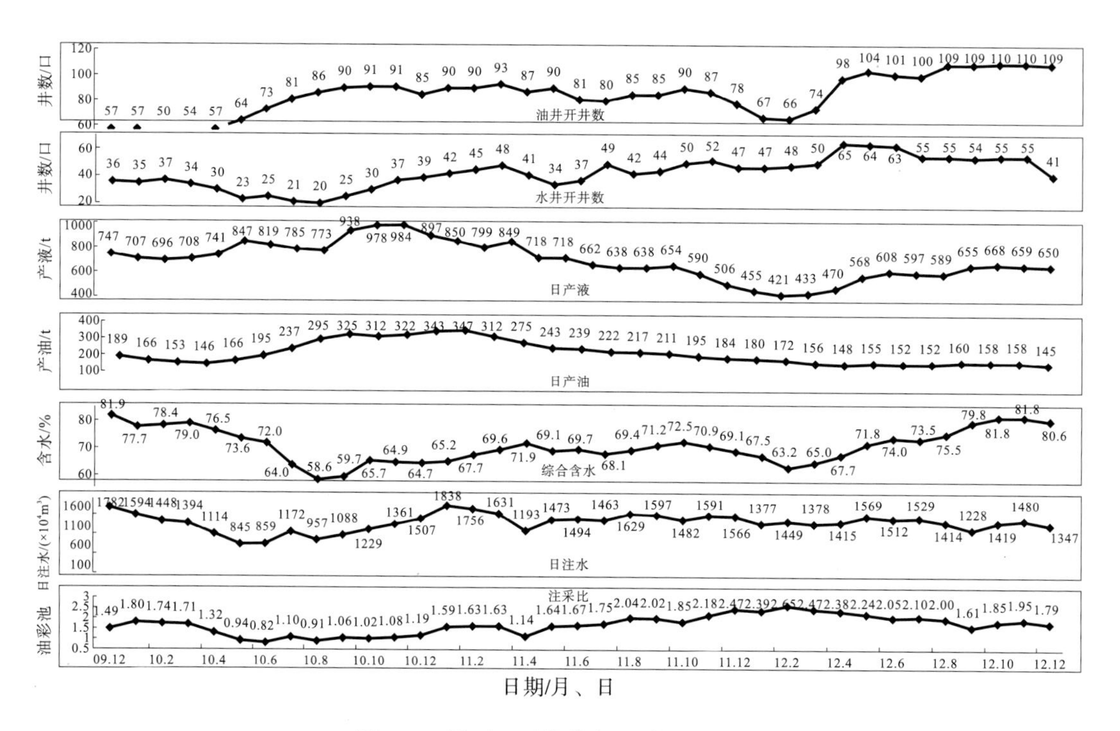

图 3.31　温西三区块综合开采曲线(2012 年)

该区块于 2010 年二次开发调整后，产量大幅上升，但由于控制储量较低、采油速度过高等因素影响，产能递减很快，从分类统计分析，2010 年二次开发前的老井年递减率为 12%，而二次开发井年递减率达到 39%(图 3.32)。

1)水驱方向上单向水驱所占比例较高

虽然经过中含水期特别是二次开发的不断调整，区块井网日趋完善，水驱控制程度有较大幅度提高，已由基础井网时的不足 70%上升到目前的 86.2%，水驱方向也有较大改善，区块双向及多向的见效比例有所提高。但部分井区井网仍不合理，单向水驱和未水驱比例仍然较高(占 42.9%)，其中单向水驱控制程度占 29.1%，双向见效占 29.3%，多向见效占 27.8%，末水驱占 13.8%。

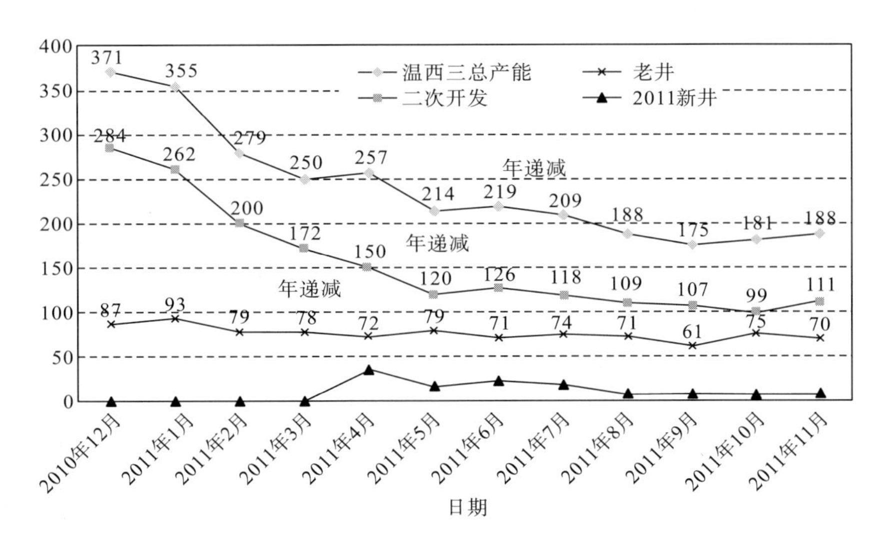

图 3.32　温西三产能分类变化曲线

2) 水驱储量动用程度仍然较低

区块水驱控制储量与动用储量差值较大，其中区块水驱控制储量为 1103.7×10^4t，占区块地质储量的 83%，而水驱动用储量仅为 849.7×10^4t，仅占区块地质储量的 63.9%，区块水驱控制储量与动用储量相差 254×10^4t。从区块不同类型储层储量的动用状况来看，不同类型储层储量的动用极不均衡，其中 I 类层水驱控制储量为 672.2×10^4t，占该类储层地质储量的 89.3%，水驱动用储量为 557.7×10^4t，占该类储层地质储量的 74.1%，I 类层储量动用程度较高。II 类层水驱控制储量和水驱动用储量分别为 299.3×10^4t 和 232.7×10^4t，分别占该类储层地质储量的 77.7%和 60.4%，II 类层储量动用程度一般。III类层水驱控制储量和水驱动用储量分别为 132.3×10^4t 和 59.3×10^4t，分别占该类储层地质储量的 68.9%和 30.9%，III类层储量动用程度低。

3) 吸水剖面不均匀，层间动用差异较大

在投产初期，区块剖面动用程度在 85%以上，随着油井见水，剖面矛盾日益加剧，中高含水期以后，剖面动用程度逐渐下降到 70%以下。随着近几年注水结构的调整，剖面动用程度有所改善，尤其是二次开发井网调整后，区块剖面动用程度在 80%以上。

由于储层的非均质性导致层间、层内干扰严重，吸水剖面不均匀，有的层不吸水或吸水差，有的层吸水极好，不吸水或吸水差的层动用程度差，吸水好的层动用程度高。区块小层剖面动用程度统计结果显示，层间动用程度差异较大，剖面矛盾突出，主要表现在吸水强度级差较大。从吸水强度级差来看，除 16.3%的厚度不吸水外，有 11.3%的厚度动用较差［吸水强度小于 $1m^3/(d\cdot m)$］，8.8%的厚度吸水强度过大［吸水强度大于 $5m^3/(d\cdot m)$］，也就是说，该区块将近 36.4%的吸水厚度动用不好。

2.聚合物驱试验区的选择及分析

聚合物驱选区、选井原则：

(1)井网较为完善区域，油水井注采对应关系好，所选井组具有中心受效井；

(2)剩余油潜力较大区域，储层剩余可采储量大，厚度较大；

(3)层间、层内非均质性严重区域，储层渗透性较好；

(4)注入井具有较好的吸水能力，注入压力较低，有一定的升压空间。

依据选井原则，在温西三区块选取了三个试验井区进行筛选，这三个井区分别为：

(1)注入井为 *wx*3-53、*wx*3-425、*wx*3-44、*wx*3-414，以采油井 *wx*3-503 及 *wx*3-4535 为中心受效井的区域；

(2)注入井为 *wx*3-76、*wx*3-616、*wx*3-56*x*、*wx*3-74*C*，以采油井 *wx*3-517 及 *wx*3-66 为中心受效井的区域；

(3)注入井为 *wx*3-68、*wx*3-509、*wx*3-508、*wx*3-607，以采油井 *wx*3-448 及 *wx*3-518 为中心受效井的区域(如图 3.33 所示的 3 个区域)。

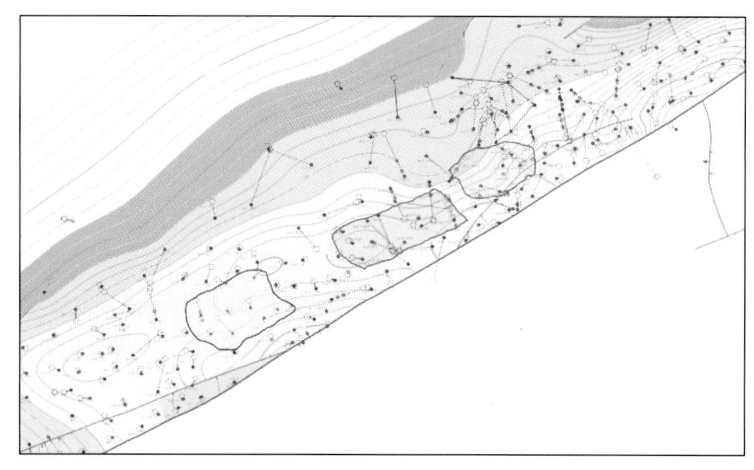

图 3.33 温西三区块聚合物驱试验井组示意图

从剩余油潜力分析，这三个试验井区潜力均较大，储层物性也较好。

从井网上分析，(1)号和(3)号试验井区的水驱控制程度相对较差，不连通和单向水驱层数较多，油水井连通性差，注水受效差。如(1)号井区的主力层的 *s*32-2 层，采油井为 *wx*3-503；目前单采该层，对对应的 3 口井 *wx*3-425、*wx*3-44、*wx*3-414 注水，但该井日产液仅有 0.3t，不产水，说明注水根本不受效，这是由于其所处的沉积微相不同。从 *s*32-2 层沉积微相看，*wx*3-503 位于河道间和席状砂边缘，而注水井 *wx*3-44、*wx*3-414 位于水下分流河道，注水不流向 *wx*3-503 井，*wx*3-425 位于决口扇微相，因此，虽然从井网看，*wx*3-503 有三口注水井对应注水，但其实并不连通。(2)号试验井区位于油藏中部区域，井网较为完善，水驱控制程度较高，注采对应关系较好。中心受效井 *wx*3-517 井目前合采 *s*22-1、*s*22-2、*s*31-2、*s*32-1、*s*32-2 层，日产液 33.4t，日产油 0.4t，含水 98.9%，水淹严重。

因此，经对比筛选后，决定选取中部的4注（*wx*3-76、*wx*3-616、*wx*3-56*x*、*wx*3-74*C*）12采（*wx*3-417、*wx*3-516、*wx*3-517、*wx*3-66、*wx*3-4552、*wx*3-716、*wx*3-6751、*wx*3-67、*wx*3-6761、*wx*3-5661、*wx*3-57c、*wx*3-4571）区域为聚合物驱试验井区。试验区面积为 0.3896km^2，地质储量为 116.10×10^{4}t，油层平均厚度为 51.46m，原始含油饱和度为 60%，孔隙度为17.7%，渗透率为 103.66mD。试验区目前油井开井 12 口，日产油 31.7t/d，累计产油37.17×10^{4}t，水井开井 4 口，日注水 193m^3，累计注水 63.34×10^{4}m^3，累计注采比为 0.99。

3.驱油剂与体系筛选优化

根据聚合物合成和优化筛选后，分别在油层温度和注入性、地层水条件下，进行注入性、溶解性、增黏能力、抗剪切能力、耐温抗盐能力和长期老化稳定性等评价，筛选出适合该试验区块的驱油剂（DST）开展室内评价，并为数值模拟和方案设计提供参数。

1）注入性实验评价

采用现场岩心开展的注入性实验，恒定流速为 0.1mL/min，岩心为地层深度 2479.94～2482.22m 处的三块岩心，编号分别为 13、14、15 号，基本参数见表 3.13。选取一个层位的三块岩心，其气测渗透率有一定的差别，分别为 82.21mD、13.45mD 和 32.12mD，开展注入性研究具有一定的代表性。

表 3.13 岩心基本数据

编号	长度/mm	直径/mm	干重/g	湿重/g	孔隙体积	孔隙度/%	气测渗透率/mD	水测渗透率/mD	注入浓度/(mg/L)
13	61.56	25.28	67.03	72.17	5.04	16	82.21	9.4	1500
14	61.49	25.27	67.16	72.15	4.99	16	13.45	1.8	1000
15	60.60	25.25	66.37	70.76	4.39	13.90	32.12	3.5	500

三块岩心的渗流特征见图 3.34～图 3.36。

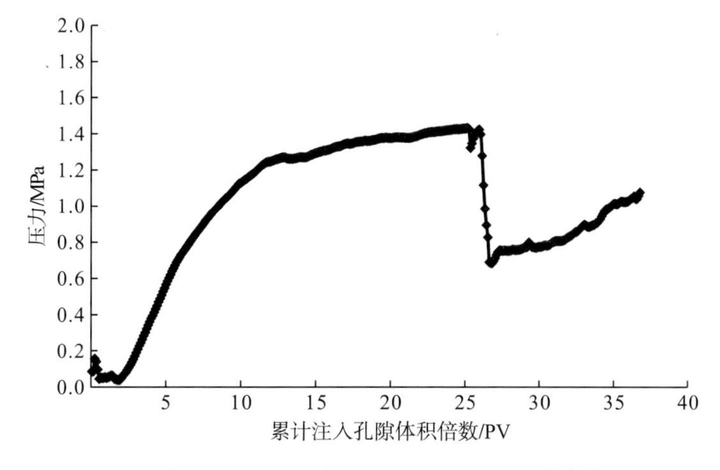

图 3.34 13 号岩心 1500mg/L 注入压力变化

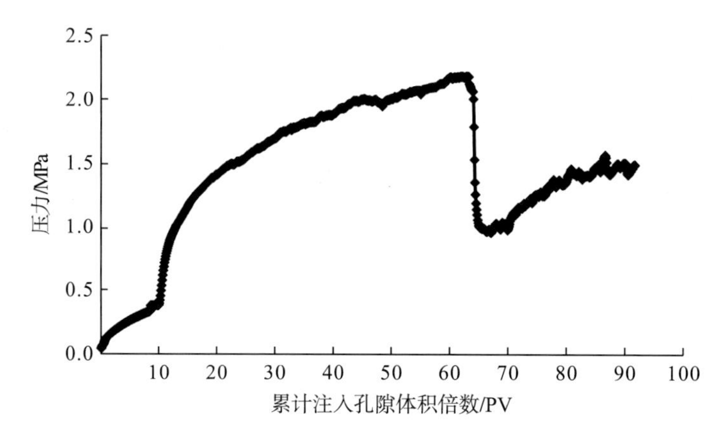

图 3.35　14 号岩心 1000mg/L 注入压力变化

从图 3.35 中可以看出，1000mg/L 的聚合物溶液在 13.45mD 的岩心中表现出具有一定的注入性，但在后续水驱阶段其对岩心渗透率的降低能力较强，较 1500mg/L 的注入性差(图 3.34)。

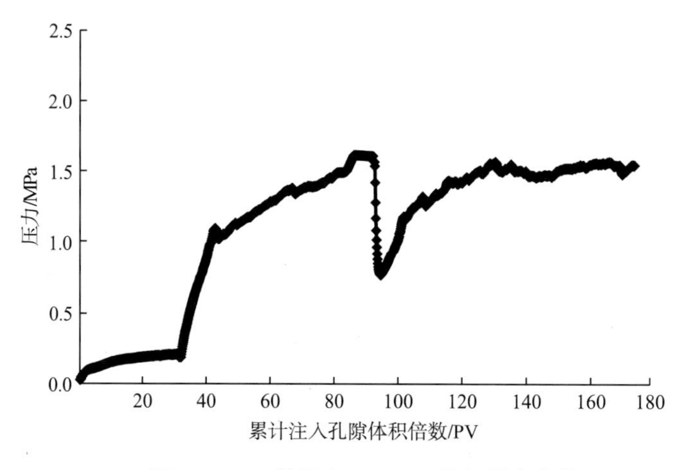

图 3.36　15 号岩心 500mg/L 注入压力变化

从图 3.36 中可以看出，500mg/L 的聚合物溶液在 32.12mD 的岩心中表现出具有一定的注入性，但在后续水驱阶段对岩心渗透率的降低能力较强。

以恒定流速 1mL/min 注入 2423.14～2424.87m 层段的 1 号和 3 号岩心，并以相近气测渗透率开展渗流特征实验(70mD 渗透率接近油藏的平均渗透率)，其基础数据见表 3.14。其渗流特征，见图 3.37、图 3.38。

表 3.14　1 号和 3 号岩心基础数据

编号	长度/mm	直径/mm	干重/g	湿重/g	孔隙体积	孔隙度/%	气测渗透率/mD	水测渗透率/mD	注入浓度/(mg/L)
1	65.02	25.24	70.48	75.27	4.79	14.7	76.63	8.34	1500
3	61.64	25.25	66.93	71.44	4.51	14.6	77.76	3.9449	800

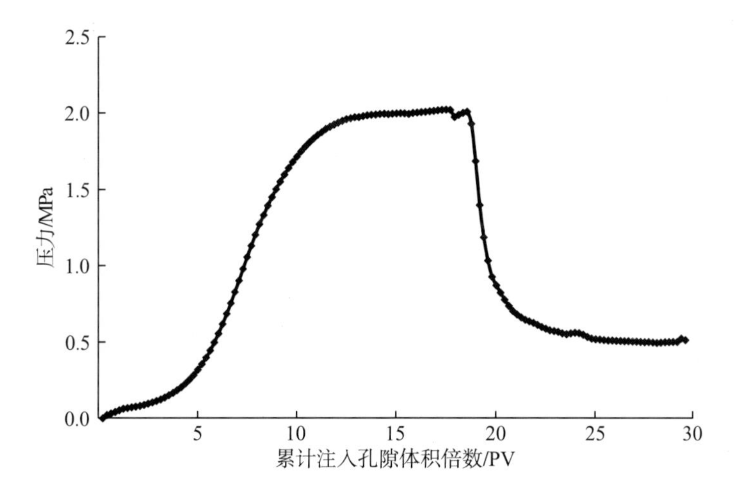

图 3.37 1 号岩心 1500mg/L 注入压力变化

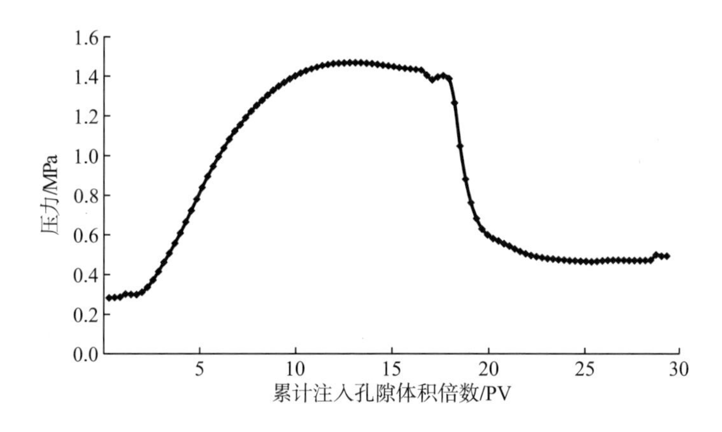

图 3.38 3 号岩心 800mg/L 注入压力变化

综合 5 组注入性实验数据开展后续水驱过程获得相关的阻力系数 R_F 与残余阻力系数 R_{RF}(表 3.15)。

表 3.15 岩心注入性实验结果

岩心编号	浓度/(mg/L)	孔隙度/%	水测渗透率/mD	黏度/(mPa·s)	平衡压力/MPa	R_F	R_{RF}
13	1500	16.31	9.4	4.9	1.41	25.8	14.8
14	1000	16.18	1.8	3.6	2.13	5.8	3.9
15	500	14.16	3.5	2.1	1.62	7.4	6.5
1	1500	10.40	8.3	5.0	2.01	14.1	3.5
3	800	11.31	3.9	3.4	1.46	5.12	1.65

可以看出 DST 在实际岩心中具有良好的注入性，并且所拥有的阻力系数与残余阻力系数均能满足油藏需要。

2) 溶解性评价

通过溶解聚合物，一定时间取出部分聚合物测定黏度，评价聚合物的溶解性能。在不同温度条件下溶解 5000mg/L 聚合物的溶解性，如图 3.39。

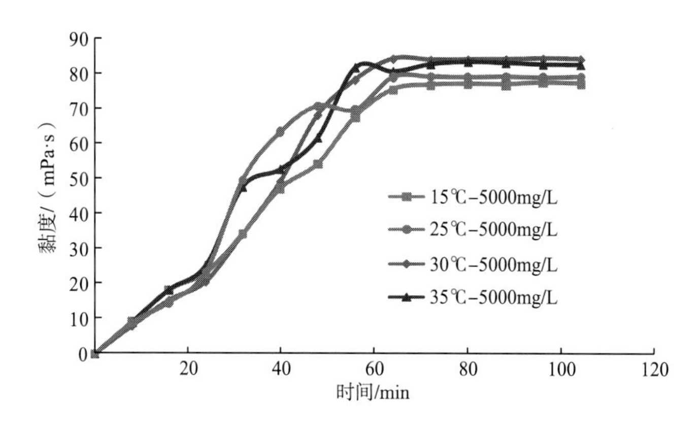

图 3.39 温度对 5000mg/L 聚合物溶解性影响

对于聚合物母液 5000mg/L 的配制，温度对其影响并不明显，几乎都在 65min 左右能够完全溶解。

在不同温度条件下溶解 2000mg/L 的聚合物，如图 3.40。

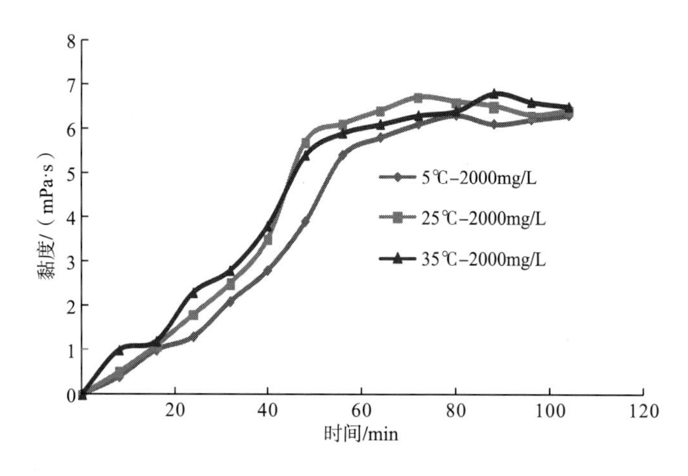

图 3.40 不同温度下 2000mg/L 的溶解时间

图 3.40 表明对于溶解 2000mg/L 的聚合物，时间在 55min 内能够完全溶解，温度对其影响同样不大。可以认为在现场配制聚合物的时候，其配制溶解时间最佳为 70min，在低浓度条件下搅拌的剪切作用较低，对聚合物溶液浓度的影响几乎可以忽略不计。

3）增黏能力评价

实验温度 76℃条件下，注入水配制的黏浓关系见图 3.41。

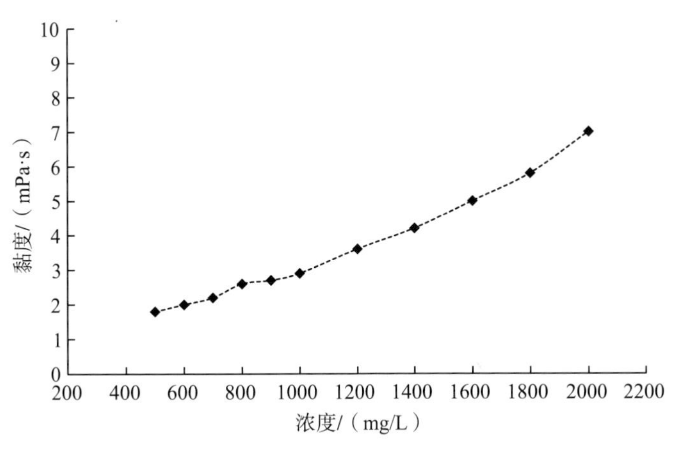

图 3.41　DST 黏浓关系

可以看出产品增黏能力不是特别强，但是对于原油黏度为 0.3mPa·s 的稀油油藏，是能够满足驱油性能需要的。

4）抗剪切性评价

采用吴茵搅拌器剪切 1 档 20s 强剪切作用剪切后，见图 3.42。

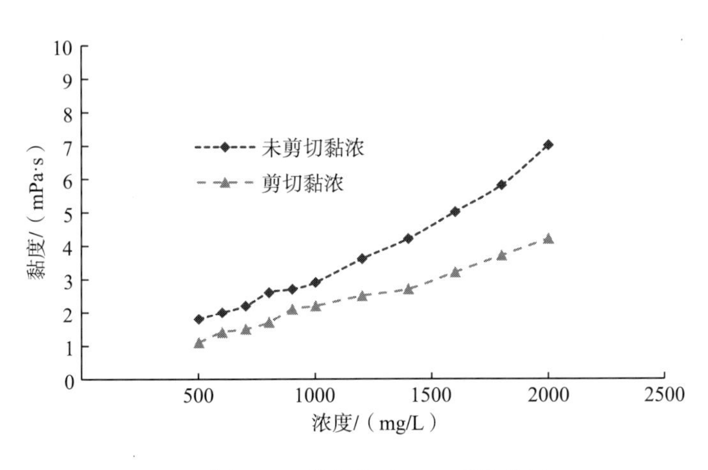

图 3.42　剪切前后 DST 黏浓关系

聚合物经过强剪切后，聚合物黏度变化不大，随浓度的增加，依然具有增黏能力。

5）抗盐性评价

采用注入水和清水配制聚合物，分析阳离子对聚合物性能的影响，见图 3.43。

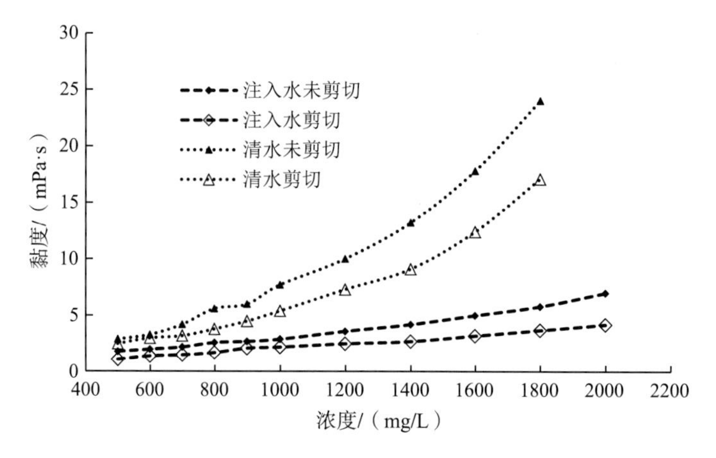

图 3.43　矿化度对聚合物黏度的影响

矿化度对聚合物 DST 有一定的影响，但是聚合物在注入水条件下配制，能够满足油藏需要，在清水条件下配制效果更佳。

6）流变性

对 DST 不同浓度（1000mg/L、1300mg/L、1500mg/L）做流变性实验，见图 3.44～图 3.46。

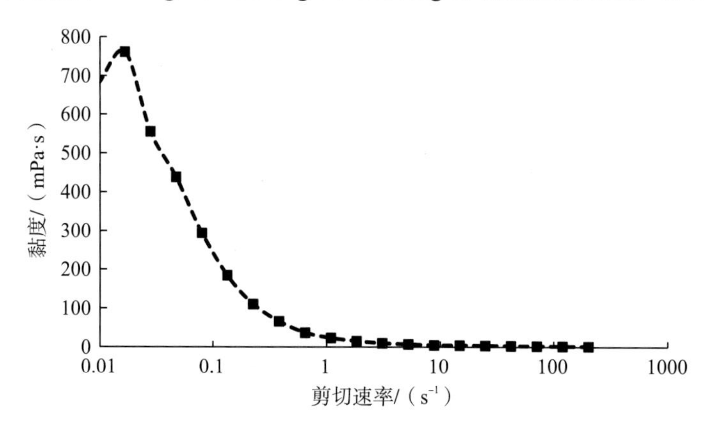

图 3.44　1000mg/L DST 流变性

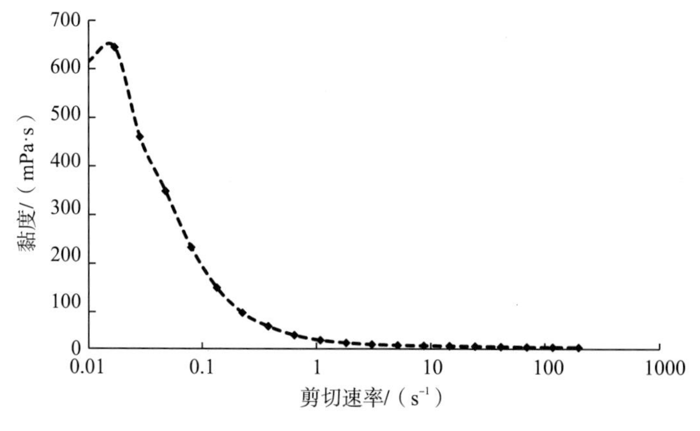

图 3.45　1300mg/L DST 流变性

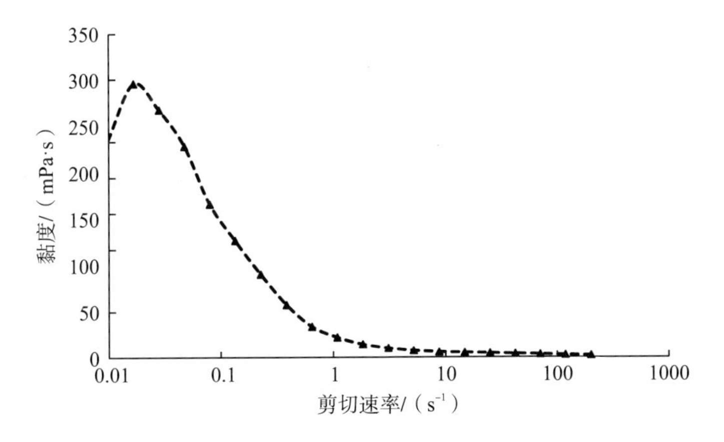

图 3.46　1500mg/L DST 流变性

聚合物 DST 随着剪切速率的增加，黏度降低，属于幂律型流体。

7）驱油实验

选用不同岩心开展了不同注入浓度、不同注入 PV 数对驱油效果的影响实验。其中流速为 0.2mL/min，温度为 76℃；不同注入浓度的实验是对岩心 2、5、6、7 号分别进行聚合物浓度为 1500mg/L、1000mg/L、1250mg/L、750mg/L 的实验。具体相关参数如表 3.16 所示。

表 3.16　岩心基本数据和提高采收率能力

岩心编号	孔隙度/%	气测渗透率/mD	浓度/(mg/L)	段塞体积/PV	转注时机/fw	水驱采收率/%	聚驱采收率/%	采收率增幅/%
2	16	42.69	1500	0.4	85%	45.22	58.54	13.32
4	17	72.54	1500	0.4	注水 1PV	45.22	68.88	23.66
5	17	44.41	1000	0.4	85%	49.82	61.09	11.27
6	17	112.31	1250	0.4	85%	50.00	62.20	12.20
7	18	85.76	750	0.4	85%	48.86	57.95	9.09
16	15	192.91	1500	0.3	85%	46.95	62.68	15.73
17	16	117.56	1500	0.2	85%	45.24	59.05	13.81
18	14	52.12	1500	0.4	注水 1.5PV	45.22	67.14	22.92
19	15	156.38	1500	0.1	85%	47.50	57.25	10.25
20	14	22.23	1500	0.4	注水 0.5PV	45.22	68.61	23.39

在不同注入 PV 数的分析对比下，随着注入 PV 数的增加，驱油效果增强，采收率增幅加大，在聚合物注入超过 0.3PV 后，采收率增幅的增加不再明显，注聚 0.3PV 的综合指标较高。

聚合物 DST 可以运用于低渗油藏，其具有良好的注入性，具有一定的增黏能力，有效的残余阻力系数扩大后使水的波及体积增大，进一步提高采收率。

4.聚合物驱试验方案设计与优化

进行低渗储层聚合物驱方案优化，必须首先找准聚合物驱在对应储层的主控因素。只有针对主控因素开展方案设计与优选，才能取得较好的聚合物驱效果。因此，设计了如下的方案优化技术路线(如图 3.47 所示)。

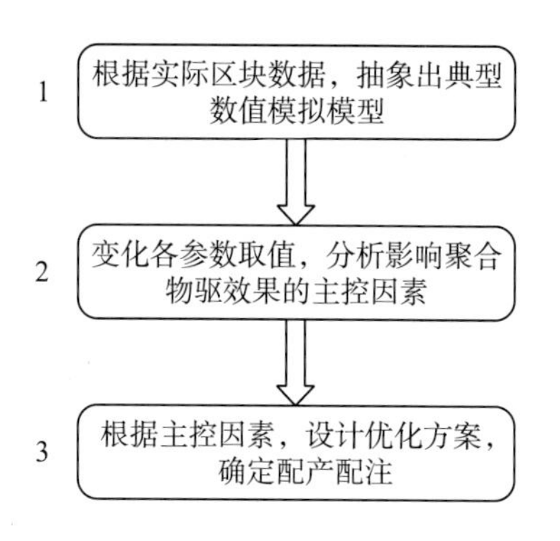

图 3.47 方案优化设计路线图

以波及系数与采出程度受到各因素影响的变化程度作为敏感性评价的指标。

从对波及系数影响程度的角度分析，低分子量聚合物敏感性排序：

注入浓度>注入速度>聚合物用量>渗透率

从对采出程度影响程度的角度分析，低分子量聚合物敏感性排序：

注入速度>注入浓度>聚合物用量>渗透率

在聚合物注入参数中，有如下参数需要论证，分别是：注入聚合物浓度、聚合物用量、聚合物注入速度、水驱转聚合物驱时机等。需要针对聚合物注入方案中的上述关键参数，逐一进行优化。优化的聚合物驱方案：注入速度为 0.05PV/a，注入段塞高中低，其浓度比为 1800mg/L：1400mg/L：800mg/L，相关比例是 0.06PV：0.18PV：0.06PV，注入时间越早越好。

3.3 稠油油藏聚合物驱

随着石油需求的不断攀升以及常规油气资源的不断开采和消耗，稠油在世界能源结构中的地位越来越重要。全世界稠油的潜在储量是已探明常规原油地质储量(4200×10^8t)的 6 倍(15500×10^8t)。稠油将会成为重要的石油来源，且十分广泛地分布在国内外各个油田区块，主要集中在美国、加拿大、委内瑞拉和俄罗斯。加拿大和委内瑞拉两个国家的石油储量主要是稠油和沥青砂。据估计，委内瑞拉的稠油地质储量约 3000×10^8t，加拿大和美国分别为 4000×10^8t。我国稠油的储量在世界上居第七位，在松辽盆地(辽河)、渤海湾(胜利、中海油)、准噶尔(新疆)、南襄(河南)、二连(内蒙古)等 15 个大中型含油盆地和区块已发现了数量众多的稠油油藏，其中渤海湾盆地稠油储量可达 40×10^8t 以上，准噶尔盆地

西北缘稠油储量达 10×10^8t 以上，百色盆地及南方珠江口盆地也分布有一定规模的稠油资源，全国稠油储量在 80×10^8t 以上。因此，稠油的开采具有很大的潜力和重要的地位。近年来，稠油和沥青产量在持续递增，预计到 2050 年，稠油产量将占世界能源总产量的 50%以上。

辽河、胜利、克拉玛依和轮南是特、超稠油油田；河南、大港和渤海等则属于常规稠油油田。目前，对于辽河等特、超稠油油田多采用蒸汽吞吐、蒸汽驱和水平井蒸汽辅助重力泄油(SAGD)等方式进行开采，而河南、渤海等常规稠油油田则多采用注水为主的开采措施。

根据我国重质原油的特点，1987 年由中国石油工业部提出了试行部颁标准，这个分类标准突出一点就是分类标准与油田开发方法相联系，更有实用性。我国稠油油田主要采用两种开发方式。油藏温度下地面脱气原油黏度在 150mPa·s 以下的普通稠油常采用注水开发，黏度大于 150mPa·s 的采用注蒸汽开采法，随开采时间延续，油汽比(采油量与蒸汽注入量的比值)大幅下降，导致稠油油藏在经济合理线以上的采出程度较低(一般小于20%，部分油田采收率还不到 10%)。与稀油油藏相比，我国稠油油藏原油地下黏度大；油藏岩石疏松易出砂；开采中普遍存在气窜、热损失严重等问题，蒸汽注入能力和人工举升能力差等困难。诸多因素造成我国稠油油藏开发难度大、采收率低等一系列问题。可见，合理高效开发稠油油藏是解决我国对原油增长的迫切需要的一项重大战略措施。因此，如何提高稠油油田采收率一直是国内外石油界的难题，稠油油田提高采收率的问题更是我国解决能源危机的关键问题。

在我国黏度较低的稠油油藏，一般都实施常规注水开采，取得了较好效果。稠油具有黏度高、密度大、油水流度比低、水驱波及效率低等特点，随着普通稠油油田注水开发的不断深入，油、水之间过大的黏度差，导致注入水极易产生“指进”，加上储层的严重非均质性，进一步加剧了油水运动的差异，造成综合含水上升和产量递减速度的逐年增大，区块进入高含水、高采出程度的双高开采阶段。如何稳油控水，进一步提高普通稠油的开采效果，增加可采储量，成为当前普通稠油油藏进一步开采所面临的问题。

目前，以保压为目的的提高采收率技术主要为注气提高采收率和注水提高采收率，如图 3.48 所示。受我国自然资源、装备/制造业技术水平等因素的限制，我国大多数采用以注水开发方式提高油藏采收率的技术。正是这一技术特点的要求，发展了以聚合物驱为主的化学技术，并在矿场得到了较好的应用和现场效果。

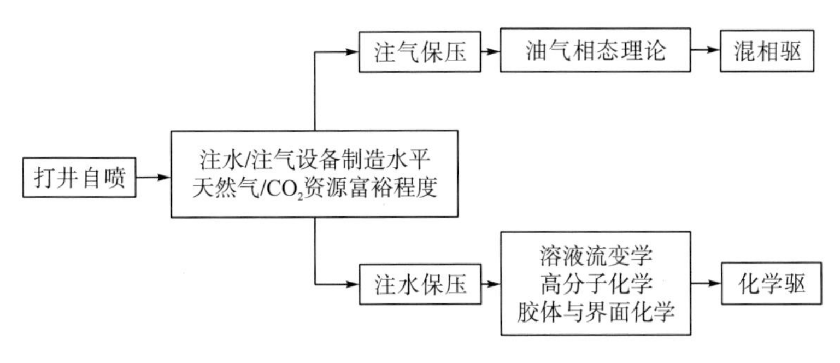

图 3.48　提高采收率技术和方法

因此，在水驱开发油藏提高采收率技术中，采用聚合物驱技术是该类油藏提高采收率的自然延伸。聚合物驱主要是通过提高驱替体系的黏度和降低水相渗透率，改善水驱油流度比，扩大水驱波及效率达到提高原油采收率的目的。另外，聚合物溶液在多孔介质中通过黏弹性产生黏滞力，提高原油的微观驱油效率。在现场应用和提高采收率效果方面，我国聚合物驱技术走在世界的前列，相继在河南、大庆、胜利和渤海等油田得到应用，从稀油到稠油，从整装油田到断块油田，该技术及相应的配套技术得到了长足的发展。

国内外的研究和矿场实践证明，并非所有的油层条件都适合开展聚合物驱。在聚合物驱的筛选标准中，适合聚合物驱的油藏，原油黏度一般不高于 50mPa·s。根据聚合物研究和实践经验，得到广泛认可的聚合物驱主要适应油藏条件，见表 3.17。

表 3.17 聚合物驱主要适应的油藏条件

项目	有利条件	大庆油田
变异系数	0.7±0.1	0.6～0.8
动态非均质	无高渗透条带	高渗透条带部分发育
地层温度	低	45
地层水矿化度/(mg/L)	＜10000	3000～7000
配制水矿化度/(mg/L)	＜1000	600～1200
综合含水/%	低含水	90～96
地下原油黏度/(mPa·s)	60±10	8～20
采出程度/%	低	35～45
井距/(m)/井网	200～300/五点法	200～300/五点法

可以看出，不适宜聚合物驱情况为：渗透率太低的油层不适宜聚合物驱，油层渗透率太低，注水已经比较困难，注聚合物就更困难，在国外渗透率 20mD 以下油层慎用聚合物驱；油层有明显裂缝不适宜聚合物驱；泥质含量太高(大于 25%)的油层不适宜聚合物驱；水驱残余油饱和度太低(低于 25%)的油层不适宜聚合物驱；底水油田(或油层)，慎用聚合物驱。

而稠油油藏原油黏度一般都较高，水驱稠油原油黏度有达到数千毫帕秒，为达到聚合物驱效果，往往需要较高浓度的聚合物溶液才能有效降低水油流度比，这将大大增加聚合物的注入难度和化学剂的成本。因此，在一段时期内，技术和经济因素限制聚合物驱在稠油油藏中的实际应用。

但早在 20 世纪 60 年代，国内外室内进行了非常有价值的尝试和研究，并进行了稠油油藏聚合物驱先导试验。特别是，最近几年的高油价使得较高聚合物浓度和较大聚合物段塞在经济上有利可图。另外，驱油用聚合物也得到了较大的进步，从而使得聚合物驱技术增加稠油采收率具有很好的前景。

统计整理了国内外 364 个已实施的三次采油区块的油藏静动态数据，如表 3.18 所示。其中，化学驱和微生物驱(吞吐)统计区块数各为 88 个、20 个，统计数据主要来自国内区块；而气驱和蒸汽驱统计区块数各为 138 个、118 个，统计数据主要来自国外区块。

表 3.18　国内外已实施三次采油区块油藏参数范围统计

三次采油方法	统计区块数	油藏深度/m	油藏温度/℃	地层渗透率/mD	原油密度/(g/cm³)	原油黏度/(mPa·s)	地层水矿化度/(mg/L)
聚合物驱	76	883～2013	42.4～80	341～9100	0.805～0.976	6.3～115	2065～17402
复合驱	12	814～1513	40～69	132～1520	0.849～0.963	3～179	3800～9000
微生物驱	20	260～1790	19～80	125～2533	0.8624～0.992	4～12000*	2339～17000
CO_2 驱	94	732～4420	42～157.6	1.5～1000	0.806～0.953	0.4～32	—
N_2 驱	7	1240～4694	59.8～154.8	5.8～2800	0.621～0.960	0.37～25	—
烃类气驱	37	1231～4419	43.7～157.6	20～15000	0.751～0.940	0.14～140	—
蒸汽驱	118	61～1750	21.4～79.8	0.1～10000	0.876～1.014	20～500000*	—

附注：*指油藏温度下脱气原油的黏度，其余指油藏条件下的原油黏度。

从表中可以看出，油藏深度、油藏温度、原油黏度为已实施三次采油区块的主要油藏的影响参数。由于油藏深度与油藏温度具有某种相关性，将油藏深度和原油黏度作为考察参数绘制散点图，如图 3.49 所示。

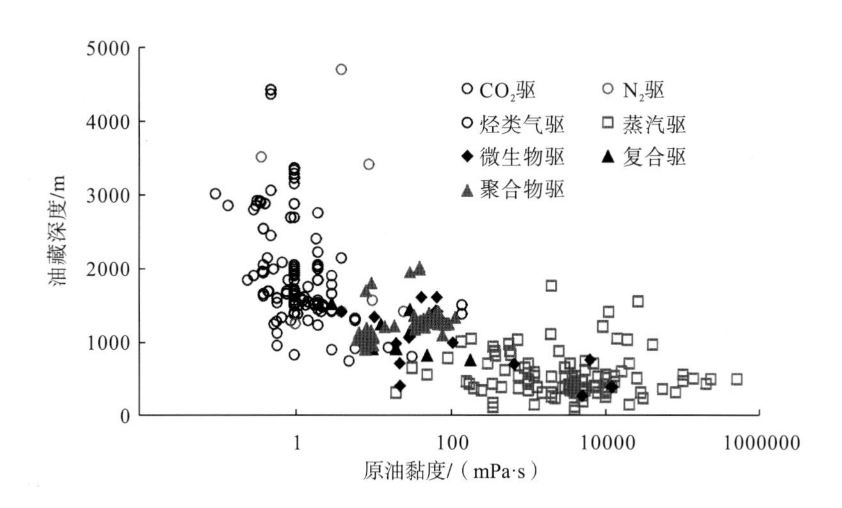

图 3.49　三次不同采油方法油藏深度与原油黏度分布

总的分布趋势表明：

(1) 已实施化学驱区块的油藏深度居中，大多在 1000～1400m，原油黏度分布也居中，分布较多的范围为 5～100mPa·s。

(2) 已实施气驱区块的油藏深度跨度大，一般在 1200～3000m，最深超过 4500m；而原油黏度相对较小，除个别区块处于普通稠油范围，大多区块的原油黏度为 5mPa·s。

(3) 已实施微生物驱区块的油藏深度较浅，一般小于 1600m，但原油黏度分布范围较广，统计区块在 4～12000mPa·s 居多。

(4) 已实施蒸汽驱区块的油藏深度最浅，一般小于 1200m，而原油黏度较大，分布较多的范围为 150～50000mPa·s。

表 3.19 中国部分已实施聚合物驱单元油藏地质参数范围

油藏地质参数	大庆油田			胜利油田			大港油田		
	最小值	最大值	平均值	最小值	最大值	平均值	最小值	最大值	平均值
单元地质储量/($\times 10^4$t)	263	2935	1447	165	2857	1195	75	211	114
有效厚度/m	8.2	22.3	12.5	5.7	36.9	14.5	6.7	12.5	9.0
油藏中深/m	884	1178	1040	1242	2013	1321	1200	1355	1255
渗透率/mD	341	923	565	1024	6900	2555	515	1264	891
地面原油密度/(g/cm^3)	0.805	0.908	0.859	0.935	0.976	0.957	0.911	0.933	0.926
原油地下黏度/(mPa·s)	6.3	35	9.2	34.1	95	60.3	14.4	62.9	38.1
油藏温度/℃	42.4	50	45.55	62.3	80	69.6	52	56.6	54.2
地层水矿化度/(mg/L)	6031	8218	7177	4300	17402	7155.7	5087	13150	8624
注聚前含水/%	84.2	96.1	—	86.1	97.0	—	84.0	91.5	—
聚合物注入/PV	0.48	0.67	—	0.25	0.35	—	0.15	0.30	—
聚合物注入量/(PV·mg/L)	570	670	—	370	608	—	150	260	—
方案预测提高采收率/%	8.2	15.2	10.94	6.4	10.0	6.65	6.8	11.5	7.99

从表 3.19 可以看出，大庆、胜利油田实施聚合物驱的单元储量规模较大，而大港油田相对较小。与大庆油田相比，胜利、大港油田实施单元的原油黏度较大、油层较深、油藏温度较高。胜利、大港油田聚合物注入总量相对较少，同时，大庆油田注入聚合物的特点为大段塞、低浓度；而胜利油田的特点为小段塞、高浓度。从方案预测提高采收率来看，取值从大到小依次为：大庆、大港、胜利油田。

随着聚合物产品质量的提高和聚合物驱领域研究的深入，聚合物驱适用的油藏条件有了新的扩展。渤海绥中 36-1 油田地下原油黏度达到 70mPa·s，胜利油田地下原油黏度达到 90mPa·s 左右，吐哈鲁克沁油田玉东 1 井地下原油黏度达到 367mPa·s，聚合物驱能够获得聚合物驱提高采收率的开发效果。国内外研究者研究了聚合物驱在黏度更大的稠油油藏中的适用性。室内驱油实验研究表明，原油黏度大于 100mPa·s 的油藏，也可以取得良好的驱油效果，加拿大的稠油油藏矿场试验结果表明稠油油藏聚合物驱具有很大的潜力。尽管如此，目前，稠油油藏聚合物驱在油田进行大规模的现场试验的新闻仍鲜见报道，在我国已经成功进行稠油油藏聚合物驱现场应用的油田主要是渤海油田和河南油田。究其原因除了受原油黏度影响外，还必须要考虑影响聚合物驱的其他不利因素，例如，油藏的非均质性。我国大部分油田存在强注、强采的现象，这样易导致大孔道，增加变异系数，在实施聚合物驱时，易导致窜聚，降低开发效果。虽然有人提出了预测和治理的方法，但这些方法仍不能实现改善稠油油藏聚合物驱效果目标，如在聚合物驱实施前进行吸水剖面调整及必要的调剖堵水等措施，虽然能够解决部分问题，但仍无法从根本上解决稠油油藏聚合物驱效果和经济效益低于稀油油藏的聚合物驱效果，需要从聚合物驱机理出发，改善和提高稠油油藏聚合物驱效果和经济效益。同时，拓展聚合物驱适应油藏的范围，为油藏提高采收率提供必要的技术手段和方法。

3.3.1　稠油油藏聚合物驱关键技术

我国稠油油藏大多数属于中新生代陆相沉积，少数为古生代海相沉积，油藏类型较多，地质条件复杂。现已探明的稠油油藏，大部分分布于中新生代地层。根据油藏埋深、储层岩性、储油空间类型和油、气、水分布状况，国内已投入开发的稠油油藏大体可划分为普通稠油、特稠油和超稠油油藏三类。

1) 特稠油和超稠油油藏

胜利乐安区块为边水薄层砂砾岩特稠油油藏，油藏油层薄，非均质性极其严重，渗透率高但孔隙度低。由于砾岩极易导热，注蒸汽开发存在一定风险。而井楼零区区块为浅层薄层特稠油油藏，油藏埋藏浅，温度低。草古 1 潜山等区块为边、底水裂缝(溶洞)型特、超稠油油藏。油藏储集层为碳酸盐岩裂缝和溶洞，低孔隙度，高渗透率。由于裂缝，油藏有一定常规产能。由于低孔隙度和石灰岩，注蒸汽吞吐油藏热损失严重，是热采中较特殊的油藏类型。另外，新疆克拉玛依风城地区、塔里木轮南地区和辽河冷家堡等区域也是属于特稠油、超稠油油藏。

2) 普通稠油油藏

辽河高升莲花油层为深层气顶、厚层块状普通稠油油藏。其储集层孔隙度高、渗透性好，原油品质好，原始气油比高。辽河曙光、胜利单家寺部分油层则为边、底水块状普通稠油油藏。储集层性质与高升莲花油层相似，但边、底水会对注蒸汽开发有负面影响。辽河欢喜岭兴隆台等油层为多油组厚互层状边水普通稠油油藏。油藏油层数多、厚度大，储层孔隙度大、渗透率高，但层间物性不同，非均质性严重，油水关系以边水分布为主。相对兴隆台等油层，渤海绥中 36-1 稠油油藏性质与其相似，但油层水敏、速敏性强。辽河曙光杜 48 等区块则为多油组薄互层状普通稠油油藏，其油藏油层数多但厚度小，油层物性差。辽河欢喜岭齐 40 区块为深层中厚互层状普通油藏，无气顶或边、底水层，油层物性较好，适合蒸汽开采。新疆克拉玛依红山嘴等区块为浅层层状普通稠油油藏，油层集中、单一，非均质性较严重。吐哈油田吐玉克区块为超深层稠油油藏，油藏埋深超过 3000m。

综上所述，国内稠油油藏的地质特征主要表现在以下几个方面：

(1) 油藏类型繁多。我国稠油油藏受风化削蚀、边缘氧化、次生运移和底水稠变 4 种类型的成因影响，形成了不同类型的油、气、水分布特征，从而导致油藏类型多样。

(2) 油藏埋藏较深。与国外稠油油藏埋藏深度相比，国内 60%以上的油藏埋藏深度大于 900m，部分超过 1500m，而吐哈油田玉东区块更是达到 2700m 以上。

(3) 储集层主要以碎屑岩岩层为主，胶结较疏松。国内稠油油藏主要分布于碎屑岩中，分属于不同时期不同成因类别的砂岩体，储集层胶结疏松，成岩固结作用较低，出砂情况严重。

(4) 储集层平均物性较好，孔隙度大，渗透性高，但非均质性严重。国内稠油油藏孔隙度普遍达到 25%～30%，气测渗透率范围多为 300～2000mD，最高甚至达到 7000mD；油层纵向渗透率级差较明显，渗透率变异系数为 0.5～0.7。

(5) 油层含油饱和度低。与国外稠油油藏相比，国内油藏油层含油饱和度最高只达到了 65%。

(6)油藏油层油水系统复杂(图 3.50)。国内稠油油藏普遍带有边、底水，如辽河欢喜岭兴隆台等油层。对厚层块状油藏，边、底水水体体积较大，较活跃；对多层状油藏，其拥有多套油水系统，对热采蒸汽产生较严重的负面影响。

(7)油藏饱和压力低，天然弹性能量小。由于稠油油藏在形成过程中轻质组分的大量散失，我国稠油轻烃含量少，油藏条件下气油比小，天然弹性能量低。

整体上看，我国稠油油藏以中新生代地层为主，储集层主要以碎屑岩岩层为主，胶结疏松，平均物性较好，但油藏非均质性严重，埋藏深，含油饱和度低，油水系统复杂，天然弹性能量小。

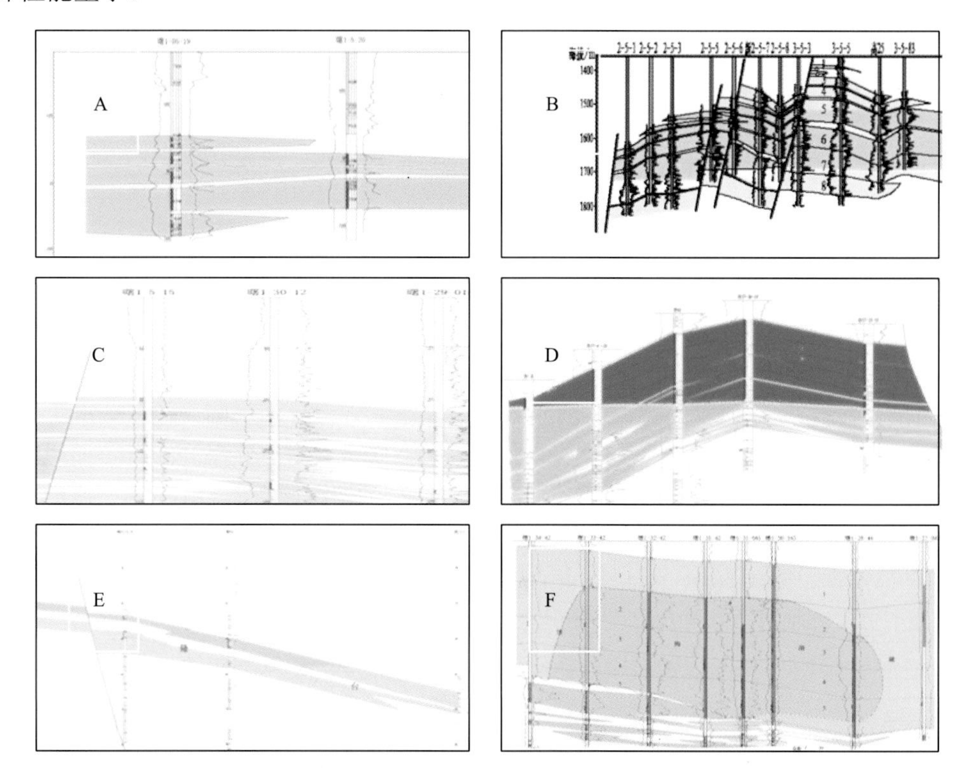

图 3.50 稠油油藏类型示意图(A.纯油藏；B.块状气顶油气藏；C.油水互层状油藏；D.块状底水油藏；E.层状边水油藏；F.块状边、底、顶水油藏)

1.稠油油藏开发现状

对于普通稠油油藏而言，其主要分布在河南、渤海等地区，辽河、胜利、克拉玛依和吐哈等地区也有相当部分储量的普通稠油区块。

目前，普通稠油油藏在地层自喷采油结束后采用热采和非热采两种开发方式进行开采。因为热采方式面临投资成本高、经济风险大，且其油藏条件严格受到热采筛选标准的限制，大多数常规普通稠油采用非热采常规注水开发方式。但由于油水流度比过高，黏性指进现象严重，以致水驱波及体积能力小(图 3.51)，为此，很多普通稠油油藏在水驱开发不同阶段采取不同措施以提高注水采收率。

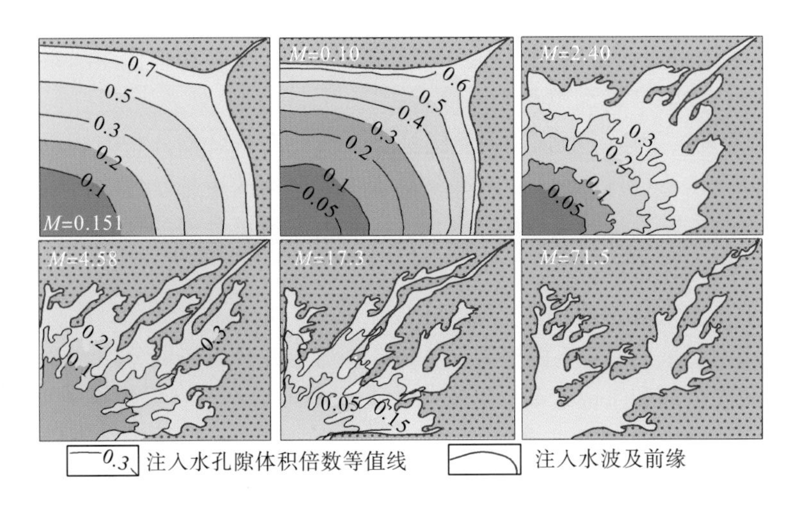

图 3.51　水驱前缘示意图

胜利孤岛油田属于常规注水开采的稠油油藏，在注水开采过程中，无水采收率低，中低含水期含水上升快，大部分可采储量要在高含水期采出，即高含水阶段是稠油油藏主要采油阶段，需要在该阶段大幅度提高注水倍数，才能提高驱油效率和最终采收率。为此，孤岛油田分以下 5 个不同开发阶段：

(1) 天然能量采油阶段，靠弹性和气压驱动。

(2) 低含水阶段，采用分区投注，逐步提高注采比，恢复地层压力；同时采取分层注水，减缓层间矛盾。

(3) 中含水采油阶段，加强注采调整，控制含水上升；细分开发层系，加密调整注采井网，减缓层间干扰，改善开发效果；同时保持较高地层压力水平，增大泵径，提高单井产液量。图 3.52 为孤岛中二北区块水驱油井加密调整情况。中二北井距由 200m×283m 加密成 141m×200m，加密井 76 口，增加可采储量 82×10^4t，采收率由 21%提高到 29.1%。

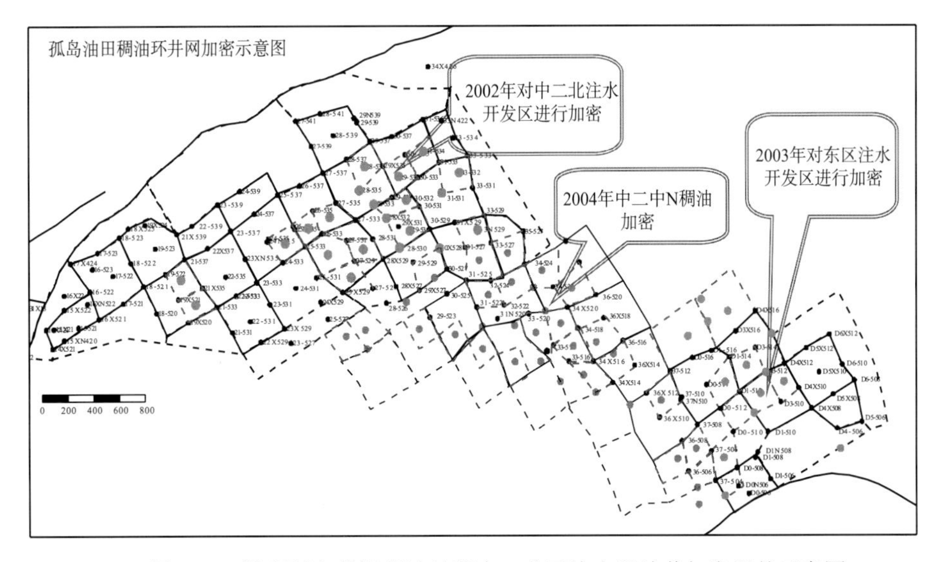

图 3.52　胜利孤岛普通稠油油藏中二北区块水驱油井加密调整示意图

(4)高含水采油阶段，继续采取加密调整注采井网，完善和强化注水系统；同时逐步推广大口径水泵，大幅度提高单井产液量。

(5)特高含水采油阶段，加强油藏精细描述，深化对剩余油分布的认识；继续实施控制含水上升的综合治理措施；对于注水开采基本不能动用的边部及过渡带稠油可适当进行蒸汽吞吐开采，但先导试验效果表明，孤岛、孤东馆陶组已开展的聚合物驱能有效降水增油，并逐步进行工业化推广。

大港油田羊三木常规普通稠油油藏，主要采取：①完善注采系统、保持较高的地层压力、注采井数比由初期的 1∶7 调整为 1∶24；②注水井普遍采取分注，及时调配层间和平面注水量，减缓层间和平面矛盾；③对主力油层采取以细分开发层系为主的综合调整；④主要开展以聚合物驱为主的三次采油方法。

鲁克沁油田是吐哈油田分公司在“十一五”期间逐步投入开发的深层稠油油藏，主要包括三大区块，即东区、中区和西区。1994～1995 年，鲁克沁中区钻探的艾参 1 井发现了二叠系和石炭系两套生油岩，在三叠系克拉玛依组(T_2k_2)发现 42.6m 稠油油砂，试油见少量稠油，拉开了鲁克沁构造带规模勘探的序幕。1995 年 11 月 6 日在构造带中段的玉东 1 号构造上钻探井——玉东 1 井，并在三叠系克拉玛依组见到 132.43m 的油气显示，随后对 2700.6～2721.6m 井段进行完井试油，获日产稠油 15.0m^3 的工业油流，由此发现了鲁克沁油田。1996 年 8 月至 2004 年底，相继发现了玉 1 块、玉东 2 块、玉东 4 块、玉东 101 块、玉 101 块、玉东 201*X* 块、玉东 202 块、鲁 2 块、玉东 203 块、玉西 1 块、玉西 2 块、玉西 101 块共 12 个含油断块。根据油藏埋深、储层物性、流体性质的平面分布，以玉 6-3 井东侧断层为界，将断层以西的区域统称为西区，将断层以东至鲁 2 块东侧断层之间的区域统称为中区。

鲁克沁油田于 1997 年投入试采，2000 年 8 月优选储层物性好、单井产能高的鲁 2 块投入开发，衰竭开发两年半后于 2003 年 6 月在鲁 3-7 井开展了常规注冷水试验，在矿场试验成功的基础上，于 2005 年 10 月该块全面投入注水开发阶段。中区玉东 4 块于 2005 年采用 200m 井距滚动投入开发，并取得了良好的效益。2006 年设立鲁克沁勘探开发一体化项目，鲁克沁稠油油田中区全面投入开发，稠油进入快速建产阶段，鲁 8 块、玉东整体采用 200m 井距反九点法注采井网全面投入开发，西区也建立了天然气吞吐开发先导试验区。在鲁 2 块注水开发试验成功基础上，玉东 2008 年整体投入注水开发。在储层严重非均质性和油水黏度比大双重因素影响下，注水单层单向突进现象严重，导致区块油井含水上升快，目前中区综合含水已达 70.24%。利用室内水驱油、数值模拟、经验公式及统计规律等多种方法预测中区水驱采收率的结果均比较低，仅有 13.5%～15.8%，迫切需要探索有效提高中区采收率的技术手段。

渤海油区的储层和我国东部其他绝大多数多层砂岩油藏一样，形成于中、新生代陆相沉积湖盆中，基本都是河流相或三角洲相，非均质性较严重。储层层内存在着正韵律、反韵律和复合韵律等层内非均质特征，其中，以不利于水驱的正韵律特征相对更为发育。

从目前渤海已开发油田的地质条件和流体特性分析，渤海区域各油藏之间存在不同程度的差异。绥中 36-1、曹妃甸 11-1、渤中 25-1、蓬莱 19-3、秦皇岛 32-6 等为主力区块，地质储量较大。储量丰度较大的油田是绥中 36-1($700\times10^4m^3/km^2$)，最小的油田是歧口 18-2($15.45\times10^4m^3/km^2$)，多数油田的储量丰度在 100×10^4～$450\times10^4m^3/km^2$；深度较大

(>2500m)的油田包括歧口 18-1、歧口 18-2、妃甸 2-1、曹妃甸 18-1、曹妃甸 18-2、渤中 28-1、渤中 34-2/4 等，其他油田的深度大都在 1000～2000m；大部分油田的地下原油黏度小于 100mPa·s，部分油田黏度跨度较大，如绥中 36-1(30～400mPa·s)、旅大(36.1～210mPa·s)、曹妃甸 11-1(28.9～425mPa·s)、蓬莱 19-3(9.1～944mPa·s)、秦皇岛 32-6 北+西(43～260mPa·s)、南堡 35-2(201～741mPa·s)等。

渤海海域目前在生产油田的油藏特点为胶结疏松、孔隙度大、渗透率高；原油黏度高、纵向上层系多、渗透率级差大、非均质严重；渤海油田大多都是河流相或三角洲相沉积的稠油油藏，这类储层的油藏储量约占 90%，其地质特征为：①油层纵向上油层多，层间差异大；②平面上非均质性强；③储层层内存在着正韵律、反韵律和复合韵律等层内非均质特征；④以不利于水驱在层内垂向上波及的正韵律特征相对更为发育；⑤原油黏度普遍较高；⑥大多数油田天然能量不足，需要注水补充能量。

近几年，渤海油田油气产量一直攀升，提高采收率技术起到了重要作用，对 2010 年渤海油田产量实现 $3000\times10^4m^3$ 和中国海油 $5000\times10^4m^3$ 目标及建设“海上大庆油田”具有非常重要的意义。我国海上油田已发现原油地质储量 $47\times10^8m^3$，其中稠油储量为 $32.9\times10^8m^3$，占总地质储量的 70%以上，主要集中于渤海油田，而渤海 70%的油田是稠油或者重质稠油，油田开发方案标定水驱采收率为 18%～25%，有些甚至更低，实际平均采收率仅为 20.2%，相对于陆地类似油田 32%～40%的采收率，还有很大可挖掘的潜力。对于渤海油田，采收率提高 1%，就相当于获得一个亿吨级储量的大油田，其经济效益和社会效益显而易见。

2.水驱稠油油藏开发存在问题

在水驱普通稠油油田开发初期，井网分布一般较稀，受稠油流体渗流特征的影响，这些较稀的井网并不能满足油田后续生产和提高最终采收率的需求，造成可采储量动用程度很低、剩余油在井间出现富集等不利因素。因此，进一步加密现有井网对提高稠油的采收率有着重要的意义。埕北油田早在 2004 年就在 CB25 井区新加密了 10 口井，使得井距从 468m 减小到 298m，已累计增产原油 13.5×10^4t，下一步计划将 CB25 井区的井网密度由 5.6 井/km^2 加密到 9.5 井/km^2，通过相关软件模拟，在未来的 15 年里，可累计提高采收率 9.4%。

在加密井网的同时，可以进一步细分开发层系，采用水平井稠油冷采来进一步提高开发效率。1991 年，LASMO 公司在 Cactus Lake 油田北部开始了水平井稠油冷采，1993 年，Texaco 石油公司也在 Frog Lake 油田开展了 10 口水平井的出砂冷采试验，单井产量可达 12～$17m^3/d$。绥中 36-1 油田在 2002 年 CF1 井获得成功后，相继完成了 5 口水平井，使得整个 C 区的采油速度大幅度提升，预计到 2015 年可累计提高采收率 6%。

加密井网和细分开发层系都可以增加原油的可采储量，提高普通稠油油藏采收率，但也会加剧井间和层间的干扰，大幅增加了钻井、采油和基建投资。因此，常规注水开发过程中，由于稠油油藏地下原油黏度大，过高的水油流度比引起严重的黏性指进现象，注入水波及体积小，导致注水开发一般只能采出 5%～10% OOIP 的原油；且地层原油黏度越高，渗流所需压力越大，驱油效率越低。

例如，渤海盆地的油气资源中重质油田地质储量占全部储量的 85%。这类大中型重质油田的主要地质特点是：埋藏浅(埋深 800～1800m)；构造相对简单，面积大、储量大(基

本探明地质储量 2×10^4～2×10^8t)；含油井段长(30～200m)；油层厚度大(20～70m)；储层性质好，渗透率高，孔隙度大；原油性质差、黏度高(400～1000mPa·s)、密度大(0.93～0.97g/cm^3)；多数油田天然能量不足。而且这类油田还有埕北油田、绥中 36-1 油田，由于其天然能量充足，这类油气田开发目前是以水驱开发为油田开发的核心，但采收率较低，一般为 20%～25%。

孤岛油田属于典型的河道砂常规稠油油藏，具有油藏非均质性强、地下原油黏度高(20～130mPa·s)的特点。1971 年 11 月投产，1973 年开始陆续分区投入注水开发，采用行列注采井网，经过 40 多年高强度的注水采油，油田已经进入高含水或特高含水阶段，但孤岛油田整体水驱采收率较低，现井网条件下平均采收率仅 33.4%。

下二门油田核二段Ⅱ油组位于泌阳凹陷东侧下二门断裂构造带上，为被断层复杂化了的由东北向西南倾没的鼻状构造，储层为近物源三角洲前缘沉积，沉积类型以水下分流河道、河口坝为主，具有胶结疏松、渗透率高、孔隙度大的特点。油层埋藏浅、温度低(50℃)、原油黏度高(72.6mPa·s)，为普通稠油油藏。自 1978 年 9 月投入开发以来，先后经历了常规降压开采、注水开发、聚合物驱、后续注水开发等 4 个开发阶段。后续水驱 5 年后，区块综合含水 93.5%，采油速度 0.67%，采出程度 37.35%，水驱开发效果差。

华北油田蒙古林砂岩油藏地层温度 45℃，地下原油黏度 124～233mPa·s，层间变异系数 0.79～0.99，为低温普通稠油油藏。该油藏采用反七点法注采井网，井距为 300m。1989 年 10 月全面投入注水开发，1991 年油藏进入中高含水期开采。截至 1995 年 11 月累计产油 27.64×10^4 t，综合含水 92.2%，采出程度 19.7%。

分别对稠油油藏和稀油油藏水驱开发效果进行对比(图 3.53)，可以看出，稠油油藏水驱采收率较低，在水驱开发过程中必须采取措施，比如井网调整等措施改善水驱效果，降低水窜作用，提高水驱开发效果。

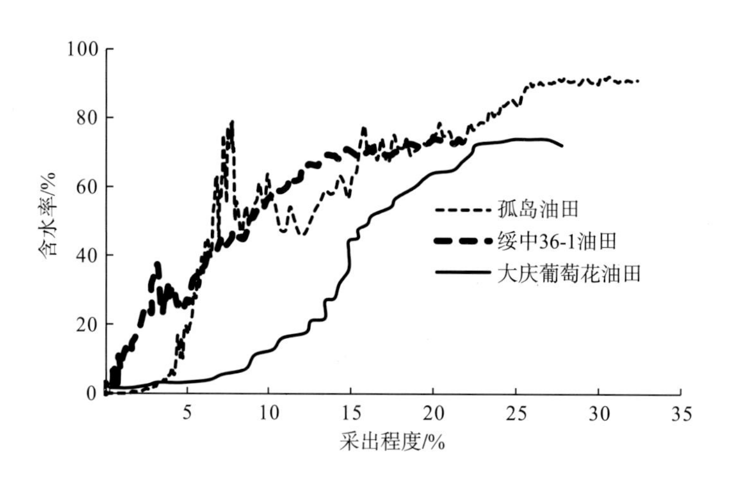

图 3.53 不同油藏水驱开发效果

针对渤海油田油藏特点及其特殊性，注聚提高采收率技术主要存在以下技术难点：①原油黏度高，增加了提高地层中聚合物溶液有效流动阻力的难度；②油层厚度大，理论上认为聚合物驱在某些条件下可以改善吸水剖面从而提高垂向波及体积，而大多数厚油层的注聚试验结果不是如此；③油层渗透率高，孔喉大，使得普通聚合物在油层中的残余阻力系数较小；④配聚水硬度高，特别是Ca^{2+}+Mg^{2+}含量大于800mg/L，要求聚合物溶液具有良好的抗盐性；⑤海上油田由于平台空间有限，不允许建大型储液罐，因此要求聚合物具有很好的溶解性；⑥海上油田大井距要求聚合物具有良好的注入性和抗剪切能力。加之海上平台面积有限、开发难度大且开发成本往往高于陆地油田，并不适合广泛采用加密井网和细分开发层系的技术来提高水驱开发效果，这使得聚合物驱成为提高普通稠油油藏水驱开发效果的重要手段之一。

冀东油田南堡陆地浅层高渗透常规稠油油藏只有高浅北区一个区块，高浅北区位于高尚堡构造的主体部位，主要目的层是馆陶组，与上覆的明化镇组地层呈整合接触，与下伏的东营组地层呈区域不整合接触。油层井段地层温度为60～75℃，平均为65℃。其原油性质具有“三高一低”的特点，即原油密度高、黏度高、胶质沥青质高和凝固点低。胶质沥青质含量一般为20%～30%，含蜡量2%～3%。根据高压物性资料分析，地层压力下原油密度为0.9106g/cm^3，黏度为90.34mPa·s。

与大庆、胜利、大港油田相比，常规稠油油藏开展聚合物驱具有以下风险因素：①地层温度较高，在65℃以上；②常规稠油油藏地下原油黏度较大；③常规稠油油藏一般具有地质条件复杂、油层数多、非均质性严重、油水关系复杂、边底水影响等不利条件。

通过以上分析，可以看出常规水驱稠油油藏，由于油水流度比和非均质性等因素影响，水驱开发效果较差，采用井网调整和注采关系调整等常规措施，水驱开发仍不能很好地采出更多原油，急需采用提高采收率技术来实现水驱稠油油藏的高效开发。

3. 稠油油藏聚合物驱关键技术分析

稠油油藏通常在形成过程中受沉积环境、成岩作用和构造作用的影响，造成储层的非均质性；储层宏观的非均质性主要表现在油层垂向及平面上的非均质性；储层的微观非均质性主要表现在储层孔隙结构特征的非均质性。大多数河流相沉积的石油储层非均质性较强，岩石渗透率各向异性现象比较显著。同时受到流体性质的非均质性影响，流体性质分布也极其不均。因此，受到油藏非均质性和高原油黏度等因素影响，水驱效果较差，通过聚合物驱的流度控制能力能够有效地改善水驱效果，但要取得较好的聚合物驱效果，必须要求聚合物具有很强的增黏能力。

稠油油藏的原油黏度较高，要仅仅依靠聚合物溶液的黏度实现稠油油藏聚合物驱效果，目前工业化聚合物产品难以满足油藏需要。在现有的驱油用聚合物及其驱油机理指导下，其驱替效果难以达到大幅度提高采收率的目的，如图3.54所示。

从图3.54可以看出，若仅仅依靠聚合物溶液的黏度提高稠油油藏流度控制，需要聚合物溶液性能较高，常规聚合物需要在较高的浓度条件下才能够获得较好的聚合物驱效果，将增加聚合物驱的风险和难度；稠油油藏的高原油黏度，导致地层中原油渗流阻力较大，聚合物溶液的残余阻力系数增加了驱替体系渗流阻力，实现了驱替相与被驱替相之间驱替前缘的稳定性，但受到常规聚合物的残余阻力系数(部分水解聚丙烯酰胺HPAM残余阻力系数一般为1～3)和注入性的影响，以及剪切等作用导致油层中聚合物溶液黏度较低，使其流度控制能力较弱，从而降低了聚合物溶液在稠油油藏中的适应性。

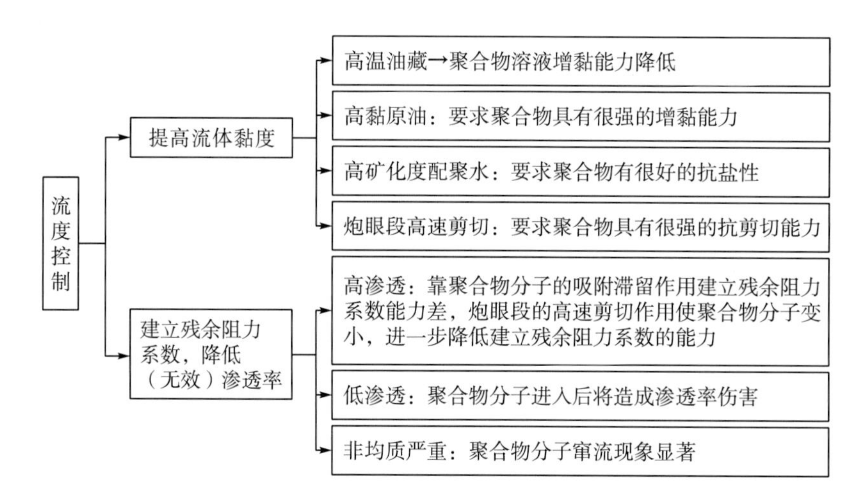

图 3.54 影响稠油油藏聚合物驱提高采收率的因素

聚合物溶液在实现流动控制作用和调剖作用时通常是用聚合物地下有效黏度、阻力系数以及残余阻力系数来表征。它们是描述聚合物溶液流度控制和降低水相渗透率能力的重要指标，也是聚合物驱数值模拟和现场工程设计的重要参数和技术指标。

聚合物驱的稠油油田原油采收率的提高幅度一般不足 10%，明显低于稀油油藏的聚合物驱效果。一方面，稠油油藏高温高矿化度、边底水状况或不完善的注采井网等都可能制约聚合物驱的开发效果；另一方面，油藏原油黏度也是导致稠油油藏聚合物驱效果不甚理想的关键因素。由公式(3-5)可知，地层原油黏度越高，其油水黏度比越大，水驱突破后产出液中含水率上升加快，此时需要注入地层的聚合物改善流动控制的能力越好。针对 11 个原油黏度在 58～1250mPa·s 的稠油油藏，通过对聚合物驱现场试验进行了统计研究，结果表明只有加拿大的 Taber South 油田(地下原油黏度 58mPa·s)取得了成功，采收率提高幅度达到 14.5%；其余 10 个油田提高采收率效果不太明显，其主要原因是过高的原油黏度使得注入油藏的聚合物浓度达不到有效控制地层中水油流度比的要求，从而影响了聚合驱油效果。

$$M=\frac{\lambda_{\mathrm{w}}}{\lambda_{\mathrm{o}}}=\left(\frac{K_{\mathrm{rw}}}{K_{\mathrm{ro}}}\right)\cdot\left(\frac{\mu_{\mathrm{o}}}{\mu_{\mathrm{w}}}\right) \tag{3-5}$$

式中，λ_{o}、λ_{w} 分别为油相、水相流度；K_{ro}、K_{rw} 分别为油相、水相相对渗透率；μ_{o}、μ_{w} 分别为油相、水相黏度，mPa·s。

由此可以看出，聚合物溶液进入地层后的流度控制能力强，是稠油油藏聚合驱获得良好效果的重要技术保障。因此，国内外学者们围绕影响聚合物流度控制能力的因素展开了研究，以期最大程度改善聚合物驱的效果。

从公式(3-5)可知，可以通过提高溶液黏度来改善聚合物溶液的流度控制能力。研究表明，聚合物溶液在地层中的黏度大小，直接影响着稠油油藏聚合物驱的开发效果。Asghari 等(2008)在室内对黏度为 1000～8400mPa·s 的原油进行聚合物驱实验，发现稠油水驱后进行聚合物驱，其溶液黏度必须要超过一个临界值，才能取得较为明显的提高采收率的效果；在陆上油田应用聚合物驱的过程发现，要想取得较好的驱替效果，注入的聚合物溶液黏度需要达到原油黏度的 1/3～1/2。不仅如此，由于稠油油藏多伴随着严重的非均质性，室内实验表明若要达到与在均质油藏中同样的驱替效果，聚合物溶液的有效黏度值需要进一步的提高。

目前，聚合物溶液增加黏度主要有以下几种途径：①增大聚合物的相对分子量。此方法可以显著提高聚合物的增黏能力，但由于注入地层时会受到近井地带的高速剪切作用导致聚合物分子结构遭到破坏，另外在高温高矿化度的地层条件下，溶液黏度会大幅度损失，从而降低建立流动阻力和提供波及体积的能力；②增加聚合物溶液的浓度。在稠油油藏中要达到理想的驱油效果，需要注入高浓度的聚合物溶液，但是过高浓度的聚合物不仅会导致注入性的问题，也将大大增加聚合物驱的成本。

同时，研究发现并非聚合物溶液黏度越大，其驱油效果越好。Wang 等(2007)利用 28 个填砂管对黏度为 430～5500mPa·s 的原油进行驱替实验，研究了聚合物溶液的有效黏度与稠油聚合物驱采收率之间的关系，结果表明注入油藏的聚合物溶液黏度不仅存在最小值，还有合理的有效黏度范围。当聚合物溶液黏度处在有效黏度范围时，稠油采收率随聚合物溶液黏度的增加而迅速上升；但超过有效黏度范围的最大值后，继续增加聚合物溶液黏度，不仅不能带来采收率的进一步上升，反而会带来注入性等问题。郭兰磊等(2008)在考虑经济成本的研究中也表明，对于黏度较高的稠油油藏，一味地增加聚合物溶液的黏度并不能显著提高聚合物驱的效果。这就表明，仅仅依靠增加有效黏度并不能很好地实现聚合物溶液在稠油油藏中的有利流度控制能力，在聚合物驱过程中仍将出现过早突破的现象，从而影响其提高原油采收率的效果。

聚合物驱流度控制的另一个重要手段是通过提高聚合物溶液在油层中建立残余阻力系数的能力来实现的。聚合物通过油层时会在多孔介质处发生机械捕集、化学吸附和滞留作用，引起孔隙半径减小，导致多孔介质渗流能力的部分损失，降低水相渗透率，从而增加注入流体的流动阻力，改善水油流度比。研究表明，当聚合物溶液黏度达到一定值后，控制黏度的继续增加，通过改善分子结构或不同类型聚合物复配的方法适度提高残余阻力系数，可以提高原油采收率。

虽然在一定条件下，增加聚合物溶液黏度和提高残余阻力系数可以为油藏带来较好的开发效果，但过高的原油黏度仍然严重制约着聚合物的应用及驱替效果。张贤松等(2007)应用聚合物驱数值模拟软件建立渤海稠油概念模型发现，当地层原油黏度小于 100mPa·s 时，原油黏度的增加会导致聚合物驱的采收率快速减小，这是因为原油黏度的增加使得流度比上升，导致聚合物驱见效的有效黏度范围的下限相应地上升。但当原油黏度大于 100mPa·s 后，聚合物驱提高采收率的幅度和开发经济效益不再明显，甚至随地层原油黏度的增加开始呈现下降趋势。吴赞校等(2006)通过研究表明，聚合物的阻力系数须大于地层的水油流度比才能满足流度控制的要求，当注入地层的聚合物溶液一定时，其阻力系数不发生改变，因而随着原油黏度的增加，聚合物溶液会存在流度控制的临界值，超过某一原油黏度，聚合物驱无法有效地建立流动阻力，使得注入的聚合物溶液和后续的注入水仍然会沿水驱突破时建立的优势通道突进，引起高渗透层的窜流，从而降低聚合物扩大波及体积的能力，无法驱动高阻力油层中的原始油带，影响驱油效率。

地层的含水饱和度条件也是影响聚合物驱效果的影响因素之一。有人通过在不同含水饱和度条件下，对努比亚(Nubia)的原油进行聚合物驱效果发现，在聚合物注入的初期，随着剩余油饱和度的增加，采收率相应地增加。一方面，由于含水饱和度较低时，剩余油分布较集中，油水分布和油层性质受注入水的影响较小，聚合物溶液注入地层后更容易形成含油富集带，聚合驱见效时间较短，开发效果较好；另一方面，从油水相对渗透率曲线规律得知，K_{ro}/K_{rw}是含水饱和度的函数，随含水饱和度的增加不断减小，同时结合分流量，由公式(3-6)可以看出，含水率下降，水油流度比减小，降低了油藏对聚合物流度控制能力的要求。因此，在油藏含水饱和度较低的条件下，注入聚合物可以充分发挥聚合物降低不利流度比的能力，在驱替前缘形成厚度更大的“油墙”，有利于驱替前缘的均匀推进，改善吸水剖面，扩大后续驱替液的波及体积，从而更好地提高驱油效果。

$$f_w = \frac{\lambda_w}{\lambda_o + \lambda_w} = \frac{1}{1 + \frac{1}{M}} \tag{3-6}$$

式中，f_w为采出液中水的分流量；λ_o、λ_w分别为油相、水相流度；K_{ro}、K_{rw}分别为油相、水相相对渗透率；μ_o、μ_w分别为油相、水相黏度。

目前，大部分稠油油藏沿用着传统的开发模式，即初期依靠天然能量开采，待地层压力降到泡点压力附近后，开始注水(注气)补充地层能量的不足或由地层水采出造成的亏空，有效维持地层压力，最后在中高含水阶段进行聚合物驱的采油模式。但随着注水过程的延续，当稠油油田进入高含水期后，储层物性参数会发生变化，层内非均质性(如渗透率变异系数和渗透率极差)增大，实现增产稳产的难度较大。此时产出液含水率快速上升，聚合物驱前缘需要驱动的是较高含水饱和度下的剩余油，对聚合物阻力系数的要求升高；此外由于我国稠油油藏一般伴随着严重的非均质性，需要很大的聚合物阻力系数才能达到较好的驱油效果。但是，现行的聚合物体系可能满足不了如此高的阻力系数设计要求，即便满足也会带来注入浓度过高、影响注入能力的问题，或面临缩小井距、降低经济效益的风险。

统计国外油田1964～1981年所进行的185个现场试验数据，分析了其中对聚合物驱有参考价值的29个资料发现，实施聚合物驱的作业时机直接关系到油田开发成功与否(见表3.20)。结果显示，越早进行聚合驱，油田获得成功的概率越大，且效果越好。

表3.20 注聚时机对聚驱矿场试验的影响

注聚时机	实施个数	成功个数	成功率/%
一次采油末期	16	12	75.0
二次采油期间	7	1	14.3
二次采油末期	6	1(效果差)	16.7

张贤松等(2007)通过研究含水40%～80%时注入聚合物后含水率的变化和增油效果发现，渤海稠油油田在聚合物驱主要增油期内，注聚时机越早，增油量越大，开发效果越好。因此，为获得更大的采收率，应在稠油油藏开发初期，即在含水饱和度较低的条件下进行聚合物驱。一方面，油藏原油黏度高，在较低含水饱和度条件下聚合物溶液才能实现有利的流度控制；另外一方面，当油藏含水饱和度较高时，油藏的油水流度比较高，对驱油用聚合物溶液性能要求较高，导致现有聚合物无法满足油藏聚合物驱需要。

3.3.2　稠油油藏聚合物驱评价技术

聚合物溶液在实现流度控制作用和调剖作用时通常是用聚合物地下有效黏度、阻力系数以及残余阻力系数来表征。它们是描述聚合物溶液流度控制和降低水相渗透率能力的重要指标，也是聚合物驱数值模拟和现场工程设计的重要参数和技术指标。

1) 地下有效黏度

聚合物在实际地层多孔介质渗流过程中的实际黏度称为有效黏度，用 μ_e 来表示。聚合物地下有效黏度是评价聚合物在驱替过程中能否实现流度控制、扩大波及的重要参数，它是根据达西公式计算出的，式中所用的渗透率是聚合物溶液通过岩心时的实际渗透率。由于聚合物分子在多孔介质中的吸附/滞留作用，岩心渗透率要小于实际渗透率，而一般文献都是用冲洗渗透率来代替岩心的实际渗透率。冲洗渗透率是指用相同含盐量的盐水来冲洗聚合物吸附饱和过的岩心，直至出口不含聚合物时所测定的渗透率，用 k_f 来表示。经过处理可以求得聚合物在多孔介质中的有效黏度 μ_e，即

$$\mu_e = \frac{k_f \cdot \Delta p}{v_0 \cdot L} \tag{3-7}$$

式中，v_0 为渗透速度，m/s；L 为渗往长度，m。

2) 阻力系数 R_F

阻力系数是指聚合物降低流度比的能力，它是注入水的流度与聚合物溶液的流度的比值。阻力系数是表征聚合物在加入注入水后，降低注入水流度，改善水/油流度比的能力大小。在聚合物驱过程中，阻力系数能够较好反映聚合物溶液在多孔介质中的渗流动态，即控制流度的能力，是聚合物扩大波及体积，达到控制指进、舌进能力最好的体现。利用聚合物溶液在多孔介质中建立合理的阻力系数，使得聚合物溶液(驱替液)在多孔介质中均匀推进，达到活塞驱油的效果，从而达到提高采收率的目的。

3) 残余阻力系数 R_{RF}

同时，聚合物驱的另一个重要参数是残余阻力系数。残余阻力系数 R_{RF} 描述聚合物降低水相渗透率的能力，它是聚合物驱前后岩石的水相渗透率的比值，即渗透率下降系数。在聚合物驱过程中，由于聚合物溶液具有较高的黏度和在多孔介质中的吸附/滞留作用，使聚合物溶液在渗流通道中的流动阻力增加，导致注入压力上升，进而产生两种后果，一是聚合物溶液在多孔介质中的推进速度下降；二是聚合物溶液在压力升高的条件下，大量聚合物溶液仍然进入高渗透层段，少量聚合物溶液得以进入中高渗透层段，进入地层的聚合物溶液能够以“活塞式”向前推进，扩大波及体积，从而提高原油采收率。

聚合物溶液在油层中的吸附/滞留作用，导致多孔介质的渗流能力下降，建立一定的残余阻力，使得后续水驱时，主流通道上的流动阻力增加，注水压力相对上升，迫使注入水绕过聚合物溶液的主流通道，扩大波及面积；迫使注入水进入中低渗透层段，扩大波及纵向波及体积。

因此，针对常规稠油油藏的开放特点和聚合物驱技术要求，满足稠油油藏聚合物驱的要求有以下几个方面：①聚合物溶液在油层中，具有较高有效溶液黏度；②能够在厚油层

中，提高驱油体系的纵向波及体积；③能够控制水窜，稳定水驱前缘，扩大驱油体系平面波及体积；④提高聚合物驱后的后续水驱扩大波及体积的能力，提高稠油油藏聚合物驱效果。

1.稠油油藏聚合物驱关键评价指标

在实际生产和室内研究过程中，评价聚合物驱替过程中的流度控制和调整吸水剖面能力时，常常是用聚合物溶液的阻力系数和残余阻力系数来表征的。从技术手段的角度来研究，可以通过增加聚合物在储层渗流过程中的有效黏度和降低水相渗透率来实现良好的流动控制和调剖作用。在不同的油藏中，对驱替体系的性能有不同的要求。从聚合物驱提高采收率机理和稠油油藏聚合物驱作用分析，稠油油藏聚合物驱可以从以下几个方面开展工作，提高其驱油效果。

1）增加驱替液地下有效黏度

增加聚合物溶液黏度是提高聚合物流度控制能力，扩大波及体积的重要技术手段。从现有的研究成果中可知，增加聚合物溶液黏度的方法主要有以下几种：

(1) 增大聚合物的相对分子量。目前驱油用常规聚合物为部分水解聚丙烯酰胺(HPAM)，它是通过丙烯酰胺与丙烯酸共聚或丙烯酰胺均聚再水解所得到的产物。部分水解 HPAM 分子主链上带有酰胺基和羧酸侧基，羧酸基在水溶液中电离出阴离子，阴离子之间的相斥作用使聚合物大分子的链趋于舒展，分子水动力体积增加，再加上分子间存在内摩擦力和物理缠结作用，增加了溶液整体的流动阻力，因而可以达到增黏的目的。国际上早在 20 世纪 50 年代初期就实现了 HPAM 的工业化大规模生产，而后已经生产出了分子量高达 24.0×10^6 的可用作流度控制和调剖的新型水溶性聚合物。此后，追求高分子量和超高分子量的研究在国内油田化学界也相继展开，继中国石油勘探开发研究院油田化学所生产出了分子量高于 10.0×10^6 的 HPAM 后，辽河油田钻采院油化所又研制出了分子量最高可达 14.0×10^6 的 HPAM。1996 年底石油勘探开发研究院油田化学所生产出了最高分子量可达 25.0×10^6 的驱油用 HPAM。目前大庆炼化生产的聚合物分子量已经达到 38.0×10^6，聚合物的增黏能力已经得到显著提高。

但随着聚合物驱油技术应用于高温高盐油藏的开发，传统的驱油用部分水解聚丙烯酰胺暴露出很多缺点，直接影响到了聚合物驱效果。主要表现在：一方面在高温条件下部分水解 HPAM 分子会发生明显的水解作用和化学降解，由于聚丙烯酰胺在合成过程中会有引发聚合反应的引发剂存在于体系中，在高温油藏条件下，引发剂的活性增加会导致聚合物发生化学降解，同时部分水解 HPAM 在高温条件下会发生较强水解作用，有报道显示，随着水解反应进行，HPAM 的水解度增加，HPAM 溶液黏度上升，当水解度超过一定值(30%)后，黏度呈下降趋势，而适合于油田聚合物驱油用 HPAM 的水解度要求在 23%～27%，这样在碱性环境中聚合物发生水解会导致溶液黏度的下降，使 HPAM 失去驱油能力，水解降解被认为是高温条件下 HPAM 降解的主要机理，水解作用是影响和限制 HPAM 在高温油藏使用的重要因素，对大多数油藏而言，一般使用 HPAM 驱油的最高温度为 75℃或 70～82℃。另一方面在高盐油藏中，矿化度对聚合物溶液黏度的影响比较大。对于部分水解 HPAM，溶液黏度随溶液中离子强度的增加而下降，这是因为盐的加入屏蔽了—

COOH 之间的静电作用，分子呈卷曲构象，将阳离子周围的溶剂化水分子层挤掉，流体力学体积减小，分子线团密度增大，分子间内摩擦力减小，导致溶液黏度下降，当盐浓度增加到一定程度之后，溶液黏度降到最低值并不再下降。其中二价金属离子(如 Ca^{2+}和 Mg^{2+})的极化度高于一价金属离子如 Na^{+}和 K^{+}，与聚合物—COOH 的结合更为紧密，因而二价金属离子对 HPAM 的降黏作用远远大于相同浓度的一价阳离子。

以增大分子链为手段达到增黏目的的技术还遇到另外一个重要的挑战就是剪切作用。在聚合物溶液配制和注入过程中，聚合物溶液不断受到剪切，造成溶液黏度的损失。德国 Clausthal 工业大学的研究人员指出，EOR 用聚合物在从地面到地下的整个过程中都会遭受机械剪切，即在配制(搅拌器)、运输(管线构件、泵、阀)、注入(套管炮眼)和流经孔隙介质的过程中都会发生机械剪切。由于近井地带的流速快，剪切程度最为严重。近井地带的高速剪切对聚合物溶液的性能产生剧烈影响，降低聚合物的黏度，导致聚合物在地层中建立流动阻力和提高波及体积的能力降低。目前针对近井地带剪切作用的研究在国内外都有开展，采用的研究手段主要集中在矿场试验研究和室内模拟实验研究两个方面。大量的研究结果表明：聚合物溶液在经过地面配制到注入储层的过程中，强剪切作用的存在使得聚合物在地层中的有效黏度都保持在一个比较低的水平，聚合物分子量越大，黏度下降幅度越大，抗剪切能力越差，这样就限制了以增大分子链长为目的的技术手段的有效应用。

(2)增加分子间相互作用。在增大聚合物分子链长难于解决聚合物抗剪切问题以达到增黏目的以及部分水解 HPAM 难于应用于高温高盐油藏开发的情况下，人们转变了研究思路，通过增加分子间的相互作用使聚合物分子在溶液中形成物理交联，进而在体系中形成空间网状结构，增加分子间内摩擦力，从而达到增黏和抗剪切的目的。目前国内，成功应用并工业化的耐温抗盐聚合物主要有梳形聚合物和疏水缔合聚合物。①梳形聚合物。梳形聚合物研制的思路是在高分子的侧链同时带亲油基团和亲水基团，由于亲油基团和亲水基团的相互排斥，使得分子内和分子间的卷曲、缠结减少，高分子链在水溶液中排列成梳子形状，梳形聚合物分子结构示意图如图 3.55 所示。梳形聚合物分子可以具有分子链的刚性和分子结构的规整性，使聚合物分子链的卷曲困难，分子链旋转的水力学半径增大，增黏抗盐能力得到提高，此类聚合物实质上仍然是改性的单分子增黏，分子设计思路是使单分子的增黏能力增强。据报道，此聚合物在盐水中增稠能力比超高相对分子量聚丙烯酰胺在盐水中的增稠能力提高 50%以上，具有较好的抗一价阳离子性质。在大庆、胜利等陆上油田有了运用。但也有报道二价阳离子对其降解依然严重。②疏水缔合聚合物。疏水

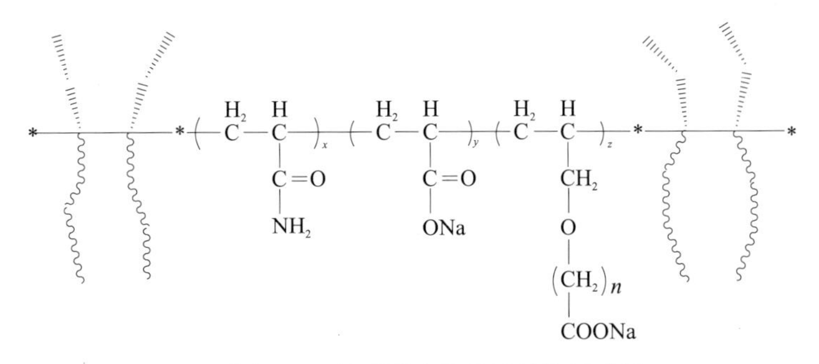

图 3.55　梳形聚合物分子结构示意图

缔合聚合物(hydrophobic associating water-soluble polymer，HAWP，分子结构如图 3.56 所示)是指聚合物亲水性大分子链上带有少量疏水基团(有时也称为疏水侧基，摩尔分数为2%～5%)的水溶性聚合物。在水溶液中，由于疏水缔合聚合物分子的疏水缔合作用，使聚合物在一定的浓度内形成分子间的结构，从而有别于其他聚合物在溶液中的存在形态，进而影响了疏水缔合聚合物的黏度。研究者根据疏水缔合聚合物的黏浓关系变化定义了临界缔合浓度(CAC)。在 CAC 以上，疏水缔合聚合物的黏度随浓度的上升幅度会突然加大，因此认为，在 CAC 以下的疏水缔合聚合物主要发生分子内缔合，而在 CAC 以上主要发生分子间缔合，形成的遍布整个空间网络的结构使聚合物的黏度增幅加大。研究认为，在溶液中此类两亲聚电解质的疏水基团通过疏水力相互缔合，以及带电离子基团的静电排斥与吸引相互竞争与协同，使大分子链产生分子内或分子间的缔合作用，形成各种不同形态的胶束纳米结构——超分子网络结构。小分子电解质的加入使溶液的极性增加，疏水缔合作用增强，具有明显的抗盐性。很多研究者通过流变测试认为，在高剪切作用下，疏水聚合物缔合形成的网络结构被破坏，溶液黏度下降；当剪切作用消除后，黏度再度恢复，而不发生一般高分子聚合物的不可逆剪切降解。此外，由于疏水缔合是熵驱动的吸热效应，其溶液具有一定的耐温、增黏性。从疏水缔合聚合物的分子结构上看，可以克服 HPAM 在高温(≥60℃)、高矿化度(≥10000mg/L)条件下使用的致命缺点，同时缔合作用可以使缔合聚合物具有良好的剪切恢复性和抗剪切能力，可以缓解部分水解聚丙烯酰胺抗剪切性差的不足。因此，缔合聚合物是目前世界石油工业，特别是三次采油领域聚合物未来发展的趋势和方向。③树枝化聚合物。树枝化聚合物是一类具有三维立体结构的、高度有序的聚合物，分子结构示意图如图 3.57 所示。与传统高分子相比，这类聚合物在合成时，可以在分子水平上严格控制、设计分子的大小、形状、结构和功能基团，产物一般高度对称，单分散性好，因而具有广泛的应用前景。树枝化聚合物具有像树一样的外表面结构，因此树枝化聚合物与线形聚合物不同，它具有确定的分子量，呈球状而不是缠绕线状，有许多枝可生出许多尖端功能团。它具有三个明显的结构特征：有起始核心，内层区以及外层区，也就是最外层的末端部分。树枝化聚合物与疏水缔合聚合物比较，具有更强的疏水缔合作用，在水溶液中更容易发生疏水缔合，形成分子聚集体的网络结构。同时具有很强的抗机械剪切降解能力、抗盐和长期稳定性。由于存在树枝结构，即使有盐的加入，仍具有较好的增黏性；这种结构在多孔介质剪切过程中，即使有个别枝的断裂，整个分子的分子量不会有多大变化，可以在很大程度上克服现有驱油剂容易被剪切降解的不足；外围分子在多孔介质中，形成较强的网络结构，达到流度控制的作用。树枝化聚合物通过化学

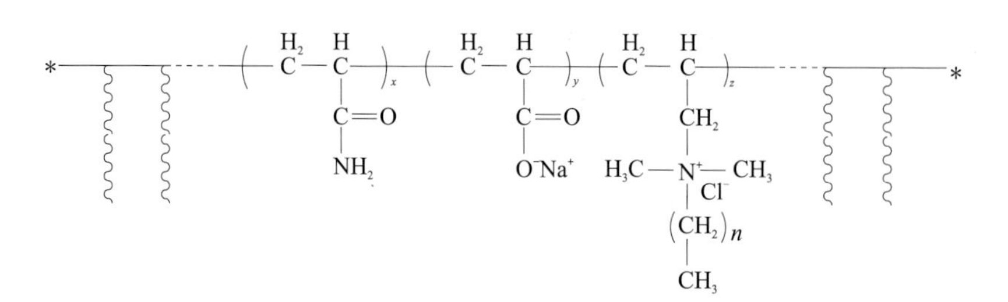

图 3.56　疏水缔合聚合物分子结构示意图

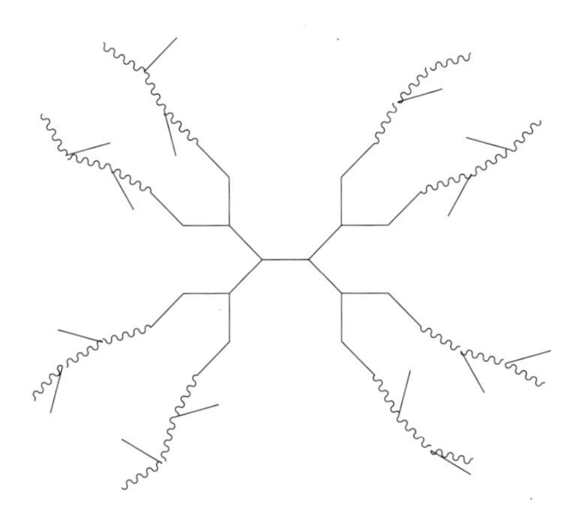

图 3.57　树枝化聚合物分子结构示意图

结构和缔合，共同保证在较强的剪切作用下，具有较好的三维网络结构；随着聚合物在多孔介质中的运移，其结构不断地增长，由少部分分子形成的网络结构逐渐增长为与岩石共同作用的三维网络结构，在油层深部高渗透介质中，起到提高波及体积的作用。从而在聚合物驱的过程中，实现调驱结合。由此可见，无论从树枝化聚合物的结构还是从其溶液的性能上看，都有望成为驱油用的高分子聚合物。

2) 降低水相渗透率

聚合物驱实现流度控制的另外一个重要手段就是通过油层中多孔介质对聚合物溶液的机械捕集、化学吸附和滞留作用，引起孔隙半径减小，使多孔介质渗流能力部分损失，降低水相渗透率，从而增加注入流体的流动阻力，实现流度控制作用。聚合物溶液在多孔介质中建立起一定的残余阻力，使得后续水驱时，高渗透通道中流动阻力增大，注入压力上升，迫使注入水进入小孔道，扩大注入水的波及面积；同时迫使注入水进入中低渗透层段，扩大波及厚度。残余阻力系数越大，后续水驱波及体积越大，采收率也就越高。

聚合物溶液通过在多孔介质中形成动态滞留建立残余阻力系数。动态滞留是指聚合物溶液流经多孔介质时，由于聚合物分子在孔隙表面的吸附，大分子被小孔隙捕集，以及水动力学作用使聚合物在多孔介质中损失的现象。动态滞留量越大，聚合物溶液建立残余阻力系数的能力越强。根据聚合物在多孔介质中的滞留机理，将动态滞留分为表面吸附、机械捕集、水动力学滞留和聚合物分子之间的相互作用。

(1) 表面吸附。聚合物分子通过范德华力、静电引力和氢键作用吸附在岩石孔隙表面，被吸附的聚合物分子对水相中的水分子、聚合物分子有较强的作用力，从而降低水相的渗透率。目前，对影响聚合物在岩石表面吸附作用的研究主要是从静态吸附的角度入手，而静态吸附还不能完全代表聚合物在实际多孔介质中的吸附规律，因为在研究过程中岩石结构已经发生变化，实际吸附量的大小也相应地发生了很大的变化。

(2) 机械捕集。机械捕集是指聚合物分子中较大尺寸的分子未能通过窄小的流动通道，而留在窄小孔隙处，造成堵塞的现象。聚合物溶液在渗流过程中，较大尺寸的分子先被小孔道捕集，使溶液的渗流通道变小，从而使后续更多的聚合物分子被捕集。机械捕集现象在岩石中有三种情况：①注入浓度大于产出浓度，直到滞留达到平衡为止；②没注入方向捕集的聚合物分子数目急剧下降；③深部过滤作用，如果注入足够量聚合物溶液，最终在岩心所有位置都可滞留，即滞留现象可以传递。

(3)水动力学滞留。水动力学滞留是指由流动方向或流速改变而引起的滞留，当机械捕集促使一些小孔隙或颗粒夹角处被大分子堵住时，迫使流线方向改变，在局部位置进一步滞留聚合物大分子。聚合物分子在流经较大的孔隙时，由于水动力学因素使分子线团尺寸变大使其不能通过孔隙而被捕集，当水相的流速改变时，这部分滞留的聚合物又有可能重新流动。

(4)聚合物分子之间的相互作用。聚合物溶液流经尺寸相对较大的孔隙时，一旦有一个聚合物分子被捕集于裂隙或孔隙港湾，会使得几个聚合物分子线团失去流动能力。这是由于聚合物浓度超过某一临界浓度时，聚合物分子线团之间发生缠绕，即分子线团之间的相互作用使其中有一个分子被滞留，与其相连带的分子也会被滞留。

聚合物在多孔介质中滞留无论是以静态吸附还是动态滞留的形式，都要受到油藏温度、矿化度、注入速度、聚合物浓度以及聚合物类型等诸多因素的影响。不同的油藏条件以及聚合物驱作业环境对聚合物的残余阻力系数影响较大。

2.稠油油藏聚合物驱关键评价参数分析

根据水驱流度比的概念，水油流度比的大小直接影响着水驱的波及系数，从而影响原油采收率。大多数聚合物驱是在油井见水后实施的，聚合物溶液前缘驱动的是含水饱和度较高条件下的剩余油。聚合物降低水相流度能力的参数是阻力系数，是指注入水的流度与聚合物溶液的流度的比值。对于特定的油层，匹配聚合物体系阻力系数的依据是使聚合物驱的聚油流度比小于或等于 1。聚合物驱的阻力系数表征其流度控制能力的强弱，在相同注入速度条件下测得的阻力系数，可以获得与残余阻力系数的关系式，结合公式(3-6)～公式(3-8)和聚合物驱生产实践表明，实现聚合物驱有利流度控制(M=1)对聚合物溶液性能的要求如公式(3-8)所示。

$$\mu_p = \frac{\mu_o}{R_{RF}} \tag{3-8}$$

残余阻力系数 R_{RF} 是指聚合物溶液降低水相渗透率的能力，一般部分水解聚丙烯酰胺溶液的为 1.0～3.0，降低水相渗透率的能力有限。因此，主要是通过增加聚合物溶液黏度提高聚合物驱流度控制能力。在稠油油藏中，实施聚合物驱技术需要筛选增黏能力较强的聚合物才能满足这一要求；当聚合物溶液地下黏度与地层中原油的黏度比值越大时，聚合物驱提高采收率幅度也就越高。

提高溶液黏度的基本途径有两种：一是增加浓度，二是提高相对分子质量。提高浓度势必要增加聚合物用量，成本也随之增加，后者虽然不增加聚合物用量即可达到增黏的要求，但在注入过程中受到注入泵、管线、射孔炮眼和储层多孔介质等剪切作用，聚合物溶液在地下的有效黏度大幅度下降，降低聚合物驱的效果。当稠油油藏原油黏度为 70mPa·s，按照有利的流度比需要聚合物溶液地下黏度为 210mPa·s，在经济技术条件下，获得如此高的聚合物溶液黏度，是目前稠油油藏聚合物驱的难题之一。若聚合物溶液残余阻力系数为 6 时，需要的聚合物溶液地下黏度为 52.5mPa·s。可见，通过提高聚合物溶液的残余阻力系数，降低水相渗透率，将降低稠油油藏聚合物驱对溶液黏度的要求，提高稠油油藏聚合物驱效果。

随着聚合物驱油剂的迅速发展，目前主要以提高聚合物分子链长度和改变分子链两侧的功能单体的方式，实现聚合物溶液的高增黏和耐温耐盐抗剪切的能力。因此，在 B 油田 S 稠油油藏条件下，分别考察这两种类型的聚合物溶液的增黏能力和残余阻力系数能否满足稠油油藏的流度控制要求。

1)聚合物溶液的增黏能力

实验用水模拟 B 油田 S 稠油油藏注入水的组成。模拟水组成见表 3.21。

表 3.21　模拟水组成

组成	$Na^{+}+K^{+}$	Ca^{2+}	Mg^{2+}	CO_3^{2-}	HCO_3^{-}	SO_4^{2-}	Cl^{-}	TDS
含量/(mg/L)	3091.96	276.17	158.68	14.21	311.48	85.29	5436.34	9374.12

聚合物溶液是将0.5%的聚合物溶解在模拟盐水中并稀释到不同浓度的目标溶液。使用了两种聚合物：一种是代表超高分子量部分水解聚丙烯酰胺的 HPAM3830(工业品)，另一种是代表耐温耐盐抗剪切的疏水缔合聚合物 HAP0312(国内某公司产品)。两种聚合物溶液的黏浓关系曲线如图 3.58 所示。

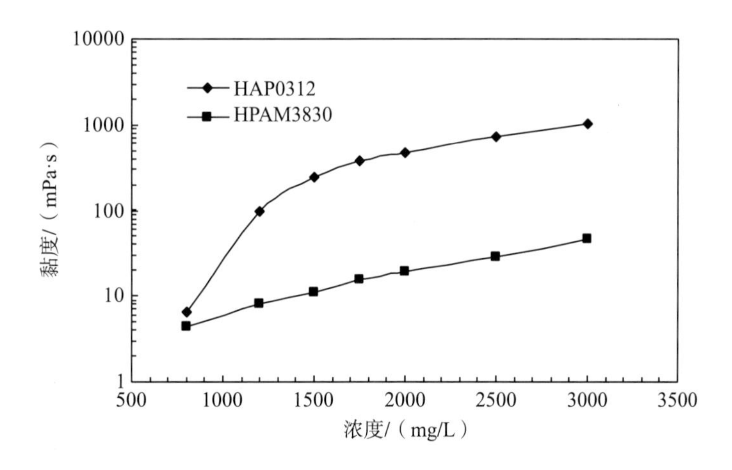

图 3.58　聚合物溶液的黏浓关系曲线(65℃，$7.34s^{-1}$)

HPAM3830 是一种阴离子的超高分子量的聚合物。增黏机理是分子的水动力学体积增大，分子主链上的阴离子使得分子链在淡水中舒展，分子水动力学体积增大，分子链间相互缠结，黏度增加。盐的加入，屏蔽了溶液中的阴离子，使得分子水动力学体积和溶液黏度均减小，特别是二价离子含量较高时，其增黏能力受到较大影响。

HAP0312 是一种疏水缔合型的聚合物。这种聚合物的特点是存在一部分疏水基团，在盐水中能够相互缔合，形成网络结构使得溶液黏度增加。虽然相对分子质量比 HPAM3830 低，但由于黏度受分子水动力学体积和缔合过程的共同影响，在受到分子内和分子间缔合的作用时，HAP0312 溶液具有较高的增黏能力。特别是盐的加入增加了疏水链的数量和强度，溶液黏度也随之增加。在增黏方面，HAP0312 显著优于 HPAM3830，这也正是疏水缔合聚合物的优点。

2）聚合物溶液的流度控制能力

采用预处理后的石英砂充填一维填砂模型模拟多孔介质，按照油藏渗透率的分布，将模型的渗透率控制在 1000～3000mD。实验流程如图 3.59 所示。

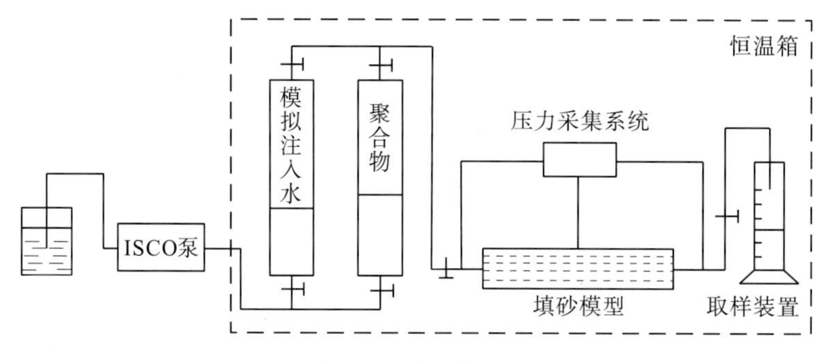

图 3.59 流动实验流程图

在 65℃条件下，用模拟盐水配制的 1750mg/L 的 HAP0312 和 HPAM3830 溶液，分别注入渗透率为 1983mD 和 1610mD 的多孔介质中，两种聚合物溶液在多孔介质中建立的阻力系数和残余阻力系数见表 3.22。

表 3.22 聚合物溶液的阻力系数和残余阻力系数

聚合物名称	溶液黏度/(mPa·s)	渗透率/mD	阻力系数	残余阻力系数
HAP0312	395.1	1983	96.1	12.4
HPAM3830	15.5	1610	34.8	2.5

从表 3.22 可以看出，HAP0312 溶液建立的阻力系数和残余阻力系数均高于 HPAM3830。通过分析认为，HPAM3830 依靠吸附在砂岩表面上的聚合物分子在分子链间的缠结作用，在孔隙中形成动态滞留，实现流度控制，大量水冲刷后，缠结作用减弱，降低大孔道的流动能力，使得建立的残余阻力系数较低。HAP0312 溶液依靠分子间的缔合作用实现较强的增黏和抗剪切能力，运移到多孔介质中依靠吸附在砂岩表面上的聚合物分子与孔隙中的分子之间的缔合作用，在孔隙中形成分子间作用的动态滞留，降低大孔道的流动能力。这种依靠分子间作用建立的动态滞留，并不影响 HAP0312 的注入性，在大量的水冲刷作用下，依然能够形成部分分子间作用，从而建立较高的残余阻力系数。两种聚合物分子结构和溶液性能的差异，使得 HAP0312 建立的阻力系数和残余阻力系数能力显著高于 HPAM3830。

可见，不同分子结构的聚合物溶液性能差异较大，其建立残余阻力系数的能力也存在差异；依靠分子间的缔合作用建立流度阻力的能力优于依靠分子链间缠结作用。

3）残余阻力系数对稠油油藏聚合物驱影响

HAP0312 溶液具有较强的增黏性和建立较高的残余阻力系数能力，将有助于提高稠油油藏聚合物驱的效果。按照图 3.59 流程，在模拟水条件下，研究了不同浓度 HAP0312 和 HPAM3830 溶液在渗透率为 2000mD 左右的多孔介质中建立的阻力系数 R_F 和残余阻力系数 R_{RF} 大小如图 3.60 所示。

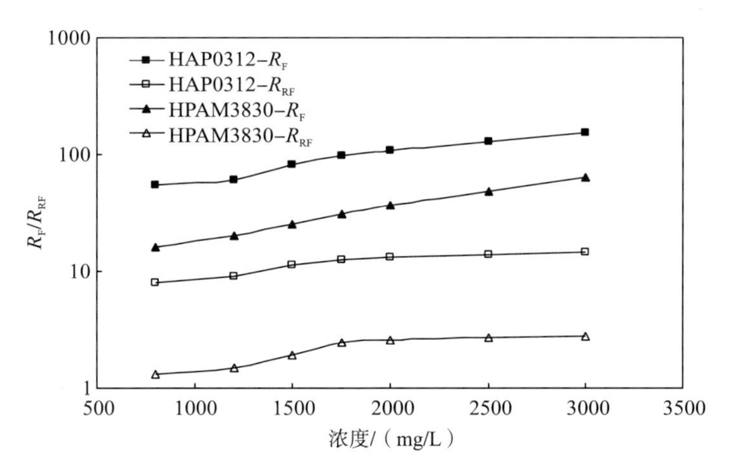

图 3.60 不同浓度聚合物溶液的 R_F 和 R_{RF}

HAP0312 和 HPAM3830 溶液在高渗透多孔介质中建立的阻力系数和残余阻力系数随着注入浓度的增加逐渐增大，但增大的幅度逐渐变小。在渗透率基本相当的多孔介质中，HAP0312 溶液建立的阻力系数和残余阻力系数远远大于 HPAM3830 溶液，HAP0312 溶液建立的残余阻力系数可达到 3 以上，而 HPAM3830 溶液建立的残余阻力系数均小于 3。表明 HAP0312 溶液依靠分子间的缔合作用在高渗透多孔介质中能够建立较高的残余阻力系数；而 HPAM3830 溶液仅依靠分子链间的缠结作用建立的残余阻力系数的能力是有限的。

HAP0312 溶液浓度与建立的残余阻力系数和溶液黏度关系如图 3.61 所示。可见，HAP0312 溶液的 R_{RF} 与 μ_p 均是聚合物溶液浓度的函数。根据公式(3-4)～公式(3-11)可以看出，HAP0312 溶液在一定的浓度范围内，就能够满足稠油油藏聚合物驱的流度控制要求；若适当提高聚合物溶液浓度可以实现较高原油黏度下的聚合物驱，可实现扩大聚合物驱的应用范围的目标。

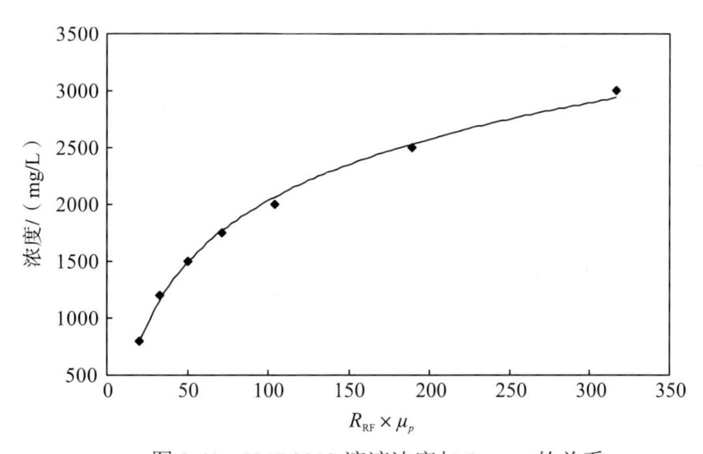

图 3.61 HAP0312 溶液浓度与 $R_{RF}\times\mu_p$ 的关系

结合 B 油田 S 稠油油藏条件，建立了正韵律非均质地质模型，用数值模拟的方法研究 R_{RF} 对聚合物驱影响。模型包括 4 口注入井和 9 口生产井的反五点法井网，注采井距为 350m。纵向上分 6 个层，每层有效厚度为 5m，数值模拟网格系统为 50×50×6。纵向上各层孔隙度分别为 25%、27%、29%、31%、33%和 34%，平均孔隙度为 29.83%；各层的渗透率分别为 500mD、800mD、1000mD、1500mD、2500mD 和 3500mD，平均渗透率为 1633mD，渗透率变异系数为 0.644。在温度为 65℃时地下原油黏度为 70mPa·s，水驱至含水 95%时结束，其他参数与 B 油田 S 稠油油藏实际地质参数基本相同。

残余阻力系数和地下有效溶液黏度的变化对聚合物驱提高采收率幅度的影响见图 3.62。

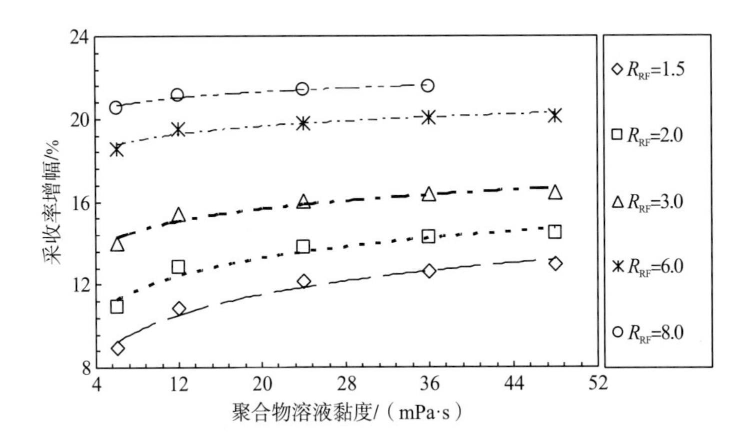

图 3.62 残余阻力系数 R_{RF} 和溶液黏度对聚合物驱采收率的影响

从图 3.62 可以看出，相同 R_{RF} 下，随着聚合物溶液黏度的增加，聚合物驱提高采收率幅度逐渐变缓；相同溶液黏度下，随着聚合物溶液的 R_{RF} 增加聚合物溶液的采收率显著增加。当聚合物驱的残余阻力系数由 1.5 提高到 3.0 时，聚合物驱提高采收率的平均增加幅度可达 4 个百分点；当 R_{RF} 增加到 6.0 时，聚合物驱提高采收率可达 18%左右。R_{RF} 为 3.0 时，聚合物驱提高采收率幅度能够达到 15%左右，可显著提高稠油油藏聚合物驱效果。由此表明 HAP0312 在较低的溶液浓度下能够达到残余阻力系数的要求，实现提高残余阻力系数达到提高稠油油藏聚合物驱的目的。

同时可以看出，单纯依靠增加聚合物溶液浓度增加溶液黏度，将增加聚合物驱成本，同时采收率增加幅度不够显著，降低聚合物驱在稠油油藏应用中的经济性；若增加聚合物溶液黏度同时提高其 R_{RF}，能有效地提高稠油油藏中聚合物驱流度控制能力，从而大幅度提高驱替效果。疏水缔合聚合物溶液依靠其在溶液中的分子间缔合作用，实现较强的增黏能力和建立较高的残余阻力系数，保证溶液增黏的同时提高其残余阻力系数，从而提高了聚合物驱在稠油油藏中的驱替效果。可见，在不大幅度提高聚合物溶液地下有效黏度的基础上，可以通过适当提高聚合物溶液的 R_{RF}，提高稠油油藏聚合物驱效果，并能够有效地拓展聚合物驱在稠油油藏中的适应范围。

(1) 稠油油藏聚合物驱要求聚合物溶液的流度控制能力显著高于常规油藏聚合物驱；

单纯依靠聚合物溶液黏度难以满足稠油油藏聚合物驱的要求。

(2) 通过提高聚合物溶液的残余阻力系数，能够有效地提高聚合物溶液的流度控制能力，并降低稠油油藏聚合物驱对溶液黏度的要求。

(3) 疏水缔合聚合物溶液具有建立较高残余阻力系数的能力，其残余阻力系数可达到 3 以上；适当提高聚合物溶液的残余阻力系数，并利用其增黏能力，从而有效地提高其在稠油油藏中的驱替效果。

由此可见，通过提高残余阻力系数来提高稠油油藏聚合物驱效果显著优于单纯提高聚合物溶液黏度的驱替效果，利用疏水缔合聚合物溶液的较高残余阻力系数 3 和地下有效黏度 24mPa·s，可将原油黏度为 70mPa·s 的油藏的采收率幅度提高 10%以上。因此，适当提高稠油油藏聚合物驱的残余阻力系数，可降低稠油油藏对溶液黏度的要求；实现稠油油藏较好的聚合物驱效果同时可拓宽聚合物驱的应用范围。

为此，针对高渗透、非均质严重的油藏，聚合物溶液流度控制能力与提高波及体积能力有限的问题，提出了利用聚合物溶液超分子网络结构，建立适度残余阻力系数的理论和方法，实现改善非均质严重油藏驱替液流度控制的能力，扩大驱替液的波及体积，如图 3.63 所示。

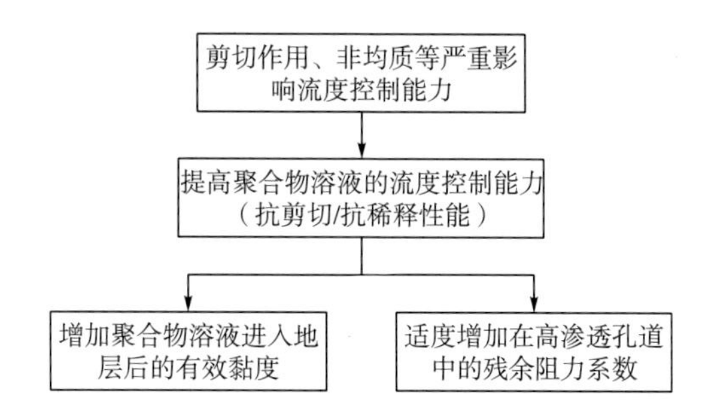

图 3.63　非均质严重油藏聚合物驱技术思路

3.剪切作用对聚合物溶液性能影响

国外研究人员很早就发现了聚合物溶液经过岩心时会产生剪切降解，同时也注意到了近井地带的高速剪切作用，并列举出了剪切速率的计算方法。根据我国的大庆油田矿场应用表明，聚合物溶液黏度从地面管线配制到注入井井口的黏度损失约为 10%，从距注入井 30m 的监测井取样测得聚合物溶液黏度损失达到了 30%。在胜利油田孤岛先导区的矿场试验中，1000mg/L 聚合物溶液在室内配制溶液黏度为 12.3mPa·s，泵送到注入井井口溶液黏度为 7.7mPa·s，注入井返排溶液黏度为 4.4mPa·s，检测井取样的溶液黏度为 4.1mPa·s，其中聚合物溶液黏度损失主要集中在注入系统及射孔孔眼附近地层。渤海 SZ36-1 油田 J3 井采用氮气气举返排取样，其黏度测试结果同样也表明了聚合物溶液经过筛管、砾石充填层、射孔孔眼后地下黏度仅为 8～10mPa·s，聚合物溶液在近井地带，尤其是在射孔孔眼处的黏度损失非常严重。因此，射孔孔眼处的高速剪切和拉伸作用对聚合物驱替效果的影响，受到越来越多研究者的重视。

1) 室内常用的剪切方式

目前室内常采用吴茵搅拌器和模拟射孔孔眼两种剪切方式来研究剪切作用对聚合物溶液驱替性能的影响，国内外在这方面的研究开展较多，取得了很多重要的成果。

(1) 吴茵搅拌器如图 3.64 所示，其采高速剪切的方式模拟聚合物从设备到井筒注入过程中的剪切，剪切条件为：一档 3500r/min 剪切 20s。

图 3.64 吴茵搅拌器

(2) 模拟射孔孔眼剪切主要是针对聚合物溶液在经过射孔孔眼的高速剪切，溶液性能受到严重影响的情况，因此采用室内模拟的方式来进行研究，具体参数如下：长度为 23.5cm，内径为 1.0cm，外观如图 3.65 所示。

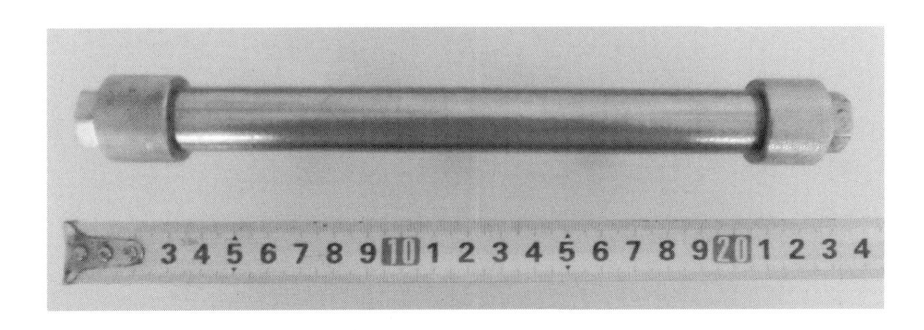

图 3.65 模拟射孔孔眼

模拟射孔孔眼的填制，具体步骤如下。

首先，采用 40～60 目磨圆度较好的砾石颗粒充填模拟射孔孔眼，在接近出口处，充填 100～120 目的石英砂，并用压块压紧，以模拟“射孔孔眼”尾端的“压实带”。

其次，注入饱和混注水，用称重法测取其孔隙度，并保证孔隙度在 37%左右。

最后，如图 3.66 连接流程开始实验，及时测取剪切后的聚合物溶液表观黏度。

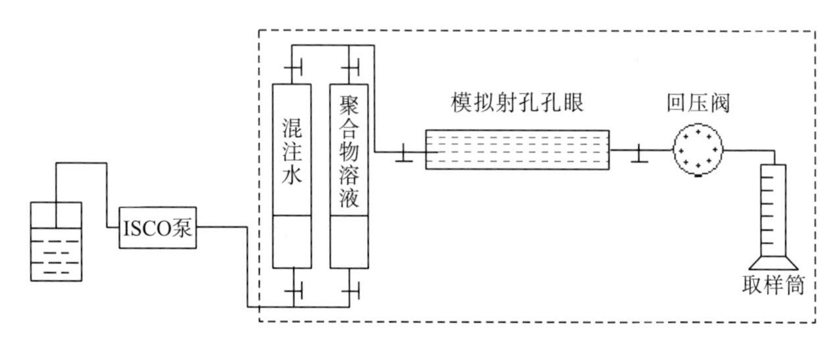

图 3.66 模拟射孔孔眼剪切流程图

实验用模拟渤海油田 SZ36-1 油藏混合注入水(混注水)，常规线性聚丙烯酰胺：HPAM，分子量为 2.4×10^7，水解度为 26.3%，固含量 88.87%，工业品，呈固体粉末状，由某国际公司生产，结构式见图 3.67。

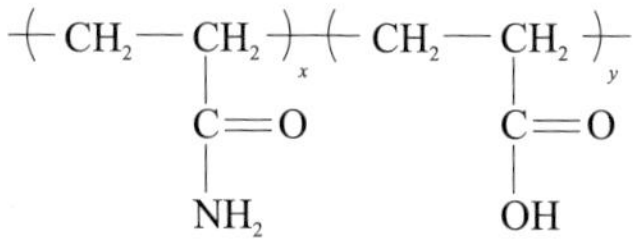

$$\left[CH_2-\underset{\underset{NH_2}{|}}{\underset{C=O}{\underset{|}{CH_2}}}\right]_x\left[CH_2-\underset{\underset{OH}{|}}{\underset{C=O}{\underset{|}{CH_2}}}\right]_y$$

图 3.67 HPAM 的结构式

缔合型聚合物：HAP，分子量为 1.2×10^7，水解度为 27%，固含量 90%，工业品，呈固体粉末状，四川光亚科技股份有限公司生产，其结构式见图 3.68。

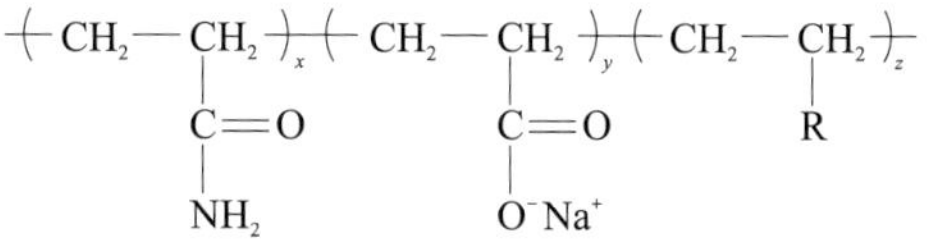

$$\left[CH_2-\underset{\underset{NH_2}{|}}{\underset{C=O}{\underset{|}{CH_2}}}\right]_x\left[CH_2-\underset{\underset{O^-Na^+}{|}}{\underset{C=O}{\underset{|}{CH_2}}}\right]_y\left[CH_2-\underset{R}{\underset{|}{CH_2}}\right]_z$$

图 3.68 HAP 的结构式

渤海油田 SZ36-1 的油藏温度为 65℃，实验温度控制范围为 65℃±0.5℃。剪切装置如图 3.64 和 3.65 所示，吴茵搅拌器的剪切条件为 1 档 20s；模拟射孔孔眼的流速设定模拟渤海油田 SZ36-1 油藏现场注聚排量 $20m^3/(m\cdot d)$，折算到室内实验流速为 80.76mL/min。

微量泵：ISCO 260D Syringe Pump，无脉冲高速高压微量泵，最高注入压力 50MPa，单泵最小排量 0.01mL/min，单泵最大排量 107mL/min，美国产。中间容器：带活塞中间容器 2 个，最大容量为 3000mL，最大工作压力为 16MPa，江苏海安石油科研仪器厂。黏度计：BROOKFIELD DV-Ⅲ表观黏度计，美国产。转子：00#和 62#，转速分别为 6r/min 和 18.8r/min，剪切速率为 $7.34s^{-1}$。其他配用仪器：精密电子天平、烧杯、量筒、磁力搅拌器。

(3) 实验步骤。首先，配制混注水以及聚合物溶液，并稀释为不同浓度；然后，将不同浓度的聚合物溶液用吴茵搅拌器 1 档 20s 剪切，测定表观黏度；最后，采用模拟射孔孔眼，80.76mL/min 的流速剪切聚合物溶液，测定表观黏度。

2) 剪切作用对 HPAM 溶液表观黏度的影响

(1) 吴茵搅拌器剪切。采用 BROOKFIELD DV-Ⅲ表观黏度计(转子：00#，6r/min)，在 65℃、7.34s^{-1} 条件下，测定不同浓度的聚合物溶液在吴茵搅拌器 1 档 20s 剪切前后的表观黏度，黏浓曲线见图 3.69。

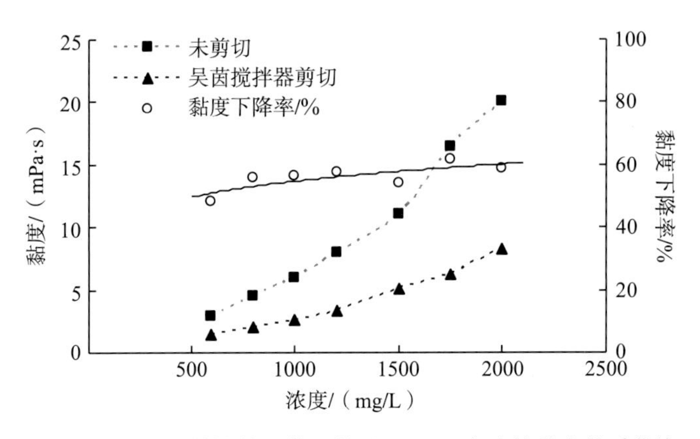

图 3.69 吴茵搅拌器剪切前后 HPAM 溶液的黏浓关系曲线

从图 3.69 可知，在混注水条件下，常规部分水解聚丙烯酰胺 HPAM 溶液的表观黏度随着聚合物溶液浓度的增加线性增大，但增幅不大，且不存在临界点；经过吴茵搅拌器剪切后，表观黏度随着浓度的增加也不断增大，但与未剪切的相比，溶液表观黏度下降，黏度下降率随着浓度的增大呈上升趋势。在浓度为 1750mg/L 时，剪切作用使表观黏度由 16.4mPa·s 降为 6.3mPa·s，下降率为 61.6%。

(2) 模拟射孔孔眼剪切。采用 BROOKFIELD DV-Ⅲ表观黏度计(转子：00#，6r/min；62#，18.8r/min)，在 65℃、7.34s^{-1} 条件下测定模拟射孔孔眼剪切前后 HPAM 溶液表观黏度变化见图 3.70。

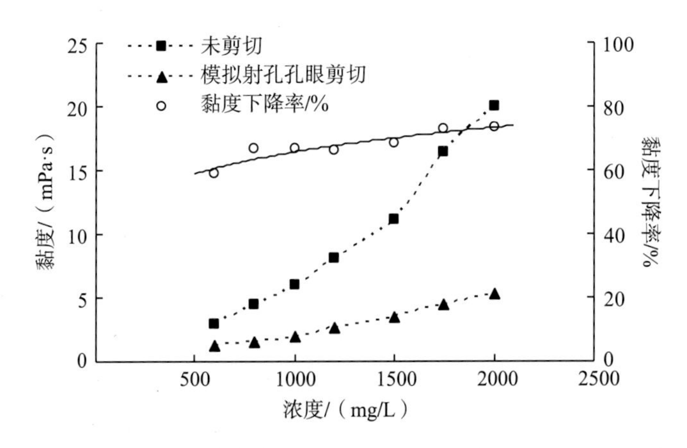

图 3.70 模拟射孔孔眼剪切前后 HPAM 溶液的黏浓关系曲线

由图 3.70 可知，剪切前后的 HPAM 溶液表观黏度随着聚合物溶液浓度的增加线性上升，剪切后的溶液表观黏度增幅要小得多，且表观黏度下降率随着溶液浓度的增加而呈现上升的趋势。在浓度为 1750mg/L 时，剪切作用使表观黏度由 16.4mPa·s 降为 4.5mPa·s，黏度下降率为 72.6%。

(3) 两种剪切方式结果对比。上述结果表明，两种剪切作用都导致 HPAM 溶液增黏能力下降，表观黏度大幅度降低。吴茵搅拌器剪切后，HPAM 溶液黏度下降率为 61.6%；模拟射孔孔眼剪切后，HPAM 溶液黏度下降率为 72.6%，对于 HPAM 而言，模拟射孔孔眼剪切对表观黏度的影响更大，造成表观黏度下降的幅度更大。

3) 剪切作用对 HAP 溶液表观黏度的影响

(1) 吴茵搅拌器剪切。测定吴茵搅拌器剪切前后 HAP 溶液的表观黏度，结果见图 3.71～图 3.73。

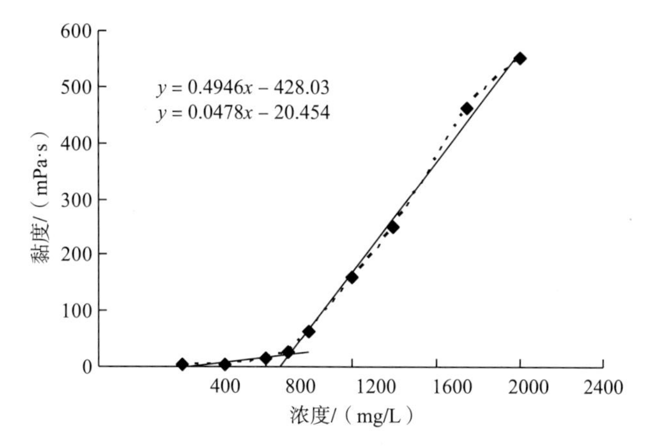

图 3.71　未剪切的 HAP 溶液的黏浓关系曲线

将图 3.71 中的数据点进行拟合，获得两条直线，其交点即为临界缔合浓度。解二元一次方程

$$y=0.4946x-428.03 \tag{3-9}$$

$$y=0.0478x-20.454 \tag{3-10}$$

得到交点处临界缔合浓度为 912mg/L。

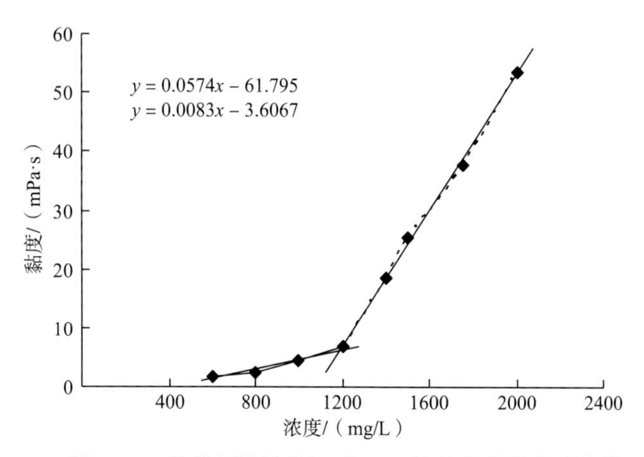

图 3.72　吴茵搅拌器剪切后 HAP 溶液的黏浓关系曲线

将图 3.72 中的数据点进行拟合，获得两条直线，其交点即为临界缔合浓度。解二元一次方程

$$y=0.0574x-61.795 \tag{3-11}$$

$$y=0.0083x-3.6067 \tag{3-12}$$

得到交点处临界缔合浓度为 1202mg/L。

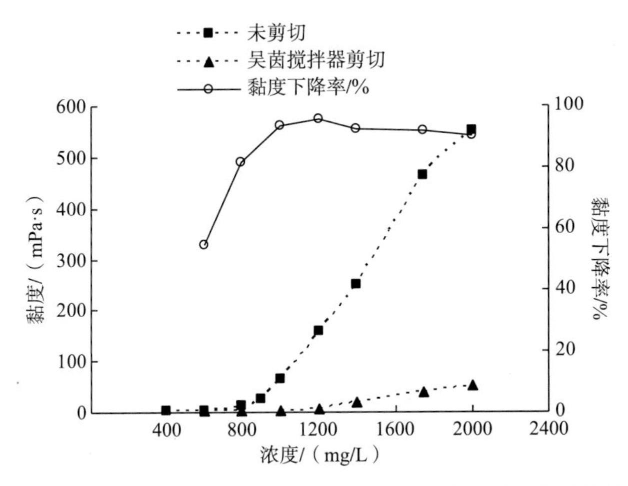

图 3.73 吴茵搅拌器剪切前后 HAP 溶液的黏浓关系曲线

从图 3.71～图 3.73 可知，剪切前后的 HAP 溶液都具有临界缔合浓度；当浓度小于临界缔合浓度时，表观黏度随浓度的增加上升得较缓慢，当浓度大于临界缔合浓度时，溶液表观黏度急剧上升；剪切作用使聚合物溶液的临界缔合浓度由 912mg/L 变为 1202mg/L。

由图 3.73 可知，随着浓度的增大，剪切前后的表观黏度都不断上升，但剪切后的表观黏度低很多；黏度下降率随着浓度的增大先增加后减小，下降率最大的浓度在剪切后的临界缔合浓度附近。1750mg/L 的聚合物溶液，在剪切作用下使表观黏度由 463.8mPa·s 降为 37.6mPa·s，表观黏度下降率高达 91.9%。

⑵模拟射孔孔眼剪切。测定 HAP 溶液经过模拟射孔孔眼剪切前后的表观黏度，见图 3.74 和图 3.75。

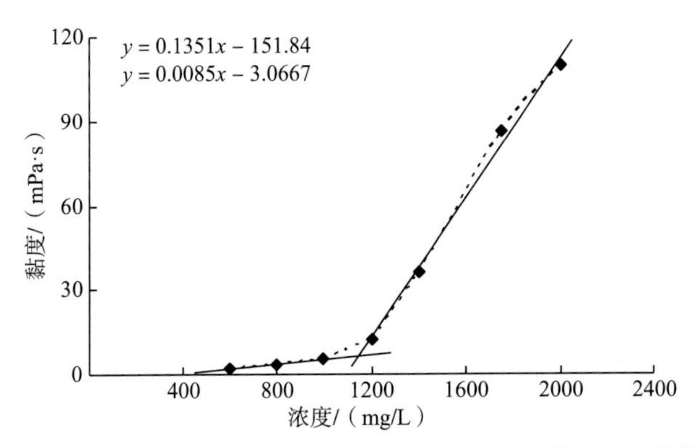

图 3.74 模拟射孔孔眼剪切后 HAP 溶液的黏浓关系曲线

对图 3.74 的数据点进行线性拟合，获得两条直线，其交点即为临界缔合浓度。解二元一次方程

$$y=0.1351x-151.84 \tag{3-13}$$

$$y=0.0085x-3.0667 \tag{3-14}$$

得到交点处临界缔合浓度为 1175mg/L。

与剪切前对比，见图 3.75。

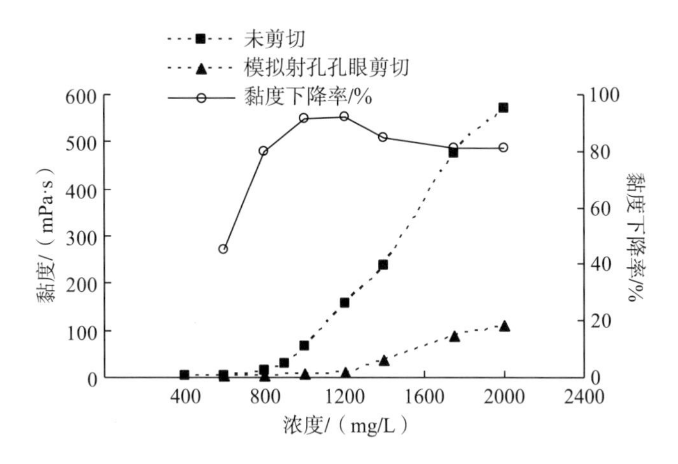

图 3.75　模拟射孔孔眼剪切前后 HAP 溶液的黏浓关系曲线

从图 3.75 可以看出，剪切后的 HAP 溶液表观黏度明显比剪切前低，剪切前后聚合物溶液表观黏度都表现出明显的上翘，存在临界缔合浓度，临界缔合浓度由剪切前的 912mg/L 变成 1175mg/L；黏度下降率也随着浓度的增加先上升后下降，下降幅度最大的浓度在剪切后的临界缔合浓度附近。浓度为 1750mg/L 时，剪切作用使表观黏度由 463.8mPa·s 降为 86.7mPa·s，黏度下降率为 81.3%。

(3) 两种剪切方式结果对比。上述结果表明，两种剪切方式都导致 HAP 溶液的表观黏度大幅度降低，临界缔合浓度增大，但影响程度不一致。对于 HAP 溶液，吴茵搅拌器剪切使表观黏度下降率高达 91.9%，临界缔合浓度由未剪切的 912mg/L 变为 1202mg/L；模拟射孔孔眼剪切后表观黏度下降率为 81.3%，临界缔合浓度由未剪切的 912mg/L 变为 1175mg/L。

通过分析认为，剪切作用破坏聚合物溶液分子结构，使表观黏度大幅度下降，因此剪切作用对表观黏度的影响较大，不同的剪切方式影响程度不同，相比之下，对于缔合型聚合物 HAP 溶液而言，模拟射孔孔眼剪切更接近于实际。

(4) 结果对比分析。上述结果表明，对于 HPAM 而言，吴茵搅拌器剪切使表观黏度下降率达 61.6%，模拟射孔孔眼剪切使表观黏度下降率达 72.6%，模拟射孔孔眼对 HPAM 溶液的剪切更为严重。对于缔合型聚合物 HAP 溶液而言，吴茵搅拌器剪切使表观黏度下降率高达 91.9%，相比黏度下降率为 81.3%的模拟射孔孔眼剪切，其对表观黏度的影响更为严重，因此模拟射孔孔眼剪切更接近实际情况。造成这些结果的原因是两种聚合物的结构不同，在抗剪切方面表现出来的性质也不同，两种剪切方式得到结果相异，对于评价聚合物溶液的表观黏度而言，都存在一定的问题。

4.近井地带剪切模拟实验装置及评价方法

为了更接近实际地模拟近井地带的剪切作用，从油田的实际出发，弄清聚合物溶液在近井地带的流动状况和过流介质的变化情况，在此基础上设计近井地带的速率剪切模拟实验装置，然后再利用近井地带的速率剪切模拟实验装置研究近井地带的剪切作用对聚合物性能的影响。以渤海绥中 36-1 海上油田注聚区块的具体情况为例，设计近井地带剪切模拟实验装置。

剪切作用的实质是聚合物溶液在流动或地层渗流过程中的速率变化、介质变化(方式变化)、流线变化和压力变化。

在聚合物溶液的配注过程中，地面配制和注入以及近井地带的速率、介质、流线和压力的变化最严重，对聚合物溶液的剪切影响也最严重。

地面配注过程中的搅拌器、螺杆泵、注聚泵、静混器、阀门、弯头、大小头、地面管线与井下油管等，其剪切作用的影响不是太严重。

近井地带的射孔孔眼及其压实带与近井地带地层，由于其速度梯度、压力梯度和介质的变化剧烈，对聚合物的剪切作用严重，对聚合物溶液的性能产生巨大的影响。近井地带的流速与距井筒中心距离关系如图 3.76。

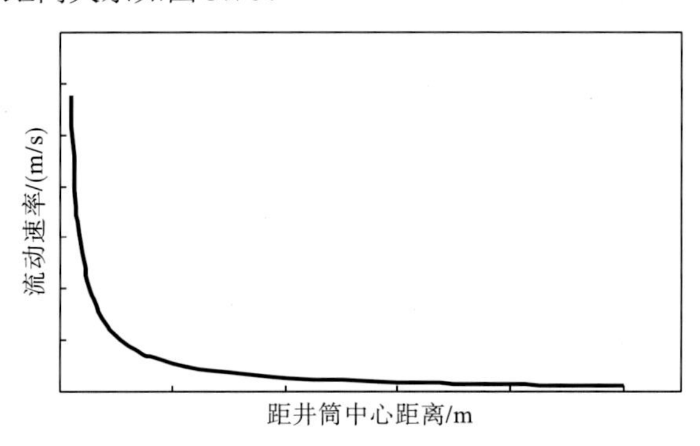

图 3.76 近井地带的流速变化

近井地带是一个流态和过流介质分布比较复杂的区域，流态有线性流、径向流及球面流等；过流介质包括绕丝筛管、砾石充填层、射孔孔眼与压实带及地层孔隙等，如图 3.77 所示。

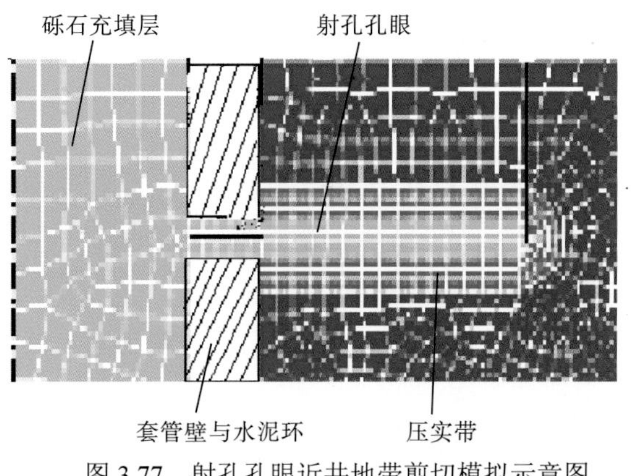

图 3.77 射孔孔眼近井地带剪切模拟示意图

通过物理相似的方法，对聚合物溶液运动过程进行描述，保证近井地带剪切模拟实验装置在关键性质上与原型相似。聚合物溶液在近井地带流动，其剪切降解程度取决于过流介质和速率。在注入速度一定的条件下，速率随距井筒中心的距离的变化而变化。因此，近井地带速率剪切模拟实验装置的设计原则为：

(1)体现流体在近井地带流动时的本质性特征，即速率和介质的变化；

(2)在近井地带剪切模拟实验装置中的流动速率与在实际过流介质中速率相同；

(3)近井地带剪切模拟实验装置中各段的介质与实际过流介质相同或相似；

(4)近井地带剪切模拟实验装置中的剪切距离与实际相同。

根据非均质严重油藏的渗流过程中剪切速率、过流介质、剪切作用距离相同或相似的原则，研制出了近井地带剪切模拟实验装置(图3.78和图3.79)，建立了适合油藏条件下聚合物溶液性能的实验评价平台，为适合该类型油藏聚合物驱的驱油剂研发提供技术指导。

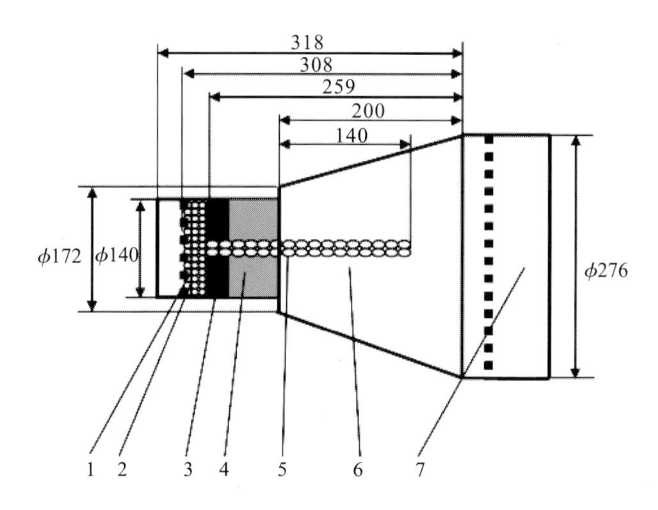

图3.78　近井地带模拟装置示意图

图3.79　近井地带模拟装置实物图

近井地带剪切模拟实验样机剪切缔合聚合物溶液的流程见图 3.80。

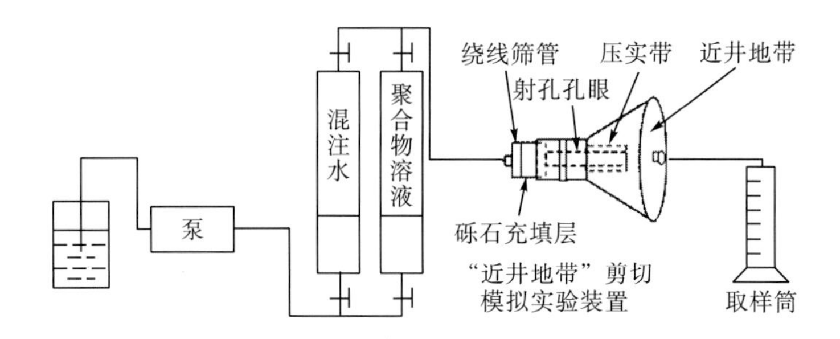

图 3.80 近井地带剪切模拟实验流程示意图

实验流程为如下。

(1)配制聚合物目标溶液若干，必须充分考虑动态吸附和滞留饱和过程需要的溶液体积(约 20L)。

(2)近井地带剪切模拟实验装置填制：20～40 目砾石充填，渗透率约 40mD，孔隙度为 37%；压实带采用 180～200 目细石英砂填制，孔隙度 21%左右；近井地带地层用 120～180 目石英砂填制，孔隙度约 29%。

(3)按照图 3.80 所示连接流程。

(4)用配注水测试装置的孔隙体积。

(5)按照设计流量驱替聚合物溶液，收集 20L 之后的溶液进行性能分析；如果采用不同驱替速度剪切聚合物，则先用高流量驱替聚合物，然后逐渐降低到目标驱替速度，收集改变驱替速度流出 5L 之后的溶液进行性能分析。

3.3.3 稠油油藏聚合物驱应用技术

国外研究人员大多针对室内实验进行相关聚合物驱和化学驱技术在稠油油藏的应用，近几年有报道已开始开展矿场先导实验，并取得了较好的提高采收率的效果。国内从聚合物驱技术发展开始，一直在开展相关的研究，近几年，渤海稠油油藏聚合物驱发展较为迅速，取得的成绩也比较显著。为此，针对海上稠油油藏的应用进行分析，并以国内其他稠油油藏聚合物驱发展情况对稠油油藏聚合物驱技术进行总结。

在稠油油藏聚合物驱中，根据海上稠油油藏本身特点和特殊性，其聚合物驱开发特点主要有以下几个方面：

(1)从储层和流体物性来看，海上油田具有原油黏度大、油层厚度大、多层系和地质条件复杂的特点；

(2)由于开发条件的限制，海上油田具有生产井数较少、井距大、反九点井网、平台寿命有限以及淡水资源缺乏导致注入水矿化度较高等特点；

(3)海上油田较为普遍地采用水平井、多支井的开发井型；

(4)具有抗盐、耐温和高效增黏特性的疏水缔合型聚合物逐渐应用于海上油田开发，对聚合物物化特性及驱油机理的描述要求更加精确。

这些特征也导致陆上油田应用较为成熟的聚合物驱技术和成功经验无法完全应用于海上油田开发。同时，受海上平台空间和环保要求的限制，针对海上油田开发平台寿命的时效性和开发投资的风险性，海上油田实施聚合物驱技术应突出一个“早”字；受原油黏度和渗透率高的影响，实施聚合物驱技术应采用满足油藏要求的新型抗剪切聚合物。海上稠油油藏特点及开发现状，对驱油体系性能提出了具体要求如下。

(1) 海上平台缺乏淡水。海上油田聚合物驱是不可能使用淡水配制聚合物的，只能考虑用高矿化度海水或地层产出污水；由于渤海区域油藏成藏环境决定了地层水硬度普遍偏高，要求使用的聚合物具有优异的高效增黏性和抗盐性。

(2) 海上平台空间狭小。尽可能缩短聚合物的配注时间，要求聚合物能够快速溶解。

(3) 油层条件复杂。渤海油田地层渗透率高，层间差异大，地层水的矿化度高，原油黏度高，油和水的黏度比高，这也要求使用的聚合物能够具有更好的增黏性和耐温抗盐性。

(4) 大井距。聚合物在地层中停留的时间长，聚合物必须具有较好的热稳定性。

(5) 厚油层。单井注入量大，聚合物溶液在注入时承受的剪切严重，要求聚合物必须能够抗剪切。

稠油油藏聚合物驱过程，必须在进行室内溶液性能分析和研究后，才能进一步开展现场试验。

聚合物驱室内实验的主要目的：一是筛选适合于特定油藏条件的聚合物，二是进行聚合物驱的敏感性分析，三是为聚合物驱数值模拟提供必要的输入参数。而聚合物的性能评价和岩心流动实验是聚合物驱室内研究的主要内容。对聚合物溶液的性能评价，是选择满足油田聚合物驱的一个重要手段和方法。针对渤海油藏条件，对两类具有高增黏能力的聚合物溶液的黏浓关系、流变性与抗剪切能力进行研究。

1) 实验药品及条件

(1) 实验药品。结合渤海稠油油藏的高渗透率、Ca^{2+}+Mg^{2+}含量高、高原油黏度、厚油层大井距等特点，选择目前具有代表性的聚合物——线性高分子量的聚丙烯酰胺 MO4000 和结构型聚合物 AP-P4，这两类聚合物具有高黏度，并具备一定的抗钙镁和抗剪切能力。

线性高分子：部分水解聚丙烯酰胺 MO4000，工业品，日本三菱公司生产，呈固体粉末状，固含量 92%，分子量为 2.4×10^7，水解度为 24.6%；超高分子量聚丙烯酰胺具有强亲水性，易与水形成氢键，易溶于水，且水化后具有较大的水动力学体积，能够较好地起到增加黏度的作用，使其一定程度上满足渤海稠油油藏聚合物驱的要求。

结构型聚合物：疏水缔合聚合物 AP-P4，工业品，四川光亚科技股份有限公司生产，呈固体粉末状，固含量 93%，分子量为 1.2×10^7，水解度为 27%。缔合型结构聚合物 AP-P4 具有特殊的分子结构，在溶液中能够形成一定的网络结构而具有较高的黏度，且具有较强的抗 Ca^{2+}+Mg^{2+}和抗剪切能力，在一定条件下满足渤海稠油油藏聚合物驱的要求。

(2) 实验条件。海上油田高钙镁离子的水质对聚合物溶液黏度造成巨大损失，致使聚合物驱无法实施。为了考察 Ca^{2+}+Mg^{2+}对聚合物溶液性质的影响，选择了两类典型的模拟盐水：高钙镁的 J3 注入水和相对低钙镁的地层水，模拟盐水配方见表 3.23。

表 3.23 模拟盐水配方 (单位：mg/L)

组成	NaCl	$CaCl_2$	$MgCl_2·6H_2O$	Na_2SO_4	$NaHCO_3$	KCl	总矿化度
J3 注入水	6190	1579	1935.1	54.2	262.5	49	10069.8
低钙镁地层水	3506	58.1	262.8	101	3040	—	6967.9

注：如未特殊说明，后面所用地层水组成均如此表。

根据模拟盐水的配方，两种盐水的主要差别在 Ca^{2+}+Mg^{2+}的含量。J3 注入水中的 Ca^{2+}+Mg^{2+}的含量为 798mg/L，远远高于低钙镁地层水中 Ca^{2+}+Mg^{2+}的含量(52mg/L)。

聚合物溶液的配制步骤如下：①在 45℃的水浴中，用干粉配制 5000mg/L 的母液，在开始分散聚合物粉末时常常需要强力地搅拌。混配时需要调节搅拌器，以便使水中的旋涡能够影响到 3/4 的盐水。聚合物干粉应该在 30s 内均匀喷洒在旋涡的中肩上，避免形成“鱼眼”。②在所有的聚合物粉末加完之后，将搅拌器的转速调节到低速(60～80r/min)档，在此过程中转速尽可能小，以免聚合物溶液产生剪切降解或机械降解。③连续在低速下搅拌 2～3h，聚合物母液装入棕色瓶中，放置 24h 后可以使用。④稀释时加入一定量的盐水，轻轻地搅拌即可，待稀释均匀后，静止放置 24h 后，即可使用。

(3)实验方案。实验仪器：精密电子天平，烧杯，量筒、磁力搅拌器、RS600 流变仪(转子：DG 41Ti)等；实验温度为 65℃。用 J3 注入水和低钙镁的地层水分别配制母液浓度为 5000mg/L 的 AP-P4 和 MO4000 溶液。放置 24h 后，再分别稀释成不同浓度，进行聚合物溶液的性能测定。具体步骤如下：①按照模拟盐水配方，配制地层水并经过滤纸过滤，保证无微颗粒和沉淀；②用过滤后的地层水配制聚合物母液，并放置 24h 后备用；③将配制好的 AP-P4 和 MO4000 母液，分别稀释成不同浓度的样品；④在 65℃条件下，用 RS600 流变仪(转子：DG 41Ti)在 $7.34s^{-1}$ 下分别测出不同浓度聚合物溶液的黏度；⑤在 65℃条件下，用 RS600 流变仪(转子：DG 41Ti)对聚合物溶液进行流变性和抗剪切性测定。

1.聚合物溶液黏浓关系

分别在 J3 注入水和低钙镁地层水条件下，用 RS600 流变仪测试不同浓度的 AP-P4 聚合物溶液的黏度，其测试结果见图 3.81。

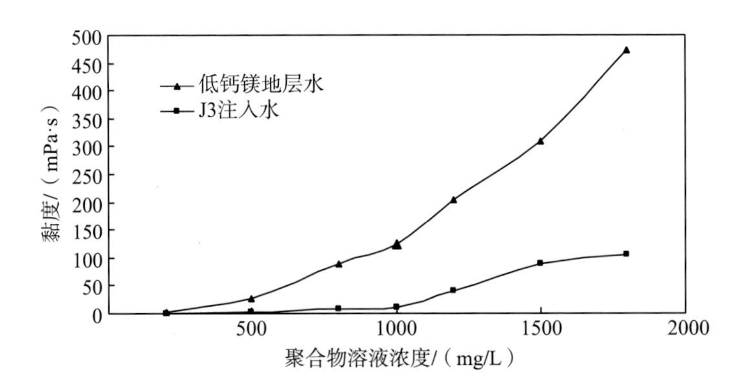

图 3.81 AP-P4 在不同矿化度条件下的黏浓关系曲线

从图 3.81 中可以看出：AP-P4 溶液在两种矿化度条件下的黏度均随着聚合物溶液浓度的增加而增加；当浓度大于 1000mg/L 后，两者的黏浓关系曲线均出现了较为明显的上翘；随着聚合物溶液浓度进一步增加，溶液黏度迅速增加。此浓度称为疏水缔合聚合物的临界缔合浓度。当疏水缔合聚合物溶液的浓度低于临界缔合浓度时，主要以分子内缔合为主，大分子链发生卷曲，流体力学体积减小，特性黏数下降；当疏水缔合聚合物的浓度高于临界缔合浓度后，形成以分子间缔合作用为主的超分子网络结构，宏观上表现为溶液黏度大幅上升。

同时，从图 3.81 可以看出，不同矿化度条件下的 AP-P4 的黏浓关系存在一定的差别。在相同浓度时，低钙镁地层水条件下的 AP-P4 的黏度均大于 J3 注入水条件下的黏度。从前面盐水的配方可以知道，两种盐水主要区别在于 Ca^{2+}+Mg^{2+}的含量有所不同。J3 注入水中的 Ca^{2+}+Mg^{2+}的含量为 798mg/L，远远高于低钙镁地层水中的含量 52mg/L，Ca^{2+}+Mg^{2+}具有比一价阳离子更多的正电荷，使聚合物分子卷曲缩小，水动力学体积减小的作用强烈，降低了聚合物溶液的黏度。而且，Ca^{2+}+Mg^{2+}能促进聚合物溶液中的聚合物分子发生微粒胶凝、交联等现象，从而减少聚合物的分子数量，进一步减小水动力学体积，从而降低聚合物溶液的黏度，使 AP-P4 在 J3 注入水条件下的黏度明显低于低钙镁地层水条件下的黏度。

同时，分别在 J3 注入水和低钙镁地层水条件下，用 RS600 流变仪测试不同浓度的 MO4000 聚合物溶液的黏浓关系，其测试结果见图 3.82。

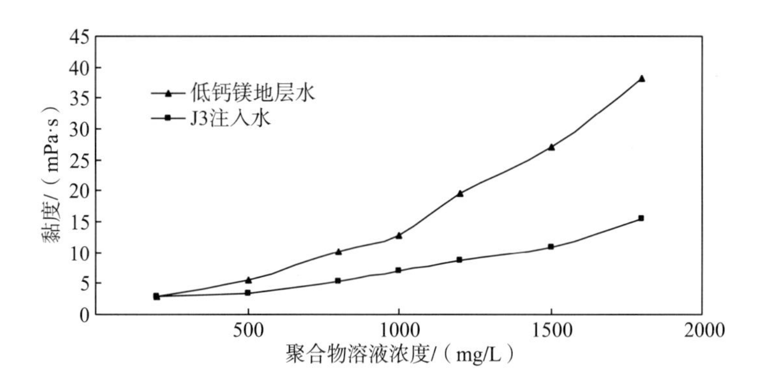

图 3.82　MO4000 在不同矿化度条件下的黏浓关系曲线

从图 3.82 中可以看出：MO4000 在两种矿化度条件下的黏度均随着聚合物溶液浓度的增加而呈线性缓慢地增加。已有的研究成果表明：MO4000 在水溶液中的黏度增加主要是靠分子量的贡献。当分子量足够大并达到一定的浓度时，分子间发生“缠结”，使聚合物溶液的流体力学体积增大，溶液的黏度增加，这也是聚丙烯酰胺溶液的黏度随溶液浓度上升平缓的主要原因。

同时，从图 3.82 中也可以看出，不同矿化度条件下的 MO4000 的黏浓关系存在一定的差别。在相同浓度时，低钙镁地层水条件下 MO4000 的黏度远大于 J3 注入水条件下的黏度。说明 Ca^{2+}+Mg^{2+}的含量对 MO4000 溶液的黏度也有着较大的影响。在相同浓度时，

MO4000 在 J3 注入水的黏度远高于低钙镁地层水条件下的黏度。

由此可以看出，二价离子对聚合物溶液的增黏性具有很大的影响，但 AP-P4 和 MO4000 溶液在两种矿化度条件件下，均具有一定的增黏特性。为此，特考察这两种聚合物溶液在相同条件下的增黏特性，见图 3.83。

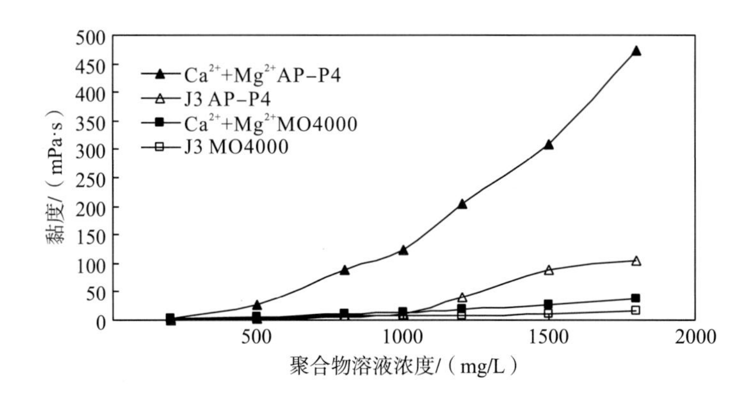

图 3.83 聚合物溶液黏浓关系曲线

从图 3.83 可以看出：①在低 Ca^{2+}+Mg^{2+}条件下，AP-P4 与 MO4000 溶液的黏度均比 J3 注入水条件下的黏度高；②在 1000mg/L 以后，AP-P4 溶液的黏度明显高于 MO4000 溶液黏度。J3 注入水条件下，1800mg/L 的 MO4000 溶液的黏度为 16mPa·s，AP-P4 溶液的黏度为 104mPa·s，说明线性高分子聚合物 MO4000 与结构型聚合物 AP-P4 在高 Ca^{2+}+Mg^{2+}条件下，均具有一定的黏度，在一定程度上能满足高钙镁油藏进行聚合物驱的要求。

由于 AP-P4 溶液特殊结构的存在，在 J3 注入水条件下的抗 Ca^{2+}+Mg^{2+}能力优于 MO4000，AP-P4 溶液的黏度高于 MO4000 溶液的黏度；从二者增黏特点和能力可以看出，在进行聚合物驱时，二者由于具有一定的增黏能力，在多孔介质中可以建立一定的流动阻力，具有流度控制的能力；由于 AP-P4 具有较好的抗 Ca^{2+}+Mg^{2+}的能力，在进行聚合物驱时效果可能要比 MO4000 好。

2.聚合物溶液流变性

从两种聚合物溶液的黏浓关系曲线可以看出，在高 Ca^{2+}+Mg^{2+}水质条件下，AP-P4 和 MO4000 聚合物溶液具有一定增黏特性。聚合物驱油过程中，聚合物溶液从注入井到油层深部的流动为径向流，其流速越来越小。而聚合物溶液为非牛顿流体，其黏度随剪切速率变化而变化。为了预测油藏中聚合物溶液改善流度的能力，需要考察聚合物溶液的流变性。

从 AP-P4 与 MO4000 溶液的黏浓关系可以知道，两者的增黏性存在着较大的差异，且处于不同矿化度条件下，各自的增黏性也不相同，这可能导致两者的流变性有所不同。为此，分别考察 AP-P4 与 MO4000 在 J3 注入水与低钙镁地层水条件下的流变性。

在进行聚合物溶液流变性测定时，实验温度为 65℃，采用 HAAK RS600 流变仪（转子 DG41Ti），剪切速率为 0～500s^{-1}，剪切时间为 15min。

不同浓度的 AP-P4 在 J3 注入水条件下的流变曲线如图 3.84 所示。

从图 3.84 可以看出，不同浓度的 AP-P4 在 J3 注入水条件下的流变曲线均表现出明显的剪切稀释性，随着剪切速率的增加，AP-P4 的黏度逐渐降低。

研究认为，随着剪切速率的增加，剪切应力增大，高分子构象发生变化，长链分子偏离平衡态构象，而沿流动方向取向，使聚合物分子解缠，分子链彼此分离，降低了相对运动的阻力，表现为黏度随剪切速率的增大而降低。

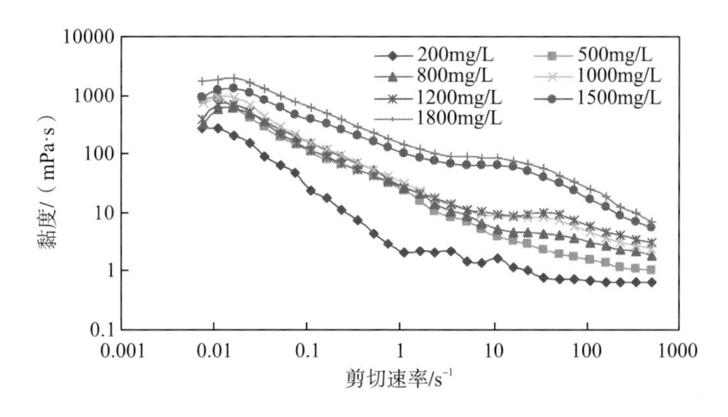

图 3.84 AP-P4 在 J3 注入水条件下的流变曲线

不同浓度的 AP-P4 在低钙镁地层水条件下的流变曲线如图 3.85 所示。

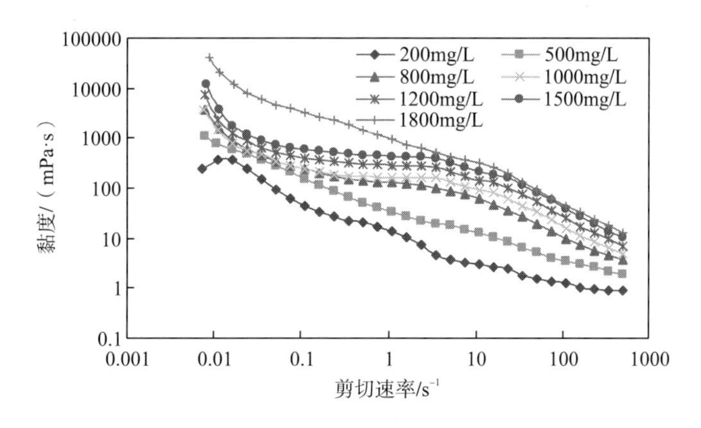

图 3.85 AP-P4 在低钙镁地层水条件下的流变曲线

从图 3.85 可以看出，在低钙镁地层水条件下，随着剪切速率的增加，AP-P4 的黏度随之降低，表现出明显的剪切稀释性。由图 3.84 和图 3.85 可知，无论是在 J3 注入水条件下还是在低钙镁地层水条件下，AP-P4 均表现出较好的剪切稀释性。

对不同矿化度条件下的 AP-P4 的流变性进行分析后，接下来对不同矿化度条件下的 MO4000 流变性进行研究。

不同浓度的 MO4000 在 J3 注入水条件下的流变曲线如图 3.86 所示。

从图 3.86 可以看出，在 J3 注入水条件下，MO4000 的黏度随着剪切速率的增加而降低，表现出明显的剪切稀释性。

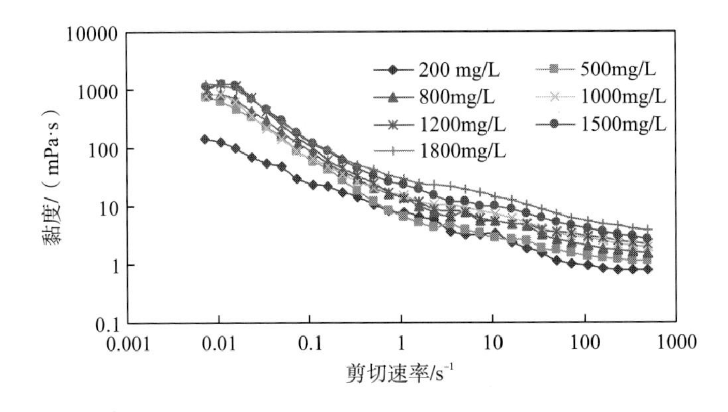

图 3.86 MO4000 在 J3 注入水条件下的流变曲线

MO4000 在低钙镁地层水条件下的流变曲线如图 3.87 所示。

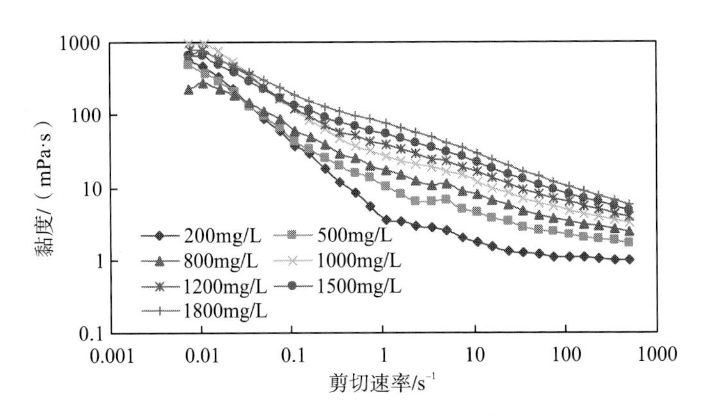

图 3.87 MO4000 在低钙镁地层水条件下的流变曲线

从图 3.87 可知，MO4000 溶液的黏度随着剪切速率的增加而降低，表现出较强的剪切稀释性。

由图 3.86 和图 3.87 可知，随着剪切速率的增加，聚合物溶液的黏度下降。研究认为，当剪切速率增加时，依靠分子缠结而增黏的聚丙烯酰胺，不足以抵抗高剪切的作用，使分子缠结被打散，聚合物溶液黏度降低。

同时，在不同矿化度条件下，考察了浓度为 1800mg/L 的 AP-P4 与 MO4000 溶液的流变性，流变曲线如图 3.88 所示。

从图 3.88 可以看出，1800mg/L 的两种聚合物溶液均随着剪切速率的增加，表观黏度下降，表现出明显的剪切稀释性。可以从两方面分析剪切变稀的原因：一是剪切速率增大，大分子构象发生变化，长链分子偏离平衡构象，沿流动方向取向，结果使大分子运动阻力减小；二是剪切速率增大，大分子缠结点的破坏速率大于其生成速率，体系中缠结浓度降低，分子间相互作用减小，表观黏度下降。两种原因均表现出良好的剪切稀释性。

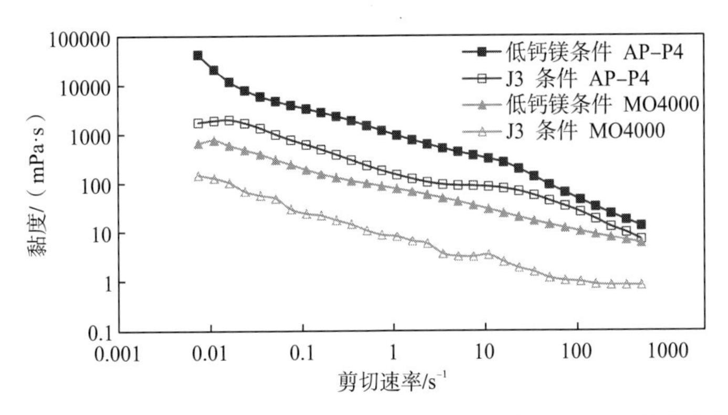

图 3.88 不同矿化度条件下 1800mg/L AP-P4 与 MO4000 的流变曲线

3.聚合物溶液抗剪切性

聚合物溶液在配制、注入及地层渗流过程中受到机械和多孔介质的剪切，使聚合物溶液的黏度下降，聚合物的流度控制能力降低或丧失。通过流变性评价可知，剪切作用造成聚合物溶液的黏度大幅度下降。因此，必须分析两种聚合物溶液在不同条件下的抗剪切能力。

分别对 J3 注入水配制的 1800mg/L 的 AP-P4 与 MO4000 进行抗剪切能力测试。实验条件：温度为 65℃，剪切速率为 0～500s^{-1}，剪切时间为 30min。抗剪切实验结果如图 3.89 所示。

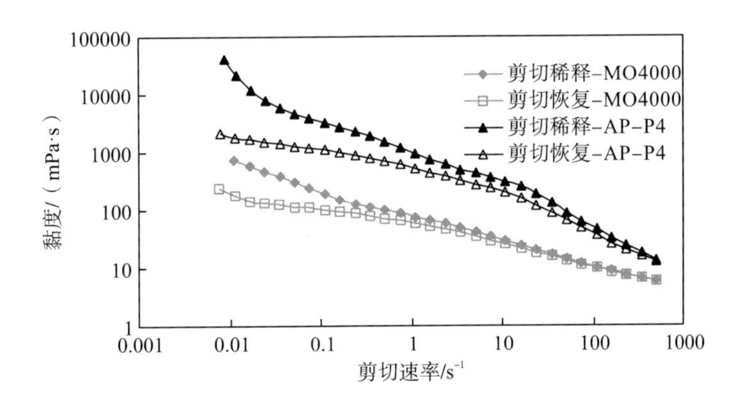

图 3.89 J3 注入水条件下 AP-P4 与 MO4000 抗剪切性关系曲线

从图 3.89 可以看出，两类聚合物溶液的黏度均随着剪切速率的增加而降低，当剪切速率降低时，聚合物溶液的黏度又随之恢复。

由此可见，两种聚合物溶液在高速剪切后，具有较高的恢复性，从而表现出较好的抗剪切能力。较好的抗剪切能力，在进行聚合物驱时，黏度损失较小，有利于流度控制。

结合聚合物溶液的增黏性和抗剪切性的特点，分别研究聚合物溶液浓度为 800mg/L、1200mg/L 和 1800mg/L 时在多孔介质中的流度控制能力。

由于渤海稠油油藏 SZ36-1 油田的特点：地质条件好，渗透率为 1000～5000mD，孔隙度在 30%左右。为了较好地模拟该地质特征，采用细长型的填砂模型，用不同目数的石英砂混合充填，将渗透率控制在 1000～5000mD。实验温度为 65℃。

1）实验仪器

ISCO 260D Syringe pump（美国）：无脉冲高速高压恒速泵，最高注入压力为 50MPa，单泵最大排量为 107mL/min；

中间容器：带活塞中间容器 2 个，1000mL；

压力表：精密压力表、压力传感器各 2 个，0.0001～14MPa。

2）多孔介质模型的准备

（1）采用细长型填砂模型，填砂模型的设计采用混相驱细管实验的思想，设计为细长型，内径 0.8cm，长 50.0cm。

由于在所有的实验中均存在不同程度的末端效应，流线在孔隙介质两端产生收缩，在实际驱替速度下总有一小部分空间不能被注入流体波及。与短的孔隙介质模型相比，细长型填砂模型的直径 d 与长度 L 之比很小，未波及的体积与总体积相比可以认为微不足道。

（2）石英砂处理：为了排除石英砂中杂质的影响，采用浓度为 5.0%的稀盐酸对石英砂进行酸洗，并采用大量的蒸馏水对酸洗后的石英砂进行清洗，直至 pH 为 7 左右。对清洗后的石英砂进行烘干、分筛备用。

（3）采用连续聚合物驱替方式，便于阻力系数的测定。

（4）填砂模型的饱和：采用流动的地层水，用地层水在恒定的流速下驱替填砂管中的空气，并采用排水集气法，进行孔隙体积的计算。这有别于常规的孔隙介质的饱和方法：抽真空饱和地层水。排水集气法优点为：对于细长型填砂管，实践证明，在适当的操作程序下，饱和效果理想，孔隙体积精确。

3）物理模拟模型及聚合物溶液的要求

在聚合物驱过程中，聚合物溶液的注入性尤为重要。聚合物溶液在油藏中有良好的注入性是聚合物驱成功的重要条件之一。良好的注入性表现在两个方面：第一，与注水相比，在向油藏注入聚合物时的压力增加不应高于因黏度增加而应有的压力增加；第二，在注入过程中，压差应能够达到一个稳定值，孔隙空间不应被聚合物不可逆地堵塞。在室内研究聚合物驱时，注入性主要集中评价聚合物在孔隙介质中的传播性能，即注入时是否存在堵塞现象以及压力的传播是否稳定。聚合物溶液注入过程中，注入压力不能太高，否则，在实际聚合物驱过程中，易堵塞油层，视为注入性不好；同时，要求聚合物溶液具有良好的深部传播能力，便于聚合物溶液的流度控制，扩大波及体积。为了保证实验的顺利进行，对模型和聚合物溶液有如下要求：

聚合物溶液：在进行聚合物溶液驱替时，需要采用过滤器对聚合物溶液进行过滤。在装聚合物溶液的中间容器出口处装有约 2cm 长、60～80 目的石英砂柱，用于过滤未溶解好的聚合物微胶粒。

填砂模型：具有较好的均质性，便于考察聚合物溶液的传播性。

4）实验步骤

（1）稀释聚合物溶液，并测定 65℃条件下聚合物溶液的黏度；

（2）充填填砂模型，准备多孔介质；

(3) 在恒定流速下对填砂模型进行驱替，饱和模拟盐水，并测定填砂模型孔隙度、渗透率；

(4) 注入聚合物溶液，记录不同时间聚合物溶液的注入 PV 倍数和两个测压点处的驱替压力；

(5) 后续水驱，记录不同时间下模拟盐水的注入 PV 倍数和两个测点处的驱替压力。

4.聚合物溶液渗流特性研究

疏水缔合聚合物因其独特的分子自组装行为与溶液性能而备受关注。疏水缔合聚合物的分子结构中含有少量的疏水基团，它们以侧链或端基的方式联结在水溶性主链上。在水溶液中，当疏水缔合聚合物溶液的浓度超过临界缔合浓度时，分子链间相互作用，发生疏水缔合作用，黏度急剧增加，从而表现出与一般水溶性高分子聚合物明显不同的性能。而超高分子量的 MO4000 主要依靠缠结增黏，使其也具有较好的增黏性。

通过对两类聚合物溶液的性能评价可知，两类聚合物溶液均具有一定的增黏特性、剪切稀释性及抗剪切性。而在高渗多孔介质中，是否能够建立流动阻力呢？

为此，在高渗透多孔介质中研究了疏水缔合聚合物 AP-P4 与超高分子量部分水解聚丙烯酰胺 MO4000 两类具有不同增黏特点的聚合物溶液的渗流特征。实验流程如图 3.90 所示。

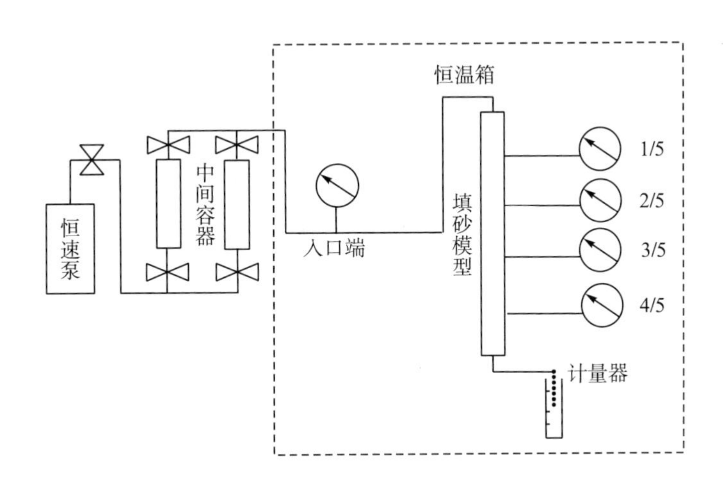

图 3.90　实验流程图

注入流体：疏水缔合聚合物 AP-P4，浓度为 1800mg/L，J3 注入水配制。玻璃微珠充填目数为 40～65 目，填砂管长 100cm，直径 2.5cm。渗透率为 1097mD，温度为 65℃。利用多点测试聚合物溶液在介质中的传播特点，得出疏水缔合聚合物 AP-P4 流动特征曲线如图 3.91 所示。

从图 3.91 可以看出，AP-P4 在高渗多孔介质中具有较好的注入性与传播性，并随着注入量的增加，注入压力上升较慢，而且第 2、3、4、5 个压力点的压力在很长一段时间内上升缓慢，这可能是由于疏水缔合聚合物在多孔介质中的动态吸附、滞留，使 AP-P4 在高渗透孔隙中逐点建立流动阻力，从而表现出良好的整体推进能力，具有较好的流度控制能力。

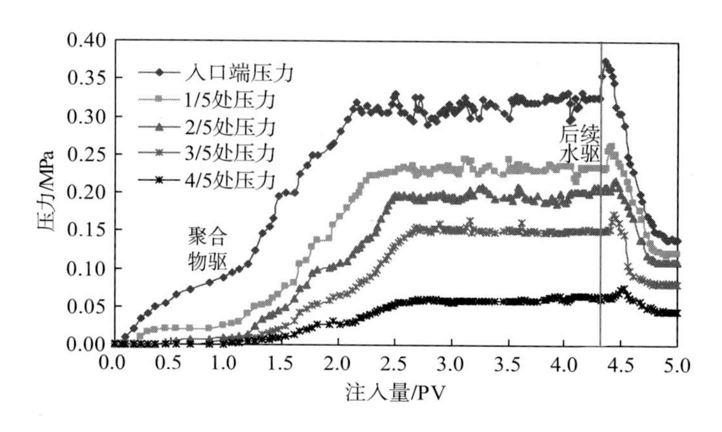

图 3.91 AP-P4 流动特征曲线图

已有的研究成果表明：疏水缔合聚合物在多孔介质中的吸附与滞留，尤其是在多孔介质中形成的结构使聚合物溶液前缘的扩散在某种程度上受到抑制，从而有利于保持驱替相的黏度与阻力系数。聚合物在注入过程中吸附的滞留量，与聚合物自身的结构有着很大的关系。疏水缔合聚合物溶液中由于分子间缔合作用而产生具有一定强度但又可逆的物理缔合，形成较强的网络结构，使其在流动过程中，容易在岩石颗粒表面和大孔道中形成一定的结构，使聚合物溶液前缘比较稳定地向前运移，从而表现出良好的流度控制能力。

从后续水驱曲线中也可以看出，疏水缔合聚合物具有很好的降低水相渗透率的能力，并能够向地层深部运移，具有一定程度的深部调驱作用。在各点处建立的阻力系数与残余阻力系数见表 3.24。

表 3.24 各测压点 AP-P4 溶液阻力系数与残余阻力系数

	AP-P4	
	阻力系数	残余阻力系数
入口端	30.79	13.26
1/5 处	83.88	43.20
2/5 处	94.50	49.51
3/5 处	271.80	147.60
4/5 处	213.84	161.28

从表 3.24 可以看出，AP-P4 在高渗透的多孔介质中建立的阻力系数与残余阻力系数均很高，阻力系数最高为 270 左右，残余阻力系数最高为 160 左右，因此 AP-P4 表现出较好的流度控制能力。

同时研究了超高分子量聚丙烯酰胺聚合物 MO4000 在玻璃微珠介质中的流动特征。

注入流体：超高分子量聚丙烯酰胺 MO4000，浓度为 1800mg/L，J3 注入水配制。玻璃微珠充填目数为 40～65 目，填砂管长 100cm，直径 2.5cm。渗透率为 1180mD，温度为 65℃。

超高分子量聚丙烯酰胺 MO4000 流动特征曲线如图 3.92 所示。

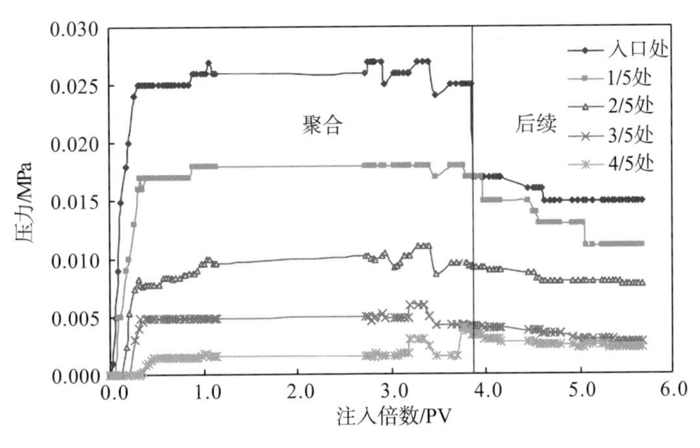

图 3.92　MO4000 流动特征曲线图

从图 3.92 可以看出，随着 MO4000 溶液的注入，各测点压力迅速上升，并很快达到平稳，表现出很好的注入性与传播性。这种流动特征可能是由于聚丙烯酰胺的吸附与滞留量较小，在孔隙中很快达到滞留平衡；同时，MO4000 溶液在孔隙中主要依靠自身分子大小增黏，因此建立的流动阻力比较小。在各处建立的阻力系数和残余阻力系数如表 3.25 所示。

表 3.25　各测压点 MO4000 溶液阻力系数与残余阻力系数

	MO4000	
	阻力系数	残余阻力系数
入口端	10.26	2.06
1/5 处	12.78	6.80
2/5 处	15.84	3.15
3/5 处	16.66	2.48
4/5 处	19.35	2.52

从表 3.25 可以看出，MO4000 在高渗透多孔介质中依然能够建立一定的阻力系数与残余阻力系数，建立的阻力系数最高为 19 左右，残余阻力系数最高为 7 左右，表明 MO4000 在高渗透多孔介质中具有一定的流度控制能力。但 MO4000 建立的阻力系数和残余阻力系数远低于 AP-P4 溶液，其主要原因可能是这两种聚合物具有不同的分子结构与流动阻力建立方式，使建立阻力系数与残余阻力系数的能力不同。

根据聚合物溶液的性能评价可知，在 J3 注入水条件下，1800mg/L 的 AP-P4 的黏度高于 MO4000 的黏度，AP-P4 在多孔介质中建立流动阻力的能力高于 MO4000，从而导致 AP-P4 建立更高的阻力系数与残余阻力系数。因 AP-P4 溶液具有较强的增黏能力和特殊的结构，在多孔介质中，流动阻力缓慢向后传递，随着注入量的增加，压力继续向深部传递，流动阻力逐点建立。超高分子量部分水解聚丙烯酰胺 MO4000 为线性高分子，在多孔介质中的滞留量较小，使其在多孔介质中能很快建立流动阻力，但建立的流动阻力较低，同时由于滞留量较少，使各点压力迅速达到稳定。

总之，在高钙镁的 J3 注入水条件下，AP-P4 与 MO4000 均表现出较好的注入性，且能够在高渗透多孔介质中建立一定的流动阻力，表现出一定的流度控制能力，但 AP-P4 溶液所建立起的阻力系数和残余阻力系数均高于 MO4000。

5.聚合物驱流度控制能力研究

通过对 AP-P4 与 MO4000 在高渗透多孔介质中的渗流特性研究发现，两者均表现出较好的注入性与传播性，且能在多孔介质中建立一定的流动阻力，具有一定的流度控制能力。而 AP-P4 与 MO4000 在高钙镁、高渗透、稠油油藏条件下的流度是如何控制，控制能力如何？以及影响流度控制的主要因素有哪些。为此，针对 J3 油藏条件进行了相应研究。

在研究流度控制能力时，需要在填砂模型的中间处设置一个测压点，便于考察聚合物溶液在多孔介质中的注入性、传播性以及建立流动阻力的能力。实验流程如图 3.90 所示。

通过对 AP-P4 与 MO4000 的渗流特征分析可知，两者在高渗透油藏条件下的流度控制能力有所不同，为此，在不同浓度、不同矿化度、不同多孔介质渗透率和不同注入速度等条件下，研究这两类聚合物溶液在高渗多孔介质中的流度控制能力。

1) 不同浓度下流度控制能力研究

分别选用浓度为 800mg/L、1200mg/L、1800mg/L 时的 AP-P4 与 MO4000 溶液在相同条件下的流度控制能力。

(1) 由于 MO4000 溶液具有强亲水性，易与水形成氢键，易溶于水，且水化后具有较大的水动力学体积，具有较好的增黏作用。为此考察不同浓度的 MO4000 溶液在 J3 油藏条件下的流度控制能力。

MO4000 浓度为 1200mg/L 和 1800mg/L，用 J3 注入水配制，渗透率为 3410mD 和 3240mD，实验温度为 65℃，注入速度为 30mL/h，后续水驱注入速度为 60mL/h。模拟模型长 50cm，直径 0.8cm。

不同浓度的 MO4000 在多孔介质中的流动特征曲线见图 3.93。

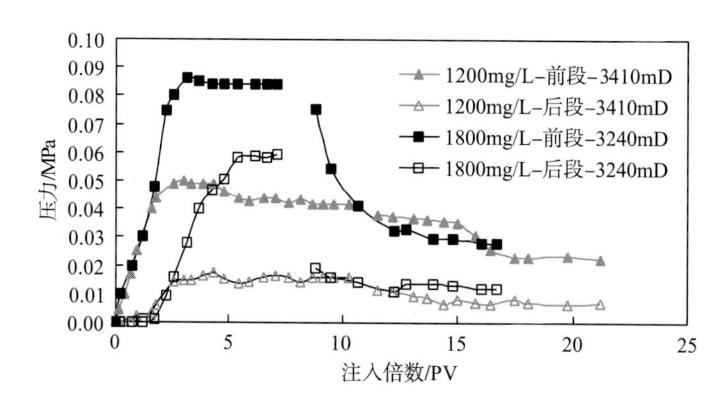

图 3.93 不同浓度 MO4000 在多孔介质中的流动特征曲线

从图 3.93 可以看出，随着 MO4000 溶液的注入，注入压力迅速上升，并较快达到稳定，表现出很好的注入性与传播性。在渗透率相近的多孔介质中，1200mg/L 与 1800mg/L 的 MO4000 在高渗条件下建立的流动阻力有所差别，浓度较高的 1800mg/L 在多孔介质中建立的流动阻力比浓度较低的 1200mg/L 高。并随着后续水的注入，注入压力逐渐降低，因聚合物溶液的浓度不同，降低水相渗透率的能力也有一定的差异，建立的阻力系数和残余阻力系数见表 3.26。

表 3.26　不同浓度条件下 MO4000 溶液阻力系数与残余阻力系数表

浓度/(mg/L)	渗透率/mD	阻力系数		残余阻力系数	
		前段	后段	前段	后段
1200	3410	3.76	5.42	1.01	1.19
1800	3240	8.57	21.49	1.65	2.18

从表 3.26 可以看出，MO4000 在高渗透多孔介质中能够建立一定的阻力系数，但建立的残余阻力系数较低。在渗透率相近的多孔介质中，随着 MO4000 溶液浓度的增加，所建立的阻力系数与残余阻力系数均有所增加。

MO4000 在多孔介质中因吸附与滞留量较小，很快达到滞留平衡，使 MO4000 在注入过程中达到最终平衡压力的时间较短。因 MO4000 主要依靠自身的分子大小增黏，其与高渗多孔介质之间的作用力相对较弱，在高渗透的多孔介质中建立流动阻力的能力与降低水相渗透率的能力也相对较弱。

通过黏浓关系曲线可知，随着浓度的增加，MO4000 的黏度增加，因此浓度较高时，在多孔介质中建立的流动阻力也相应地增加。由于 MO4000 在多孔介质中的滞留量有限，且与介质间的作用力较弱，在大量的后续水注入时，滞留在多孔介质中的部分聚合物会被冲刷出来，使 MO4000 在多孔介质中降低水相渗透率的能力较弱。

(2) 疏水缔合聚合物 AP-P4，具有较好的耐温抗盐特性，同时其溶液中存在结构，在多孔介质中表现出与 MO4000 明显不同的渗流特征。线性高分子 MO4000 主要依靠本体黏度增黏，在高钙镁的水质条件下，建立流动阻力的能力明显低于 AP-P4。为此，考察不同浓度的 AP-P4 在 J3 油藏条件下的流度控制能力。

AP-P4 聚合物浓度为 800mg/L、1200mg/L、1800mg/L，用 J3 注入水配制，渗透率为 2160mD、360mD、2460mD，实验温度为 65℃，聚合物溶液的注入速度为 30mL/h，后续水驱注入速度为 60mL/h。物理模拟模型长 50cm，直径 0.8cm。

不同浓度的 AP-P4 在多孔介质中的流动特征曲线见图 3.94。

从图 3.94 可知，不同浓度的 AP-P4 溶液在高渗条件下也具有较好的注入性与传播性。在 AP-P4 注入过程中，前段建立流动阻力迅速，随着后续聚合物的注入，压力逐渐向介质深部传播，表现出明显的逐点建立流动阻力的特征。后续水驱过程中，尽管在大量后续水的作用下，注入压力有所降低，但仍具有较好的降低水相渗透率的能力。建立的阻力系数与残余阻力系数如表 3.27 所示。

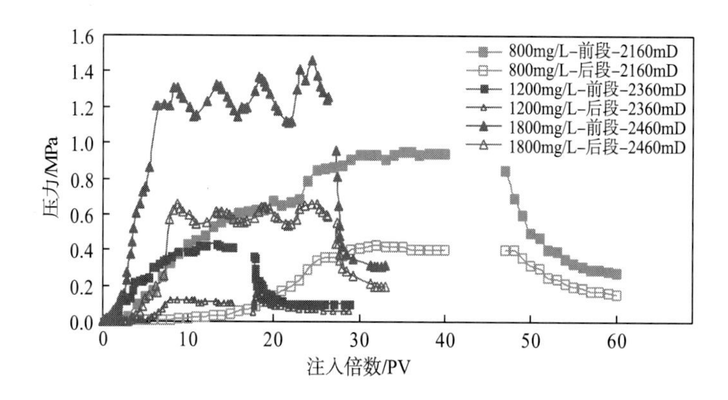

图 3.94　不同浓度 AP-P4 在多孔介质中的流动特征曲线

表 3.27　不同浓度条件下 AP-P4 溶液阻力系数与残余阻力系数

浓度/(mg/L)	渗透率/mD	阻力系数		残余阻力系数	
		前段	后段	前段	后段
800	2160	40.87	39.80	2.38	3.43
1200	2360	55.17	50.96	5.89	7.90
1800	2460	60.96	47.29	15.19	15.87

从表 3.27 可以看出，AP-P4 溶液在高渗透介质中能建立较高的阻力系数与残余阻力系数。由此可见，AP-P4 溶液在多孔介质中能够很好地建立流动阻力，从而较好地实现流度控制。

对比表 3.26 和表 3.27 可以看出，AP-P4 溶液比 MO4000 溶液具有更高的建立流动阻力和降低水相渗透率的能力，其原因可能是 AP-P4 具有特殊的溶液结构。AP-P4 溶液通过分子间缔合形成的网络结构，使聚合物分子之间、聚合物分子与多孔介质之间的相互作用力较强，因此能在高渗透多孔介质中建立较高的流动阻力，进而表现出较好的流度控制能力。

从表 3.27 还可以看出，随着注入浓度的增加，AP-P4 建立的阻力系数与残余阻力系数均增加。分析认为，随着浓度的增加，黏度增加，且 AP-P4 溶液中的缔合结构也随之增强，使 AP-P4 在多孔介质中的流度控制能力增加。

由此可见，结构型聚合物溶液以其较好的增黏性和特殊的溶液结构的特点，具有在高渗透介质中建立高流动阻力和有效降低水相渗透率的能力，达到扩大波及体积的效果。

6.渗透率对流度控制能力的影响

(1)针对 MO4000 聚合物溶液，用 J3 注入水配制，研究在不同渗透率条件下，MO4000 的建立流度控制的能力。MO4000 浓度为 1800mg/L，用 J3 注入水配制，渗透率为 2080mD 和 3240mD，实验温度为 65℃，聚合物溶液的注入速度为 30mL/h，后续水驱注入速度为 60mL/h。模拟模型长 50cm，直径 0.8cm。1800mg/L 的 MO4000 在不同渗透率多孔介质中的流动特征曲线如图 3.95。

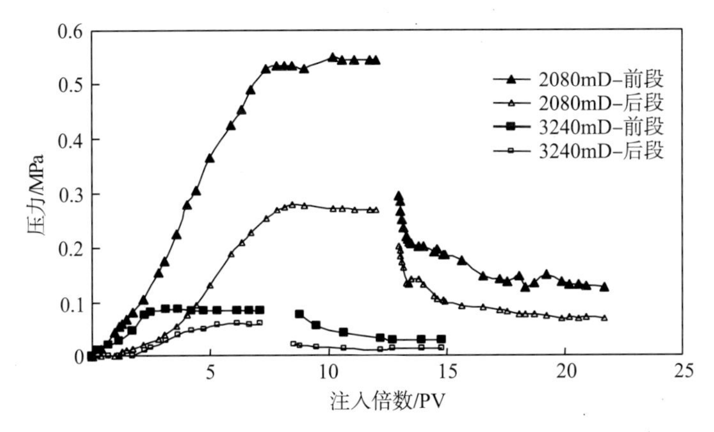

图 3.95　不同渗透率 MO4000 在多孔介质中的流动特征曲线

从图 3.95 可知，在聚合物驱过程中，MO4000 在两个高渗透率的多孔介质中均能建立一定的流动阻力，且在渗透率相对较高的多孔介质中，建立的阻力系数比在渗透率较低的多孔介质中要低，且降低水相渗透率的能力也较弱。建立的阻力系数和残余阻力系数见表 3.28。

表 3.28　不同渗透率条件下 MO4000 阻力系数与残余阻力系数

渗透率/mD	阻力系数		残余阻力系数	
	前段	后段	前段	后段
2080	22.80	19.46	2.64	2.49
3240	8.57	21.49	1.65	2.18

从表 3.28 可知，在相同浓度条件下，随着多孔介质渗透率的增加，MO4000 建立的阻力系数与残余阻力系数均有所降低。

MO4000 在渗透率相对较低的孔隙介质中，建立的阻力系数和残余阻力系数大于渗透率相对较高的多孔介质。分析认为，渗透率较低的多孔介质较为致密，孔隙狭窄，岩石的比表面大，吸附量增大；另一方面，由于聚合物分子的有效尺寸与岩石的孔道尺寸的比值增大，从而使聚合物分子在多孔介质内的机械捕集也增大，聚合物的滞留量增大，使其在较低渗透率的多孔介质中建立的阻力系数与残余阻力系数较大。

(2) 用 J3 注入水配制 AP-P4 溶液，研究在不同渗透率条件下，AP-P4 的流度控制能力。AP-P4，浓度为 1200mg/L，用 J3 注入水配制，渗透率为 3680mD 和 2360mD，实验温度为 65℃，聚合物溶液的注入速度为 30mL/h，后续水驱注入速度为 60mL/h。模拟模型长 50cm，直径 0.8cm。1200mg/L 的 AP-P4 在不同渗透率多孔介质中的流动特征曲线如图 3.96。

从图 3.96 可以看出，AP-P4 在高渗透多孔介质中能建立较高的流动阻力，且在渗透率相对较高的多孔介质中建立的流动阻力较大。在 AP-P4 注入过程中，AP-P4 溶液在前段能很快地建立流动阻力，并随着注入量的增加，压力逐渐向后传播，表现出良好的注入性和明显的逐点建立流动阻力的特征。在后续水驱的过程中，随着大量后续水的注入，注入压力有所降低，但都具有较好的降低水相渗透率的能力。建立的阻力系数和残余阻力系数如表 3.29 所示。

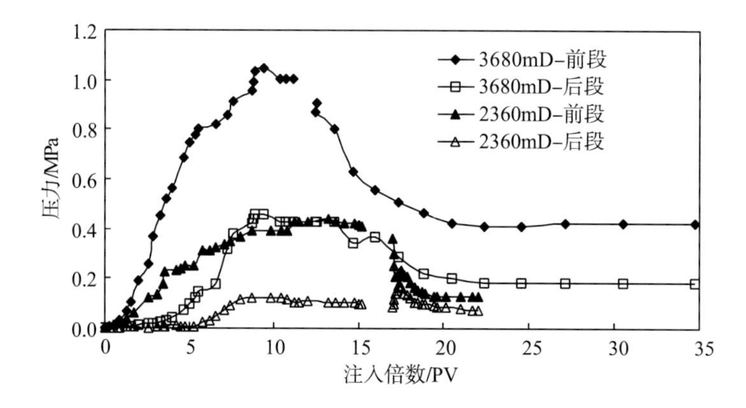

图 3.96 不同渗透率 AP-P4 在多孔介质中的流动特征曲线

表 3.29 不同渗透率条件下 AP-P4 溶液阻力系数与残余阻力系数

渗透率/mD	阻力系数		残余阻力系数	
	前段	后段	前段	后段
2360	55.17	50.96	5.89	7.9
3680	74.44	45.50	15.67	9.73

从表 3.29 可以看出，AP-P4 聚合物溶液在渗透率相对较高的孔隙介质中，建立的阻力系数和残余阻力系数均较高，具有较好的流度控制能力。

在不同渗透率条件下，AP-P4 溶液建立的流动阻力明显不同。在渗透率较大的多孔介质中，孔道较大，AP-P4 容易在其中滞留；并由于孔道较大，剪切力的作用减小，使滞留于多孔介质中的聚合物容易形成结构，从而使流动阻力增强；当流动阻力达到一定程度后，又将破坏在介质中形成的结构，使聚合物溶液向前运移；由于结构不断地形成与破坏，使 AP-P4 前进缓慢，形成流动阻力逐点建立的现象。

7.注入速度对流度控制能力的影响

1）MO4000 在不同注入速度下流度控制能力

MO4000，浓度为 800mg/L，用 J3 注入水配制，渗透率为 3650mD，实验温度为 65℃，初始注入速度为 30mL/h，待注入压力稳定后，再将注入速度上调至 60mL/h，直至压力稳定。物理模拟模型长 50cm，直径为 0.8cm。MO4000 在多孔介质中的流动特征曲线见图 3.97。

从图 3.97 可以看出，MO4000 在多孔介质中具有很好的注入性与传播性，且在多孔介质中的压力稳定时间较快，并能够建立一定的流动阻力。当注入速度由 30mL/h 上升至 60mL/h 时，MO4000 在多孔介质中的流动阻力明显增加，流度控制能力有所加强。

MO4000 浓度为 1800mg/L，用 J3 注入水配制，渗透率为 3240mD，实验温度为 65℃，初始注入速度为 30mL/h，待注入压力稳定后，再将注入速度上调至 60mL/h，直至压力稳定。物理模拟模型长 50cm，直径 0.8cm。

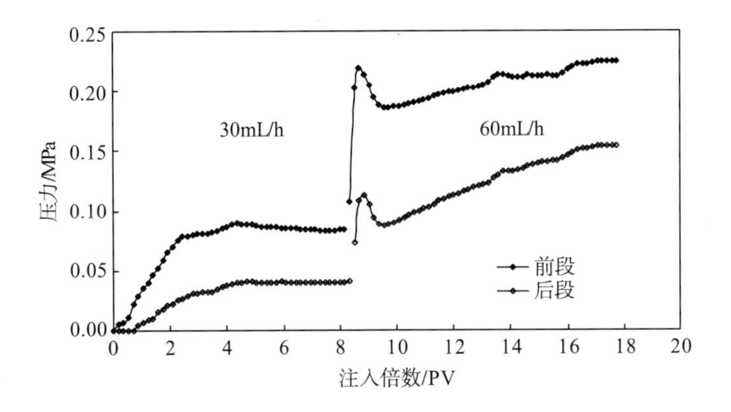

图 3.97　800mg/L 的 MO4000 在不同注入速度下的流动特征曲线

1800mg/L 的 MO4000 在多孔介质中的流动特征曲线如图 3.98 所示。

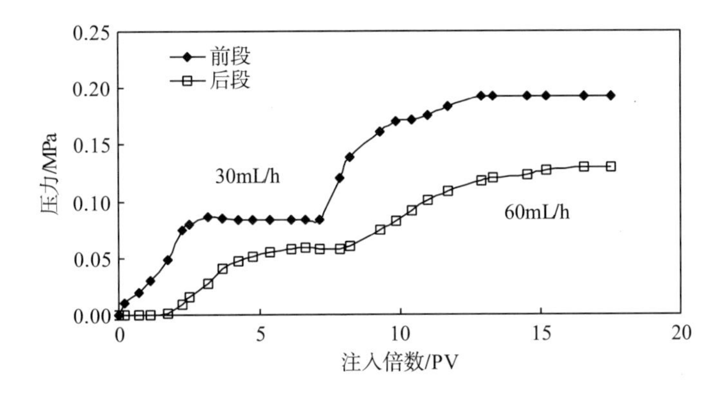

图 3.98　1800mg/L 的 MO4000 在不同注入速度下的流动特征曲线

从图 3.98 可以看出，1800mg/L 的 MO4000 在多孔介质中流动时，随着注入速度的增加，其建立的流动阻力也明显增加。建立的阻力系数如表 3.30。

表 3.30　不同注入速度条件下 MO4000 溶液阻力系数

浓度/(mg/L)	渗透率/mD	阻力系数			
		30mL/h		60mL/h	
		前段	后段	前段	后段
800	3650	6.15	4.17	8.25	7.94
1800	3240	8.57	21.49	9.84	23.54

从表 3.30 可以看出，两种浓度的 MO4000 在高渗透多孔介质中，均能建立一定的流动阻力，并随着注入速度的增加，建立的阻力系数明显增加。

这可能是由于注入速度增加，线性高分子在岩心中所受到的剪切力增加，从而使线性高分子沿溶液流动方向取向，这种高分子形态的变化导致滞留量的增加，从而使阻力系数增加。许多研究者认为，一般在线性速度超过 10m/d 时，就会出现黏弹效应，使聚合物分子链受到保护，减轻被剪断的程度，使黏度保留率较高，进而使阻力系数增加。

2) AP-P4 在不同注入速度下流度控制能力

AP-P4，浓度为 1200mg/L，用 J3 注入水配制，渗透率为 2360mD，实验温度为 65℃，初始注入速度为 30mL/h，待注入压力稳定后，再将注入速度上调至 60mL/h，直至压力稳定。石英砂充填目数为 40～100 目，填砂管长 50cm，直径 0.8cm。

1200mg/L 的 AP-P4 在多孔介质中的流动特征曲线如图 3.99 所示。

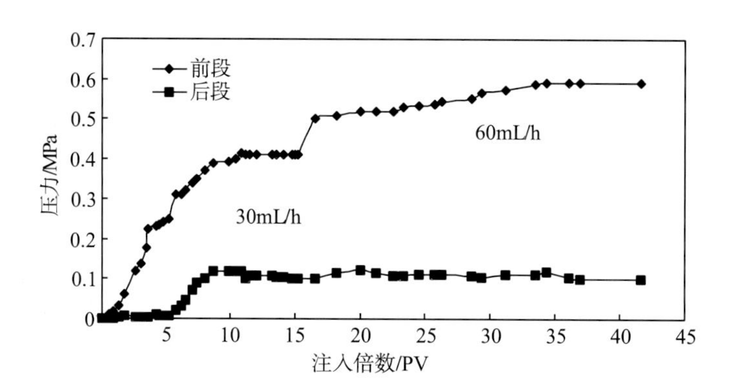

图 3.99 1200mg/L 的 AP-P4 在不同注入速度下的流动特征曲线

从图 3.99 可以看出，1200mg/L 的 AP-P4 在入口处流动阻力建立较快，随着后续聚合物的注入，表现出逐点建立流动阻力的流动特征。1200mg/L 的 AP-P4 在多孔介质中具有较好的注入性与传播特性。当注入速度由 30mL/h 提高到 60mL/h 时，建立的流动阻力略有增加。

AP-P4，浓度为 1800mg/L，用 J3 注入水配制，渗透率为 2300mD，实验温度为 65℃，初始注入速度为 30mL/h，待注入压力稳定后，再将注入速度上调至 60mL/h，直至压力稳定。物理模拟模型长 50cm，直径 0.8cm。

1800mg/L 的 AP-P4 聚合物溶液在多孔介质中的流动特征曲线如图 3.100 所示。

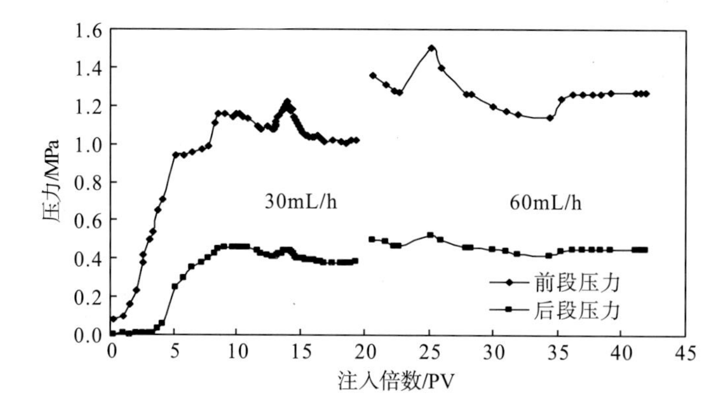

图 3.100 1800mg/L 的 AP-P4 在不同注入速度下的流动特征曲线

从图 3.100 可以看出，1800mg/L 的 AP-P4 在多孔介质中建立的流动阻力较高。当注入速度提高后，也表现出随着注入速度的增加，建立的流动阻力略有增加，并很快达到稳定的现象，并没有因为流速的升高，使注入压力大幅度上升。其在多孔介质中建立的阻力系数见表 3.31。

表 3.31　不同注入速度条件下 AP-P4 溶液阻力系数表

浓度/(mg/L)	渗透率/mD	阻力系数			
		30mL/h		60mL/h	
		前段	后段	前段	后段
1200	2360	55.17	50.96	39.68	25.54
1800	4560	93.94	83.33	58.26	50.00

从表 3.31 可以看出，AP-P4 在多孔介质中能够建立较高的阻力系数，随着注入速度的增加，在多孔介质中建立的阻力系数有所降低。可能是因为随着注入速度的增加，多孔介质中滞留的 AP-P4 溶液，在较高的剪切应力下，溶液结构发生变化，从而使得滞留在多孔介质中的 AP-P4 溶液更容易发生运移，而不会因流速增加而加剧压力增加，阻力系数随流速的增加而降低。由此表明，AP-P4 溶液的结构是一个可以不断发生变化的物理网络结构。多孔介质中滞留的聚合物，在一定条件下，容易形成结构，而形成的结构在一定压力作用下，又发生改变。在不断变化的压力作用下，溶液结构向不同的次级结构转变，因而使聚合物溶液能够在稳定压力下运移。同时，由于 AP-P4 溶液的结构特点，使得不同流速下所建立阻力系数的特征与线性超高分子量的聚丙烯酰胺明显不同。

8.剪切作用对聚合物溶液性质影响

通过对 AP-P4 与 MO400 溶液在多孔介质中流度控制能力的研究发现，AP-P4 与 MO4000 均具有一定的流度控制能力。AP-P4 由于其溶液的结构，在高渗透、高钙镁条件下具有良好的建立流动阻力的能力。

聚合物驱过程中，聚合物溶液经注聚泵增压后，首先经过几十米至数千米的地面管线到注入井口，然后经几百米至数千米的油管到达油层位置，接着通过射孔炮眼进入油层，最后经近井地带油层到达油层深部。

在射孔炮眼前，聚合物溶液流经地面管线和井下油管时，溶液主要受机械剪切作用；溶液流经射孔炮眼时，主要受机械剪切和多孔介质剪切作用；溶液在近井地带渗流时，主要受多孔介质剪切作用；溶液在地层中、深部渗流时，主要受热、氧、矿化度等的影响，多孔介质剪切作用很弱。

溶液在地层中、深部渗流时后继压力越来越小，聚合物流速最终以很低的速度向前渗流。在聚合物全部被注进地层后，继续向地层中注水，以平衡前方油水被抽出的压力降，同时也能推动之前的聚合物继续向前运行，直到到达采出井为止。

在这过程中，剪切作用对聚合物溶液黏度、流变性等有着重大影响。为此，研究剪切作用对聚合物溶液性质的影响。

聚合物溶液由地面注入油层的过程中，聚合物溶液要经过管线内的机械剪切、射孔炮眼的“复合剪切”、近井地带高速渗流的高速、高压梯度多孔介质剪切及地层中、深部中、低速渗流的地层渗流多孔介质剪切等四个阶段。

第一阶段：工艺流程与管线内的机械剪切阶段，其剪切主要在管壁与流线突变处。

第二阶段：射孔炮眼的“复合剪切”阶段。即机械剪切和多孔介质的高速梯度与高压梯度的剪切阶段。聚合物溶液经过射孔炮眼地层多孔介质时，机械剪切作用导致聚合物大分子链被剪断，聚合物分子量下降，黏度降低。高速梯度与高压梯度的剪切作用使聚合物分子沿流动方向取向，溶液结构被破坏，分子链被剪断，黏度降低。特别是对超高分子量的聚合物，大分子链被剪断的概率增加，转化为较低高分子链的聚合物的可能性增加。

第三阶段：近井地带高速渗流的高速梯度、高压梯度多孔介质剪切阶段。溶液通过射孔炮眼后，其质点流速以指数规律迅速降低，经过射孔炮眼“复合剪切”后的聚合物分子链拉伸变形，继续沿流动方向取向，破坏溶液结构，但破坏程度降低，黏度继续下降。在此阶段，大分子链被剪断的概率以指数规律迅速降低。

第四阶段：地层中、深部中、低速渗流的地层渗流多孔介质剪切阶段。这一阶段发生在油层中、深部，渗流速度较低，聚合物溶液中的分子以缠绕、堆积、拥挤等形式通过孔喉，增加水的流动阻力，提高水油流度比，扩大波及体积，最终增加水的驱油效率。

随着对聚合物驱研究的深入，越来越多的研究人员发现聚合物溶液在经过井底炮眼时的黏度损失巨大，对聚合物驱的影响不容忽视。而至今却没有一种物理模型能够很好地对聚合物溶液过炮眼的情况进行模拟。

通常采用吴茵搅拌器的高速机械剪切来模拟炮眼剪切对聚合物溶液的剪切。实验条件：转速为 3500 r/min，剪切时间 10s。

吴茵搅拌器具有加速快、转速高、转速稳定等优点。聚合物溶液经吴茵搅拌器剪切后，黏度降解幅度巨大，在一定程度上可以模拟聚合物溶液经过炮眼后造成的黏度降解。

1) 机械剪切对黏度的影响

由于聚合物溶液在机械剪切时，因剪切时间的不同，导致剪切后的聚合物溶液黏度不同。为了摸索出剪切时间对聚合物溶液黏度的影响，通过对不同剪切时间后的黏度测定，希望了解聚合物溶液黏度随剪切时间的变化规律。经吴茵搅拌器高速剪切不同时间后的聚合物溶液黏度见表 3.32。

表 3.32 疏水缔合聚合物溶液(J3)在不同剪切时间下的黏度

剪切时间/s	0	10	20	30
黏度/(mPa·s)	307.5	23.1	11.0	8.6
黏度保留率/%	100.0	19.0	9.0	7.0

从表 3.32 可以看出：J3 注入水配制的 AP-P4 在经吴茵搅拌器高速剪切后，黏度下降巨大。

剪切 0s：表示聚合物溶液未经剪切，此时的 AP-P4 聚合物溶液黏度为 307.5mPa·s。

剪切 10s 后：AP-P4 的黏度下降为 23.1mPa·s，黏度保留率为 7.5%。

剪切 20s 后：AP-P4 的黏度下降为 11.0mPa·s，黏度保留率为 3.6%。

剪切 30s 后：AP-P4 的黏度下降为 8.6mPa·s，黏度保留率为 2.8%。

通过 10s、3500r/min 吴茵搅拌器的机械剪切，AP-P4 溶液的黏度与通过炮眼返排后的溶液黏度相当。所以用吴茵搅拌器 3500r/min，剪切 10s 进行模拟炮眼剪切。

聚合物溶液的黏度损失主要集中在射孔炮眼与近井地带。在射孔炮眼与近井地带，聚合物溶液遭受的剪切最为严重，随着距离的增加，聚合物溶液黏度下降幅度逐渐放缓。在聚合物溶液到达地层中、深部后，速度减慢，剪切变弱，剪切降解也随之减小。

2）多孔介质剪切对聚合物溶液性质的影响

虽然吴茵搅拌器剪切后的聚合物溶液黏度大幅度下降，使剪切后的聚合物溶液黏度与过炮眼的黏度相近，在一定程度上可以模拟炮眼剪切。但是吴茵搅拌器对聚合物溶液的剪切仅为高速机械剪切。而聚合物溶液过炮眼时的剪切，十分复杂，不仅仅是高速机械剪切，在多孔介质中还存在高速梯度与高压梯度的剪切作用，对聚合物的拉伸、沿流动方向取向、破坏溶液结构、剪断分子链等都会导致黏度降低。所以吴茵搅拌器模拟聚合物过炮眼剪切，具有一定的局限性。为了更好地对聚合物溶液过炮眼的情形进行模拟，必须从聚合物溶液过炮眼的整个流动过程考虑，进而提出更好的模拟聚合物溶液流经炮眼的方法。

通过对聚合物驱整个注入过程的了解，我们知道，聚合物溶液在注入过程中，由井筒经过炮眼段，进入地层。

对 J3 油藏，油层厚，井距大，在进行聚合物驱时，注入量大（500～1000m^3/d）。在高排量注入速度下，聚合物溶液将在高压差下通过炮眼进入地层。

聚合物溶液在炮眼前后，发生两个显著变化：①由炮眼前的高速管流，到炮眼后的低速地层渗流；②由炮眼前的高压力梯度，到炮眼后低压力梯度。

所以聚合物溶液过炮眼后，其性能会发生巨大改变，必定影响聚合物溶液在油层中的作用。因此非常有必要对聚合物溶液过炮眼的情形进行模拟，进一步了解炮眼剪切对聚合物溶液的影响。

近年来，随着研究的不断深入，对聚合物溶液经过炮眼的剪切进行的模拟也越来越接近实际情况。吉林大学的周吉生硕士、西南石油大学的杨怀军博士等，在研究聚合物溶液经过炮眼的变化时，均采用聚合物溶液通过岩心来模拟炮眼剪切，其核心是通过泵来控制注入速度，但岩心的出口端压力为零。根据渤海稠油油藏聚合物驱实际情况，对岩心剪切模型进行改进。

采用压差控制原理，在岩心的入口和出口端同时加压，通过控制入口和出口两端的压差，使聚合物溶液在高压下，高速通过短距离的填砂模型来模拟炮眼剪切，并且使经过高速剪切后的聚合物溶液进入具有一定压力的环境中，使其与聚合物驱实际相似。

按此思想，改进后的多孔介质剪切模型如图 3.101。

根据渤海油田 SZ36-1 油藏的 J3 井实际情况，通过计算，长为 5cm 的填砂管两端的压降为 0.513～0.599MPa。

在模拟剪切时，考虑注入工艺流程中的搅拌器、注入泵、阀门、管线与流线变化等因素的剪切作用，将填砂管的压差控制在 0.3～2.0MPa。按 0.3MPa、0.5MPa、0.8MPa、1.0MPa、1.1MPa、1.2MPa、1.3MPa、1.4MPa、1.5MPa、2.0MPa 布点，进行剪切实验，并确定相应于油藏条件的合理剪切压差。测量经过填砂管前后的黏度，研究多孔介质剪切对聚合物溶液黏度的影响。

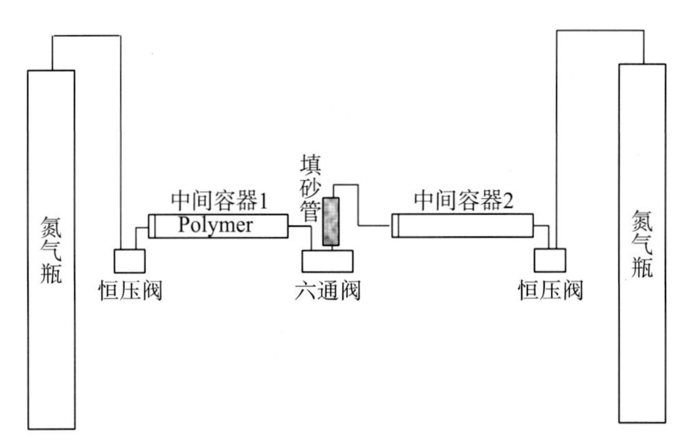

图 3.101 多孔介质剪切模型

AP-P4 溶液，浓度为 1800mg/L，在不同压差下剪切后的聚合物溶液黏度如表 3.33 所示。

表 3.33 不同压差剪切后 AP-P4 黏度变化(J3)

压差/MPa	未剪切	0.3	0.5	0.8	1.0	1.1	1.2	1.3	1.4	1.5	2.0
压力梯度/(MPa/m)	—	6.0	10.0	16.0	20.0	22.0	24.0	26.0	28.0	30.0	40.0
黏度/(mPa·s)	368.0	334.7	180.5	77.5	32.7	25.1	19.0	13.2	12.3	10.4	9.0
黏度保留率/%	100.0	91.0	49.0	21.1	8.9	6.8	5.2	3.6	3.3	2.8	2.4
黏度损失率/%	0.0	9.0	51.0	78.9	91.1	93.2	94.8	96.4	96.7	97.2	97.6

从表 3.33 可以看出，随着多孔介质两端压差的增加，经过多孔介质后的 AP-P4 溶液的黏度逐渐降低。采用 J3 注入水配制的 1800mg/L 的 AP-P4，未经剪切时的黏度为 368.0mPa·s。

经过剪切压差为 0.3MPa 的多孔介质剪切后，AP-P4 的黏度下降至 334.7mPa·s，黏度损失 9.0%。

经过剪切压差为 0.5MPa 的多孔介质剪切后，黏度下降至 180.5mPa·s，黏度损失高达 51.0%。

经过剪切压差为 1.0MPa 的多孔介质剪切后，黏度保留率仅为 8.9%。

经过剪切压差为 2.0MPa 的多孔介质剪切后，黏度为 9mPa·s，黏度保留率仅为 2.4%。

聚合物溶液经过炮眼的黏度损失，主要是由炮眼的剪切作用造成的。聚合物溶液在炮眼中的孔隙流速大小，直接影响聚合物溶液过炮眼后的黏度。

聚合物溶液通过多孔介质剪切模型时的孔隙流速是否与矿场条件下聚合物过炮眼的孔隙流速相近，是对模型设计成功与否的检验。

现将炮眼形状假设为锥形，如图 3.102 所示。

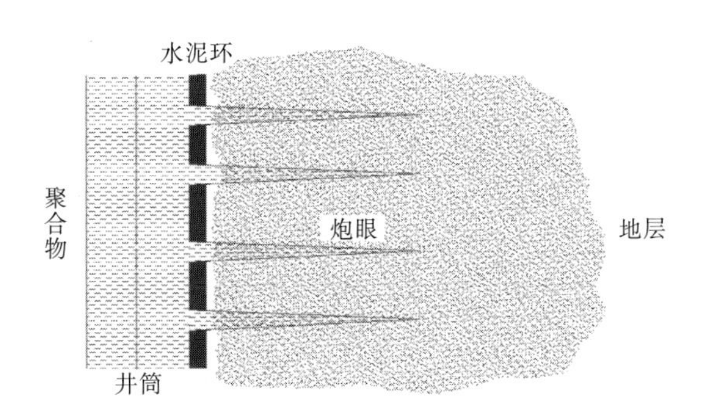

图 3.102 井底炮眼示意图

孔隙流速是指聚合物溶液通过炮眼的流速，用 V 表示。计算如下：

$$V = \frac{q}{\phi A} \tag{3-18}$$

式中，V 为炮眼附近地层的孔隙流速(亦称线速度)，m/d；A 为过流面积，聚合物溶液流经炮眼地层的面积，m^2；q 为聚合物溶液日注入量，m^3/d；ϕ 为注入井底炮眼附近油藏砂岩孔隙度，%。

过流面积 A 的计算公式为

$$A = m \cdot n \cdot F \tag{3-19}$$

式中，A 为过流面积，m^2；m 为注聚井射开油层厚度(或射开井段)，m；n 为射孔密度，个/m；F 为炮眼表面积(锥形)，m^2；

$$F = \frac{1}{2} R l \tag{3-20}$$

式中，l 为炮眼底面圆周，m；R 为炮眼母线长度，m；

$$R = \sqrt{(D/2)^2 + h^2} \tag{3-21}$$

$$l = \pi \cdot D \tag{3-22}$$

式中，D 为炮眼孔径(直径)，m；h 为射孔深度(指射入油层砂岩的深度)，m；

目前油田实际注水井炮眼附近地层的孔隙速度计算参数为：①炮眼附近地层的孔隙度 φ 按 10%计算，由于射孔过程的压实作用，使孔隙度较低；②射孔密度 n 一般为 10 个/m；③射孔深度 h 一般为 0.2～0.3m；④孔眼锥底直径 D 为 0.01m。

以 J3 井为例，油层射孔井段见表 3.34。

表 3.34 J3 井有效射孔厚度

层号	序号	射孔井段	
		补心垂深/m	垂厚/m
	1	1335.4～1337.7	2.3
2+3	2	1355.8～1370.0	14.2
4	3	1377.5～1382.1	4.6
4	4	1383.3～1389.7	6.4

续表

层号	序号	射孔井段	
		补心垂深/m	垂厚/m
4	5	1391.3～1394.4	3.1
4	6		
5	7	1397.5～1398.9	1.4
5	8	1399.9～1403.0	3.1
5	9		
6	10	1410.6～1423.1	12.5
7	11	1425.8～1432.9	7.1
8	12	1442.5～1448.2	5.7
8	13		
10	14	1479.6～1480.0	0.4
11	15	1503.8～1509.7	5.9
		合计	66.7

J3 井的有效射孔厚度为 66.7m，J3 井的聚合物注入量为 500～1000m^3/d，则聚合物溶液通过炮眼时的孔隙流速范围为 2400～3200m/d。

模拟条件：5cm 长的填砂管，1.0MPa 的压差。为了使模拟具有较好的针对性，在填砂模型充填时，保证填砂模型的渗透率与 J3 井的渗透率相当。这种模拟条件下的孔隙流速是否与实际炮眼相近，两者是否具有相似性和可比性，需要计算聚合物溶液通过多孔介质剪切模型的孔隙流速来判断。

多孔介质剪切模型的填砂管内径为 1cm，介质孔隙度为 30%，950mL 聚合物溶液通过多孔介质耗时 1000s 左右。

利用公式(3-18)计算出的多孔介质剪切模型的孔隙流速为 3485.4m/d。与聚合物通过实际炮眼时的孔隙流速 2400～3200m/d 相当。说明采用该模型在 1.0MPa 下对聚合物溶液进行剪切模拟，具有一定的可行性。

如此高的孔隙流速，将对聚合物产生严重的剪切作用，必然会造成聚合物溶液的黏度降低。

从聚合物溶液的性能评价可知，剪切作用对聚合物溶液的流变性有一定的影响。对压差为 1.0MPa 下通过多孔介质剪切模型的 AP-P4 进行流变性测定。测试温度为 65℃，采用 HAAK RS600(转子：DG41Ti)，在 15min 内完成 0～500s^{-1} 的剪切过程。聚合物溶液在多孔介质剪切前后的流变曲线如图 3.103 所示。

从图 3.103 可以看出，多孔介质剪切前后的聚合物溶液黏度均随剪切速率的增加而降低，有明显的剪切稀释性。经过多孔介质剪切后，聚合物溶液的流变性发生了较大的变化。

AP-P4 在经过机械剪切与多孔介质剪切后，聚合物溶液性能发生了较大的变化。对比两种方式剪切对 AP-P4 流变性的影响。

机械剪切：吴茵搅拌器在 3500r/min 条件下剪切 10s。

多孔介质剪切：在 1.0MPa 压差下，经过 5cm 长的多孔介质模拟剪切。

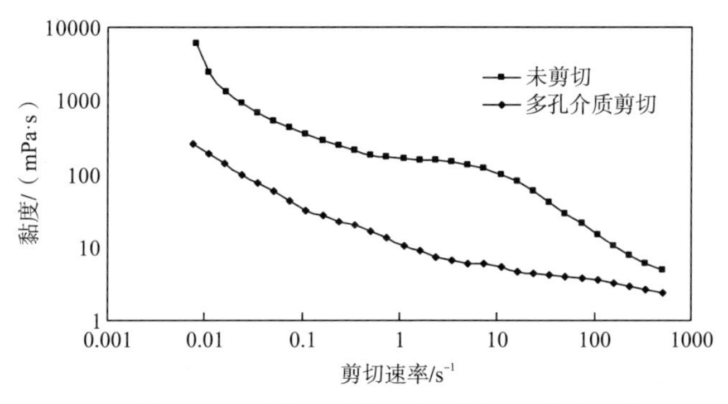

图 3.103 多孔介质剪切前后聚合物流变曲线

机裁剪切和多孔介质剪切前后聚合物流变曲线如图 3.104 所示。

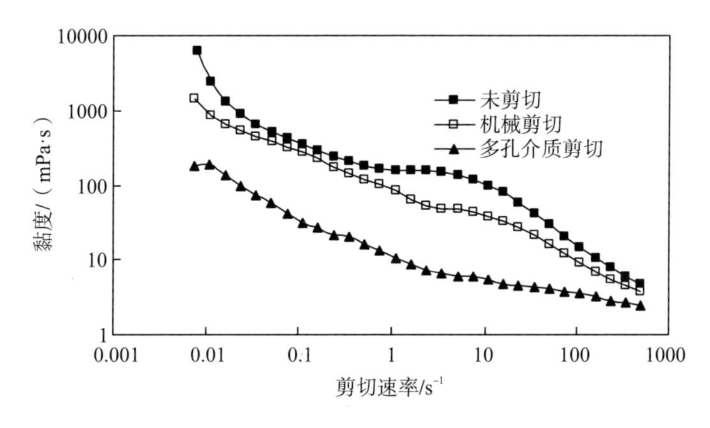

图 3.104 剪切前后聚合物溶液流变曲线

由图 3.104 可知，多孔介质剪切对 AP-P4 的流变性影响比机械剪切更大。通过分析认为，存在这个差异可能是由于多孔介质的拉伸作用，使 AP-P4 溶液结构变化更大，网络结构被破坏更加严重，超分子聚集体被拆散程度加剧。但是由于 AP-P4 的分子量较小，分子链并没有被大量剪断，具有一定的抗剪切能力。而 AP-P4 在机械剪切作用下，只是拆散部分溶液结构和超分子聚集体，使剪切后的聚合物溶液黏度损失较小，同时分子链没有被大量剪断，所以其流变性特征含有没有被剪切时的特点。AP-P4 经过这两种剪切方式剪切后聚合物溶液的流变性不同，必将导致其在高渗透介质中的渗流特性与流度控制能力存在差异。

9.疏水缔合聚合物溶液的驱替动态

1）层间无隔层的驱替动态

在未剪切条件下，考察浓度为 1800mg/L 的疏水缔合聚合物溶液在层间无隔层中的驱替动态。采用方形填砂管模拟层间无隔层，方形填砂管的驱油参数和驱油动态见表 3.35 和图 3.105。

表 3.35 未剪切疏水缔合聚合物的驱油参数

渗透率/mD	含油饱和度/%	束缚水饱和度/%	水驱提高采收率/%	聚合物驱提高采收率/%	后续水驱提高采收率/%
2500	89.5	10.5	26.7	33.3	9.5

备注：注入疏水缔合聚合物溶液黏度为 57mPa·s。

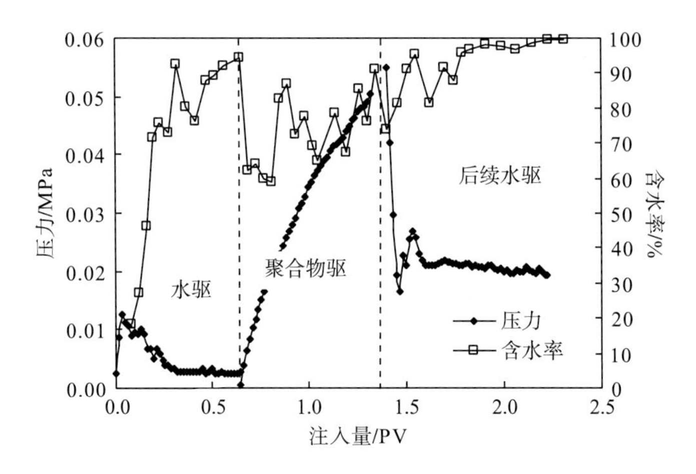

图 3.105 疏水缔合聚合物渗流动态和含水率变化

从图 3.105 和表 3.35 可以看到，在高渗透率多孔介质中，水驱油过程为(低黏流体驱替高黏流体)压力先上升后下降并逐渐平稳的过程，表明低黏度的注入水在非均质性高渗透多孔介质中沿大孔道突破。具体表现在：注入 0.1PV 注入水时，含水率上升明显，在 0.3PV 时含水率达到 90%以上，含水率达到 95%时水驱采收率为 26.7%，压力上升到一定程度后下降明显。可见低黏度的注入水，在高渗透多孔介质中建立流度控制能力弱，在剖面上主要体现为驱替大孔道中的原油，因此仍有 73.3%的原油残留在多孔介质中。

在注入疏水缔合聚合物溶液后，压力迅速上升，含水率表现出随之下降的趋势。注聚阶段按照含水率的变化可以划分为以下几个阶段：①注聚 0～0.17PV，持续下降期，此时含水率下降到 20%左右；②注聚 0.17～0.55PV，谷底小幅度波动期，此时含水率在 70%左右维持波动；③注聚 0.55～0.76PV，综合含水回返期，此时含水率返回到 90%左右。

在后续水驱初期阶段，含水率也有一段时间的波动，最低下降到 80%左右；随着后续水驱的进行，综合含水继续上升到 98%左右。

由此可以看出，在整个注聚阶段，压力呈直线上升趋势，表现为明显的注聚见效阶段，并且也有较早的注聚见效时间，在 0～0.17PV 的注聚期间，都维持在较低的含水率。后续水驱阶段，随着注入水的增加，多孔介质中的聚合物溶液浓度逐渐下降，注入压力表现出一定幅度的下降后逐渐平稳的现象，但是平稳压力仍然为注聚前压力的 6 倍，表现出改善大孔道的流动能力，能调整纵向上的调剖能力的现象。

同时表明注入的聚合物溶液的黏度比注入水高，从而在高渗透多孔介质中建立良好的流度控制能力，扩大了聚合物驱的波及体积，从而使得在与水驱基本相同的 PV 数条件下，显著提高水驱效果；而且聚合物驱有效降低了高渗透层的流动能力，使后续水驱有效动用中、低渗透油层的动用程度提高，在后续水驱阶段能够再次提高采收率(9.5%)。疏水缔合聚合物溶液在非均质油层中能够达到流度控制和调剖的能力，能大幅度提高低渗透多孔介质的采收率。同时由于在饱和油的过程中高黏流体(原油)驱替低黏流体(注入水)，使饱和原油受到限制，从而在高黏的聚合物溶液驱替低黏的原油时，能够有效地驱替出原油，从而使其采收率较高，在驱替过程中能够很好地表现出聚合物驱的见效特征和见效特点。

为了对比分析一般超高分子量的聚丙烯酰胺的驱替动态，考察由于溶液结构的不同，两类聚合物溶液的驱替动态是否具有相似性。

在未剪切条件下，考察浓度为 1800mg/L 的超高分子量聚丙烯酰胺在方形填砂管中的驱替动态和驱替参数，实验结果见表 3.36 和图 3.106。

表 3.36　未剪切超高分子量聚丙烯酰胺的驱替参数

渗透率/mD	含油饱和度/%	束缚水饱和度/%	水驱采收率/%	聚合物驱提高采收率/%	后续水驱提高采收率/%
2300	87.4	12.6	20.5	15.5	2.6

备注：注入超高分子量聚丙烯酰胺溶液黏度为 15mPa·s。

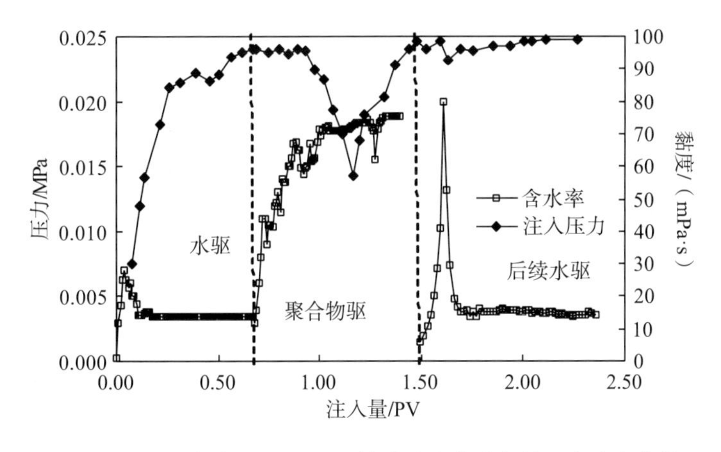

图 3.106　超高分子量聚丙烯酰胺渗流动态的和含水率变化

从表 3.36 和图 3.106 可以看到，在水驱油过程中，也表现出了注入水很快突破的过程。注入 MO4000 溶液后，注入压力逐渐上升，注入 0.31PV 后，压力达到平稳。注入聚合物 0.21PV 后，含水率开始下降，最低含水率达到 60%。从以上的注入动态看，根据含水率的变化，整个注聚过程可以分为以下几个阶段：①注聚 0～0.21PV，未见效期，此时含水率稳定在 95%的高水平；②注聚 0.21～0.49PV，持续下降期，此时含水率下降到 60%左右；③注聚 0.49～0.76PV，含水率回返期，此时压力迅速地返回到 95%以上。

后续水驱阶段，含水率的波动幅度不大，总的来看还是维持在 90%以上。在整个注聚阶段，初期压力上升，然后平稳，在注入 0.21PV 的聚合物后有明显的见效，与疏水缔合聚合物相比(疏水缔合聚合物在 0.01PV 见效)，见效时间比较滞后，后续水驱达到压力平稳后，压力与水驱前的压力近似，残余阻力系数为1左右，因此超高分子量聚丙烯酰胺在高渗介质中流度控制能力和调整吸水剖面的能力都有限。同时，从含水变化规律可以看出，MO4000溶液表现出与一般线性聚合物溶液的物理模拟和数值模拟相同的趋势，说明结构相同的线性聚合物溶液的驱替动态基本相同，而与溶液中形成“缔合”结构的疏水缔合聚合物溶液的驱替动态显著不同。

从疏水缔合聚合物和超高分子量聚丙烯酰胺在方形填砂管中的实验可以看到，在高渗非均质性多孔介质中，水驱过程表现出水驱沿高渗透层突破、见水早、含水率上升快的特点，水驱结束后仍然有大量的剩余油没有被采出，而疏水缔合聚合物具有良好的流度控制和调剖的能力，在微观上能够提高微观驱油效率，使得疏水缔合聚合物溶液具有“活塞”驱替特征，因此表现出见效时间早的特点，这对于海洋油田来说，是十分重要的，能够达到海上油田高效快速开发的目的。

从以上研究发现，疏水缔合聚合物溶液与一般线性超高分子量的聚合物溶液的驱替动态显著不同，但是哪些因素影响这两类聚合物溶液的驱替动态，需要进一步深入研究。

2)层间有隔层的驱替动态

在层间没有隔层阻挡作用下，疏水缔合聚合物溶液与一般线性超高分子量的聚合物溶液的驱替动态显著不同。为此，利用并联填砂管模型模拟层间无流动状态，研究两类聚合物溶液的驱替动态和驱替规律。

首先考察疏水缔合聚合物溶液在并联填砂管中的驱替动态，实验结果见表3.37和图3.107。

表3.37 疏水缔合聚合物在并联填砂管中的驱油参数

实验结果对比	高渗透	低渗透	平均/总数据
孔隙体积/mL	103.9	100.8	204.7
渗透率/mD	5800	895	3347.5
水驱采收率/%	62.0	16.2	39.1
聚合物驱采收率/%	7.0	35.7	21.4
后续水驱采收率/%	6.0	11.2	8.6

备注：注入疏水缔合聚合溶液黏度为62mPa·s，本书的高渗透层和低渗透层为相对高渗透层和相对低渗透层，以下同。

从表3.37中可以看出，水驱阶段，采油量的74.1%均出于高渗透层，在水驱含水率达到95%以上时，低渗透层的储量只采出了16.2%，而高渗层62%的产量被采出。由此可以看出，在非均质性较强的高渗透多孔介质中，注入水由于沿高渗透层指进严重，只能驱出高渗透层中的大部分油，而对于低渗透层，由于吸水能力较弱，能驱出油的能力有限。

在疏水缔合聚合物驱替过程中，低渗透和高渗透出油量之比达到6.8∶1，采出原油的87%来自低渗透层。表明聚合物驱提高采收率的物质基础是低渗透层，在水驱含水率达到95%以上时聚合物驱仍有较大的提高采收率的空间，说明剩余油主要存在于未被波及的低渗透层。

而由于疏水缔合聚合物溶液具有较高的流度控制和调剖能力，从而提高低渗透层的吸水能力比较高，达到高效驱替低渗透油层中原油的目的。同时，从综合含水下降趋势可以看出，与方形填砂模型中疏水缔合聚合物溶液的驱替动态基本接近，说明疏水缔合聚合物溶液的驱替动态确实与一般线性超高分子量聚合物的驱替动态显著不同，这也表明疏水缔合聚合物溶液的宏观驱替特征和微观驱替特征影响其驱替动态和驱替规律。

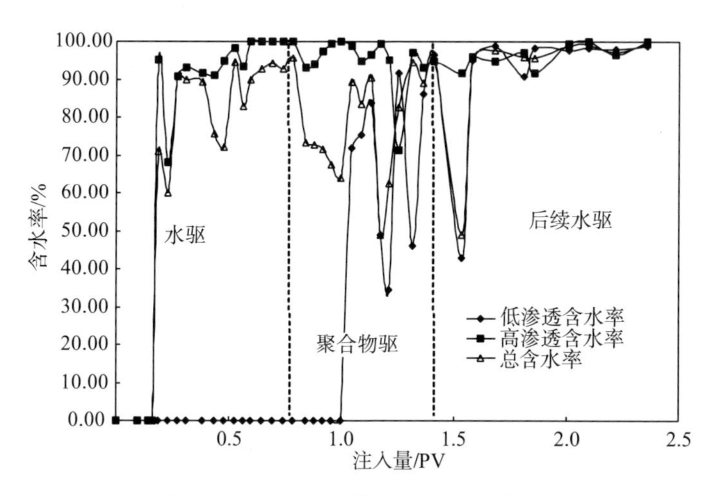

图 3.107 缔合聚合物渗流动态和含水率变化

为此，考察了疏水缔合聚合物溶液的渗流动态，实验结果如图 3.108 所示。

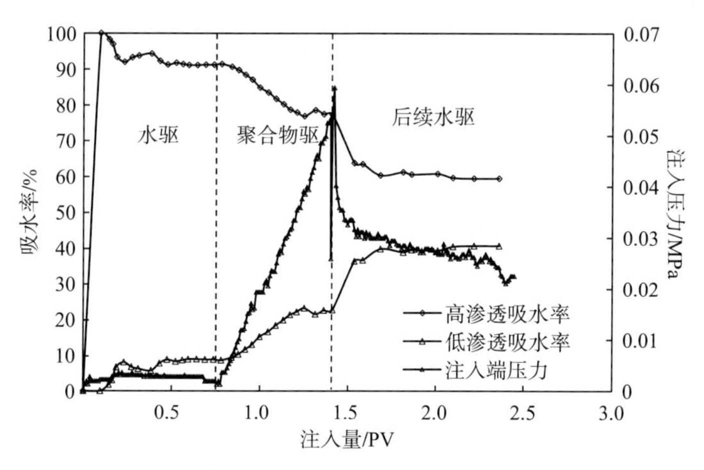

图 3.108 疏水缔合聚合物渗流动态

从图 3.107 和图 3.108 中可以看出，在注入疏水缔合聚合物溶液后，综合含水率很快下降，下降到谷底后，有一段时间的波动，表现出明显的见效期。这段时间可以通过含水率的变化过程分为以下几个阶段：①注聚 0～0.15PV 含水率明显下降，属于含水下降期；②注聚 0.15～0.38PV 含水率达到谷底后出现波动情况，属于谷底波动期；③注聚 0.38～0.63PV 含水率回返至水驱前的水平，包括在后续水驱前 0.18PV，含水率都持续上升，为含水回返期。

在注聚过程中，各渗透层动态表现为：注入聚合物前 0.26PV，高渗透层的含水率虽然仍较高，但整个模拟地层已经进入见效期，含水率持续下降，表明此时聚合物建立的流动阻力已经迫使注入水进入低渗透层，低渗透层的产出液显著增加(主要产出原油)；从吸水量上看，低渗透油层吸水率显著增加，表明提高了低渗透油层的动用能力。在含水降低到谷底波动期间，高渗透层含水率持续下降，而低渗透层出现波动上升，进一步说明了聚合物驱提高采收率的主要途径是提高高渗透油层的流动阻力和改善剖面吸水能力，从而提高低渗透层的采收率。

从驱油动态上可以看出，在聚合物驱开始阶段，注入压力迅速上升，低渗透层出液速度加快。这是因为聚合物溶液首先进入高渗透层，很快建立流动阻力，调整高低渗透层的吸水能力，缓解了层间矛盾，使注入水的舌进现象得到控制，压力的上升迫使注入水进入低渗透层，驱出大量低渗透层的剩余油，从而使最终采收率达到较高水平。

聚合物驱时注入压力上升迅速，综合含水率最低下降到60%左右，高渗透层相对吸水量大幅下降，而低渗透层的相对吸水量和出油量均快速上升，表明疏水缔合聚合物在高渗透多孔介质中建立了有效的流动阻力，水淹厚度增加，强非均质性得到抑制，吸水剖面得到改善。随着采出程度的增加，低渗透出油量减少，含水率有所回返。

在后续水驱阶段，出油趋于平缓，高、低渗透率多孔介质的吸水速度也趋于缓慢接近。此时，聚合物驱建立了较高的残余阻力系数(34.62)，尽管注入流体黏度已经下降，但是由于疏水缔合聚合物在多孔介质中的滞留，聚合物溶液降低了高渗透通道的渗流能力，使水相渗透率显著降低，从而增加了注入水的流动阻力，故可以缩小高低渗透层的渗透率级差，达到延长注入聚合物性能，改善地层吸水剖面的目的。

同时，后续水驱时的相对吸水量进一步接近，分析认为这是因为部分滞留在多孔介质中的聚合物被冲刷，继续运移，从而进一步改善了注入水剖面，提高了水驱效果。

从以上实验可以看出，疏水缔合聚合物在非均质性较强的高渗透多孔介质中，能够建立有效的流动阻力，并能较好地调整吸水剖面，缩小层间矛盾，迫使注入水进入低渗透层驱出大部分原油，从而提高采收率。

而超高分子量聚丙烯酰胺与疏水缔合聚合物的流度控制方式和微观驱替特征明显不同，为此，在并联填砂管中对超高分子量聚丙烯酰胺的驱替动态进行研究，获得超高分子量聚丙烯酰胺的驱替动态，从而对比与疏水缔合聚合物驱替动态的差异，找出影响提高采收率的因素。

为此考察了超高分子量聚丙烯酰胺在并联填砂管中的驱替动态，实验结果见表 3.38 和图 3.109。

表 3.38 超高分子量聚丙烯酰胺在并联填砂管中的驱油参数

实验结果对比	高渗透	低渗透	平均/总数据
孔隙体积/mL	102.6	101	203.6
渗透率/mD	5800	354	3077
水驱采收率/%	52.5	9.9	31.2
聚合物驱采收率/%	22.6	20.1	21.4
后续水驱采收率/%	0.6	4.0	2.3

备注：注入超高分子量聚丙烯酰溶液黏度为 12.1mPa·s。

从图 3.109 和表 3.38 中可以看出：在渗透率非均质性比较严重的高渗透多孔介质的水驱阶段，总采油量的 84%均出于高渗透层，在水驱含水率达到 95%以上时，低渗透层的储量只采出了 9.9%，而高渗层 52.5%的产量被采出。表明在非均质性比较严重的高渗透多孔介质中，注入水易沿大孔道(高渗透)方向突破。而提高采收率的主要物质基础是低渗透层，也就是说，应将提高采收率的着重点放在低渗透层。

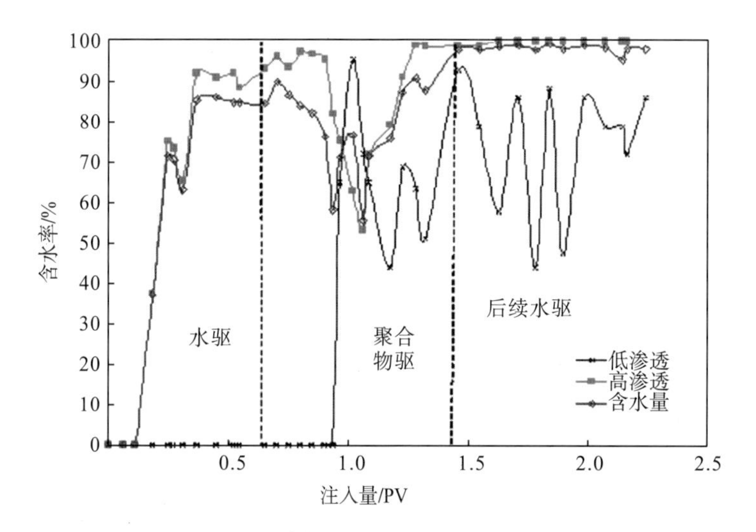

图 3.109　高低渗透层注入量与含水率的关系

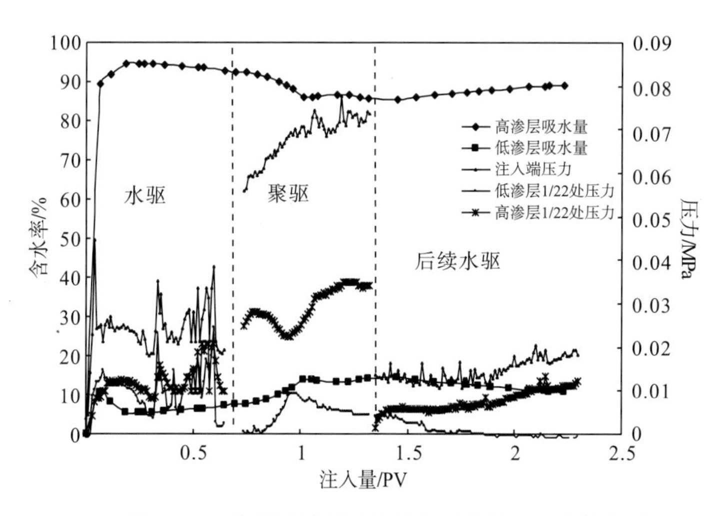

图 3.110　高低渗透层注入量与吸水量、压力的关系

从图 3.110 中可以看到，注入 MO4000 溶液，大致可以分两个阶段：①注入 0～0.35PV 期间，注入端压力上升。此时，高渗透层的吸水速度下降，而低渗透层的吸水速度上升；说明聚合物溶液首先进入高渗层，增加了高渗层中的流动阻力，并降低了水相渗透率，从而提高低渗透层的动用程度。②注入 0.35～0.62PV 聚合物溶液阶段，注入端压力稳定，高、低渗透层的相对吸水量稳定，这段时间为相对吸水量稳定期。

在聚合物驱阶段，注入聚合物约 0.2PV 时，高渗透层含水率下降明显，而低渗透层含水率有波动的趋势，同时出油量有了稳定上升。压力显示上，注入端压力上升明显，高、低渗透层的 1/2 处压力有波动，但是均比水驱压力要高；但是在总体含水率达到 95%时，高、低渗透层的 1/2 处压力差仍然较大。

在后续水驱阶段，三个测压点压力逐渐下降并达到稳定，高、低渗透层仍有较大的压力差，而高渗层的压力与水驱压力相差不大。表明超高分子量聚丙烯酰胺的调整吸水剖面的能力有限。

从吸水量可以看到，在注聚阶段，高渗透层的相对吸水量略有下降，而低渗透层的相对吸水量略有增加，但两者差距仍然很大。在后续水驱阶段，相对吸水量差距逐渐增大。由此可见，MO4000 改善剖面的能力较弱，与 AP-P4 相比可以看出，由于二者在宏观驱替特征上的差异，导致了二者在驱替动态上的显著不同。

注入 MO4000 阶段，在非均质性较强的高渗透多孔介质中，MO4000 可以建立一定的阻力系数，但建立的流动阻力不足以使低渗透层的吸水量大幅度增加，对低渗透层的采收率提高不大。同时对于海洋油田来说，限于设备和开采年限的因素，需要较快的开采速度，而在 MO4000 的聚合物驱阶段，原油的采出速度增加并不大。同时，残余阻力系数是评价聚合物降低高渗层渗透率、缩小高低渗透层注入矛盾的评价系数，MO4000 建立的残余阻力系数为 1.2，表明 MO4000 得到的调剖效果有限。MO4000 作为线性分子聚合物，依靠自身分子体积来增黏，聚合物溶液的黏度使注聚阶段压力上升，一定程度上使注入水进入到水驱阶段不能进入的低渗透层。但线性高分子单一的增黏方式使增黏效果有限(注入黏度为 12.1mPa·s)，能建立的流动阻力也有限。同时，由于后续水驱阶段注入水为低黏度流体，要得到较好的驱油效果，需要较高的残余阻力系数来延续聚合物的作用时间，而 MO4000 主要依靠其线性高分子在岩石中的吸附来降低水相渗透率，在高渗透层中的效果有限。故从以上实验结果表明，后续水驱的流动阻力不足以达到高渗层调剖的目的。

从两种聚合物驱油动态的比较来看，在高渗透非均质性严重的高渗透多孔介质中，线性聚合物聚驱阶段后期有一个压力稳定的阶段，对应出现了吸水量相对稳定期，表明此时已经达到了线形聚合物调剖能力的极限。同时在见效期上，超高分子量聚丙烯酰胺也晚于疏水缔合聚合物。

特别是，在后续水驱的初期，MO4000 和 AP-P4 的低渗透层含水率都出现了波动情况，这是因为后续水驱初期，注入水还没有突破到出口端，前缘仍然有聚合物分子在多孔介质中运移。但在 MO4000 注入低渗透层过程中，含水率波动没有对总含水率波动的幅度有大的影响，说明 MO4000 调剖能力有限，对总含水率没有大的影响。

综上所述，AP-P4 与 MO4000 溶液的宏观驱替和微观驱替特征的不同，导致其驱替动态具有显著的差异。分析认为，AP-P4 和 MO4000 溶液的结构不同，使两种聚合物溶液的见效特征、见效动态和驱替规律均不同。

10.剪切作用对疏水缔合聚合物溶液驱替动态的影响

研究发现炮眼剪切对两类聚合物溶液的黏度和溶液中的结构有较大的影响，从而使两类聚合物溶液在流动阻力的建立能力和建立方式方面有很大的不同。而实际聚合物驱过程中，剪切作用对聚合物溶液的影响较大，会影响聚合物溶液在高渗透油藏中的驱油动态和驱油机理。

为此，考察了经过 1MPa 模拟炮眼剪切后的聚合物溶液，研究聚合物的驱油动态和见效特征，聚合物溶液浓度测定方法选用淀粉-碘化镉法。

1)层间无隔层的驱替动态

首先考察了经过 1MPa 压差剪切后的疏水缔合聚合物溶液在方形填砂管中的驱替动态，见图 3.111、图 3.112 和表 3.39。

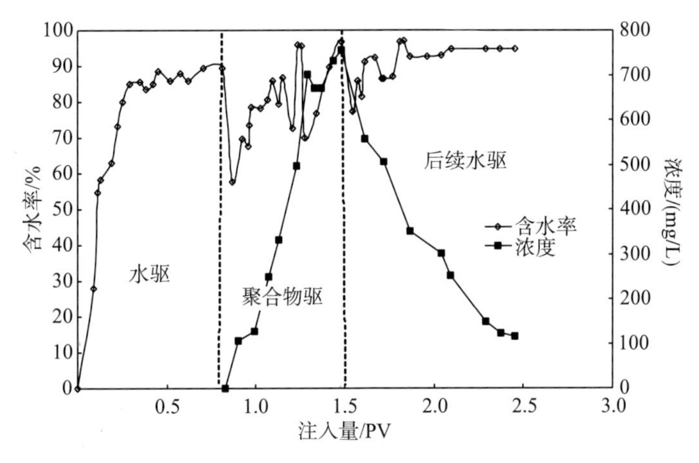

图 3.111 疏水缔合聚合物驱油动态

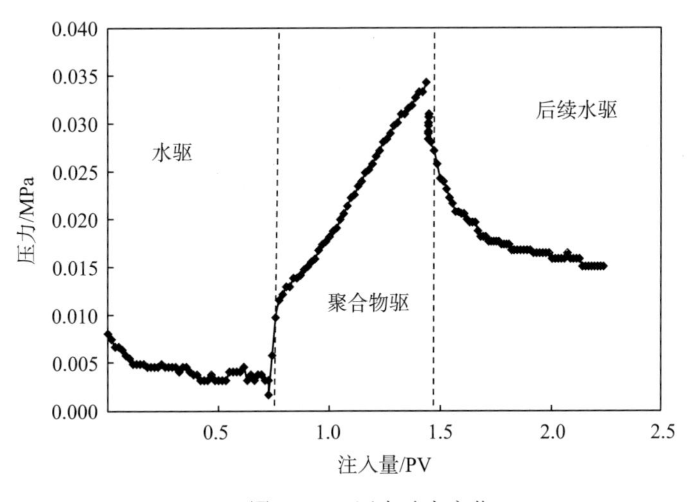

图 3.112 压力动态变化

表 3.39 剪切后疏水缔合聚合物溶液在方形填砂管中的驱油参数

渗透率/mD	含油饱和度/%	束缚水饱和度/%	水驱采收率/%	聚合物驱提高采收率/%	后续水驱提高采收率/%
3600	84.2	15.8	22.0	13.4	14.3

备注：剪切后疏水缔合聚合物溶液注入黏度为 5.4mPa·s。

从图 3.111 和图 3.112 疏水缔合聚合物驱油动态可以看出，在聚合物驱油阶段，由于多孔介质的非均质性和原油的高黏度，在水驱油阶段，注入 0.9PV 时，注入水开始突破，使得含水率很快上升到 95%。随后注入剪切后的聚合物溶液段塞，含水率很快下降到 55%左右，在经过一段时间的谷底波动期后含水回返。在后续水驱阶段，初始阶段含水仍有一定的下降波动，随后含水上升。从整个聚合物驱油阶段来看，可以分为以下几个阶段：①注聚 0～0.06PV 为含水下降期，此时含水率最低下降到 55%；②注聚 0.06～0.46PV 为谷底波动期，此时含水率在 75%左右波动(与未剪切时，有一定幅度升高)；③注聚 0.46～0.67PV 为含水回返期，此时含水率迅速回返至 90%以上；在后续水驱阶段，含水率也有一定幅度的波动，最低降至 80%左右。

与未剪切疏水缔合聚合物注入过程中的含水率变化动态相比，最明显的变化是剪切后的疏水缔合聚合物在谷底波动期的波动幅度要大一些，上返的最高含水率可以达到 90%左右。从浓度剖面来看，注入 0.9PV 时浓度开始上升，0.48～0.67PV 有一个浓度的波动期，而这时含水率也有一个先下降再上升的过程，表明注入流体进入低渗透层，在低渗透层中滞留，降低一定的压力梯度驱替出低渗透层的原油，使含水率下降，在压力升高一定值后，聚合物溶液进入高渗透油层，当压力再次升高时，聚合物溶液再次进入低渗透油层。这也表明了剪切后的疏水缔合聚合物溶液的结构主要表现出超分子聚集体的溶液结构，使得聚合物主要依靠滞留降低水相渗透率来增加注入压力，而进入低渗透油层的聚合物溶液是分阶段的，从而形成了与聚合物溶液网络结构不同的见效特征，表现出溶液结构对聚合物溶液见效特征和见效动态的影响。在后续水驱阶段时，随着注入水的突破，聚合物溶液浓度逐渐下降。

从图 3.112 中可以看到，在注入疏水缔合聚合物阶段，注入压力上升迅速，停注前还有上升的趋势。后续水驱阶段，突破后压力平稳下降，表明经过剪切后的缔合聚合物在高渗透多孔介质中还有建立较高流动阻力的能力。

通过分析认为，溶液的结构对聚合物溶液的见效特征和见效动态有着显著的影响作用，为此考察以“缠结”为主的线性聚合物溶液的驱替动态。

剪切后超高分子量聚丙烯酰胺在方形填砂管中的驱油动态见图 3.113、图 3.114 和表 3.40。

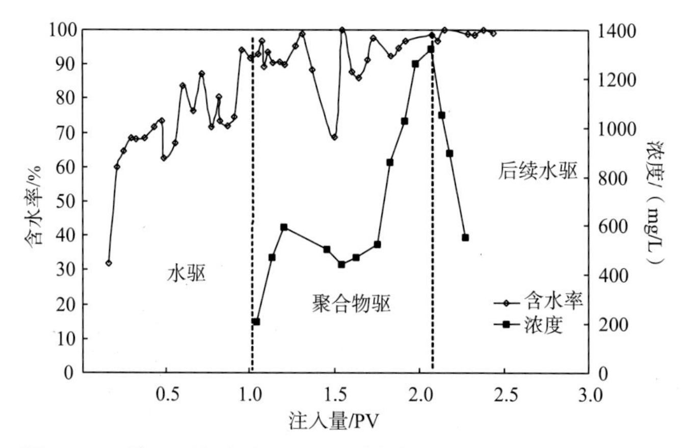

图 3.113 剪切后超高分子量聚丙烯酰胺在方形填砂管中的驱油动态

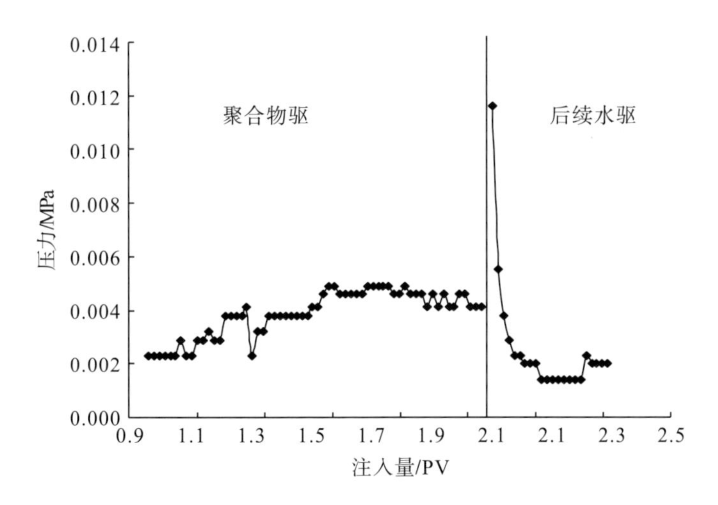

图 3.114　剪切后超高分子量聚丙烯酰胺在方形填砂管中的压力变化

表 3.40　剪切后超高分子量聚丙烯酰胺在方形填砂管中的驱油参数

渗透率/mD	含油饱和度/%	束缚水饱和度/%	水驱采收率/%	聚合物驱提高采收率/%	后续水驱提高采收率/%
3.560	88	13.6	26.8	11.3	0.7

备注：剪切后超高分子量聚丙烯酰胺溶液注入黏度为 4.4mPa·s。

从图 3.113、图 3.114 和表 3.40 中可以看出，在水驱油阶段，含水率迅速上升，当含水率达到 95%时采收率只有 26.8%。

注入超高分子量聚丙烯酰胺溶液后，在 0～0.15PV 阶段含水率仍然在 90%左右波动，无明显的下降，对应注入压力与水驱压力相同的阶段，出口端见聚，浓度持续上升。

在 0.15～0.74PV 阶段，含水率有较大幅度的波动，最低达到 70%，但是在谷底的波动期很短，这段时间对应注入压力上升至约为水驱压力的 1.25 倍阶段，浓度有了一段回落，证明此时由于压力的上升使一部分聚合物溶液进入了低渗透层，提高了低渗透层原油的动用程度，使含水率有波动性地下降。

在 0.74～0.96PV 阶段，含水率波动持续在 85%以上，提高采收率幅度不大，对应注入压力有所回落阶段，而出口端浓度有了持续的上升，聚合物段塞的突破现象明显，压力无法进一步地上升，此时无法进一步提高波及体积，达到控制含水率上升的能力。

在后续水驱阶段，浓度稳步下降，压力在注水段塞突破后回落到与水驱阶段相似的大小，含水率迅速上返到 95%以上，证明由于超高分子量聚丙烯酰胺无法在高渗透多孔介质中建立有效的残余阻力系数，控制流度比的能力有限。

与疏水缔合聚合物驱相比，经过剪切后的超高分子量聚丙烯酰胺 MO4000 溶液黏度与之相当，但 MO4000 溶液无法在高渗透层中建立较高的流动阻力(阻力系数为 2，残余阻力系数为 1.1)，在宏观和微观驱替特征方面表现出明显不同，从而见效特征有较大差异，具体表现在 MO4000 溶液段塞突破较早，见效晚且不明显。

2)层间有隔层的驱替动态

同时，考察了在并联填砂管中，聚合物溶液的见效特征和见效动态。剪切后疏水缔合聚合物在并联填砂管中的驱替动态和驱替参数见表 3.41、图 3.115、图 3.116 和图 3.117。

表 3.41 剪切后疏水缔合聚合物在并联填砂管中的驱油参数

实验结果对比	高渗透层	低渗透层	平均/总数据
孔隙体积/mL	97.9	95.6	193.5
渗透率/mD	4710	459	2584.5
水驱采收率/%	26.8	2.3	14.6
聚合物驱采收率/%	27.1	16.5	21.8
后续水驱采收率/%	5.7	5.2	5.5

备注：注入剪切后疏水缔合聚合溶液黏度为 3.9mPa·s。

从表 3.41 中可以看到，在水驱油阶段，采油量的 93.2%均出自高渗透层，在水驱含水率达到 95%以上时，低渗透层的储量只采出了 2.3%，而高渗层 26.8%的产量被采出，出现了出口端见水快、含水率上升快及剩余油饱和度高的现象。由此可以得到在渗透率非均质性较强的多孔介质中，注入水由于沿高渗透层指进严重，只能驱出高渗透层中的大部分油，而对于低渗透层，由于吸水能力较弱，能驱出的油有限，在总含水率达到 95%时总的采收率仍然有限的结论。

从图 3.115、图 3.116 和图 3.117 可以看出，疏水缔合聚合物驱可以通过含水率的变化过程分为以下几个阶段：①注聚 0～0.16PV 含水率明显下降，属于含水下降期；②注聚 0.16～0.88PV 含水率达到谷底后出现波动情况，属于谷底波动期；③注聚 0.88～0.91PV 含水率回返至水驱前，包括在后水时的前 0.18PV 的含水率都持续上升，为含水回返期。

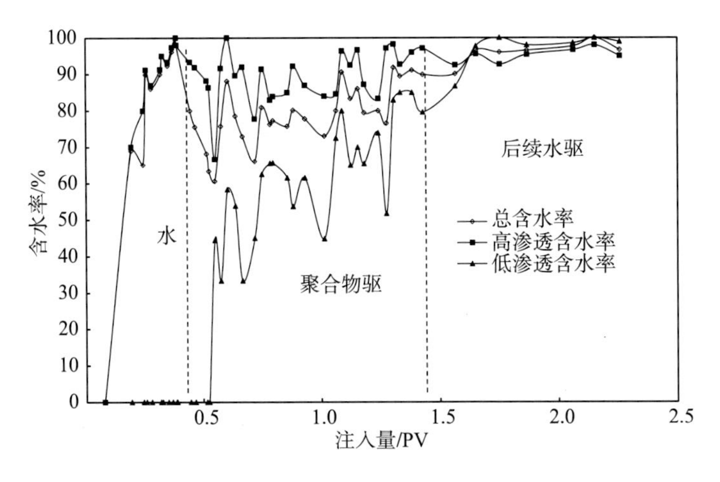

图 3.115 各阶段含水率的变化

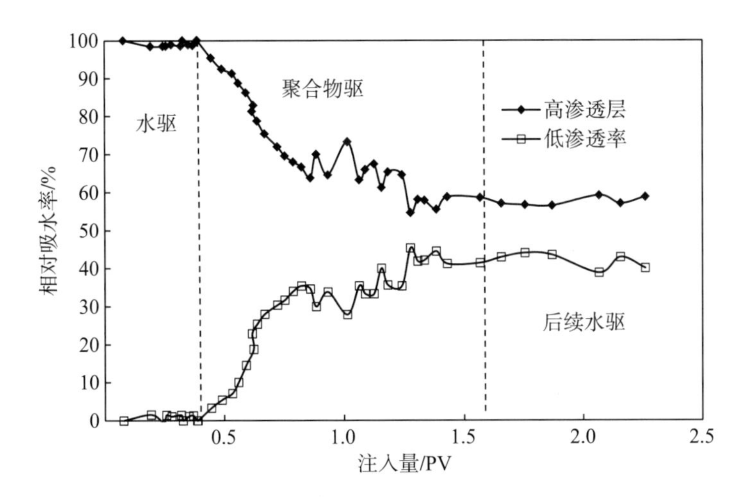

图 3.116　注聚阶段相对吸水量的变化

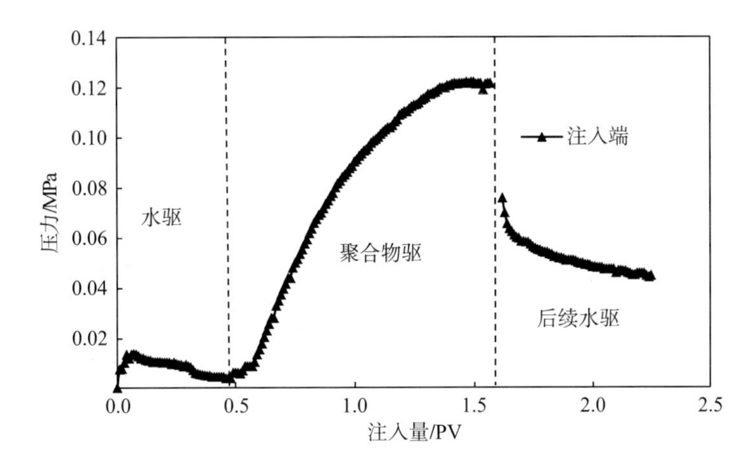

图 3.117　注入压力变化

与未剪切疏水缔合聚合物的注入动态相比，剪切后聚合物的含水率下降幅度较小，下降的时间也较短。谷底波动期的时间和幅度也很长，谷底波动期平均含水率也相对较高，从各层的相对吸水量来看，各层的相对吸水量呈波动型靠近。这表明，在聚合物注入过程中，注入液体在高低渗透地层中呈“钟摆式注入”，即首先进入高渗透层，滞留一段时间后在压力足以使低渗透层液体启动时，再进入低渗透层，如此反复。

后续水驱时出油趋于平缓，值得注意的是，高、低渗透率多孔介质的吸水速度也趋于平缓，此时的残余阻力系数为 5 左右。尽管注入流体黏度已经下降，但是由于疏水缔合聚合物的超分子聚集体在多孔介质中的滞留，降低了高渗透层的流动能力，使水相渗透率降低，增加了注入水的流动阻力。

同时，后续水驱时的相对吸水量进一步接近，可以认为这是因为部分滞留在多孔介质中的聚合物被冲刷，继续运移，进一步增加了残余阻力系数。

对剪切后的超高分子量聚丙烯酰胺在并联填砂管中的驱替动态和驱替参数如图 3.118、图 3.119 和表 3.42 所示。

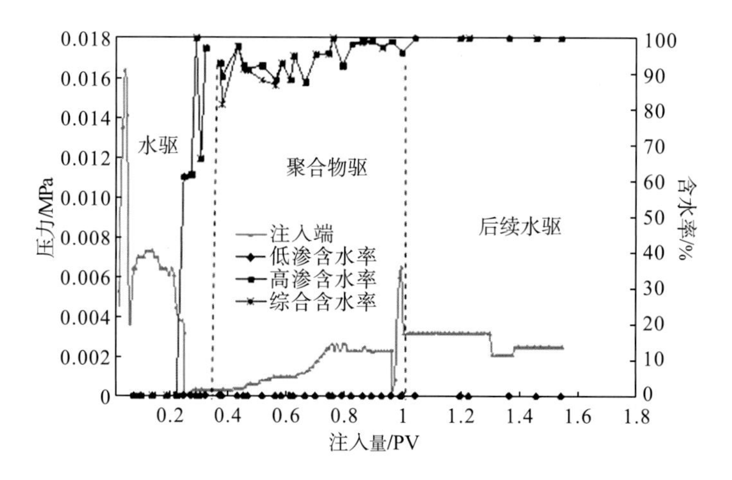

图 3.118 剪切后超高分子量聚丙烯酰胺注入动态和含水率变化

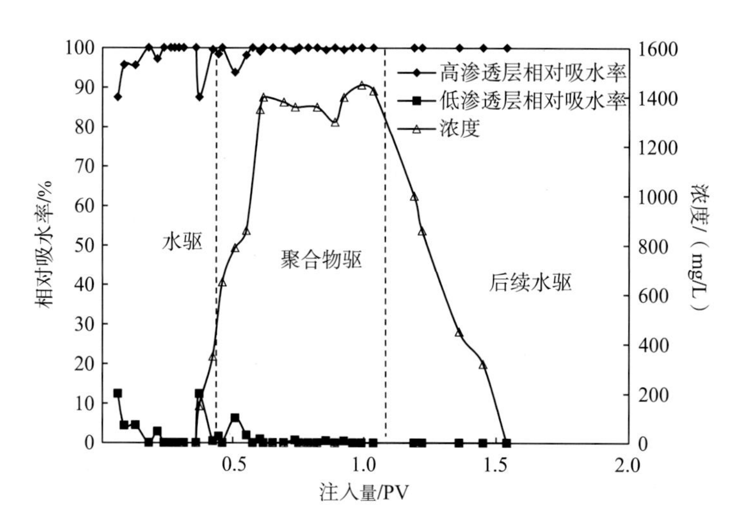

图 3.119 注入剪切后超高分子量聚丙烯酰胺各渗透层吸水量的变化

表 3.42 在并联填砂管中的驱油参数

实验结果对比	高渗透层	低渗透层	平均/总数据
孔隙体积/mL	100.0	95.0	195.0
渗透率/mD	2800	500	1650
水驱采收率/%	32.0	2.1	17.1
聚合物驱采收率/%	14.6	1.0	7.8
后续水驱采收率/%	1.3	0.3	0.8

备注：注入剪切后超高分子量聚丙烯酰胺溶液黏度为 3.9mPa·s。

由图 3.119 和表 3.42 可以看出，水驱油阶段，水驱突破很快，注入剪切后的超高分子量聚丙烯酰胺后，压力上升不明显，在含水率方面，有微小的波动，但是基本上维持在 90%左右。从浓度剖面来看，注入聚合物后，出口段很快见聚，0.6PV 后就已经维持在 1400mg/L

左右，由此可以认为，超高分子量聚丙烯酰胺溶液在高渗透层中突破时发生了“聚窜”现象。

从各层的相对吸水量来看，在聚合物驱和后续水驱阶段，相对吸水量改变不大，90%以上的注入水从高渗透层突进，低渗透层 95%的储量没有被采出。表明剪切后的超高分子量聚丙烯酰胺没有有效地调整吸水剖面。

综上所述，疏水缔合聚合物 AP-P4 与超分子量聚丙烯酰胺 MO4000 溶液在驱替动态、见效特征和见效时间上均表现出了显著的不同。而且在宏观和微观驱替特征方面，二者也存在较大区别，特别是在提高纵向波及体积和驱油效率方面，疏水缔合聚合物具有较强的能力，从而导致在见效时间和驱油效果方面，表现出与一般线性聚合物明显的不同。由此说明，疏水缔合聚合物溶液在结构方面不同于一般线性聚合物溶液，从而使其在驱替规律方面也与一般线性聚合物溶液不同。

11.疏水缔合聚合物在高渗透多孔介质中的驱替规律

通过以上研究发现，聚丙烯酰胺类线性高分子溶液主要以“缠结”为主的溶液结构，在高渗透多孔介质中表现出宏观和微观驱替特征，与溶液以“缔合”为主的疏水缔合聚合物溶液显著不同。从而导致其在驱替动态和驱替规律方面差异较大，特别是在见效时间、见效周期和见效特征方面，疏水缔合聚合物溶液明显不同于常规聚丙烯酰胺类线性聚合物溶液。

疏水缔合聚合物溶液见效时间较早，在含水率低谷期较长；经过注聚后，高、低渗透层吸水能力逐渐接近；而超高分子量聚丙烯酰胺溶液表现出一般线性聚合物见效的特点：随着注聚进行，含水下降后逐渐回升，与 AP-P4 比较而言，见效时间晚，见效期相对较短。

由此说明，聚丙烯酰胺提高增黏能力的主要途径是增加聚合物的分子量。相对分子质量越高，线形聚合物分子的主链就越长，在水中流体力学尺寸就越大，与溶液接触的表面积越大，它的增黏能力越强，控制水油流度比的能力越强；另一方面，由于高相对分子质量的聚合物分子尺寸大，在相同的孔隙介质中具有较大的机械捕集作用，增加了残余阻力系数，降低了水相渗透率。从聚丙烯酰胺的流度控制能力和在高渗透非均质性介质中的驱替动态来看，其主要是依靠增加黏度来调整流度比，高黏度的聚合物进入高渗透层中，迫使注入水进入低渗透层，达到提高采收率的目的。而聚合物分子调整吸水剖面的能力有限，在经过炮眼剪切后，黏度下降严重的聚丙烯酰胺不能很好地缩小高低渗透层的层间矛盾。

疏水缔合聚合物利用分子间缔合形成的超分子聚集体增加了水中流体力学体积，这种超分子结构尺寸达到一定程度后会进一步形成网络结构，黏度会大于同等分子量聚合物的黏度。超分子聚集体在多孔介质中流动仍然会有缔合-解缔合的循环过程，通过在岩石表面上的多层吸附、孔喉滞留等反应方式，降低水相渗透率，增加残余阻力系数。在驱替过程中，疏水缔合聚合物溶液进入高渗透层，很快建立起流动阻力，迫使注入水进入低渗透层，使油藏具有较早的见效时间。经过剪切后的疏水缔合聚合物溶液，尽管黏度下降严重，但是从各层的吸水动态来看，疏水缔合聚合物溶液能够很好地降低高渗透层的水相渗透率，缩小高低渗透层的层间矛盾，使注入水进入大量剩余油聚集的低渗透层，也具有较好的提高采收率的能力。因此，疏水缔合聚合物溶液建立流度控制和改善剖面的能力对其驱替动态具有重要影响。

由于疏水缔合聚合物在高渗透介质中有较好的流度控制能力，建立流动阻力的速度很快、持续时间长，所以驱替过程中有较早的见效时间和较长的见效期。同时，疏水缔合聚合物通过滞留降低水相渗透率的能力使其调整吸水剖面的能力较强，在后续水驱阶段，注入水仍然较多地进入残余油较多的相对低渗透层，低渗透层的含水率波动足以影响总的含水率的波动幅度，使后续水驱还能有一定的提高采收率的能力。

同时，疏水缔合聚合物溶液较高的弹性，使其提高微观驱油效率，从而在实验条件下，整体提高采收率的幅度高于超高分子量聚丙烯酰胺的提高采收率的幅度。

因此，聚合物溶液的结构特点决定了聚合物驱的宏观和微观驱替特征，从而使聚合物驱的见效动态和特征的显著不同。

3.3.4 稠油油藏聚合物驱设计及应用

1.渤海绥中 36-1 稠油油藏聚合物驱

绥中 36-1 油田从 2003 年 9 月 25 日至今经历了 J03 单井注聚试验、五点法井组注聚试验及正在实施的 A7 和 B7 扩大井组注聚试验。

绥中 36-1-J03 单井注聚试验取得了含水率下降 50%，增油 $2.3\times10^4m^3$ 的良好效果。五点法试验井组完成了方案设计的注入量，累计注入聚合物溶液 $1.806\times10^8m^3$ (0.172PV)，注入干粉 3.35×10^3t，平均注入浓度 1669mg/L。该试验井组生产井于 2006 年 4 月开始陆续见效，井组中含水率最大降幅为 11%，截至 2010 年 12 月底，井组累计增油 $2.7\times10^6m^3$。在五点试验井组取得成功的基础上，2008 年 10 月实施了扩大井组 A7 和 B7 的扩大注聚工作。

在绥中 36-1 油田 J3 井开展了单井先导试验。试验区面积为 $0.396km^2$，地层温度为 65℃，配制水矿化度为 9165mg/L，Ca^{2+}+Mg^{2+}浓度为 400～800mg/L，地层原油黏度为 70mPa·s，采用反九点注水井网，平均注采井距 350m。2003 年 9 月 25 日现场投注，2005 年 5 月 25 日结束，历时 598 天，共注入疏水缔合聚合物溶液 $2.331\times10^6m^3$，干粉 4.21×10^2t。整个试验施工顺利，设备运转正常，取得了显著增油降水效果，在与 J3 注入井对应关系最好的 J16 井见效最明显，该井由含水率 94%最低降至 48%，注聚前日产油量只有 $10m^3$ 左右，到 2006 年 2 月日产油已超过 $70m^3$。截至 2006 年 2 月，在不考虑综合递减条件下，J16 井已累计增油 $2.5\times10^4m^3$。

在成功开展 J3 井单井先导试验的基础上，从 2005 年 10 月 30 日开始，在绥中 36-1 油田进行了由 4 口注聚井(J03、A02、A08、A13)组成的井组注聚矿场试验，聚合物浓度为 1750mg/L，4 口井日注 $1.6\times10^3m^3$，目前单井注入量、井组注入量均按设计要求顺利进行。截至 2007 年 2 月 28 日，累计注入聚合物溶液 $6.98\times10^6m^3$ (0.067PV)，聚合物干粉用量 1.168×10^3t。该试验井组自 2006 年 4 月起开始见效，其中已经明显见效的井有 A14、A20、A03、J13。至 2007 年 2 月，井组累计增油 $1.6\times10^4m^3$。

绥中 36-1 油田于 2008 年 7 月在原试验井组的基础上开始实施扩大注聚井组的工作，按照 I 期整体注聚方案的要求，首先实施 A7、B7 井组注聚，注聚目的层位为 I 油组，并实施分层注聚。根据方案要求，两个井组需要在 7 年内累计注入 0.299PV 的聚合物溶液，相当于 $2.428\times10^7m^3$。按照注入聚合物溶液体积统计，截至 2010 年 12 月，两个井组累计注入聚合物溶液 $4.87\times10^6m^3$，累计注入 0.06PV(以 A7、B7 井组 I 油组孔隙体积统计)，完成设计注入量的 79.6%。

聚合物用量采用“海上聚合物驱施工信息管理系统”中的统计结果。截至 2010 年 12 月 31 日，两个井组聚合物用量为 7.2776×10^3t。截至 2013 年 12 月 31 日，A7、B7 以及 AI+J 三个井组聚合物用量为 3.2062×10^4t。

A7、B7 井组是由井组试验扩大而成，不仅是平面上注聚井数的增加，纵向上的注聚层段也由 $I_下$油组扩大到 $I_上$和 $I_下$油组同时注聚。

截至 2010 年 12 月底，已累计注入聚合物溶液 $4.87\times10^6m^3$，注入 0.06PV。生产动态上注聚井组含水保持平稳(B7 井组)或下降(A7 井组)，水驱曲线斜率均出现不同程度下降(图 3.120、图 3.121)。说明聚合物驱已见到初步效果。截至 2013 年 12 月底，A7 井组累计注聚(I 油组) $7.39\times10^6m^3$，0.167PV，达到配注要求的 80.6%。B7 井组累计注聚(I 油组) $6.28\times10^6m^3$，0.170PV，达到配注要求的 69.9%。AI+J 井组累计注聚(I 油组) $3.18\times10^6m^3$，0.045PV，达到配注要求的 78.7%。

鉴于注聚时井组在注聚过程中还采取了其他措施，如加密调整、提液等，用单纯的动态方法很难区分聚合物驱的增油效果。因此在增油量计算方法上，采用数值模拟方法。具体做法：对聚驱的生产动态进行跟踪拟合，然后采用拟合好的聚驱模型预测水驱的生产动态，两者之差就是聚驱的增油量。

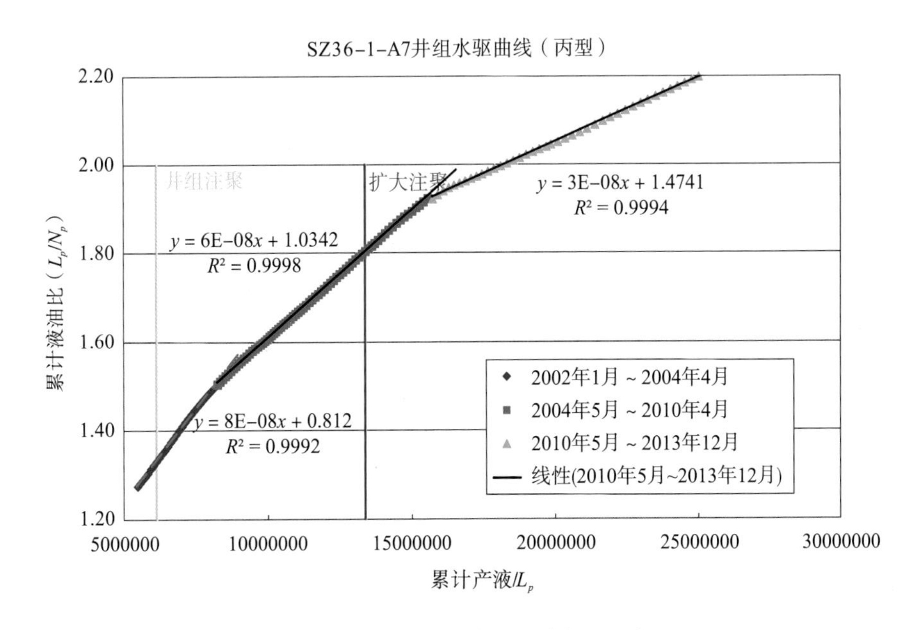

图 3.120　A7 井组丙型水驱曲线

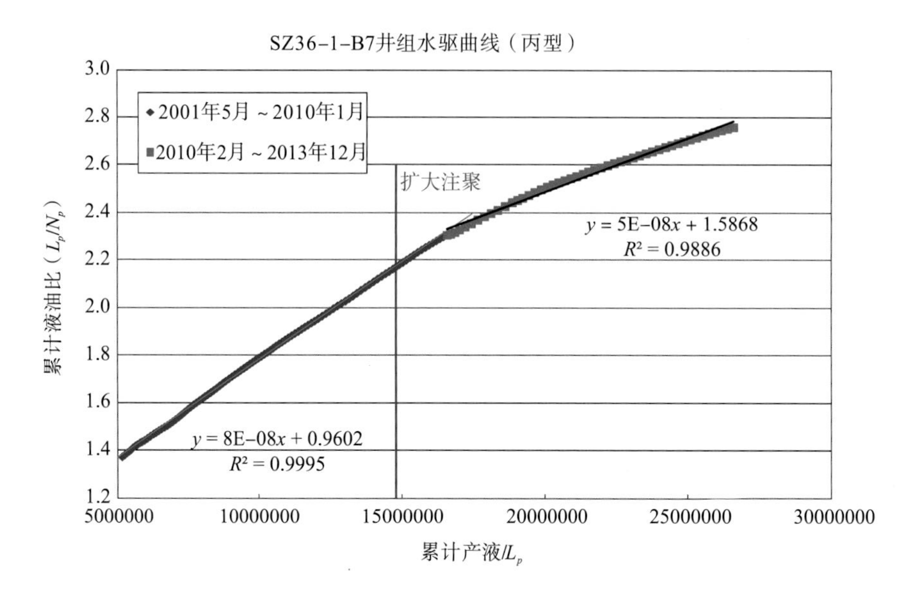

图 3.121 B7 井组丙型水驱曲线

从图 3.122、图 3.123 井组含水跟踪拟合结果上看，含水变化趋势与生产实际基本一致，拟合情况较好。因此，建立的聚合物驱油藏模型比较可靠。

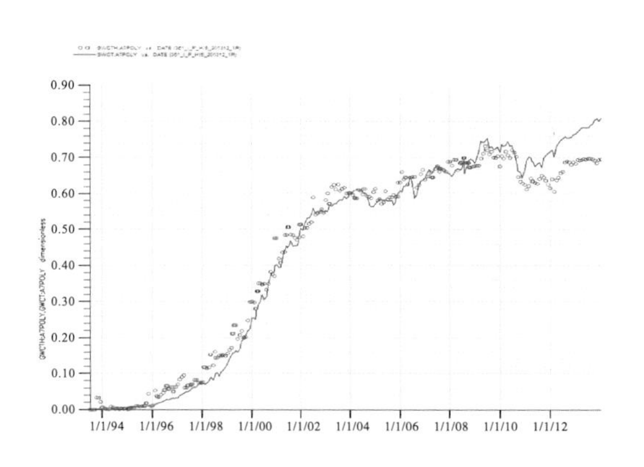

图 3.122 A7 井组含水拟合曲线

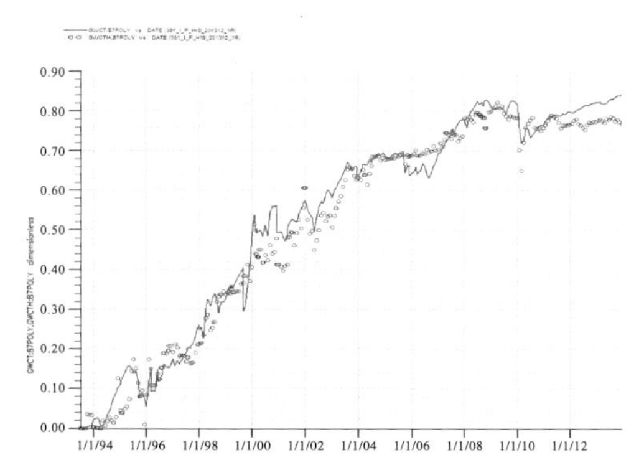

图 3.123 B7 井组含水拟合曲线

采用经过拟合校正的地质模型进行聚驱增油量预测，还需要预测注聚井组水驱条件下的开发效果。预测水驱开发效果的水驱方案控制条件除注入聚合物溶液浓度外，与聚驱方案完全相同。两个井组聚驱与水驱方案的计算结果对比见图 3.124、图 3.125。

经过计算，截至 2010 年 12 月底，A7 井组累计增油 $4.47\times10^5m^3$。聚驱含水比预测水驱含水低 10%，少产水 $4.4\times10^5m^3$。截至 2013 年 12 月底，A7 井组累计增油 $1.182\times10^6m^3$。

B7 井组处于见效初期，截至 2010 年 12 月底，B7 井组累计增油 $9.5\times10^4m^3$，聚驱含水降幅约 3%，少产水 $9\times10^4m^3$。截至 2013 年 12 月底，B7 井组累计增油 $5.84\times10^5m^3$。

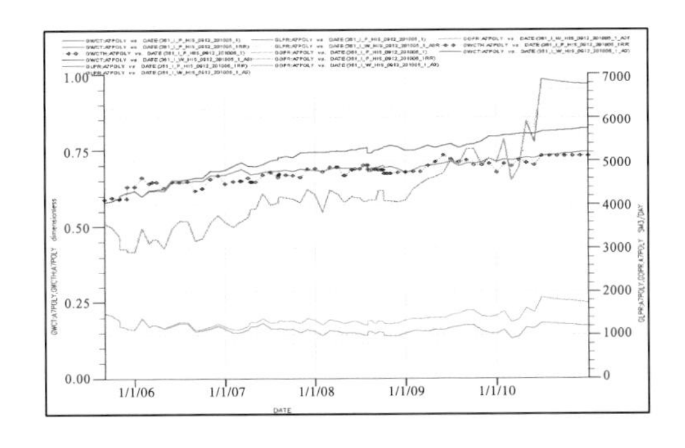

图 3.124　A7 井组聚驱方案与水驱方案对比曲线

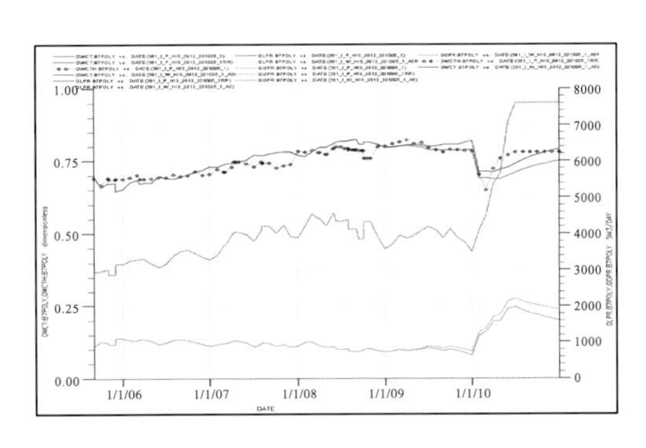

图 3.125　B7 井组聚驱方案与水驱方案对比曲线

2.吐哈玉东稠油油藏聚合物驱

针对吐哈油田稠油油藏，渗透率低、地层水矿化度高及原油黏度高的特点，提出了结构流体设计方法，开展了低渗透稠油油藏聚合物驱的理论和方法研究。鲁克沁油田玉东 1 井油藏胶结物及胶结物类型：储层胶结程度弱，岩性疏松，以泥质胶结为主；油层连通情况：本区砂层发育、横向连通性好，油层温度为 76℃，平均渗透率为 75mD，地下流体黏度为 367mPa·s。区块原始地层压力为 27.45MPa。

2014 年 7 月 17 日，吐哈油田首次缔合聚合物驱矿场试验在鲁克沁油田玉东 1 井正式开始注入，经过半个月的现场跟踪，目前玉东 1 井配液、注入等工作正常运行。本次试验是鲁克沁中区缔合聚合物驱一期先导试验，也是吐哈油田第一口稠油聚合物驱先导试验井。

从 2012 年开始，为探索提高鲁克沁深层稠油采收率的新技术，吐哈油田与西南石油大学组建鲁克沁中区缔合聚合物驱技术攻关项目组，共同制定研究计划，双方互派技术骨干交叉研究。通过两年多的技术攻关，完成了鲁克沁中区高温高盐(78℃，地层水矿化度为 1.8×10^5mg/L)稠油缔合聚合物驱 5 项关键技术研究，首次研发出适应鲁克沁中区的耐高盐缔合聚合物驱油体系，室内研究表明试验区先导试验可比水驱提高采收率 5.6%，吨聚增油 78.8t，与国内同类油田实施聚合物驱效果相当，具有较好的适应性。

在前期研究取得重大突破的基础上，油田于 2014 年 3 月完成了《鲁克沁缔合聚合物驱试验方案》编制。方案设计两期试验，一期试验开展单井组(玉东 1 井)先导试验，验证缔合聚合物注入性及技术可行性，注聚天数约 200 天。二期试验开展小井区(5 个井组，具有中心评价井)先导试验，验证缔合聚合物驱经济有效性，注聚时间约 4 年。

试注情况：2014 年 7 月 18 日开始，日注聚量 $50m^3/d$。以高浓度 3000mg/L 为基础浓度，根据现场注入压力变化，随时调整聚合物溶液浓度，验证疏水缔合聚合物 AP-P8 聚合物的注入性，直至注聚压力趋于平稳，预计时长 2 个月，聚合物用量 10t(图 3.126)。

通过玉东 1 井疏水缔合聚合物先导试验研究结果表明(图 3.127)，目前在玉东 1 井进行了先导试验，试验注入顺利，在稠油油藏(温度为 76℃，平均渗透率为 75mD，原油地下黏度为 367mPa·s)中能够进行疏水缔合聚合物驱，在稠油油藏聚合物驱技术研究中取得重大创新，其成果有形化转换表明吐哈油田三次采油技术研究及试验上了一个新台阶，将为鲁克沁中区稠油提高采收率指明方向。缔合聚合物驱一旦试验成功，将是吐哈稠油开发“保增长、保效益”的一项重要技术，同时可拓宽聚合物驱技术的适应界限，为同类油藏实施该技术提供行之有效的技术借鉴。研究表明，预计其比水驱提高采收率5.6%，吨聚增油78.8t。

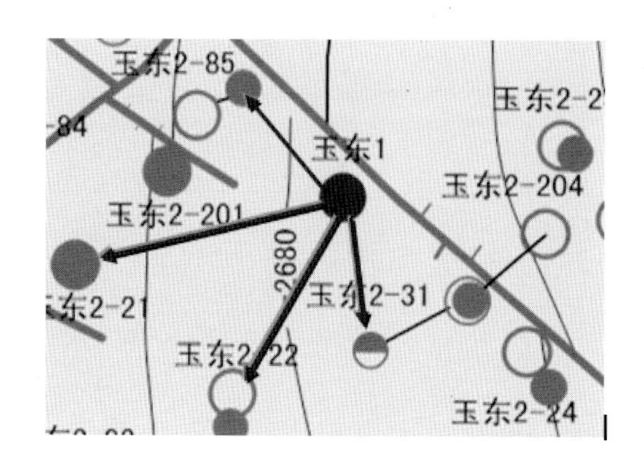

图 3.126　玉东 1 井对应油井示意图及现场施工照片

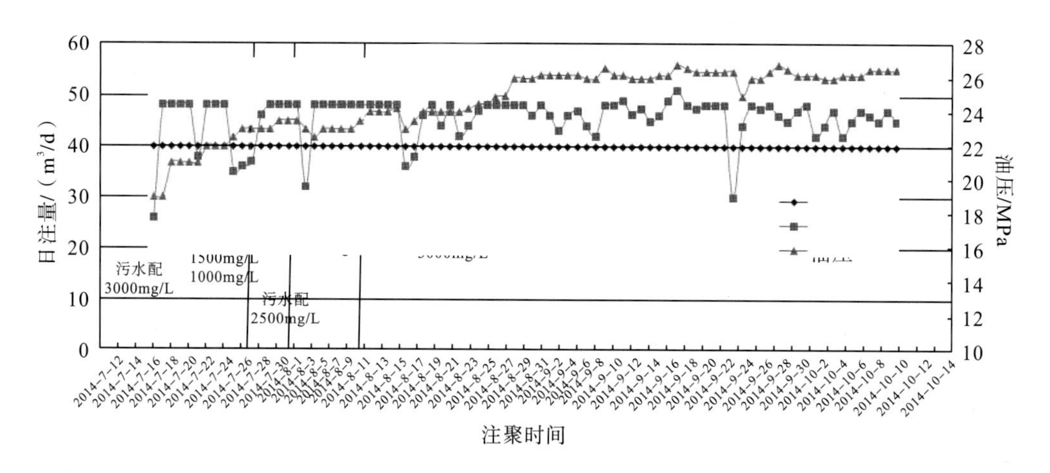

图 3.127　玉东 1 井注聚动态曲线

第4章　复杂油藏复合驱

复合驱是指将两种或两种以上驱油剂组合起来的一种驱动方式，它的主要机理就是提高洗油效率和增大波及体积，是在综合了单一化学驱优点的基础上建立起来的一种新型的化学驱油体系。以聚合物、碱和表面活性剂为主体的三元复合驱油体系，在室内实验和现场试验中，均取得了良好的驱油效果。三元复合驱在矿场应用中也暴露出了一些问题，如注入过程中的结垢现象影响注入性问题、采出液的破乳问题。尽管三元复合驱增油效果明显，但经济效益逊色于聚合物驱，故限制了这种驱动方式的推广。为了克服三元复合驱的弊端，继续探索研究复合驱油技术的应用与发展，胜利油田和新疆油田开展了无碱体系的聚合物/表面活性剂二元复合驱油技术研究。聚/表二元驱体系与三元复合驱相比，除了具有良好的驱油效果之外，还可减少产出液乳化现象，降低处理成本，同时防止碱结垢，易于现场操作和正常注入。

4.1　高温高盐油藏二元复合驱

三次采油技术通常适应的温度为70℃，地层水矿化度小于1.0×10^4mg/L，而不少高温高盐油藏的油藏地层温度在100℃以上，地层水矿化度高达25×10^5mg/L。尽管多数油藏已处于高含水或特高含水开发阶段，急需应用三次采油技术提高油田采收率，但由于受高温、高盐及高二价阳离子的影响，常规三采技术无法在现场实施。国内现有的主要的三次采油方法基本不适应高温高盐油藏的地质特点，因此，必须加强针对高温高盐油藏三次采油提高原油采收率技术的攻关力度。对特高含水油藏，加快二元复合驱、泡沫复合驱等技术攻关并选定试验区，加快现场试验的步伐，使三次采油技术尽快在现场推广应用。

4.1.1　高温高盐油藏二元复合驱关键技术

复合驱油体系中使用的聚合物，其溶液大多是假塑性流体，聚合物分子量及浓度、剪切速率、水解度、矿化度及温度等因素都会对黏度产生影响。以聚丙烯酰胺为代表的驱油聚合物被广泛用作复合驱用聚合物，这类聚合物在中低温和低矿化度油藏中发挥了良好的驱油效果。然而在高温、高矿化度油藏，这类聚合物由于自身的结构缺陷，会出现抗温抗盐效果差，采收率不理想的结果。

两性聚合物是分子中同时带有阳离子基团（如季铵基）和阴离子基团（如羧基、磺酸基）的化合物，分子整体呈电中性。在酸性溶液中表现出阳离子化合物的特征，在碱性溶液中又呈现阴离子化合物的特征，无浊点，不易受无机电解质的影响，无论吸附到正电荷还是负电荷的界面上都不会形成疏水表面，从而具有低毒、耐盐、协同增效、抗静电、易降解等多种优良性能。两性聚合物水溶液黏度随外加电解质(如 NaCl)浓度的增加而提高，表现出明显的反聚电解质行为，从而使聚合物具有良好的抗盐性能。

结合驱油用聚合物的特点，功能单体需同时带有以下基团：可参与聚合的不饱和键(比如丙烯酰胺基或丙烯酸酯等)、季铵阳离子、磺酸或羧酸阴离子。聚丙烯酰胺及其衍生物能够广泛用作驱油聚合物，是因为其良好的增黏性能，以及在价格、聚合活性、溶解性等方面具有优势。聚丙烯酰胺再结合两性功能单体，制备出的聚合物有望解决驱油聚合物抗高温高盐的问题。两性功能单体有磺酸型甜菜碱、羧酸型甜菜碱、磷酸型甜菜碱等各种类型。

1.耐温耐盐功能单体合成

1)甜菜碱 CB-I 功能单体合成

(1)酰胺化

O　Cl + NH_2　N　→　O　NH　N +HCL

(2)烷基化

O　NH　N + Cl　COONa　→　O　NH　N⊕　COONa　$Cl^{\ominus}$

2)CB-Ⅱ功能单体的合成

O　O　O + NH_2　N　→　HOOC　O　NH　N

O　NH　N + Cl　COOH　碳酸钠 / 水溶液 →　HOOC　O　NH　N⊕　COONa　$Cl^{\ominus}$

3)SB 功能单体的合成

HOOC　O　NH　N + Cl−$\overset{H_2}{C}$−CH(OH)−$\overset{H_2}{C}$−SO_3Na →　HOOC　O　NH　N⊕　OH　SO_3Na　$Cl^{\ominus}$

4) 疏水单体的合成

$$\mathrm{HOOC{-}CH{=}CH{-}C(=O){-}NH{-}(CH_2)_3{-}N(CH_3)_2 + Br{-}(CH_2)_{11}{-}CH_3 \longrightarrow HOOC{-}CH{=}CH{-}C(=O){-}NH{-}(CH_2)_3{-}N^{\oplus}(CH_3)_2{-}(CH_2)_{11}{-}CH_3\ Br^{\ominus}}$$

合成工艺优化后的操作条件是：溶剂水和乙醇体积比为 2∶1，马来酸酐与丙二胺的反应物再与溴代十二烷反应，物质的量比(摩尔比)为 1∶1，在 60 ℃中搅拌反应 3h，烘干的红色水溶性物质，为疏水单体。

CB-I 甜菜碱功能单体的合成中第一步酰胺化是与丙烯酰氯反应，所以需进行丙烯酰氯的制备，然后再进行酰胺化和季铵化。

CB-I 功能单体制备所需的主要原料和仪器分别列于表 4.1 和表 4.2。

表 4.1　功能单体制备所用试剂

试剂名称	化学纯度	提供厂家
N,N-二甲基-1,3-丙二胺	分析纯	南京康满林化工公司
苯甲酰氯	分析纯	成都科龙试剂公司
丙烯酸	分析纯	成都科龙试剂公司
氯乙酸	分析纯	成都科龙试剂公司
碳酸钠	分析纯	成都科龙试剂公司
对苯二酚	分析纯	成都科龙试剂公司

表 4.2　主要实验仪器

仪器名称	型号	提供厂家
电子天平	HX-T	慈溪市天东衡器厂
电热恒温水浴	HH-2	金坛市科析仪器
电热恒温干燥箱	XAT-E8000	上海理大电子公司
电动搅拌器	—	江阴保利科研器械
磁力搅拌器	HJ-6	金坛市科析仪器
恒温油浴	DF-101S	郑州长城科工
隔膜真空泵	Pro 1/4	广东海同公司

5) 丙烯酰氯制备

(1) 合成方法的选择

合成 CB-I 甜菜碱功能单体需要制备丙烯酰氯。丙烯酰氯作为氯碱工业和丙烯酸化工等领域的有机合成中间体，具有重要的工业应用价值。其分子结构中同时带有碳碳双键和酰氯基团，化学活性很高，能用于制备结构特殊的丙烯酸酯、丙烯酰胺和 N-乙酰丙烯酰胺，另外还能用于制造防腐型涂料、感光材料等。

丙烯酰氯沸点为 75～76℃，相对密度为 1.1136，因为易挥发，有高度腐蚀性、强烈刺激性和催泪作用，长期贮存应保持环境温度 0～4℃。因此，丙烯酰氯的制备和保存一直是工业生产和运输的难点，故丙烯酰氯的工业生产量较少。

目前国内外制备方法大多是使用丙烯酸和氯化剂进行反应，根据氯化剂的不同，可以有多种合成路线。根据氯化剂的不同，将丙烯酰氯的主要制备方法列于表 4.3。

表 4.3 丙烯酰氯制备方法的比较

氯化剂	优点	缺点
三氯化磷	缺	缺
一锅法、原料便宜	纯度低、产率低	缺
苯甲酰氯+三氯化磷	原料利用率高、产率高	连续加料
氯化亚砜	原料易得	产物难分离
6-氯代丙酰氯	产率较高	成本高

主要反应物和产物在常压下的沸点列于表 4.4。

表 4.4 制备丙烯酰氯反应中反应物和产物的沸点

物质	苯甲酰氯	丙烯酸	苯甲酸	丙烯酰氯
沸点/℃	197	141	249	72～76

制备丙烯酰氯的常规方法是以三氯化磷为氯化剂，反应式为

$$CH_2 = CHCOOH + PCl_3 \longrightarrow CH_2 = CHCOCl$$

实验室制备工艺是使用一次加料、冷凝回流。将丙烯酸与三氯化磷以 3∶1 混合均匀，一次性装入反应器内加热至沸腾，冷凝回流，反应足够长的时间后室温静置 2 h，分离出上层产物，再加入氯化亚铜减压蒸馏，收集 30～40℃/18.7kPa 的馏分，再重蒸收集 30～32℃/18.7kPa 的馏分，即得到丙烯酰氯。因为原料 PCl_3 的沸点为 76℃，与产物丙烯酰氯的沸点非常相近，难以通过蒸馏的方法进行分离提纯，即使添加氯化亚铜并进行二次减压蒸馏，仍无法获得满意效果。如果反应温度和时间控制不好，丙烯酰氯和丙烯酸还容易发生热聚合，造成收率和纯度下降。另外，反应的副产物氯化氢会和丙烯酰氯发生加成反应生成氯代丙烯酰氯。

现阶段国内外研究者都在积极研究丙烯酰氯制备的新方法和新技术，以求研发出理想的合成路线和工艺条件，降低成本、提高产率和产品纯度。Novb 等以氯化亚砜为氯化剂，在一定工艺条件下，控制原料的合适比例和反应温度来制备丙烯酰氯。使用氯化亚砜在技术经济上是可行的，但产物难以分离。Muelleruwe 等使用 6-氯代丙酰氯为原料来制备丙烯酰氯，产率较高，但同样存在产物纯度不高的问题。Grosius Paul 等用三氯甲苯作氯化剂，此方法的优点是：副产物苯甲酰氯能进一步和丙烯酸作用生成丙烯酰氯，不过成本较高且产率一般。

苯甲酰氯是常见的精细化工产品，原料易得且价格不高。使用苯甲酰氯作为氯化剂来制备丙烯酰氯，在成本上是可以接受的。如果在反应体系中再加入三氯化磷，则副产物苯甲酸能和三氯化磷作用再生成苯甲酰氯，能够持续与丙烯酸作用得到目标产物，提高原料利用率。苯甲酰氯的沸点为 197.2℃，远高于丙烯酰氯的沸点 76℃，有利于产物分离。在工艺上采取连续加料法，减压状态下持续滴加丙烯酸，同时蒸出丙烯酰氯，从而使反应朝着生成目标产物的方向进行。滴加丙烯酸，可以减少原料在较高温度下的停留时间，同

时加入微量抗氧化剂和阻聚剂，能够有效减少热聚合。一般认为较佳的原料配比是丙烯酸∶苯甲酰氯(摩尔比)为 0.8∶1。这种方法能抑制热聚合、防止反应温度急剧升高、反应易于控制且原料利用程度高。

(2) 合成条件的优化

实验中发现，如果反应时间低于 2h，或者温度低于 60℃，则无法收集到产物。因此，实验中固定丙烯酸∶苯甲酰氯物质的量比 0.8∶1，冷凝回流时间 3h。考察反应温度对丙烯酰氯产率的影响，结果如图 4.1 所示。

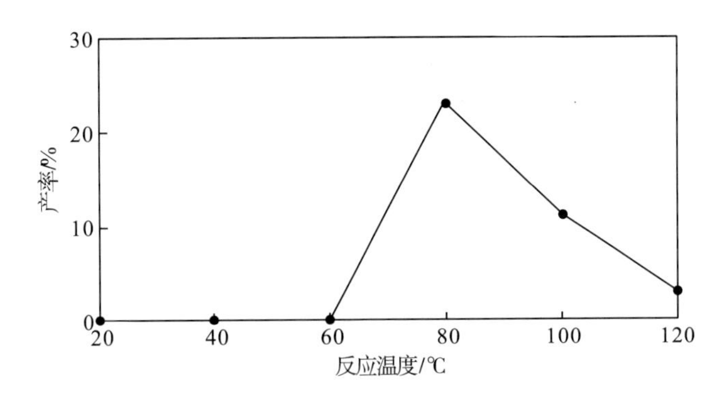

图 4.1　反应温度对丙烯酰氯产率的影响

注：丙烯酸与苯甲酰氯的比为 0.8∶1；反应时间为 3h。

从图 4.1 可知，当温度在 80℃时产率最高，因此确定反应温度为 80℃。

固定丙烯酸∶苯甲酰氯物质的量比 0.8∶1，反应温度 80 ℃，冷凝回流。考察反应时间对丙烯酰氯产率的影响，结果如图 4.2 所示。

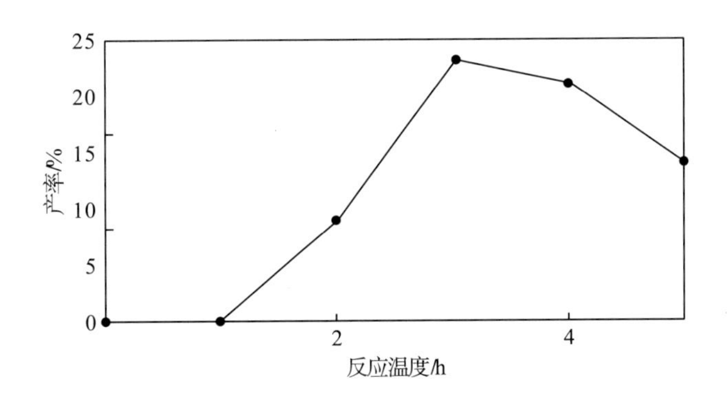

图 4.2　反应时间对丙烯酰氯产率的影响

注：丙烯酸与苯甲酰氯的比为 0.8∶1；反应温度为 80℃。

从图 4.2 中可看出，在 3h 时，产率达到最高。因此选择反应时间在 3h 左右。

固定反应时间 3h，反应温度 80℃，冷凝回流，考察原料配比对丙烯酰氯产率的影响，实验结果如图 4.3 所示。

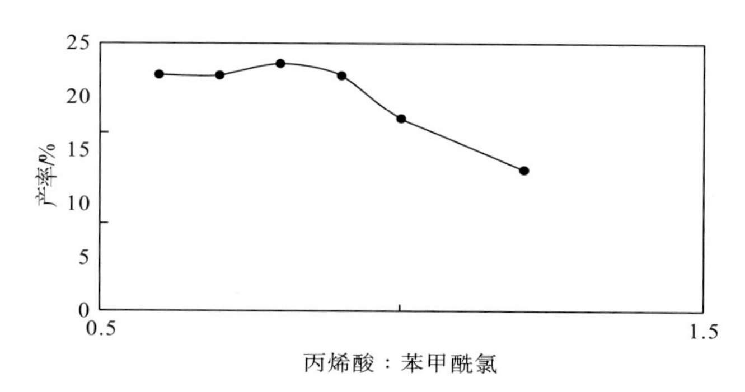

图 4.3 原料配比对丙烯酰氯产率的影响

从图 4.3 可知，原料比在 0.8 时，可以获得相对较大的产率。

为了进一步优选丙烯酰氯的合成条件，实验中选取 $L_9(3^4)$ 正交表，以反应时间、反应温度、原料配比三个因素为主要参考对象，每个因素选取 3 个水平，考察反应条件对丙烯酸和苯甲酰氯制备丙烯酰氯产率的影响，各参数所取的水平和对应数值设计见表 4.5。

表 4.5 丙烯酸和苯甲酰氯反应正交设计

参数 / 因子水平	A	B	C
	反应时间/h	反应温度/℃	原料比
1	2	60	0.6
2	3	80	0.8
3	4	100	1

表 4.6 列出了按表 4.5 的水平条件，分别进行实验得出的数据，以及按正交实验处理方法对原始数据再处理得到的结果。

对正交实验原始数据进行计算：用Ⅰ、Ⅱ、Ⅲ分别表示表 4.5 中各因素取三个水平时对应的实验结果之和，用 k_1、k_2、k_3 表示各因素三个水平实验结果的平均值，比较同一因素 k_1、k_2、k_3 的大小，找出最佳实验条件。

表 4.6 正交实验数据表

实验编号	因子				产率/%
	A	B	C		
1	1	1	1	1	0
2	1	2	2	2	9
3	1	3	3	3	8
4	2	1	2	3	0
5	2	2	3	1	18
6	2	3	1	2	14
7	3	1	3	2	0
8	3	2	1	3	22
9	3	3	2	1	13

续表

实验编号	因子			产率/%
	A	B	C	
Ⅰ	17	0	36	
Ⅱ	32	49	22	
Ⅲ	35	35	40	
k_1	5.7	0	12	
k_2	10.7	16.3	7.3	
k_3	7	7	13.3	
R	5	9.3	6	

从上表数据可得：$R_B>R_C>R_A$，说明反应温度对丙烯酰氯产率的影响最大，原料配比的影响其次，反应时间的影响相对较小。取 k_A、k_B、k_C 中的最大值为反应的最佳条件，因此合成目标物的理想条件为 $A_2B_2C_3$ 即反应时间为 3h，反应温度为 80 ℃，丙烯酸与苯甲酰氯按化学式计量比配料。考虑到丙烯酸容易聚合及经济成本因素，实际操作时一般加入稍过量的苯甲酰氯。

甜菜碱功能单体上同时带有正、负电荷基团，可以在负电荷单体上接入正离子，也可以在正电荷单体上接入负离子。使用 N，N-二甲基丙二胺，在 N 原子上接入丙烯酰胺基和烷基，分别进行酰胺化和季铵化得到目标功能单体。

使用 N，N-二甲基丙二胺做原料来合成甜菜碱功能单体，在理论上有两种可能的合成路线。第一种方法是，先在 N，N-二甲基丙二胺的伯胺 N 上进行酰胺化反应，因为叔胺 N 无法酰胺化，所以酰胺基团不会在叔胺 N 上接入，然后再进行烷基化，此时伯胺 N 因为接入了酰胺基团，降低了反应活性，所以伯胺 N 上难以进行烷基化，而叔胺 N 则容易与卤代烷 RX 反应生成季铵。反应通式为

$$\mathrm{NH_2CH_2CH_2CH_2N(CH_3)_2} \xrightarrow{\mathrm{R{=\!=}CHCOX}} \mathrm{R{=\!=}CHCO{-}NH{-}CH_2CH_2CH_2{-}N(CH_3)_2} \xrightarrow{\mathrm{R'X}} \mathrm{T.M.}$$

第二种方法是，先用 N，N-二甲基丙二胺与 RX 反应，控制溶液条件促使 S_N2 反应的进行，再进行酰胺化得到目标物。反应通式为

$$\mathrm{NH_2CH_2CH_2CH_2N(CH_3)_2} \xrightarrow{\mathrm{R'X}} \mathrm{NH_2CH_2CH_2CH_2\overset{\oplus}{N}(CH_3)_2{-}R'\ {}^{\ominus}X} \xrightarrow{\mathrm{R{=\!=}CHCOXR}} \mathrm{T.M.}$$

第一种合成方法：

(1) 酰胺化原料配比对 CB-I 单体产率的影响。固定烷基化反应时间 24h，反应温度 70℃。考察丙烯酰氯和 N，N-二甲基丙二胺配比对 CB-I 单体产率的影响。实验结果如图 4.4 所示。

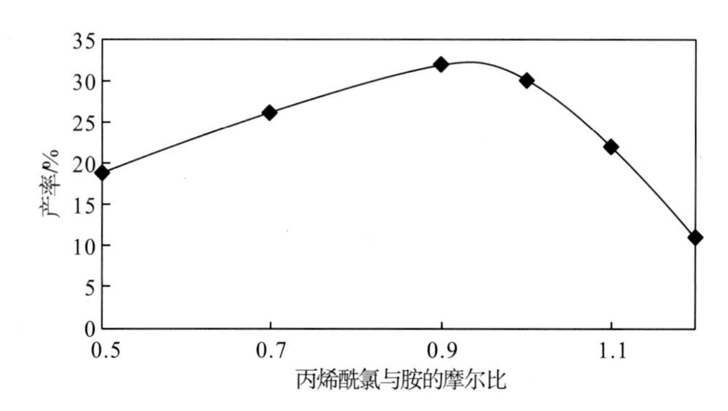

图 4.4 酰基化原料配比对 CB-I 单体产率的影响

注：烷基化反应时间为 24h；烷基化反应温度为 50℃。

从图 4.4 可以看出，两种反应物按化学式计量比加入时，最终产物 CB-I 功能单体的产率并不是最高的。当第一步反应丙烯酰氯与 N,N-二甲基丙二胺的摩尔比在 0.9 时，可以获得相对高的产率 32%。若丙烯酰氯加入过量，产率会急剧降低；若胺加入不足，随着胺用量的减少产率会缓慢降低。丙烯酰氯和 N,N-二甲基丙二胺的反应非常剧烈，当丙烯酰氯加入过量时，与溶剂水发生水解反应也会强烈放热，加速热聚合，使得第一步反应的产率降低，影响最终产物产率。CB-I 单体的产率是比对胺的加入量来计算的，当丙稀酰氯的加量过少，大量的胺未反应完全，造成了原料浪费且使最终产率的计算值偏小。因此将第一步反应的原料配比确定在 0.9。

(2)烷基化反应温度对 CB-I 单体产率的影响。固定酰基化反应原料丙烯酰氯与 N,N-二甲基丙二胺摩尔比 0.9∶1，烷基化反应时间 24h，考察烷基化反应温度对 CB-I 单体产率的影响，结果如图 4.5 所示。在温度 45～60℃产率变化不大，因此控制烷基化反应温度在这个范围内。

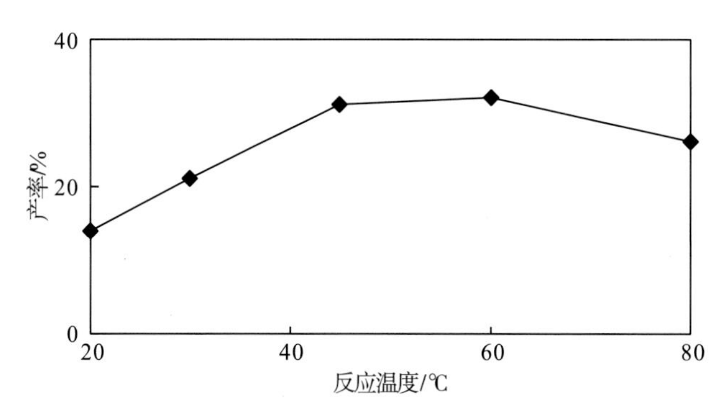

图 4.5 烷基化反应温度对 CB-I 单体产率的影响

注：酰基化原料配比为 0.9∶1；烷基化反应时间为 24h。

(3)烷基化反应时间对 CB-I 单体产率的影响。固定酰基化反应原料丙烯酰氯与 N,N-二甲基丙二胺物质的量比 0.9∶1，烷基化反应温度为 50℃，考察反应时间对 CB-I 单体产率的影响，结果如图 4.6 所示。

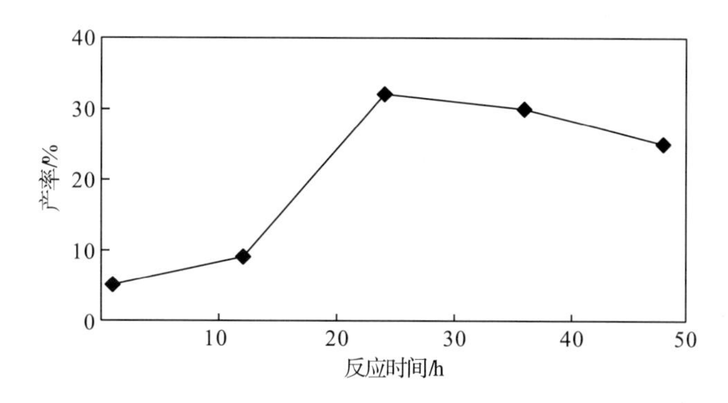

图 4.6　烷基化反应时间对 CB-I 单体产率的影响

注：酰基化原料配比为 0.9∶1；烷基化反应温度为 50℃。

从图 4.6 中可看出，产率在 24h 时达到最大值。通过以上单因素实验，可以得知获得 CB-I 单体较高产率的反应条件是：酰基化反应时丙烯酰氯与 N，N-二甲基丙二胺的物质的量比为 0.9∶1，烷基化反应温度为 70℃，烷基化反应时间为 24h。

但第一种合成法在本实验的具体操作中存在一些问题。原因在于丙烯酰氯的反应活性非常高，而 N，N-二甲基丙二胺的活性也很高，两者都有强烈挥发性和刺激性，瞬间反应剧烈放热。即使加入阻聚剂，在冰浴搅拌条件下，以极缓慢的速率将丙烯酰氯滴入丙二胺，也会产生大量白色烟雾，引起暴聚使得反应体系成为固态橡胶状，甚至气液喷溅、容器破裂。先将丙二胺溶解于碱性水中，再滴加丙烯酰氯，暴聚现象虽有所缓解，却无法完全消除。如果丙烯酰氯加入过量，会加速暴聚，并且因为过度氧化使得溶液变成墨绿色，副产物增多；丙烯酰氯加入过少，伯胺 N 又无法反应完全，致使第二步反应的副产物增多。对于第二步反应，一般情况下季铵化是比较容易进行的，对于本实验中的烷基化步骤而言，中间产物酰胺的基团较大，因为位阻等效应使得反应活化能较高，需要升温促使反应进行，但是中间产物酰胺又具有可聚合的特性，升温难免会引起热聚合现象。

为解决这一问题，可通过适当降低反应物的活性来实现。从这一点出发，有两种思路可以考虑。一是使用活性较低的酰基化剂(例如使用酸酐代替酰氯)；二是使用活性较低的胺。从 CB-I 功能单体的分子结构与性能的关系来看，要保证分子中同时存在丙烯酰胺基和季铵+羧基的甜菜碱结构，并且考虑原料的来源和价格等因素，使用 N，N-二甲基丙二胺作为主要原料是必要的。如果先在 N，N-二甲基丙二胺的叔胺 N 上进行季铵化反应，则这一步反应相对温和，缺点是伯胺 N 上难免会同时进行烷基化。再在低温下缓慢滴加丙烯酰氯，生成目标产物。因为 N，N-二甲基丙二胺的叔胺 N 上进行了接枝，分子体积增加，活性有所降低，可以减少酰基化反应的暴聚现象。

第二种合成方法是将氯乙酸溶于饱和碳酸钠水溶液中，在冰浴条件下缓慢加入 N，N-二甲基丙二胺，密闭搅拌，混合均匀后在室温搅拌反应足够长时间直到溶液从无色透明变成淡绿色透明，得到中间产物丙二胺季铵盐；再在冰浴下缓慢滴入丙烯酰氯，低温搅拌反应直到溶液从淡绿色变成金黄色；后倒入足量无水乙醇充分搅拌混合均匀后静置，上层是无色透明溶液，下层是金黄色油珠状液体，萃取分液取出下层，得淡黄色黏稠液体即为 CB-I 功能单体，称重计算产率。产物具有良好水溶性和强烈吸湿性，不溶于乙醇，微溶于甲醇和乙腈，能使酸性高锰酸钾溶液褪色，能与硝酸银产生白色沉淀。反应步骤如下：

烷基化

$$NH_2 \diagup\!\diagdown\!\diagup N\!\!< \; + \; Cl \diagup\!\diagdown COONa \longrightarrow NH_2 \diagup\!\diagdown\!\diagup \overset{|}{\underset{Cl^{\ominus}\,|}{N^{\oplus}}} \diagup\!\diagdown COONa$$

酰胺化

$$\diagup\!\!\!=\!\!\overset{O}{\overset{\|}{C}}\!-Cl + NH_2 \diagup\!\diagdown\!\diagup \overset{|}{\underset{Cl^{\ominus}\,|}{N^{\oplus}}} \diagup\!\diagdown COONa \longrightarrow \diagup\!\!\!=\!\!\overset{O}{\overset{\|}{C}}\!-NH \diagup\!\diagdown\!\diagup \overset{|}{\underset{Cl^{\ominus}\,|}{N^{\oplus}}} \diagup\!\diagdown COONa$$

这种方法的优点在于适当降低了胺的活性，使酰胺化过程更为平稳；缺点是烷基化过程副产物较多，伯胺 N 上有可能会同时发生烷基化。为此，控制第一步反应 N，N-二甲基丙二胺∶氯乙酸(物质的量比)=1∶1，对烷基化之后的混合液进行飞行质谱检测。通过飞行质谱的半定量数据，结合反应机理、电荷效应和位阻效应，分析可得：CB-I 功能单体的第二种合成法在理论和实践上都是可行的。使用 N，N-二甲基丙二胺和氯乙酸在饱和碳酸钠水溶液中进行烷基化反应，控制操作条件，主要得到叔胺 N 上接入氯乙酸基团的物质，是所需要的中间物。再加入丙烯酰氯进行伯胺 N 的酰基化，最终得到目标物 CB-I 功能单体。伯胺 N 接入一次酰基后，由于酰基的钝化效应，不会再次进行酰基化。

(1)烷基化反应温度对 CB-I 单体产率的影响。

固定丙烯酰氯用量与 N，N-二甲基丙二胺物质的量比为 1.1∶1，烷基化反应时间 24h。考察烷基化反应温度对 CB-I 单体产率的影响，结果如图 4.7 所示。

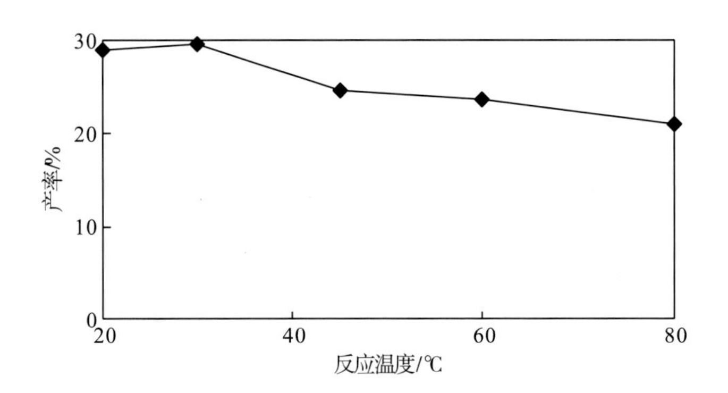

图 4.7 烷基化反应温度对 CB-I 单体产率的影响

注：丙烯酰氯与胺的比为 1.1∶1；烷基化反应时间 24h。

从图 4.7 能够看出，在其他条件不变的前提下，N，N-二甲基丙二胺和氯乙酸的反应温度在 20～30℃时产率是相对较高的，反应温度升高使得产率逐渐下降。结合操作条件，确定反应温度为室温 20℃。

(2)烷基化反应时间对 CB-I 单体产率的影响。

固定丙烯酰氯用量与 N，N-二甲基丙二胺物质的量比 1.1∶1，烷基化反应温度 20℃。考察烷基化反应时间对 CB-I 单体产率的影响，结果如图 4.8 所示。

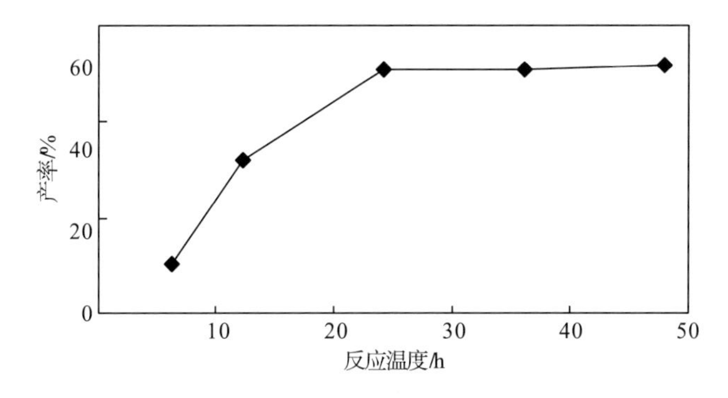

图 4.8　烷基化反应时间对 CB-I 单体产率的影响

注：丙烯酰氯与胺的比为 1.1∶1；烷基化反应温度 20℃。

从图 4.8 中可看出，反应时间少于 24h 时，CB-I 的产率随着反应时间的延长逐渐增加，而在 24h 以后产率几乎无变化。和第一种合成法不同，第二种合成法进行烷基化时，溶液中并无丙烯酰基的存在，而且是在常温下进行，不用担心带有丙烯酰基的化合物长时间停留在高温下可能发生聚合的问题。因此，烷基化反应时，将胺与氯乙酸在冰浴条件下混合均匀后，升至室温搅拌反应 24h 即可。

(3)丙烯酰氯用量对 CB-I 单体产率的影响。

固定烷基化反应时间 24h，反应温度 20℃。考察丙烯酰氯和 N，N-二甲基丙二胺用量对 CB-I 单体产率的影响。实验结果如图 4.9 所示。

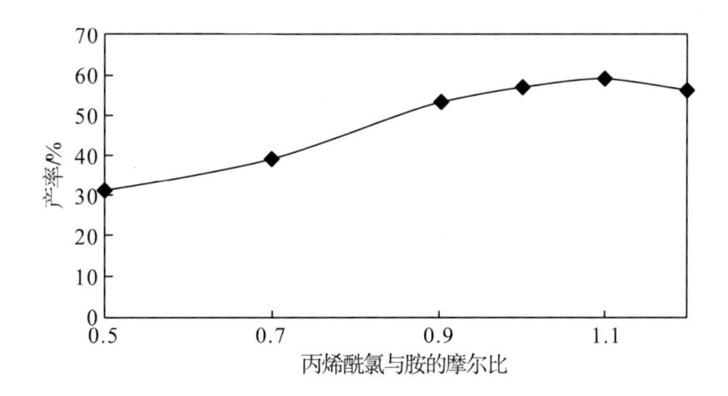

图 4.9　酰基化原料配比对 CB-I 单体产率的影响

注：烷基化反应时间 24h；烷基化反应温度 20℃。

从图 4.9 可以看出，加入稍过量的丙烯酰氯就可以得到相对较高的产率。丙烯酰氯和 N，N-二甲基丙二胺理论上是按化学式计量比 1∶1 进行反应的，当最终产率的计算用胺做对比时，如果丙烯酰氯加入量不足，有一部分胺会无法参与反应从而使 CB-I 单体的产率计算值偏低。当丙烯酰氯加入过多，又会大量放热使反应体系难以保持低温状态，容易发生氧化、聚合等多种副反应，并使最终产物颜色从金黄色变成红棕色。所以原料丙烯酰氯和 N，N-二甲基丙二胺的加入量在 1.1∶1 时，能够获得相对较满意的效果。

通过以上单因素实验，确定了获得 CB-I 单体较高产率的反应条件是：烷基化反应温度为 20℃，烷基化反应时间为 24h，丙烯酰氯与 N，N-二甲基丙二胺的物质的量比为 1.1∶1。

(4) 正交实验。

为了考察各反应条件同时变化时的产率，分析影响 CB-I 单体产率的主要因素，使用正交实验法综合评价实验条件对产率的影响。

选用 $L_9(3^4)$ 正交表，以反应时间、反应温度、原料配比三个因素为主要参考对象，每个因素选取 3 个水平，考察第二种合成法 CB-I 单体产率对反应条件的综合依赖性。各参数所取的水平和对应数值设计见表 4.7。

表 4.7 第二种合成法正交设计

因子 / 水平	A	B	C
	反应时间/h	反应温度/℃	原料比
1	12	20	0.9
2	24	35	1
3	36	50	1.1

表 4.8 列出了按表 4.7 的水平条件，分别进行实验得出的数据，以及按正交实验处理方法对原始数据再处理得到的结果。

对正交实验原始数据进行计算：用Ⅰ、Ⅱ、Ⅲ分别表示上表各因素取三个水平时对应的实验结果之和，用 k_1、k_2、k_3 表示各因素三个水平实验结果的平均值，比较同一因素 k_1、k_2、k_3 的大小，找出最佳实验条件。

表 4.8 正交实验数据表

实验编号	因子				产率/%
	A	B	C		
1	1	1	1	1	33
2	1	2	2	2	30
3	1	3	3	3	26
4	2	1	2	3	58
5	2	2	3	1	55
6	2	3	1	2	46
7	3	1	3	2	59
8	3	2	1	3	53

续表

实验编号	因子				产率/%
	A	B	C		
9	3	3	2	1	44
Ⅰ	89	150	132		
Ⅱ	159	138	132		
Ⅲ	156	116	127		
k_1	29.7	50	44		
k_2	53	46	44		
k_3	52	38.7	42.3		
R	23.3	11.3	1.7		

用级差 R 来描述各因素对实验指标的影响程度，R 为各列三个水平对应的实验指标的平均值中最大值与最小值之差，即 $R=k_{max}-k_{min}$ 。级差的大小反映了实验中各因素对实验结果的作用的大小，级差越大表明该因素对实验结果影响越大，为主要因素，级差越小表明该因素对实验结果影响越小，为次要因素。

从上表数据可得：$R_A>R_B>R_C$，说明在所考察的反应条件范围内，反应时间对 CB-I 单体产率的影响最大，反应温度的影响其次，原料配比的影响相对较小。取 k_A、k_B、k_C 中的最大值为反应的最佳条件，因此合成目标物的理想条件为 A2B1C2 即烷基化反应时间 24h，烷基化反应温度为 20℃，丙烯酰氯与 N，N-二甲基丙二胺按摩尔比 1∶1 加入。第二种合成法比第一种合成法的产率提高了一倍左右，接近 60%。

2.改性聚合物的合成

用于 EOR 的聚合物大多是以部分水解聚丙烯酰胺为主体的聚合物，根据需要将聚丙烯酰胺进行适当的改性，制备出功能各异的聚合物。如果对聚合物分子结构进行设计，使之同时具有以上两类或几类聚合物的结构，也就是根据现场应用需要，将阳离子单体、阴离子单体、抗温抗盐单体、疏水单体、高分子表面活性单体等分别组合、共聚，这是当今国内外最热门的研究课题之一。这类聚合物相对以上各种单一的聚合物，具有更优良和独特的性能，也能拓宽应用领域。

CB-I 功能单体分子中既有季铵阳离子又有羧基阴离子并且两者在同一条碳链的主链上，具有典型的甜菜碱结构，将其与丙烯酰胺共聚可以得到抗盐聚合物。根据文献报道，这类聚合物具有良好的抗高温和抗高盐性能。

疏水缔合聚合物通常由丙烯酰胺和疏水单体共聚制得，在达到临界缔合浓度后，因为疏水缔合作用，分子间缔合形成动态物理交联网络结构，溶液黏度大幅上升。疏水缔合聚合物具有一定程度的抗温、抗盐和抗剪切性能，在油田聚合物驱过程中取得了良好的应用效果。

因此，实验中将甜菜碱抗盐单体与疏水单体的优点结合起来，合成出带甜菜碱功能单体的疏水缔合聚合物。将两性功能单体分别与丙烯酰胺、疏水单体、支化单体中的一种或几种在水溶液中进行自由基聚合，得到一系列共聚物，用于抗盐性能评价或抗盐机理研究。

1) CB-I 功能单体对应的聚合物

将 CB-I 甜菜碱功能单体与丙烯酰胺、疏水单体 HM、支化单体 BM 中的一种或多种进行共聚得到 PCBa 等六种共聚物如表 4.9 所示。

聚合方法是：在水溶液中加入上述单体，单体用量占单体总量的比例为 CB-I 单体 0～90%、丙烯酰胺 10%～90%、疏水单体 SD0～2%，支化单体 0～1%。使用氧化-还原引发体系，氮气保护，搅拌均匀后在恒定温度反应 8h，用大量无水乙醇反复洗涤后剪碎，70℃烘干得 CB-I 功能单体对应的系列聚合物。

表 4.9 CB-I 单体对应聚合物的单体组成

聚合物代号	用于聚合的单体
PCBa	AM，CB-I 单体
PCBb	AM，CB-I 单体，疏水单体 HM
PCBc	AM，CB-I 单体，疏水单体 HM，支化单体 BM
HMPAM	AM，疏水单体 HM
PCBe	AM，CB-I 单体，支化单体 BM
PCBf	AM，支化单体 BM

聚合物的聚合反应式如下

$$m\,H_2C{=}CH{-}C({=}O){-}NH_2 + n\,H_2C{=}CH{-}C({=}O){-}NH{-}(CH_2)_3{-}N^{\oplus}(CH_3)_2{-}CH_2{-}COONa\;Cl^{\ominus} + k\,H_2C{=}CH{-}CH_2{-}N^{\oplus}(CH_3)_2{-}(CH_2)_{11}{-}CH_3\;Cl^{\ominus} \longrightarrow \left[CH_2{-}CH(CONH_2)\right]_x\left[CH_2{-}CH(C({=}O)NH(CH_2)_3N^{\oplus}(CH_3)_2CH_2COONa\;Cl^{\ominus})\right]_y\left[CH_2{-}CH(CH_2N^{\oplus}(CH_3)_2(CH_2)_{11}CH_3\;Cl^{\ominus})\right]_z$$

PCBb 聚合物合成使用的单体中，丙烯酰胺用量占单体总量的 80%以上，其余单体加入量较少。

2) CB-Ⅱ功能单体对应的聚合物

如表 4.10 所示，将 CB-Ⅱ功能单体与丙烯酰胺、疏水单体 HM、共聚得到 PCB2b 共聚物，与丙烯酰胺共聚得到 PCB2a 共聚物。

表 4.10 CB-Ⅱ单体对应聚合物的单体组成

聚合物代号	用于聚合的单体
PCB2a	AM，CB-Ⅱ单体
PCB2b	AM，CB-Ⅱ单体，疏水单体 HM

聚合方法是：在水溶液中加入上述单体，单体用量占单体总量的比例为 CB-Ⅱ单体 1%～20%、丙烯酰胺 80%～90%、疏水单体 HM 0～2%。使用氧化-还原引发体系，氮气保护，搅拌均匀后在恒定温度反应 8h，用大量无水乙醇反复洗涤后剪碎，70℃烘干得 CB-Ⅱ功能单体对应的聚合物。

PCB2 聚合物用于探讨疏水缔合与甜菜碱效果的相互作用。PCB2 聚合物的合成使用的单体中，丙烯酰胺用量占单体总量的 80%以上，其余单体加入量较少。

3) SB 功能单体对应的聚合物

将 SB 功能单体与丙烯酰胺、疏水单体 HM、共聚得到 PSB 共聚物，见表 4.11。

表 4.11　SB 单体对应聚合物的单体组成

聚合物代号	用于聚合的单体
PSB	AM，SB 单体，疏水单体 HM

聚合方法是：在水溶液中加入上述单体，单体用量占单体总量的比例为 SB 单体 1%～20%、丙烯酰胺 80%～90%、疏水单体 HM 0～2%。使用氧化-还原引发体系，氮气保护，搅拌均匀后在恒定温度反应 8h，用大量无水乙醇反复洗涤后剪碎，70℃烘干得 SB 功能单体对应的系列聚合物。

PSB 聚合物用于探讨疏水缔合与甜菜碱效果的相互作用，聚合反应式如下

$$m\,H_2C{=}CH{-}C({=}O){-}NH_2 \;+\; n\,HC(COOH){=}CH{-}C({=}O){-}NH{-}CH_2{-}CH_2{-}CH_2{-}N^{\oplus}(CH_3)_2(Cl^{\ominus}){-}CH_2{-}CH(OH){-}H_2C{-}SO_3Na \;+\; k\,H_2C{=}CH{-}CH_2{-}N^{\oplus}(CH_3)_2(Cl^{\ominus}){-}(CH_2)_{11}{-}CH_3 \longrightarrow$$

$$\left[\overset{H_2}{C}{-}\underset{C(=O)NH_2}{\overset{H}{C}}\right]_x\left[\underset{H}{\overset{COOH}{C}}{-}\underset{C(=O)NH-CH_2-CH_2-CH_2-N^{\oplus}(CH_3)_2(Cl^{\ominus})-CH_2-CH(OH)-CH_2-SO_3Na}{\overset{H}{C}}\right]_y\left[\overset{H_2}{C}{-}\underset{CH_2-N^{\oplus}(CH_3)_2(Cl^{\ominus})-(CH_2)_{11}-CH_3}{\overset{H}{C}}\right]_z$$

PSB 聚合物的合成使用的单体中，丙烯酰胺用量占单体总量的 80%以上，其余单体加入量较少。

4）PADA 两性离子聚合物合成

将二甲基二烯丙基氯化铵（DMDAAC）、疏水单体、丙烯酸和丙烯酰胺通过四元共聚得到另一种两性聚合物，记为 PADA。其功能单体为带有正电荷的二甲基二烯丙基氯化铵和带有负电荷的丙烯酸，两种电荷不同的离子分别存在于不同的单体上，如下式。

$-[H_2C-HC]_a-[H_2C-HC]_b-[H_2C \quad CH_2]_c-[CH-CH_2]_d-$

C=O　C=O　CH — HC　CH_2

NH_2　ONa　H_2C　CH_2　$H_3C-N^{\oplus}-CH_3$

$N^{\oplus}$　$Cl^{\ominus}$　$(CH_2)_n$

H_3C　$Cl^{\ominus}$　CH_3　CH_3

四种功能单体（CB-I 单体、CB-Ⅱ单体、SB 单体、疏水单体）分别用飞行时间质谱、红外光谱、核磁共振氢谱中的一种或几种方法进行表征，确定合成产物为研究目的产物。

3.两性聚合物的溶液性能研究

聚合物溶液与胶体溶液有很多相似之处。胶体溶液的胶粒之间存在范德华引力，也存在胶粒所带的同种电荷所产生的静电斥力。如果范德华力大于静电斥力，胶体溶液就变得不稳定甚至会聚沉；相反，如果斥力大于引力，胶体则具有一定的聚结稳定性。当加入小分子电解质时对范德华力影响不大，而电解质中所含的带电离子中和了胶体颗粒所吸附的带电粒子的电性，使胶体颗粒在碰撞时不再因带同种电荷而相互排斥，体系稳定性变差，胶体颗粒碰撞时越聚越大，最终在重力作用下产生沉淀。这是电解质使胶体不稳定的原因。

胶体的稳定性可以用 DLVO 理论进行解释（图 4.10）。溶胶能够稳定存在的原因有三个：胶团存在扩散双电层，带有同种电荷的胶粒相互排斥，这是使溶胶能稳定存在的最主要的原因；胶粒的布朗运动使溶胶具有动力稳定性，不会因为重力作用沉降；在胶团的双电层中的反离子都是水化的，在其外围形成了一层水化膜阻止胶粒互相碰撞聚集。因此，使溶胶稳定的原因是胶粒之间的排斥作用，而使溶胶聚沉的原因则是胶粒之间的吸引作用。促使其相互聚结的粒子间吸引能（E_A）和阻碍其相互聚结的粒子间的排斥能（E_B）的共同作用决定了溶胶的稳定性。有研究表明，在胶体粒子间存在的吸引力在本质上和分子间的范德华力非常相似，不同点在于这并不是两个分子间的吸引力，而是由许多分子组成的粒子团之间的引力作用。分子间的吸引力是与分子间距离的 6 次方成反比的，而胶粒间的吸引力是与粒子间距离的 3 次方成反比，这种吸引力相对分子间力来说是远程作用力。胶粒间的排斥力的来源是：当粒子间距离较大时双电层没有重叠，所以没有排斥力；当粒子靠近时双电层部分重叠，由于重叠部分的离子浓度比未重叠部分的大，离子将从高浓度向低浓度扩散并产生渗透压，使粒子间发生相互排斥作用。

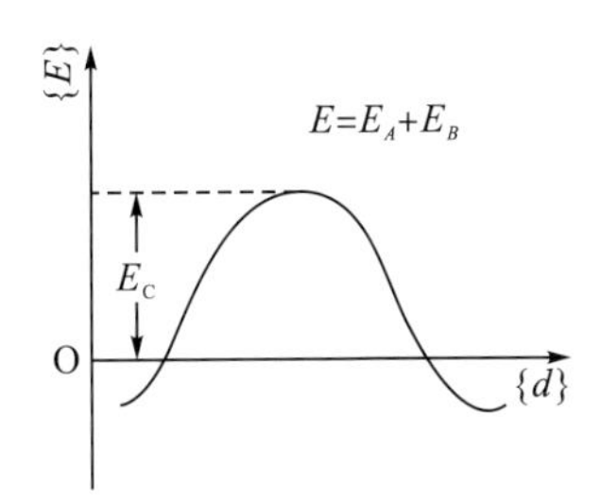

图 4.10　粒子势能与距离的关系

当距离较大时，双电层没重叠，此时吸引力起主要作用，势能为负值。当粒子靠近的时候，双电层逐渐重叠排斥力占优势，势能逐渐增大变为正值。当粒子间距缩短到一定程度以后，吸引力的作用又超过优势，势能又变负值。所以胶粒要聚集起来必须要通过一个势能峰 E_C，因此在一定的条件下溶胶具有稳定性。尽管布朗运动有使粒子接近的趋势，不过当粒子靠近时，双电层重叠发生排斥作用又会使之远离，如果布朗运动的能量不足以通过势能峰 E_C，就不会发生聚沉现象。如果由于某些外加因素使排斥力降低到一定程度，粒子就可能发生聚结导致胶体不稳定。比如在溶液中加入电解质，使胶粒的 ζ 电势降低、双电层变薄，排斥作用就大大减弱了，此时布朗运动引起的粒子的碰撞足以使粒子变大，粒子聚集到一定程度时沉淀随之产生，这个过程称为胶体的电解质聚沉作用。

对于聚合物溶液而言，当聚合物分子中含有带电荷的结构单元，或因为水解等产生离子时称为聚电解质，也就是带电荷的聚合物。较低浓度的聚电解质在纯水中因为带有同种电荷的基团之间存在库仑电荷斥力，分子链处于伸展状态并形成一定的棒状构象，分子的流体力学体积较大，黏度较高。当溶液中加入低分子量电解质或溶液 pH 改变时，电荷斥力可能会被屏蔽，聚合物线团会收缩来获得熵更稳定的构象，此时分子流体力学体积变小，溶液表观黏度降低，这种现象被称为聚电解质效应。虽然聚合物的带电基团之间的电荷斥力变化，与胶体溶液扩散双电层厚度改变所引起的电荷斥力变化有所不同，但两者存在共同点：电解质的加入减小了电荷斥力，使得粒子更容易聚集或聚合物线团趋于收缩。当加入高矿化度的电解质或高价盐时，聚合物溶液甚至也会产生沉淀，这与胶体溶液的电解质聚沉现象也是很相似的。

聚合物溶液和胶体溶液有相似之处，盐对非电中性的聚合物也就是聚电解质(polyelectrolyte)所产生的聚电解质效应和盐对胶体溶液的聚沉效应也很类似。反聚电解质效应则是相对于聚电解质效应而言的。当在两性离子聚合物溶液中加入小分子电解质时，在一定条件下，溶液性能和聚电解质溶液相反，盐的加入使聚合物分子链伸展程度更大，溶液黏度增高，链伸展的程度与加入盐的种类和数量、聚合物的组成和化学结构以及溶液环境有关。有的文献把同时带有正负电荷的聚合物统称为两性离子聚合物(polyzwitterion)，更为严谨的分类法则将 polyzwitterion 再细分为两种：聚两性电解质(polyampholyte)和聚甜菜碱(polybetaien)。两性离子聚合物同时带有阳离子基团和阴离子基团，带电基团可能位于侧链上，隶属于同一结构单元或不同的结构单元，也可能两种电荷都位于聚合物的主链上，或者一种电荷在主链上而另一种电荷在侧链上。

polyampholyte 和 polybetaine 在分子结构和溶液性能上有共同点也有不同点。polyampholyte 的阴离子基团和阳离子基团隶属于不同的结构单元，在水溶液中的性质与阴离子基团和阳离子基团之间的库仑力相互作用(电荷作用)有关。随着溶液pH的变化、共聚单体的不同、是否加入小分子电解质以及阴阳离子对应酸碱的强度不同，聚两性电解质会表现出聚电解质效应(polyelectrolyte effect)或者反聚电解质效应(antipolyelectrolyte effect)。聚两性电解质的一个典型特征就是具有一个等电点(isoelectric point，IEP)，也就是整体呈电中性的pH。当阴阳离子对应的酸碱是弱酸弱碱时IEP是很明显的，在IEP时的聚合物的溶解性与共聚物的分子结构和化学组成相关，例如无规共聚物在IEP时溶解性很好，而嵌段共聚物在IEP却会沉淀出来。等电点可以用滴定法或黏度法测量出来，使用黏度法时，调整溶液的pH测定黏度，则比浓黏度与pH有函数关系，即：$\eta sp/c$=function(pH)，函数曲线的最小值就是IEP。

pH在IEP附近时，聚两性电解质是电中性的，此时的分子构象也是最紧凑的，比浓黏度最低。当pH低于IEP时溶液是带正电的，如果聚合物上的阴离子基团是羧基，则—COO—会被水化的H^+包围，溶液整体就表现出阳离子的特性。相反，当pH升高，溶液会表现出阴离子的特性，整体带负电荷。不管pH低于还是高于IEP，溶液都会从电中性变为带正电或负电，静电排斥作用超过了吸引作用，因此聚合物线团更为伸展，比浓黏度增大。总之polyampholyte在水溶液中具有以下特征：规整的嵌段共聚物或者具有较强疏水性的聚两性电解质，等电点线团收缩程度最大时甚至会产生沉淀，而无规共聚物在IEP溶解性良好；如果聚两性电解质处于正负电荷平衡状态，盐的加入引起反聚电解质效应，线团伸展，溶液黏度增大；如果聚两性电解质带有大量的正电荷或负电荷，盐的加入会使线团收缩，溶液黏度降低，此时的溶液性质表现出聚电解质效应，类似于聚电解质；IEP时溶液的黏度和线团尺寸与参与共聚的单体有关；嵌段共聚物或者具有较强疏水性的聚两性电解质，有可能发生自组装现象形成比较复杂的结构，例如形成聚合物胶束，使溶液性能更加复杂化。

polybetain的阴离子基团和阳离子基团隶属于同一结构单元，显著特征是在纯水中溶解性较差，原因可能是分子内和分子间的带电基团相互接触形成了离子交联网络结构。当溶液中加入小分子电解质如氯化钠时，难溶的聚甜菜碱会变得易溶，可以理解为小分子电解质渗透进了离子交联网络，屏蔽了聚合物分子链间的电荷吸引作用。盐的存在不但改善了溶解性，也使得分子伸展程度更大，溶液黏度升高，因此聚甜菜碱在盐水中有非常明显的反聚电解质效应。盐的种类和用量不同，增溶和增黏效果也不同。对某些聚甜菜碱，加入强酸会产生与加盐类似的效果，强酸会将阴离子基团质子化将电中性的聚甜菜碱变成阳离子型聚电解质。

聚羧酸型甜菜碱因为阴离子基是弱酸，所以水溶液性能更为独特。例如丙烯酰胺和某种丙烯酸衍生物型羧基甜菜碱功能单体所得的共聚物，甜菜碱单体摩尔分数超过25%时就只溶胀而无法溶解，少于10%时共聚物溶解性良好。在碱性条件下，聚羧酸型甜菜碱存在强烈的分子内和分子间的异性电荷吸引作用，聚合物线团收缩，黏度较低，加盐能够屏蔽电荷吸引使溶液表现出反聚电解质效应，宏观上反映为盐增黏现象；在酸性条件下羧基被质子化，阴离子的电荷被屏蔽，阳离子基团之间的电荷排斥作用会使分子伸展程度更大，溶液黏度会大幅上升。需要注意的是：虽然①碱性条件下加盐和②加强酸都会使聚羧酸型甜菜碱黏度增大，但作用机理是不同的。①的情况是反聚电解质效应，盐屏蔽了异性电荷引力。②是阳离子型聚电解质效应，酸促进了同性电荷的斥力。

总之，无论是polyampholyte还是polybetaine，随着单体组成、加盐的种类和数量以及溶液 pH 等因素的不同，会表现出聚电解质效应或反聚电解质效应。

1) 聚合物的分子量测定

使用 brookhaven instruments corporation 生产的 BI-200SM 型广角动静态激光光散射仪，测定所合成的 PCBb 聚合物的重均分子量，实验结果如图 4.11 所示。

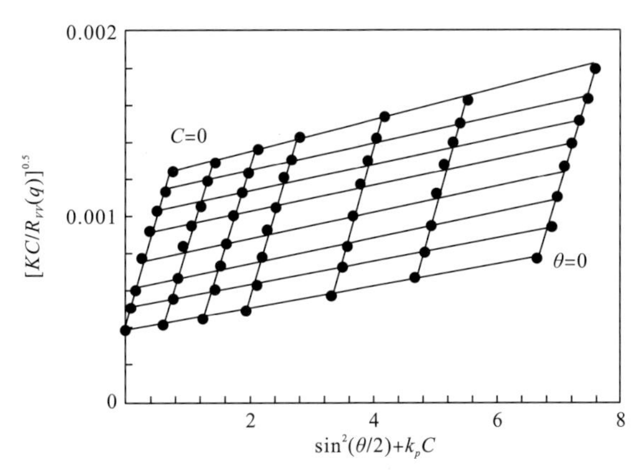

图 4.11　静态光散射测定 PCBb 聚合物的重均分子量测定结果

根据图 4.11 计算得到 PCBb 聚合物的重均分子量 M_w 为 5.21×10^6g/mol，第二维里系数 A_2 是 1.74×10^{-6} $cm^3\cdot mol/g^2$，均方根回旋半径<*Rg*>是 127.4nm。

2) 聚合物的抗盐性评价

所合成的 CB-I 功能单体具有典型的甜菜碱分子结构，当使用该功能单体与丙烯酰胺、疏水单体 HM 三元共聚时，得到代号为 PCBb 的聚合物。PCBb 聚合物同时带有疏水基团和甜菜碱功能单体，对于疏水缔合与甜菜碱反聚电解质效应相互作用的研究具有相对重要的意义。其他聚合物是在其基础上进行聚合单体种类的增减，或是对 CB-I 甜菜碱功能单体进行分子结构设计上的改变得到的。因此，PCBb 聚合物无论在抗盐性评价还是在抗盐机理研究上都起着参照物的作用。除 PCBb 聚合物外，使用 CB-I 功能单体与丙烯酰胺、疏水单体 HM、支化单体 BM 中的一种或几种共聚，得到一系列对应聚合物，比较它们之间抗盐性的差别，既能确定各单体对聚合物抗盐性的贡献，又能对抗盐机理分析进行验证。

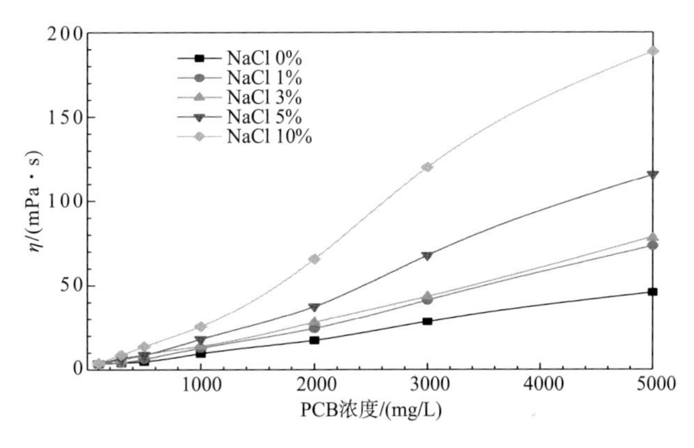

图 4.12　PCBb 聚合物的黏浓曲线

将所合成的 CB-I 单体对应的一系列聚合物，溶于不同矿化度的水溶液中，在室温(20℃)和低剪切速率条件下(剪切速率 $7.34s^{-1}$)测定表观黏度 η(图 4.12)。测定黏度所用设备是 BROOKFIELD DV-Ⅲ型黏度计。

使用 BROOKFIELD DV-Ⅲ型黏度计测定 PCBb 聚合物在不同矿化度 $CaCl_2$ 盐水中的表观黏度 η，并与氯化钠的盐增黏曲线对比，聚合物浓度为 5000mg/L。结果如图 4.13。

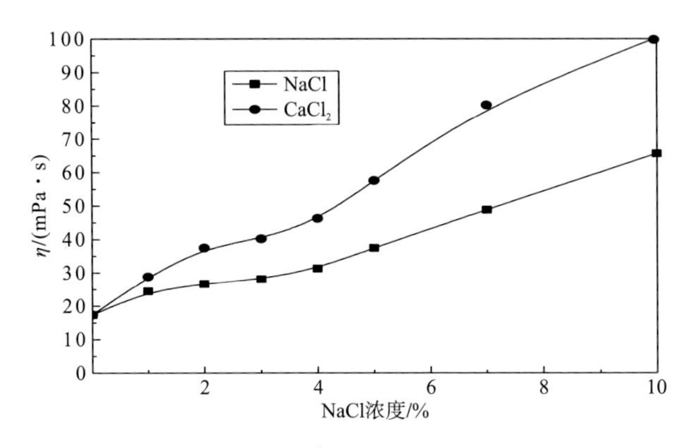

图 4.13 PCBb 聚合物的抗盐性

当聚合物 PCBb 浓度不变时，随着盐浓度的增加聚合物黏度逐渐上升。CB-I 甜菜碱功能单体上带有一个羧基和一个季铵基，如果在 PCBb 聚合的过程中加入大量丙烯酸调整 pH 至 6.5，则丙烯酸也会参与共聚，得四元共聚物。所得聚合物在盐水中的黏度 η 变化如图 4.14 所示。

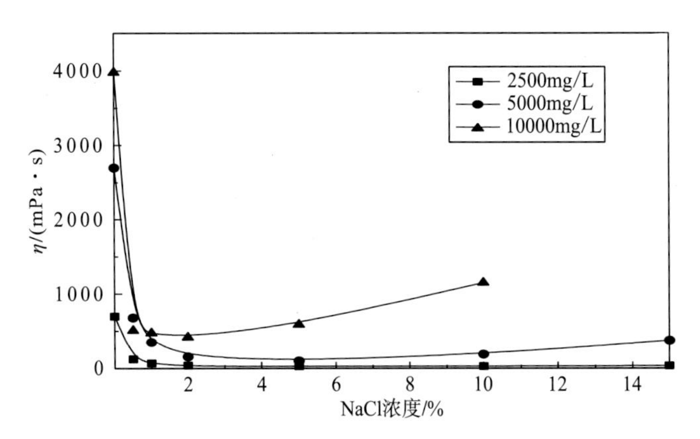

图 4.14 丙烯酸对 PCBb 聚合物抗盐性的影响

从图 4.14 中可以看出，丙烯酸参与共聚以后，聚合物在纯水中的黏度很高，随着盐浓度的增加，黏度急剧降低。当进入高矿化度范围以后(5000mg/L 以上)黏度又有所上升。其原因是：参与聚合的丙烯酸使聚合物链上存在大量的—COOH 基团，—COOH 会解离出质子形成—COO—，因此聚合物链上带有大量的—COO—，它们之间的同种电荷斥力作用使得分子链伸展程度较大；当加入电解质时，电荷斥力因聚电解质效应被屏蔽，分子链收缩，此时虽然也有甜菜碱单体的反聚电解质效应但不占主要因素，整体上表现为溶液黏度降低。进入高矿化度范围后，小分子电解质 NaCl 几乎完全屏蔽了电荷效应，大量的—COO—

之间的斥力不存在了，甜菜碱异性基团之间的引力也不存在了，此时溶剂极性因为高浓度盐的存在变得很强，分子间缔合和分子内缔合作用得到了加强。整体来看，在高矿化度时，反聚电解质效应与分子间缔合作用的叠加效果占优势，因此溶液的表观黏度有所上升。

使用丙烯酸调整溶液的 pH，会产生与聚合物部分水解相似的效果，对于阴离子基团对应的酸是弱酸(尤其是羧酸)时，强酸性条件会引起羧基的质子化，从而使电中性的甜菜碱变成阳离子型聚电解质。因此使用不参与聚合的无机中强酸磷酸来调整聚合时溶液的 pH 到 6.5。所得聚合物在盐水中的黏度 η 变化如图 4.15 所示。

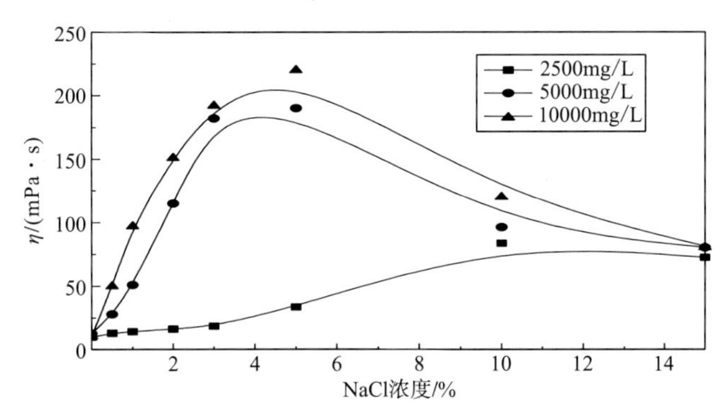

图 4.15　磷酸对 PCBb 聚合物抗盐性的影响

从图 4.15 可以看出，盐的加入使得聚合物黏度逐渐上升，当进入高矿化度范围以后(矿化度大于 5000mg/L)，黏度转而缓慢下降。原因是，强的无机酸使甜菜碱上的部分—COO—被水化质子膜包闭形成—COOH，丧失了电荷作用能力，此时溶液的弱酸性环境(pH=6.5)保证了另一部分—COO—的存在并与季铵阳离子有着吸引作用，这是反聚电解质效应。甜菜碱单体上的阴阳离子比例是接近 1∶1 的，部分—COO—被转换以后，相对过量的季铵阳离子之间必然存在同性电荷斥力，这是聚电解质效应。在低矿化度范围内，反聚电解质效应占优势，溶液黏度整体上表现为上升；在高矿化度范围内，聚电解质效应占优势，溶液黏度转而下降，不过此时反聚电解质效应仍然存在，所以下降后的黏度也比纯水中的初始黏度高。

丙烯酰胺 AM 与疏水单体 HM 共聚得到聚合物 HMPAM，与使用丙烯酰胺 AM、疏水单体 HM 和 CB-I 甜菜碱进行共聚得到聚合物 PCBb 的抗盐性进行对比，实验结果如图 4.16 所示，实验中聚合物浓度为 2000mg/L。

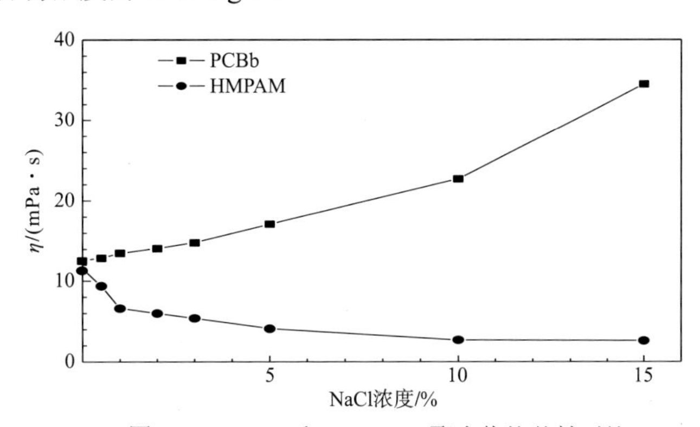

图 4.16　PCBb 和 HMPAM 聚合物抗盐性对比

对于疏水缔合聚合物 HMPAM，溶液黏度随着矿化度增加而逐渐降低，而当加入少量的甜菜碱单体合成 PCBb 时即可将黏度降低的过程反转，实现盐增黏。由此可以确定 PCBb 聚合物抗盐性的来源主要是 CB-I 单体所产生的反聚电解质效应。

保持丙烯酰胺和 CB-I 单体用量不变，增减其余单体的种类得到系列聚合物。聚合物浓度为 2000mg/L，在盐水中的黏度 η 变化如图 4.17 所示。

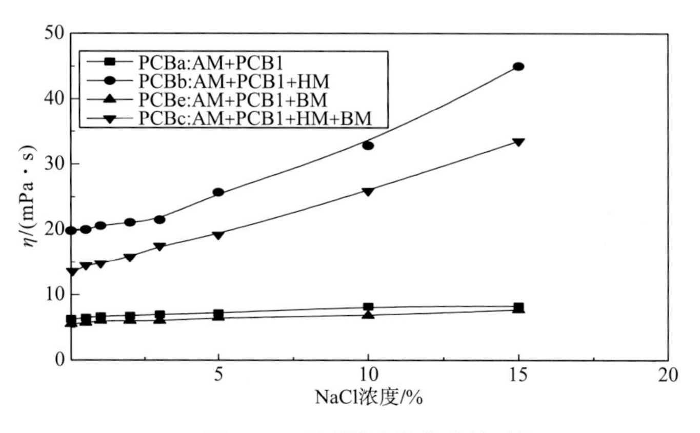

图 4.17 系列聚合物抗盐性对比

由图 4.17 可以看出，当聚合物中含有少量的 CB-I 甜菜碱功能单体时系列聚合物都有不同程度的盐增黏现象，而疏水单体 HM 的存在是确保对应聚合物具有一定初始黏度的关键。疏水缔合聚合物浓度大于临界缔合浓度时，分子间的缔合作用超过了分子内的缔合作用，疏水缔合效果趋于明显，溶液黏度较高。在 pH 不低于 7 的盐水溶液中，甜菜碱单体上带有的羧酸根负离子和季铵阳离子以及疏水单体 HM 上所带的季铵阳离子之间存在的异性电荷吸引的作用被屏蔽，分子链伸展程度增加，同时溶剂极性的大幅度增加使得分子间缔合趋势加强，两者共同作用在宏观上表现为表观黏度上升。如果聚合物中不含疏水单体，则盐水中只有反聚电解质效应，没有分子间疏水缔合作用，因为溶液在纯水中的初始黏度低，即使有甜菜碱单体的盐增黏效果，表观黏度还是不高。支化单体的加入产生了两种效应，当聚合物中存在疏水单体时，支化单体的位阻效应妨碍了分子间缔合网络的形成，所以溶液黏度降低，使得 PCBb 聚合物的黏度-矿化度曲线整体向下平移了；当聚合物中没有疏水单体时，对应的聚合物在盐水中因反聚电解质效应使分子链更为舒展，而支化单体的位阻效应在一定程度上妨碍了分子链的舒展扩张，因此溶液黏度也略有降低。从黏度降低的幅度来看，支化单体对分子间缔合产生的不利影响大于对甜菜碱单体分子舒展的影响。经过对图 4.16 和图 4.17 的分析可知，CB-I 单体是系列聚合物抗盐性的主要原因。

对比实验中用马来酸酐代替丙烯酰氯作酰基化剂，所制得的功能单体有 CB-Ⅱ单体、SB 单体、PN 单体和疏水单体。其中 PN 单体是重要的中间单体，其余单体都由它进一步反应得到的。CB-Ⅱ单体和 SB 单体同时具有甜菜碱分子结构和两性电解质分子结构，考察这两种单体分别与 AM 和疏水单体 HM 共聚后所得的 CB-Ⅱ聚合物和 SB 聚合物在氯化钠盐水中的黏度 η 变化情况，聚合物浓度为 2000mg/L，结果如图 4.18 所示。

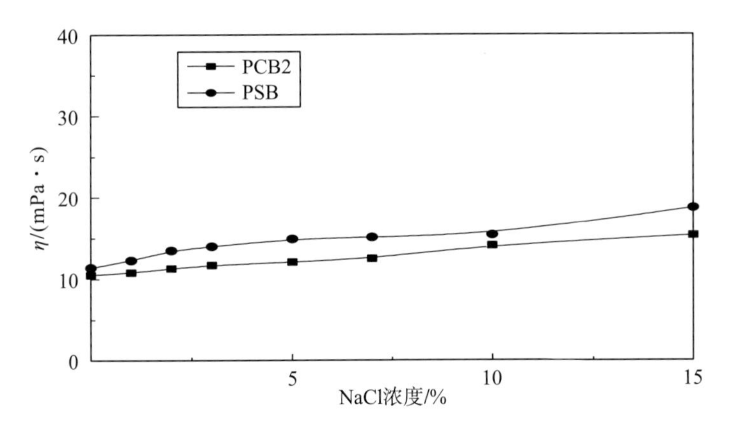

图 4.18　CB-Ⅱ和 PSB 聚合物的抗氯化钠盐性

CB-Ⅱ单体和 SB 单体除了有甜菜碱的分子结构外，还在双键碳原子上多带了一个羧基，因此三元共聚以后得到的对应聚合物在非酸性条件的盐水中，同时存在甜菜碱分子结构所引起的反聚电解质效应和羧基阴离子的聚电解质效应，另外还有疏水基团所引起的分子间缔合和分子内缔合效果。CB-Ⅱ聚合物和 PSB 聚合物在氯化钠盐水中的黏度变化受这四种因素的叠加效果影响。

再考察 CB-Ⅱ聚合物和 PSB 聚合物在氯化钙盐水中的黏度 η 变化情况，聚合物浓度为 2000mg/L，结果如图 4.19 所示。

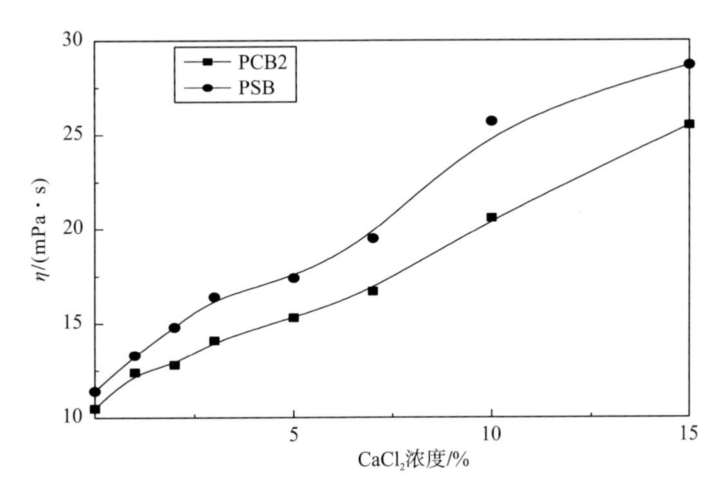

图 4.19　PCB2 和 PSB 聚合物抗二价盐的性能

在二价盐的水溶液中，CB-Ⅱ聚合物和 PSB 聚合物同样具有盐增黏现象，且黏度上升幅度比在一价盐中大。盐增黏的机理与在氯化钠盐水中类似，与 PCBb 聚合物抗二价盐的情况类似，高价盐离子在穿透聚合物离子交联网络的过程中，对带相反电荷的甜菜碱离子的电荷屏蔽作用更强，反聚电解质效应更加明显，在宏观上表现为聚合物在二价盐水中的表观黏度比在一价盐水中增加更多。

在丙烯酰胺类聚合物分子中引入磺化基团，往往使得聚合物有一定程度的抗温性能。

所合成的 PSB 聚合物在高浓度盐水中的温敏性测试结果如图 4.20 所示，聚合物浓度为 2000mg/L，盐浓度为 10%。

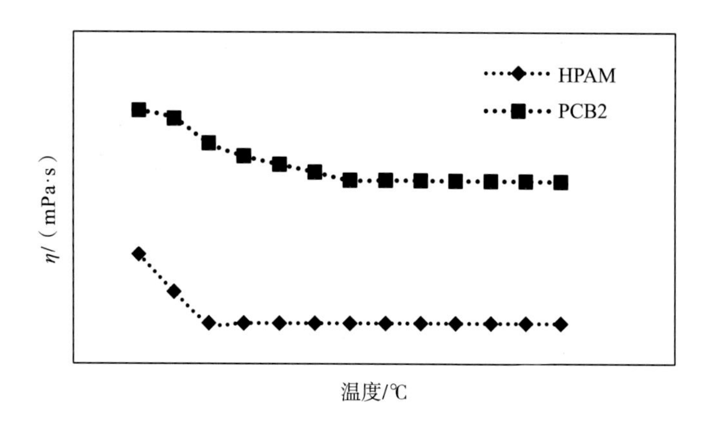

图 4.20 聚合物溶液的抗温实验

由图 4.20 可以看出，与普通的聚丙烯酰胺相比，两性聚合物具有优异的抗温性能。

疏水性两性聚合物盐水中的黏度 η 变化情况如图 4.21 所示。

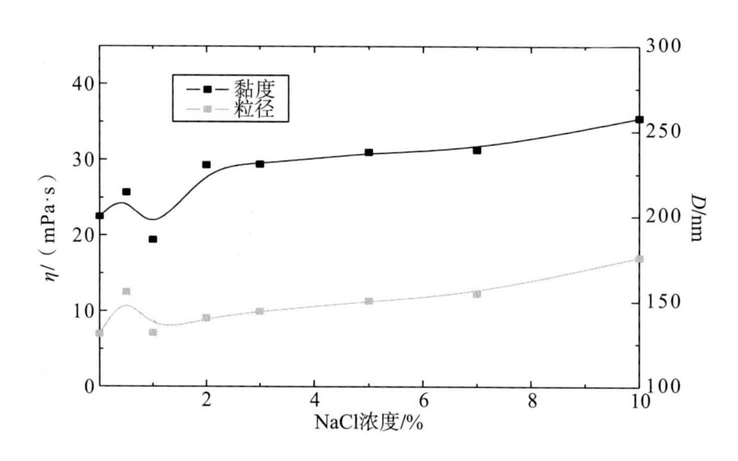

图 4.21 聚合物在盐水中的黏度和粒径变化

从图 4.21 可以看出，两条曲线的变化趋势是一致的，在一定的盐浓度时聚合物黏度升高，此时的粒径也变大。

4.抗温抗盐表面活性剂的筛选

表面活性剂在驱油中起着极为重要的作用，直接影响驱油体系/原油间的界面张力、驱油效率及原油破乳等，因此有关驱油用表面活性剂的研究一直是较为活跃的研究领域。目前在三次采油中使用最广泛的是阴离子型和非离子型表面活性剂。阴离子表面活性剂界面活性高，耐温性能好，但抗盐性差，表面活性剂会在高矿化度的水中析出；非离子表面活性剂耐盐、耐多价阳离子的性能好，但在地层中稳定性差，吸附量比阴离子表面活性剂高，且不耐高温。三次采油技术的发展对表面活性剂提出了耐高温、耐高含盐量、吸附损失低、成本低等更高的要求。针对高温(100℃以上)高盐(NaCl 含量 5.0×10^4～11×10^4mg/L)高钙镁离子(4.0×10^3～8.0×10^3mg/L)的油藏条件，必须筛选出几种抗温、抗盐、抗高价离子且具有较好作用效果的表面活性剂。

表面活性剂就是很少量的加入便能大大降低溶液的表面张力和界面张力，使界面呈活化状态，从而产生润湿、乳化、增溶、发泡、漂洗等一系列作用的物质。表面活性剂分子中既存在亲水基团，又存在亲油基团，是一种两亲分子，这样的分子结构使之一部分溶于水，而另一部分易从水中逃离而具有双重亲媒结构，这种结构的特点是使活性剂具有下面两种基本的性质：

(1) 在溶液中与它相接触的界面上，基于官能团的作用而产生定向选择吸附，使界面的相态或性质发生显著变化；

(2) 虽然具有双亲性质，但溶解度，特别是以分子状态分散的浓度较低，在通常使用浓度下大部分形成胶束。

随着三次采油技术的发展，对驱油用表面活性剂的要求越来越高，不仅要求它具有较低的油水界面张力和低吸附值，而且要求它与油藏流体配伍性好和成本低廉。因此，三次采油用表面活性剂的研究趋势主要有高表面活性、高稳定性、耐温抗盐、黏度高、低吸附损耗、低成本等几方面。在目前的技术水平下，对驱油用表面活性剂的应用主要提出了以下要求：

(1) 在油水界面上的表面活性高，使油水界面张力降至 10^{-3}～10^{-2}mN/m 以下，具有适宜的溶解度、浊点和 pH，降低岩层对原油的吸附性；

(2) 在岩石表面上的被吸附量要小；

(3) 在地层介质中扩散速度较大；

(4) 低浓度水溶液的驱油能力较强；

(5) 能够阻止其他化学剂副反应的发生；

(6) 应具有抗地层高温、耐高盐度的能力；

(7) 驱油用表面活性剂应考虑到它与地层矿物组分、地层水注入水成分、地层温度以及油藏的枯竭程度等相互关系；

(8) 成本低。目前应用较为广泛的石油磺酸盐类、木质素磺酸盐类表面活性剂就是成本相对较低的一类表面活性剂。

实际注水表面活性剂驱油时，应该综合考虑地层矿物组分、地层水、地层温度、注入水、油藏枯竭程度以及成本等各方面的因素，选择合适的表面活性剂类型。对于一种表面活性剂来说，其临界胶束浓度越低，在应用时所需要加入的量越少，成本也越低。对于驱油来说，油水界面张力是一个非常重要的因素，油水界面张力越低，表面活性剂的驱油效果越好。对于驱油来说，主要利用“胶团溶液”的增溶原油的能力，而胶束的聚集数越大，其“胶团溶液”的增溶原油的能力越强。因此，表面活性剂的应用基础性能主要从降低其油水的界面张力方面考虑。

针对高温(100℃以上)、高盐(5.0×10^4～11×10^4mg/L)、高钙镁离子(4.0×10^3～8.0×10^3mg/L)的油藏条件，必须筛选出几种抗温、抗盐、抗高价离子且具有较好作用效果的表面活性剂。表面活性剂驱油体系与原油间的界面张力是评价驱油用表面活性剂的重要指标，界面张力越小，表面活性剂的驱油效率就越高。好的表面活性剂驱替液一般要求能实现超低界面张力(10^{-3}mN/m)。在此界面张力下可使水波及处的不流动油变为流动油，有效地提高驱替液的洗油效率。因此通常以对油/水界面张力的评价作为筛选驱油用表面活性剂的首要条件。

1)实验药品及仪器

实验用油：取自某高温高盐油田的原油，油水密度差：$\Delta\rho$=0.228g/cm^3；

实验用水：根据某高温高盐油田水质参数，用化学药剂配制而成(如表4.12)；

表4.12　水质参数表

离子组成	Na^+	Ca^{2+}	Mg^{2+}	Cl^-	HCO_3^-	SO_4^{2-}	总矿化度
含量/(mg/L)	38870	7304	601.9	74210	211	395.1	121600

表面活性剂：表面活性剂类型选用阴-非离子类，两性离子类、非离子类、阴离子双子类以及氟碳类表面活性剂，氟碳类表面活性剂主要是改变岩石润湿性，共七种表面活性剂，代号分别为：FY-10、NNR、DJ-M、DJ16-18、YY-S、AF-Y、AF-SJ，其类型及出处见表4.13。

表4.13　表面活性剂类性及出处

表面活性剂	类型	出处
FY-10	氟碳阴-非离子	自制
NNR	非离子	自制
DJ-M	阴离子双子	自制
DJ16-18	阴离子双子	自制
YY-S	两性离子	自制
AF-Y	非离子氟碳	购买
AF-SJ	阴离子氟碳	购买

TX-500C 旋转滴界面张力仪(图4.22)。

图4.22　TX-500C 旋转滴界面张力仪

该仪器主要性能参数如下：

(1) 仪器的测量范围：10^{-5}～10^{-2}mN/m；

(2) 标准丝直径范围：内径 φ4mm、φ2mm 两种；

(3) 精度：0.001mm；

(4) 测量温度的范围：室温至 100℃；

(5) 控温精度：±0.2℃；

(6) 可调转速的范围：1000～12000r/min。

2) 表面活性剂溶解性评价

由于高温、高盐、高 Ca^{2+}+Mg^{2+}含量的特点，表面活性剂在这样的水质条件下溶解性将变差，若表面活性剂在常温条件下难以溶解，在现场应用时，如果在注入过程中，表面活性剂从水中析出，可能会在阀门或近井地带堵塞，对施工造成负面影响。因此若进行表面活性剂驱的现场应用，就必须解决表面活性剂在常温下的溶解性差问题。所以，我们首先考察实验室选用的几种表面活性剂在常温条件下的溶解性。

图 4.23 为用高温高盐油藏水质配制的浓度为 3000mg/L 的表面活性剂溶液，从左到右表面活性剂依次为：FY-10、NNR、DJ-M、DJ16-18、AF-Y、AF-SJ、YY-S，观察各表面活性剂在常温条件下的溶解情况。

图 4.23　不同表面活性剂的溶解情况

从图 4.23 中看出，FY-10、DJ-M、AF-Y、AF-SJ 四种表面活性剂溶液清澈透明，说明它们在高盐水质以及常温条件下具有较好的溶解性能；NNR 溶液呈乳白色，DJ16-18 溶液浑浊，YY-S 几乎不溶解。在实验中发现，NNR 在任何水质下溶液均呈乳白色，但肉眼观察不到不溶物，DJ16-18 由于碳链较长，溶解性变差，可以观察到少量的不溶物析出，可以考虑升高温度以加快它的溶解。

由图 4.24 可以看出在常温条件下，NNR 在高盐水质与蒸馏水下溶解情况一样，溶液呈乳白色但无不溶物析出，说明 NNR 在高盐水质下具有较好的溶解性；DJ16-18 在 40℃下加热 30min 后溶解完全，溶液澄清透明，置于常温 3h 以后才开始析出不溶物；而 YY-S 在 60℃下加热 1h 后溶液仍然浑浊，没有溶解迹象，说明 YY-S 在高盐水质下难以溶解。因为 YY-S 溶解性差所以我们排除对其的筛选。

(a) NNR 在高盐水质与蒸馏水下的溶解情况(常温)

(b) DJ16-18 在常温与 40℃下的溶解情况对比

(c) YY-S 在常温与 60℃下的溶解情况对比

图 4.24 NNR、DJ16-18 与 YY-S 在不同条件下的溶解情况

3) 表面活性剂抗温性能评价

油/水界面张力的评价作为筛选驱油用表面活性剂的首要条件，对于表面活性剂的抗温性评价实验，我们仍然以表面活性剂溶液降低原油/水界面张力的能力作为评选标准。

表面活性剂：常温条件下，在高盐水质条件下溶解性较好的六种表面活性剂：FY-10、NNR、DJ-M、DJ16-18、AF-Y、AF-SJ。

实验方法：用蒸馏水将以上六种表面活性剂配制成 1000mg/L 的溶液，在 30℃、40℃、70℃、60℃、70℃、80℃及 90℃条件下，分别测定各溶液与原油的油/水界面张力，通过表面活性剂在不同温度下降低油/水界面张力的能力来反映各表面活性剂的抗温能力。

从图 4.25 看出，AF-SJ 与 AF-Y 两种表面活性剂的耐温性较好，随着温度的升高，界面张力呈下降的趋势；FY-10 能将原油/水界面张力降至 10^{-1}mN/m，且抗温性好，随着温度升高，油/水界面张力缓慢降低；其他非氟碳类表面活性剂随着温度的升高，界面张力增大，温度高于 70℃以后，界面张力增大的趋势变缓；NNR 在 90℃下的界面张力能达 10^{-1}mN/m；DJ-M 与 DJ16-18 抗温性相当，DJ-M 在 30℃时，油/水界面张力值为 0.015mN/m，70℃时界面张力增至 0.6827mN/m，DJ16-18 与 DJ-M 也能将原油/水界面张力降至 10^{-1}mN/m。

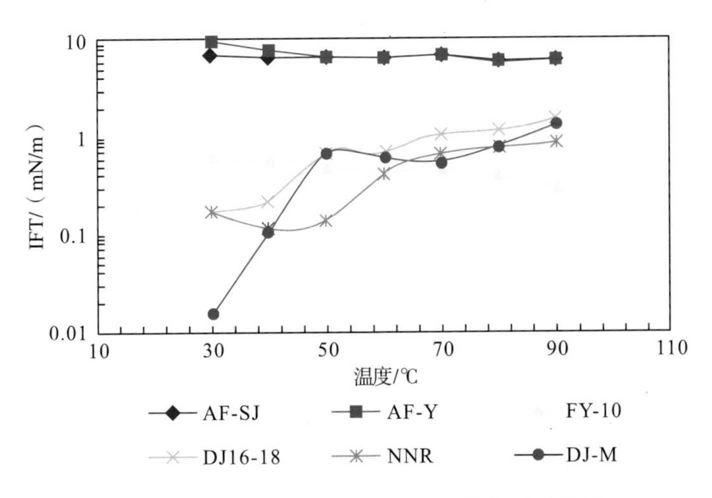

图 4.25　不同表面活性剂抗温性能测试结果

4）表面活性剂抗盐性能评价

在一定浓度的表面活性剂溶液中加入 NaCl，随着 NaCl 量的增加，表面活性剂溶液会有新相出现。通过这一方法可判断表面活性剂的抗盐性。作为三次采油用表面活性剂，油水界面张力能否达到超低（10^{-3}mN/m）是评价该表面活性剂驱油能力强弱的重要指标。油/水界面张力随着溶液含盐量的增加的变化情况也可反映表面活性剂的抗盐性能，因此，我们还可以通过界面张力的变化来判断表面活性剂的抗盐性。

实验方法：表面活性剂的抗盐实验以表面活性剂在不同含盐量水质下的溶解情况及油/水界面张力作为评选的标准。用不同含盐量的水配制表面活性剂浓度为 1000mg/L 的溶液，分别测定各溶液在 90℃条件下与原油/水的界面张力，并将各溶液静止 24h，观察 24h 后溶液是否有新相生成，通过界面张力的变化与是否生成新相来考察表面活性剂的抗盐能力强弱。根据高盐（NaCl 含量为 50000～110000mg/L）的特征，NaCl 的浓度梯度设为：5×10^4mg/L、6×10^4mg/L、7×10^4mg/L、8×10^4mg/L、9×10^4mg/L、10×10^4mg/L、12×10^4mg/L，结果如表 4.14 所示。

表 4.14　含盐量对表面活性剂相态的影响

NaCl 含量 /（$\times10^4$mg/L）	新相生成（Y/N）			
	FY-10	NNR	DJ-M	DJ16-18
5	N	N	N	N
6	N	N	N	N
7	N	N	N	N
8	N	N	N	N
9	N	N	N	N
10	N	N	N	N
12	N	N	N	N

注：Y 表示有新相生成，N 表示没有新相生成。

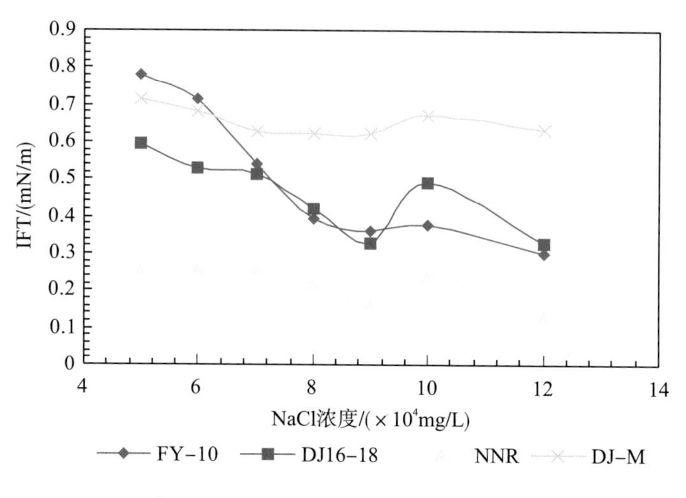

图 4.26 不同表面活性剂抗盐性能测试结果

由图 4.26 可知四种表面活性剂具有较好的抗盐性能，在较高的含盐量下，表面活性剂溶液静止 24h 后没有新相生成；随着含盐量的增加，四种表面活性剂表现出相同的变化趋势，油/水界面张力随着含盐量的增加呈现先减小后增大的趋势，一定的含盐量有助于降低油/水界面张力，但含盐量过高则起到相反的作用。其中抗盐性最好的是 NNR，在 5×10^4～12×10^4mg/L 的盐浓度范围内，界面张力变化不大，说明 NNR 降低油/水界面张力的能力受含盐量的影响不大，且 NNR 是四种表面活性剂中降低原油/水界面张力能力最好的；对于 DJ16-18，NaCl 浓度为 9×10^4mg/L 时界面张力最低，NaCl 浓度增至 10×10^4mg/L 时，界面张力增大，随着 NaCl 浓度进一步增大，增至 12×10^4mg/L 时，界面张力又减小，总的来说，盐对 DJ-M 与 DJ16-18 的影响不大，二者的抗盐性能较好；FY-10 抗盐性好，随着盐浓度的增加，界面张力降低，当盐浓度为 12×10^4mg/L 时，油/水界面张力最低，表现出较好的抗盐性能。从界面张力数值看出，四种表面活性剂在较高盐含量的条件下，仍能将油/水界面张力降至 10^{-1}mN/m。

5）表面活性剂抗 $Ca^{2+}+Mg^{2+}$性能评价

由表面活性剂的抗盐性实验知：FY-10、NNR、DJ16-18 及 DJ-M 四种表面活性剂具有较好的抗盐性能，高 $Ca^{2+}+Mg^{2+}$含量的特点要求驱油体系具有较好的抗高价离子的能力，因此需要再对这四种表面活性剂的抗 $Ca^{2+}+Mg^{2+}$能力进行评价研究。

实验方法：用含不同浓度 Ca^{2+}水配制表面活性剂浓度为 1000mg/L 的溶液，分别测定各溶液在 90℃条件下与原油的油/水界面张力，通过界面张力的变化来考察表面活性剂的抗 Ca^{2+}能力。根据高盐水质高 $Ca^{2+}+Mg^{2+}$含量（4000~8000mg/L）的特征，Ca^{2+}浓度梯度设为：4000mg/L、5000mg/L、6000mg/L、7000mg/L、8000mg/L。

从图 4.27 看出，NNR 具有较好的抗 Ca^{2+}能力，其降低油/水界面张力的能力不受 Ca^{2+}浓度的影响；DJ-M 与 DJ16-18 具有相同的变化趋势，随着 Ca^{2+}浓度的增大，油/水界面张力先增大后减小，但变化的幅度不大，只是在含 Ca^{2+}的水中，DJ16-18 与 DJ-M 降低原油/水界面张力的能力降低，界面张力在 1mN/m 及以上；而对于 FY-10，油/水界面张力随着 Ca^{2+}浓度的增大呈现先减小后增大的趋势，界面张力也在 1mN/m 及以上；DJ-M、DJ16-18

及 DJ-M 只能将原油/水界面张力降至 1mN/m 以上，说明 Ca^{2+}浓度对表面活性剂降低原油/水界面张力有较大影响。

抗 Mg^{2+}能力实验方法与抗 Ca^{2+}能力实验研究一样，根据高盐水质 Mg^{2+}含量的特征，Mg^{2+}浓度梯度设为：400mg/L、500mg/L、600mg/L、700mg/L、800mg/L。

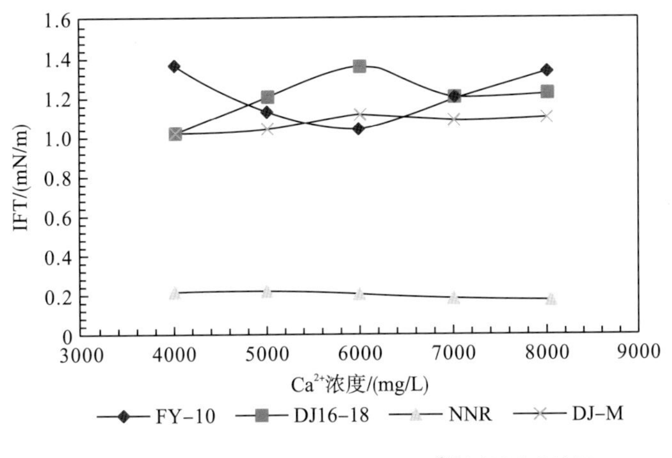

图 4.27　不同表面活性剂抗 Ca^{2+}性能测试结果

从图 4.28 看出，NNR 依然是效果最好的一种表面活性剂，原油与 NNR 表面活性剂溶液的油/水界面张力不受 Mg^{2+}浓度的影响，油/水界面张力可降至 10^{-1}mN/m；DJ-M 与 DJ16-18 受 Mg^{2+}的影响一样，随着 Mg^{2+}浓度增大，油/水界面张力变化较小，但油/水界面张力在 1mN/m 左右，Mg^{2+}使 DJ-M 与 DJ16-18 降低原油/水界面张力的能力降低；FY-10 受 Mg^{2+}影响较大，在 Mg^{2+}水溶液中，油/水界面张力增至 3mN/m 及以上，说明 FY-10 抗 Mg^{2+}能力较差。

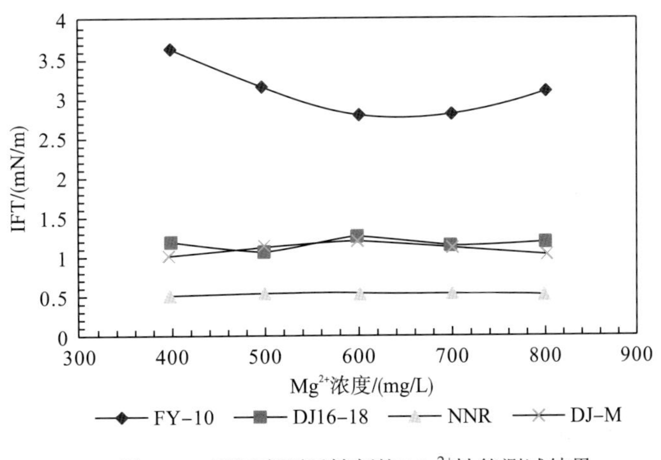

图 4.28　不同表面活性剂抗 Mg^{2+}性能测试结果

通过表面活性剂的抗温、抗盐及抗 Ca^{2+}+Mg^{2+}实验，筛选出了 FY-10、DJ-M、DJ16-18 及 NNR 四种表面活性剂，这四种表面活性剂具有较好的抗温、抗盐及抗 Ca^{2+}+Mg^{2+}能力，且具有一定降低原油/水界面张力的能力，其中 NNR 效果最好。现考察这四种表面活性剂是否适用于高温高盐油藏的表面活性剂驱。

实验方法：用高盐水将 FY-10、DJ-M、DJ16-18 及 NNR 四种表面活性剂配制成不同浓度的表面活性剂溶液，表面活性剂浓度梯度设为：50mg/L、100mg/L、300mg/L、1000mg/L、2000mg/L，考察表面活性剂在 90.0℃条件下降低原油/水界面张力的能力(如图 4.29)。

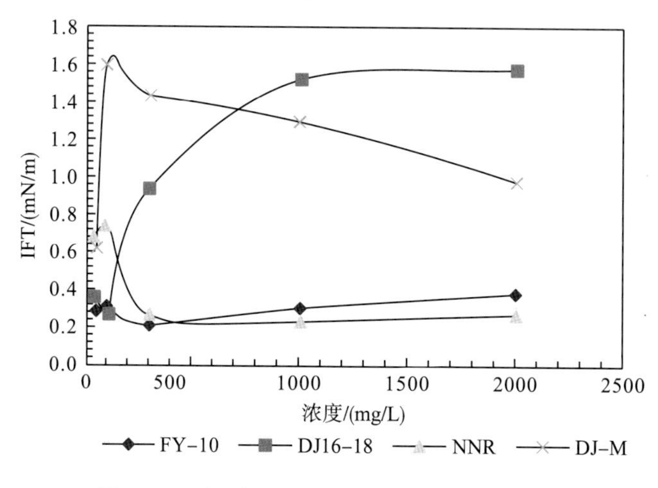

图 4.29 不同表面活性剂降低油/水界面张力的能力

在高温高盐油藏条件下，NNR 与 FY-10 在不同的表面活性剂浓度范围内能将油/水界面张力降至 10^{-1}mN/m 数量级；而 DJ-M 与 DJ16-18 变化较大，DJ-M 在表面活性剂浓度较低时能将油/水界面张力降至 10^{-1}mN/m 数量级，随着表面活性剂浓度增大，界面张力先增大又减小，DJ16-18 降低油/水界面张力的能力随着表面活性剂浓度的增加而变差，当 DJ16-18 浓度在 300~2000mg/L 时，油/水界面张力在 1mN/m 及以上；FY-10、DJ-M、DJ16-18 及 NNR 四种表面活性剂具有较好的抗温、抗盐、抗 Ca^{2+}+Mg^{2+}的能力，且具有一定的降低原油/水界面张力的能力，油/水界面张力值在 0.1~1mN/m 及以上，虽然不能满足现场施工的要求，但可通过表面活性剂的复配及引入助剂来改善表面活性剂驱油体系的性能。所以，经过表面活性剂的抗温、抗盐、抗 Ca^{2+}+Mg^{2+}实验研究，筛选出 FY-10、DJ-M、DJ16-18 及 NNR 四种适用于高温高盐油藏的表面活性剂驱的表面活性剂。

4.1.2 聚合物与表面活性剂的相互作用及二元复合体系

在三次采油技术中，大量研究发现，单一表面活性剂体系通常存在一些不足，很难满足表面活性剂驱的技术指标，而不同表面活性剂复配体系却表现出了比单一表面活性剂更为优越的性能，表面活性剂复配体系在三次采油技术中有着巨大的应用前景。

表面活性剂复配的原则是：通过几种表面活性剂的混合复配，可使制剂或配方的效果更好，各类表面活性剂之间具有较好的配伍性，或者说相容性。在实际使用的配方中，复配体系成功的关键就是利用表面活性剂之间良好的协同效应，而这可通过理论预测来优选配方。例如在离子型表面活性剂和非离子型表面活性剂复配体系中，离子表面活性剂和非离子表面活性剂在溶液中可形成混合胶束，产生协同增效作用，提高表面活性，降低表面活性剂用量，阴离子表面活性剂有利于最大限度地增溶，非离子表面活性剂易于拓宽水硬度的允许值，在理论上，考虑到复配体系的一些基本参数，如混合的临界胶束浓度、表面活性剂分子相互作用参数、浊点、胶束聚集数，可预测向离子表面活性剂胶束中加入非离子表面活性剂，能够减少带电表面活性剂头基之间的静电斥力，利于混合胶束形成，有显著的协同增效作用。

1.不同类型表面活性剂复配

实践发现，表面活性剂的混合体系常显示出优于单一表面活性剂溶液的特性，如复配表面活性剂的表面张力，CMC 往往比单一表面活性剂的低。表面活性剂复配后，一方面由于分子间相互作用，极性基团之间的静电排斥作用减小，排列更为紧密；另一方面，二者的碳氢链由于疏水效应也会相互吸引，因此，在溶液内部的表面活性剂分子更容易聚集形成胶团。在表面吸附层中，表面活性剂分子排列更为紧密，吸附量更大。所以，表面活性剂复配后对于表(界)面吸附和溶液中胶束形成都有一定的促进作用。这种复配表面活性剂所组成的混合体系表现出比单一表面活性剂更为优越的性能现象，被称为表面活性剂协同增效作用。在研究表面活性剂复配体系时，必须要考虑到其混合胶束的溶液特性以及它们相互作用的机理，这将为复配提供很大的帮助。

1) DJ-M、NNR 和 DJ16-18 复配

实验方法：首先用高盐水分别配制 DJ-M、NNR、DJ16-18 母液，母液浓度 3000mg/L，再将 DJ-M 母液与 NNR 母液按各50%进行复配，即 50%DJ-M+50%NNR，浓度仍为 3000mg/L，然后将 50%DJ-M+50%NNR 的体系与 DJ16-18 母液按照不同比例进行复配，用高盐水稀释至目标浓度，考察各复配体系在表面活性剂浓度为 300mg/L 时的油/水界面张力。

实验结果如图 4.30 所示，图中横坐标为 DJ16-18 在复配体系中所占的质量百分数。

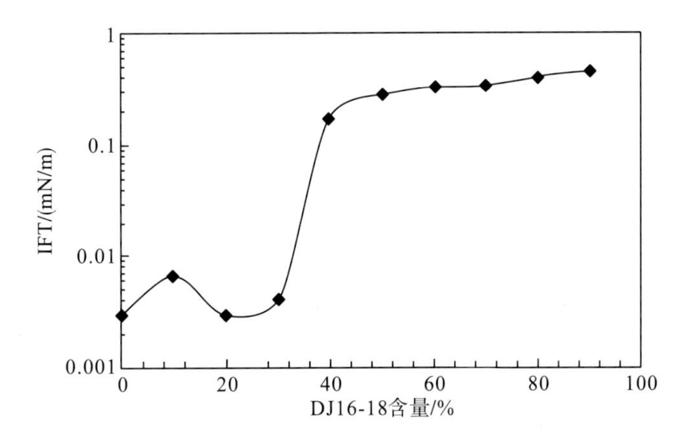

图 4.30　DJ-M、NNR 与 DJ16-18 复配体系降低油/水界面张力实验结果

从上图可以看出，当表面活性剂浓度为 300mg/L 时，DJ16-18 加量从 0～30%均能使原油/水界面张力降至 10^{-3}mN/m，但随着 DJ16-18 的进一步增多，DJ16-18 加量 40%时，复配体系降低油/水界面张力的能力明显下降，油/水界面张力只能降至 10^{-1}mN/m，这也说明 NNR 对 DJ-M 与 DJ16-18 在降低原油/水界面张力上有着非常重要的作用。DJ-M、NNR、DJ16-18 这三种表面活性剂的复配体系在一定的复配比例下能有效地将原油/水界面张力降至超低，这样的复配体系不仅具备了非离子-离子型表面活性剂复配体系的协同作用还具备了同类表面活性剂间复配的协同作用，这样不仅拓宽了 DJ-M 与 NNR 单独复配时能将油/水界面张力降至超低的复配比例，也改善了 DJ16-18 溶解性稍差的缺点，是一组性能优良的复配体系。

2) FY-10、NNR 与 DJ16-18 复配

首先用高盐水按 FY-10 母液与 NNR 母液各占 50%进行复配，即 50%FY-10+50%NNR，浓度为 3000mg/L，然后将 50%FY-10+50%NNR 体系与 DJ16-18 母液按照不同比例进行复配，用高盐水稀释至浓度为 300mg/L，测量复配体系与原油的油/水界面张力。实验结果如图 4.31 所示，横坐标为 DJ16-18 在复配体系中所占的质量百分数。

当 DJ16-18 加量从 0～30%，复配体系具有很好的协同作用，油/水界面张力可降至 10^{-3}mN/m，但 DJ16-18 加量增至 40%，复配体系在降低原油/水界面张力上的协同效应不明显，油/水界面张力只能降至 10^{-1}mN/m。这样不仅可以解决 FY-10 与 NNR 单独复配时协同效应弱，也可解决 DJ16-18 溶解性稍差的缺点。

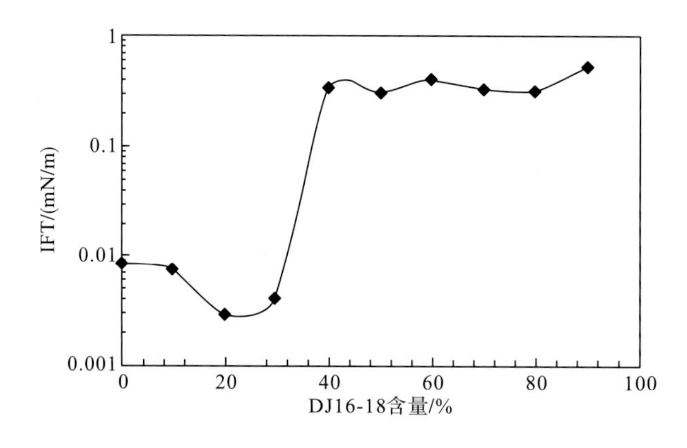

图 4.31 FY-10、NNR 与 DJ16-18 复配体系降低油/水界面张力实验结果

2.表面活性剂浓度的确定

表面活性剂浓度对体系界面张力的影响体现在两个方面：①体系与原油间的界面张力的大小；②表面活性剂浓度的确定。为保证砂岩吸附后有足够的表面活性剂起作用，表面活性剂驱油体系需在较宽的浓度范围内使油/水界面张力达到 10^{-3}～10^{-2}mN/m，所以，考察上述能使原油/水界面张力降至 10^{-3}～10^{-2}mN/m 的复配体系在不同表面活性剂浓度下的油/水界面张力。

从实验结果可知，通过不同表面活性剂的复配，能够在表面活性剂浓度较低(300mg/L)的浓度下，将原油/水界面张力降至 10^{-3}～10^{-2}mN/m。下面就对这些复配体系在不同表面活性剂浓度下的油/水界面张力进行考察，以确定能将油/水界面张力降至 10^{-3}～10^{-2}mN/m 的表面活性剂浓度。

1) DJ-M 与 NNR 复配

在 DJ-M 与 NNR 复配体系中，当 DJ-M 所占比例为 40%、50%、60%，表面活性剂浓度为 300mg/L 时能将原油/水界面张力降至 10^{-3}～10^{-2}mN/m 数量级，考察在这三个复配比例下，复配体系能将原油/水界面张力降至 10^{-3}～10^{-2}mN/m 的表面活性剂浓度范围。结果如图 4.32 所示，图中各曲线表示 DJ-M 在复配体系中的质量百分数。

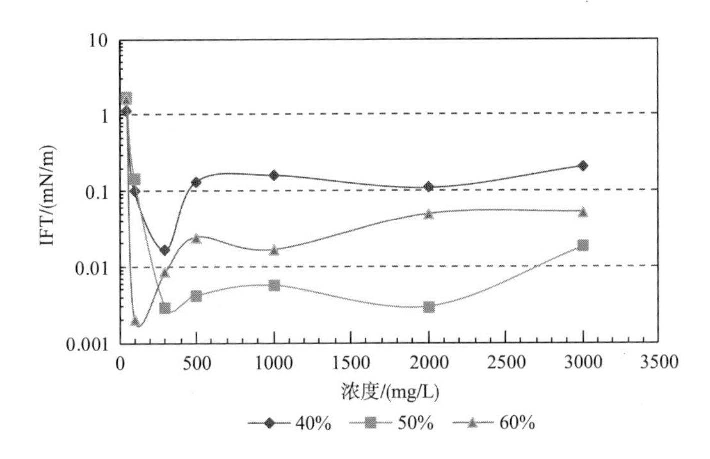

图 4.32　油/水界面张力随表面活性剂浓度的变化情况

由图 4.32 可以看出，DJ-M 与 NNR 复配时，当二者各占 50%时效果最好，表面活性剂浓度为 300～2000mg/L 时均能使油/水界面张力降至 10^{-3}mN/m，二者复配比例偏离 1∶1 时，油/水界面张力均增大，DJ-M 占 40%时，只有表面活性剂浓度为 300mg/L 时，油/水界面张力降至 10^{-2}mN/m，其他浓度下界面张力只能降至 10^{-1}mN/m，DJ-M 占 60%时，表面活性剂浓度为 100mg/L、300mg/L 时，油/水界面张力能降至 10^{-3}mN/m，随着表面活性剂浓度增大，界面张力只能降至 10^{-2}mN/m。

在测试油/水界面张力的时候发现，DJ-M 与 NNR 的复配体系在与原油作用时，二者复配比例偏离 1∶1 时，最低界面张力与稳定界面张力有一定的偏差，这可从动态界面张力曲线看出(图 4.33)。

对比图 4.33(a)、(b)两图，可以看出，当 DJ-M 加量为 50%时，油/水界面张力降低很快，10min 即可降至超低，随着测量时间的延长，油/水界面张力基本保持稳定；而 DJ-M 加量为 60%时，油/水界面张力降低很慢，当表面活性剂浓度增至 1000mg/L 及以上时，油/水界面张力降至最低以后，随着测量时间的延长，张力值有所回升，最低界面张力值与稳定值不相等。

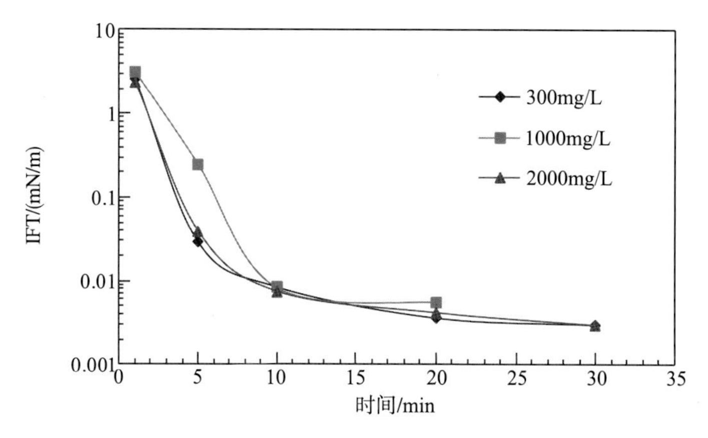

(a) DJ-M 加量 50%时不同表面活性剂浓度下动态界面张力

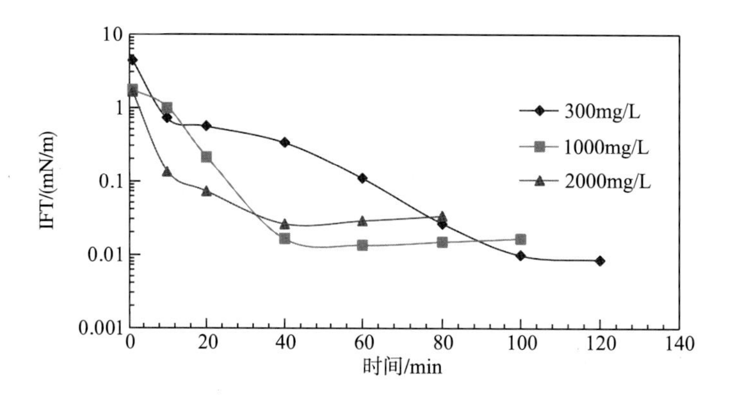

(b) DJ-M 加量 60%时不同表面活性剂浓度下动态界面张力

图 4.33 DJ-M 与 NNR 复配体系动态界面张力

2) DJ-M、NNR 和 DJ16-18 复配

50%DJ-M+50%NNR 的复配体系再与 DJ16-18 复配，在 DJ16-18 加量从 0～30%，表面活性剂浓度为 300mg/L 时，能将原油/水界面张力降至 10^{-3}mN/m（如图 4.34），研究三种表面活性剂复配效果。

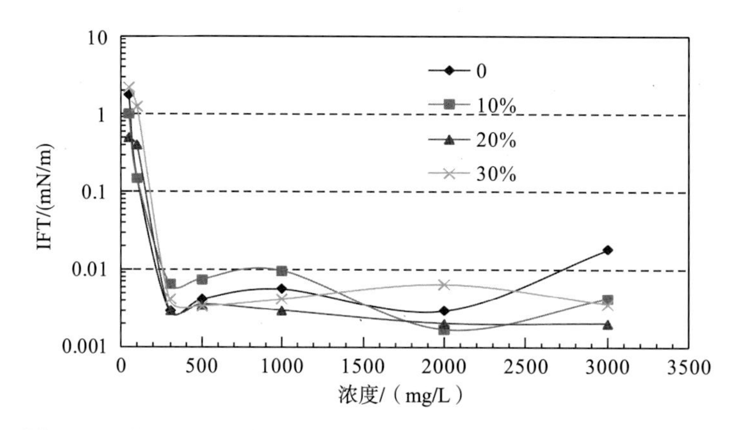

图 4.34 不同 DJ16-18 加量下油/水界面张力随表面活性剂浓度的变化情况

DJ16-18 加量从 0～30%的复配体系，表面活性剂浓度从 300～3000mg/L 均能使油/水界面张力降至 10^{-3}～10^{-2}mN/m，引入 DJ16-18，不仅可以降低 NNR 的用量，也同样能将油/水界面张力降至超低，可以解决 DJ-M 与 NNR 复配时复配比例小、表面活性剂作用浓度范围窄的问题；由动态界面张力曲线(图 4.35)可以看出，DJ-M、NNR、DJ16-18 的复配体系降低原油/水界面张力的作用时间短、效果明显、界面张力最小值与界面张力稳定值相等，这样的复配方式下，表面活性剂间协同增效作用最强，是一组性能优良的表面活性剂体系。

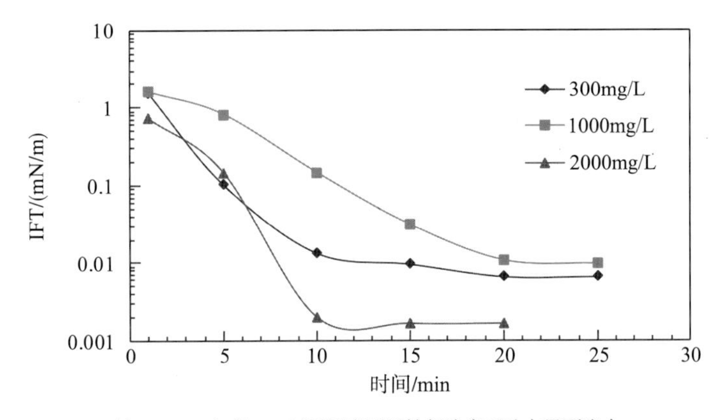

(a) DJ16-18 加量 10%时不同表面活性剂浓度下动态界面张力

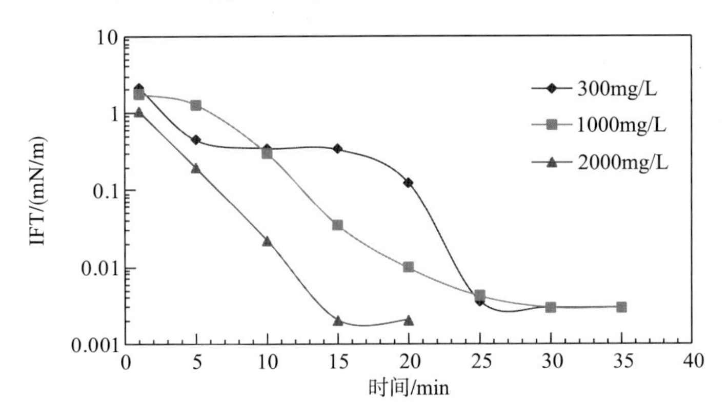

(b) DJ16-18 加量 20%时不同表面活性剂浓度下动态界面张力

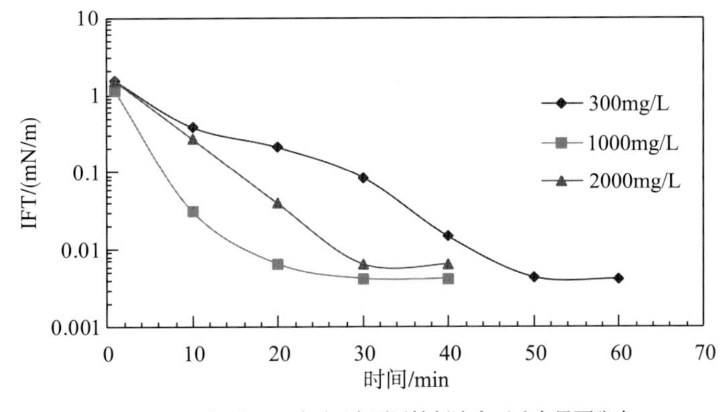

(c) DJ16-18 加量 30%时不同表面活性剂浓度下动态界面张力

图 4.35　DJ-M、NNR、DJ16-18 复配体系动态界面张力

高温高盐条件下，研究表面活性剂对聚合物溶液黏度的影响，以及聚合物对表面活性剂降低界面张力的影响。结果如图 4.36 所示。

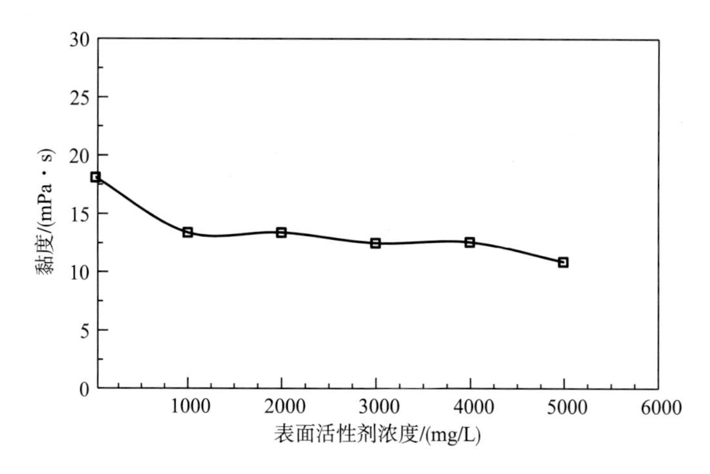

图 4.36 表面活性剂对聚合物溶液黏度的影响

如图 4.36 所示，随着表面活性剂浓度的增加，聚合物溶液黏度略有降低。

高温高盐油藏模拟水配制聚合物和表面活性剂溶液，固定表面活性剂为 3000mg/L，改变聚合物浓度。

采用旋转滴界面张力仪，测定聚/表二元体系降低油/水界面张力实验，测试转速 6000r/min，温度 90℃。

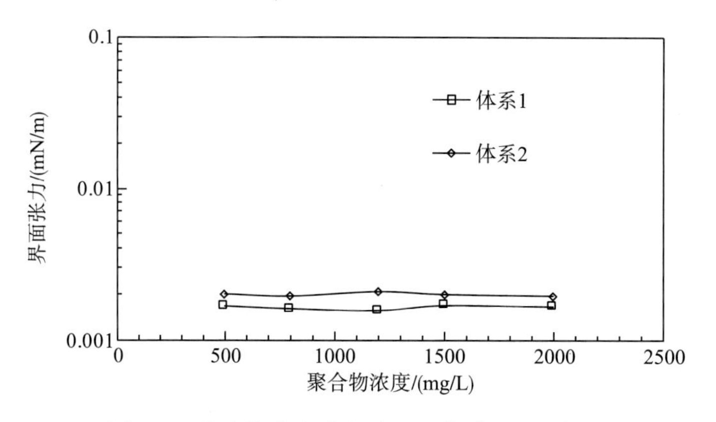

图 4.37 聚合物浓度对聚/表二元体系界面张力的影响

如图 4.37，当聚合物添加到表面活性剂溶液中后，其体系依然保持超低界面张力。聚合物浓度变化对聚表体系的界面张力值无显著影响。

3.聚合物/表面活性剂二元复合驱体系

表面活性剂和聚合物的类型很多，性质也不完全相同。近年来二元复合驱体系的研究有的采用市售工业化产品，也有的采用研究人员室内自制的产品。为了达到增加黏度和降低界面能力的目的，分别研究不同类型的表面活性剂和聚合物的基本性质，首先筛选出符合条件的表面活性剂，再将其与聚合物进行复配，并对复配后二元体系的性质进行研究。获得与目标油藏相适应的二元复合驱体系，以提高目标油藏的年收率。

4.1.3　高温高盐油藏二元复合驱应用

大港南部油田无论是原油可采储量还是产量油，都占全油田的三分之一以上。经过一次和水驱采油，目前全区平均采出程度只有 18%，大部分区块的综合含水已经达到 80%左右，有些甚至高达 90%以上。因此，为了进一步提高采收率、降低原油的采出成本，开展化学驱油是一种有效的方法。在化学驱提高原油采收率的技术中，驱替液的波及效率和洗油效率是影响原油采收率的关键因素。无碱聚/表二元复合驱体系是高温高盐油藏化学驱提高采收率技术的重要技术手段。但是南部油田的地层构造相对大港其他油田更加复杂，平面和纵向非均质性更强、原油中含有的胶质和沥青质高、原油黏度一般都在中等以上、油藏温度大部分在 75～90℃、注入污水的矿化度在 2×10^4mg/L 左右，属于高温高盐油藏，尚无适合此油藏的驱油聚合物及驱油体系。

针对大港油田高温高盐油藏的特征和开发现状，依据聚合物分子结构设计原理，通过选用碳链高分子和分子主链中加入可增加分子链刚性的环状结构以及引入大侧基或刚性基团，来提高聚合物的热稳定性，通过引入耐盐的结构单元提高聚合物的抗盐性，引入可抑制酰胺基团水解的结构单元和耐水解的结构单元，提高聚合物耐水解性。通过微乳液与反相微乳液聚合技术提高聚合物分子量和控制分子量分布并控制聚合过程的平板控温聚合等，通过以上技术，开发的聚合物不仅具有良好的抗温、抗盐性能，而且与表面活性剂具有良好的增黏协同效应(图 4.38)。

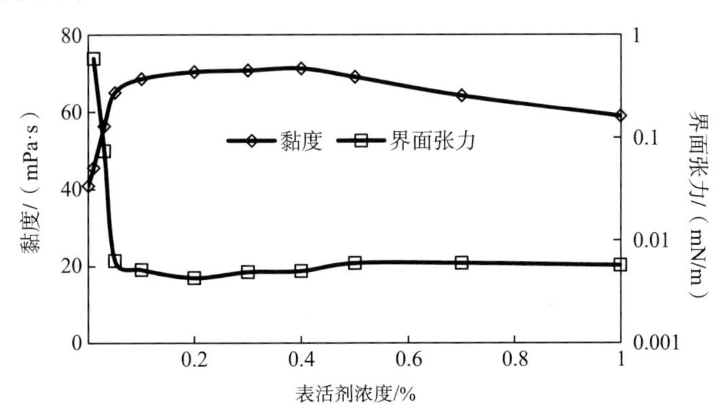

图 4.38　表面活性剂对缔合聚合物溶液性能的影响

大港南部油田平面和纵向非均质性更强，地下原油黏度 50mPa·s，因此必须用具有黏度大于 50mPa·s 以上的溶液来控制流度比，调整非均质性，改善剖面。开发的二元用缔合聚合物具有良好的抗温抗盐性，在 78℃、26974mg/L 矿化度(Mg^{2+}+Ca^{2+}为 508mg/L)溶液黏度明显高于分子量 2500 万 HPAM 二元黏度(图 4.39)，当溶液黏度大于 50mPa·s 时，缔合聚合物用量是聚丙烯酰胺用量的 65%，降低了化学驱应用成本。

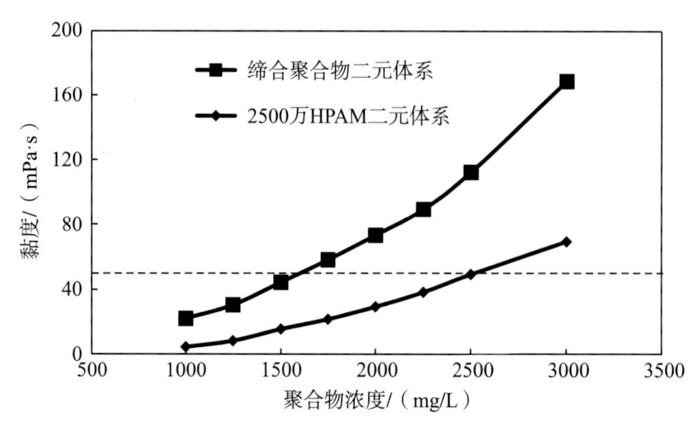

图 4.39　二元复合驱体系增黏性

驱油溶液必须在油藏条件下保持长期的稳定性，才能达到提高采收率的效果，而聚丙烯酰胺在高温、高盐下无法应用，主要是由于其在高温、高盐环境下会产生沉淀，长期稳定性差。缔合聚合物相比 HPAM 在高温高盐条件下，HPAM 会发生快速水解，矿化度越高、温度越高水解速率越快，水解度的快速升高，导致溶液黏度大幅下降，同时大量的羧酸根还易与高价离子作用产生沉淀，因此一般的 HPAM 使用温度不超过 75℃，也不抗盐。而缔合聚合物因引入了缔合单体和功能单体，它们在分子链上无规则分布，缔合聚合物因为邻基效应，水解反应相比 HPAM 需要更高的活化能，水解反应变得困难，而且这些基团可以阻碍水分子对酰胺基的进攻，阻碍水解反应，此外，即使聚合物水解度增大，但二价离子与羧酸根的作用因位阻基团的存在变弱，从而使聚合物难以发生分相或沉淀。若溶液中含有未除尽的氧，HPAM 在高温高盐条件下会因溶解氧产生的过氧化物自由基而发生分子断链，从而发生降解反应，溶液黏度会大幅下降。而对于缔合聚合物来讲，缔合单体和功能单体的引入使聚合物分子侧基具有一定位阻，可以保护聚合物主链免于过氧化物自由基的进攻，即使发生了分子断链，因为分子间的缔合作用，仍然可以维持聚合物具有一定的缔合结构，使流体力学体积不至于下降过快，因此在高温、高盐油藏条件下具有更好的长期稳定性，如图 4.40 所示。

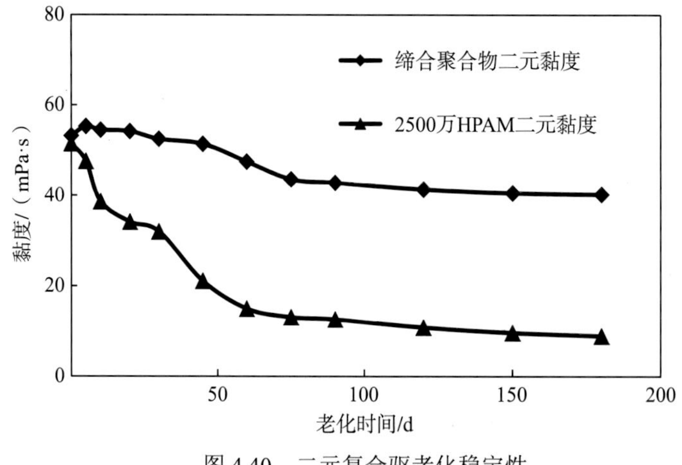

图 4.40　二元复合驱老化稳定性

同时在相同黏度下缔合聚合物二元复合驱体系建立的阻力系数与残余阻力系数均高于 HPAM 二元复合驱体系(表 4.15)，而提高采收率也明显高于 HPAM 二元体系(图 4.41)。

表 4.15　二元体系阻力系数与残余阻力系数

溶液体系	气测渗透率/mD	水相渗透率/mD	孔隙度/%	初始黏度/(mPa·s)	注聚压力/MPa	阻力系数	残余阻力系数
缔合聚合物二元	500	238.9	21.46	51.5	1.13	105.1	25.1
2500 万 HPAM 二元	500	236.4	21.52	50.3	0.58	54.5	6.2

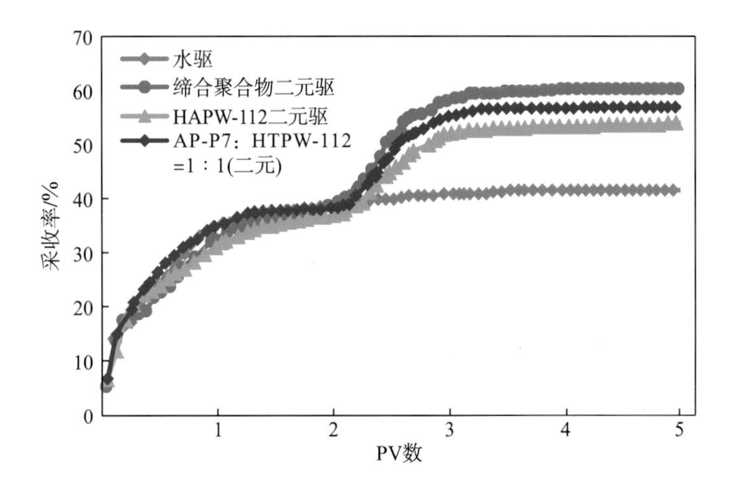

图 4.41　不同驱油体系提高采收率情况

大港枣园油田官 109-1 高温、高盐断块进行缔合聚合物二元复合驱在分三期实施：第一期先导试验，7 注 12 采；第二期全面化学驱 18 注 20 采；第三期上套接替化学驱 24 注 27 采。2016 年 12 月开始先导试验，聚合物用量 50t/月，截至 2017 年 4 月注入体积 0.05PV，开始有见效趋势，含水下降 1%，日产油由 27t 增加到 36t，日增油 9t。

4.2　低渗透油藏表面活性剂/复合驱

所谓的低渗透油藏仅仅只是一个相对的概念，在世界上并无统一固定的标准及界限。不同国家由于在不同时期的石油资源状况和技术经济条件不同，因此，所制定的低渗透储层界限和标准变化范围较大。而在同一国家、同一地区，随着认识程度的提高，低渗透油田的标准和概念也在不断地发展和完善。

随着我国生产实践以及理论研究的进展，对于低渗透油层的界限和范围已经有了比较一致的认识。低渗透油藏的主要特征：一般而言，就是其渗透率很低、渗流的阻力大、油气水赖以流动的通道微细、液固界面及液液界面的相互作用力显著。这导致渗流规律产生某种程度的变化，从而偏离达西定律。这些内在的因素常常因单井日产量小而反映在油田生产上，甚至不压裂就无生产能力，稳产状况很差、日产量下降较快、注水井吸水的能力变差；注水压力升高，但是采油井难以见到注水效果；油田见水后，随着含水上升，采液指数和采油指数急剧下降，对油田稳产造成很大困难。

我国低渗透油田属于常规油藏类型，主要以岩性油藏和构造性油藏为主，储层物性差，孔隙度和渗透率低，总体上，普遍现象是岩屑含量高、黏土或碳酸盐胶结物多，而储层的孔隙主要以粒间孔隙为主，原生粒间孔隙和次生粒间孔隙都发育。储层的敏感性强、碎屑颗粒分选差、黏土和基质含量高、成岩作用强、油层孔喉小，容易受到各种损害。低渗透储层以中孔、小孔为主，喉道以管状和片状的细吼道为主。油层原始含水饱和度高，一般在 30%～50%，有的高达 60%。原油性质好，原油密度一般为 0.84～0.86g/cm^3，地层原油黏度一般为 0.7～8.7mPa·s。原油具有密度小、黏度小、含胶质和沥青少的优点，另外原油凝固点比较高、含蜡量比较高，原油性质好是低渗透油田开发的一个重要的有利因素。

伴随社会科学技术的发展，目前通常把低渗透油田的上限定为 50mD，并按其渗透率大小及开采方式的不同，将其分为三种类型：第一类储层渗透率 10～50mD；第二类储层渗透率 1～10mD；第三类储层渗透率 0.1～1.0mD。

第一类储层特征非常接近正常储层。在地层条件下的含水饱和度大约为 25%～50%，测井油水层的解释效果较好。这一类储层通常具有工业性自然生产能力，但在钻井完井过程中由于井中岩石碎屑粉末等而容易造成孔隙堵塞，因此需要采取屏蔽暂堵、添加防膨剂、稳定剂、复合酸压等油层保护措施进行保护。

第二类储层是最典型的低渗透储层。含水饱和度变化较大(30%～70%)，部分储层为低电阻油层，测井解释难度大。此类生产储层经过压裂等技术手段后即可达到工业要求标准投产。

第三类储层属于十分致密的低渗透储层。此类储层孔喉半径小，所以油气难以进入，含水饱和度多数大于 50%。此类储层必须进行大型压裂改造技术才能投产，采用高新技术才能获得经济效益。

4.2.1 低渗透油藏表面活性剂驱/复合驱关键技术

按多孔介质的渗透性，可分为高渗透、中渗透、低渗透、特低渗透和不渗透等几类。由于多孔介质的渗透率不同，这就引起了其他与之有关的现象，呈现出不同的变化规律，如图 4.42 所示。

从图 4.42 中可以看出，在大于 50mD 条件下，多孔介质中的流体基本属于达西渗流的渗流区域。由于多孔介质的性质(如渗透率)是连续变化的，所以，它对渗流规律的影响也是渐变的，如图 4.43 所示。

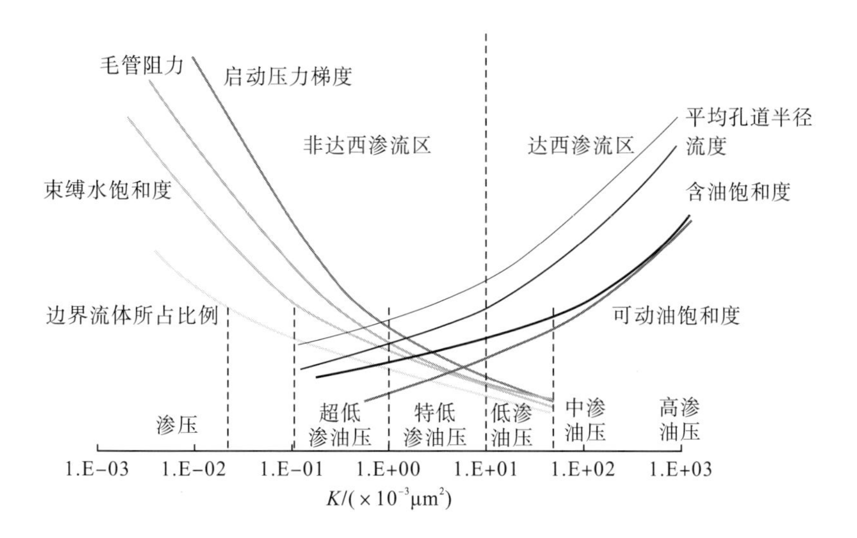

图 4.42　多孔介质特征示意图

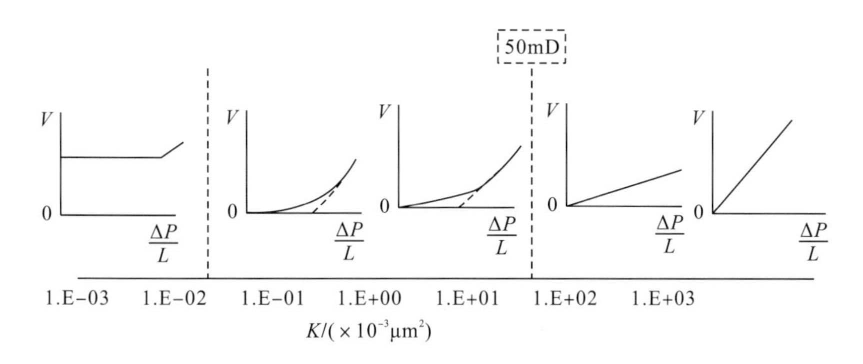

图 4.43　不同渗透率区段渗流规律示意图

在中高渗透区段，渗透率只影响曲线斜率的大小，并不影响达西渗流规律。而在低渗透区段，首要渗流规律变成了非线性规律，只是在不同渗透率区间影响的程度不同，在渗透率较高一些的区间，一般出现非线性规律和平均启动压力梯度，而在渗透率较低的区间，除了非线性规律和平均启动压力梯度以外，还会出现真实启动压力梯度(最大毛管的启动压力梯度)。由此可见，多孔介质的性质对渗流规律有实质性的影响。

在多孔介质的孔隙系统中充满了流体，流体的某些分子就可能与孔道表面的分子产生相互作用，因此在孔道表面处流体分子的浓度就比远离孔道表面处的分子浓度要大。这种流体分子浓度随距孔道表面距离大小的变化，将导致其他物理化学性质的变化，因此，在渗流环境中，由于边界流体的存在及影响，渗流流体的性质有其特殊的变化规律。

当油层中的油气水渗流时，在岩石-原油、岩石-原油-气-水系统中的界面现象起着非常大的作用。可以认为，原油采收率的大小、相渗透率的变化特点主要取决于该渗流系统中的界面现象，这些特点对于低渗透油藏来说，又显得特别突出，甚至会引起低渗透油藏中渗流规律的某些变化。

吸附过程是以作用在固体(吸附剂)表面的分子力为先决条件的。固体表面的状况是极其重要的。在岩石的内部，作用在原子、分子和离子间的吸引力，导致了牢固的晶体点阵的生成，这时，这些吸引力的合力为零。如果原子位于固体的表面，那么这个原子的力仅被固体内部的部分引力所抵消，在表面上则出现一种剩余的力。这个剩余的力能和被吸附的物质分子相结合，导致吸附过程的产生。

原油与岩石表面的相互作用，首先表现为原油的某些组分吸附在岩石的矿物质表面上。吸附可能在静态条件下发生，也可能在动态条件下发生。一般情况下，可根据吸附分子与固体表面结合力的性质来划分固体表面的吸附类型。吸附有两种类型：物理吸附和化学吸附。

在物理吸附过程中，吸附质的分子保持其原来的物理化学性质，整个吸附过程表现为，开始时，吸附速度大大超过解吸速度，随后，这两个速度差逐渐减小，最后，这两个速度达到平衡，即达到吸附平衡。这时，吸附质分子在固体表面形成吸附层。随着吸附过程的进行，表面自由能逐步减少。在化学吸附过程中，吸附质分子与吸附剂结合将形成新的化合物，吸附质分子将失去原来的物理化学特性。在实际条件下，虽然两种吸附均可发生，但常以物理吸附为主。

原油的某些组分在岩石表面的吸附对原油的渗流过程有重大影响，尤其对低渗透油层来说，它是至关重要的。这个吸附层的形成又导致在其上面形成原油边界层，边界层的原油黏度比体相原油的黏度要大得多，边界层的厚度则与原油的特性、岩石内表面性质及驱动压力梯度有关。

原油的胶质沥青质含量越高、密度和黏度越大，其边界层也就越厚；岩石孔道内表面为油湿，孔道半径越小，则边界层越厚；驱动压力梯度越小，则边界层越厚。

因此，在注水开发过程中，充分利用我国成熟的化学驱技术，在控制注水突进的前提下，通过增加驱油剂黏弹性、降低界面活性、改善岩石润湿性，达到降低边界层的厚度的目的，从而提高中低渗透油层的驱油效率，将有助于提高中低渗透油藏的采收率。

4.2.2 低渗透油藏复合驱液固作用

为了充分利用聚合物和表面活性剂各自的优势，特别是为了将体系的界面张力降到超低，保证表面活性剂的作用，研究人员首先采用了加有碱的三元复合体系，虽然该体系由于碱的加入使得表面活性剂的吸附和滞留不再成为主要问题，但是由于碱引起设备腐蚀和结垢等一系列问题，对地层有一定的伤害，从而影响了复合驱的效果。随着对表面活性剂的深入研究和技术水平的发展，目前对无碱的二元体系研究越来越重视，尤其是聚合物和表面活性剂相互作用，在液相中显示出很多优良的性能，成为研究的热点。

其次，聚表二元驱油体系的性能不是聚合物与表面活性剂二者性能的简单加和，它涉及两者之间的相互作用。聚合物与表面活性剂相互作用的结果，将使其体相流变性、界面张力和界面流变性发生变化，研究聚表二元驱油体系的相互作用是为了得到对改善驱油效果有利的协同效应。

最后，在三次采油中，人们对黏度和界面张力这两方面的性能研究更为关注，因为化学驱油体系的驱油效率主要取决于毛管数，毛管数越大，驱油效率越高，而毛管数与注入流体的黏度成正比，与界面张力成反比，因此，聚表二元混合溶液的相互作用，将直接影响二元体系的黏度和界面张力两个重要指标。

通过研究发现，在中低渗透油藏中利用表面活性剂，能够有效地起到降低注入压力的作用。研究表明，降压方法主要有提高油层相对渗透率和绝对渗透率、降低聚合物溶液黏度、减小聚合物驱井距、降低聚合物注入速度等。利用表面活性剂起到降压作用，主要有以下几个方面原因：①降低界面张力。用毛细管束模型模拟地层孔隙结构(由一簇不同直径的等高圆柱形毛细管组成，并假定沿着长度方向毛细管的管径恒定)。作用于弯曲的两相界面上的 Laplace 附加压力减小，从而降低了注入压力。另外，表面活性剂在界面形成低油水界面张力的胶束溶液，表面活性剂具有增溶、乳化作用，使残余油膜、油珠易于变形，从而降低了流动体系的黏度。注入表面活性剂体系后，残余油饱和度下降，水相相对渗透率上升，从而达到降低注入压力的目的。但降压实验和界面张力实验都表明，表面活性剂降低注入压力还有其他的原因。②疏水作用。表面活性剂在岩石表面的吸附主要有范德华力作用的物理吸附、双电层静电力吸附、化学吸附和表面化学反应等方式，其中物理吸附中包括靠氢键作用的分子吸附，这种吸附可看作是化学吸附的过渡，在分子吸附中算是最强的一种。表面活性剂使油层岩石固体表面疏水，既有助于降低油层孔隙的毛细管压力，又可破坏固体表面的水化膜，这样一方面可减少固体表面的附着水，另一方面又起着减小毛细管壁的阻滞力和扩大毛细管直径的作用，从某种程度上说，表面活性剂在油层岩石表面上的吸附使岩石表面疏水面积越大，其降压效果会越明显。③表面活性剂破坏水化膜增加疏水能力。表面活性剂在岩石表面的吸附使表面疏水对降压还有一个重要的贡献就是破坏压缩固体表面的水化膜。水化膜的厚度随着疏水强度的增加而变薄，根据表面化学知识，水化膜是一层在固体表面定向、密集、有序排列的水分子，是一类似于固相的界面层，当水在毛细管壁流动时，水化膜几乎是不移动的。因此，表面活性剂的吸附能够压缩、破坏水化膜，扩大毛细管半径，从而降低注入压力。

在此基础上，在中低渗透油藏中采用了注聚合物和表面活性剂段塞的方式，同时提高中低渗透油藏的波及效率和驱替效率，从而达到提高中低渗透油藏采收率的目的。

由此可见，利用聚合物和表面活性剂的复配，达到增加水驱波及体积和提高扫油效率的目的是完全可行的。同时，还需要研究出具有高增黏能力的低分子量聚合物，这是因为分子量较低能够减少其与表面活性剂的色谱分离的现象，从而提高体系的稳定性和有利协同效应。

4.2.3　低渗透油藏复合驱体系

聚合物和表面活性剂之间存在的相互作用，使聚/表体系水溶液的许多特性常常要优于任一单纯组分的性质。不同类型的聚/表二元体系中，只有聚合物与表面活性剂之间具有强相互作用的复合体系才会对二元体系的溶液性质产生显著影响，强相互作用的主要类型包括静电作用和疏水缔合作用。同时具有疏水缔合作用和聚电解质效应的缔合聚合物与不同类型的表面活性剂之间具有强烈的相互作用，复合体系表现出比单一表面活性剂或聚合物体系更优异的性能，如混合体系的表面活性得到提高，表面活性剂的聚集浓度低于甚至远低于表面活性剂临界胶束浓度；加强了表面活性剂的去污乳化和起泡等方面的性能；表面活性剂的增溶能力得以提高；表面活性剂的存在使高分子容易附着于某些固态物质的表面，其固体的界面行为得到显著改善；表面活性剂浓度的改变可使聚合物溶液的流变性质发生显著的变化，可利用此特性调控体系的流变行为。

关于表面活性剂与聚合物相互作用的微观机理已有大量研究，研究者们也提出了各种理论模型，这些理论模型基本都以溶液中表面活性剂分子形成聚集体为前提。①串珠模型：溶液中的聚合物与表面活性剂两种分子间通过疏水作用相互缔合，表面活性剂分子以类似于胶束的聚集体的形式吸附(结合)在聚合物分子链上。②球体模型：聚合物亲水片段和表面活性剂头基之间通过离子-偶极作用以及相反电荷的聚合物和表面活性剂间存在的强静电吸引力，使得表面活性剂溶液吸附到聚合物链上，形成混合胶束。对于缔合聚合物/表面活性剂二元体系，表面活性剂可以通过疏水缔合作用和静电吸附作用参与到缔合聚合物溶液所形成的超分子网络中，从而对复合体系的流变和界面性质产生显著影响。

1.表面活性剂基本性能研究

表面活性剂和聚合物的类型很多，性质也不完全相同。近几年来的研究有采用市售的工业化产品，也有采用研究人员室内自制的产品。为了达到预期目的，通过调研，选用实验室自制不同类型的表面活性剂和聚合物，对其基本性质进行研究，筛选出符合条件的表面活性剂，将其与聚合物进行复配，并对复配后二元体系的界面性质以及溶液的流变性质进行测定。

实验中所采用的四种表面活性剂为实验室复配样品，其代号及类型如表 4.16 所示。

表 4.16 表面活性剂的代号及类型

编号	代号	有效含量/%
1	TC	25
2	CH608N	25
3	STC	25
4	SY	50

实验条件如下。

实验用油：某低渗透油田原油。

实验用水：模拟水，水质组成见表 4.17。

测试温度：70℃。

表面活性剂浓度：500mg/L、750mg/L、1000mg/L、1250mg/L、1500mg/L、2000mg/L。

表 4.17　实验用水质参数

地层水中各组分的含量/(mg/L)						总矿化度/(mg/L)
K^{+}+Na^{+}	Ca^{2+}	Mg^{2+}	Ba^{2+}	Cl^{-}	HCO_3^-	90440
21041	12198	460	902	55679	141	

实验方法：界面张力值也是由美国 Texas-500c 型旋转滴界面张力仪测定，测定之前先将配制好的表面活性剂溶液置于设定为油藏温度的烘箱中恒温放置 24h，然后在实验设定温度下测定油/水界面张力值，测得的界面张力的单位为 mN/m。书中涉及的界面张力值均为动态稳定值。

仪器操作方法：界面张力的测定与上述表面张力测定方法相同，设定参数为转速(6000r/min)、油水密度差(0.20g/cm^3)、温度 70℃。然后在玻璃毛细管内加入待用表面活性剂溶液，加入油珠，密封好玻璃毛细管，等待温度上升到所设定温度后，将玻璃毛细管置于 TX-500C 旋转滴界面张力仪中。开启仪器后，在离心力、重力以及界面张力的作用下，在表面活性剂中的油珠会被拉开形成圆柱形。实验开始后，立即记录数据，首先在 1min、3min、5min 时记录油滴的宽度和界面张力数值，之后每隔 5min 记录一次数据，直至三次连续读数差值在±0.001mN/m 之内，即可认为体系已达平衡，测定可以结束。

1)动态界面张力

当表面活性剂溶液的界面张力值达到超低时，由于毛细管的作用可以使驱替液波及之处的不流动油变为流动油，能够有效地提高驱替液的洗油效率。因此，界面张力也是衡量表面活性剂洗油能力的重要指标之一。性能良好的表面活性剂驱替液一般要求能够实现超低界面张力值，即界面张力能够达到 10^{-3}mN/m。界面张力数值越小，则表示该表面活性剂的驱油效率越高。

界面活性评价实验考察了四种表面活性剂在特定实验条件下的油/水界面张力，实验用水为模拟水，水质组成见表 4.17，表面活性剂：TC-1、TC-2 及 SY。表面活性剂主要的驱油机理是利用表面活性剂能够吸附在油水界面上的特殊结构(一端亲油与一端亲水)，从而达到降低油水间界面张力目的。从油水刚刚接触到油水界面张力达到平衡之间的界面张力数值通常称为瞬时界面张力值，是随着时间变化的。下面所给出的图为不同表面活性剂各个浓度对应的界面张力与时间的变化关系，即动态界面张力图。

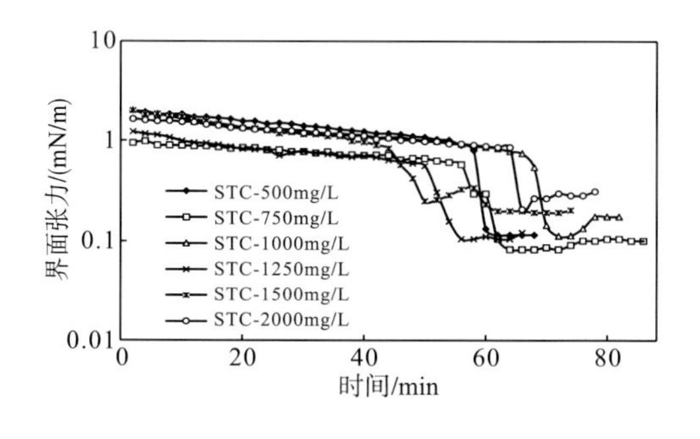

图 4.44　STC 不同浓度下动态界面张力

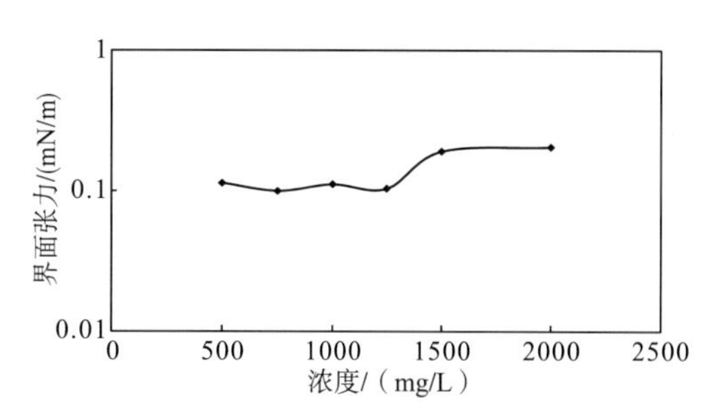

图 4.45　STC 不同浓度与界面张力关系

图 4.44 给出表面活性剂 STC 不同浓度溶液的动态界面张力变化情况。图 4.45 给出 STC 浓度对油水界面张力稳定值的影响。由图可以看出，每个浓度下 STC 溶液油水界面张力在 50min 之前，张力值随时间延长数值降低缓慢，在 50min 后各浓度下界面张力值瞬时降低到最低，最终降至 10^{-1}mN/m 数量级，油水界面张力达到最低界面张力值所需的时间基本在 50min 以后；每个浓度下界面张力达到最低值后，随着时间的延长，各个浓度下基本都有回缩现象，即在界面张力达到了最低值后随时间的延长，界面张力逐渐增加。在每个浓度条件下，界面张力的最低值与平衡值均不一致。

随着浓度的增加，界面张力的稳定值有所增加，变化值在 10^{-1}mN/m 数量级。甜菜碱 TC 在每个浓度条件下很难达到超低界面张力。

图 4.46 给出了表面活性剂甜菜碱 TC 在不同浓度溶液的动态界面张力变化情况。图 4.47 给出 TC 浓度对油水界面张力稳定值的影响。由图可知，每个浓度条件下的 TC 溶液对应的油水界面张力最终降低至 10^{-2}mN/m 数量级；各个浓度条件下油水界面张力达到最低值所需要的时间基本都在 30min 以后；随着时间的延长，界面张力值未发生回缩现象，油水界面张力值基本保持平稳或者下降趋势，界面张力的稳定值与最低值基本保持一致，因此，TC 的时间窗口宽。

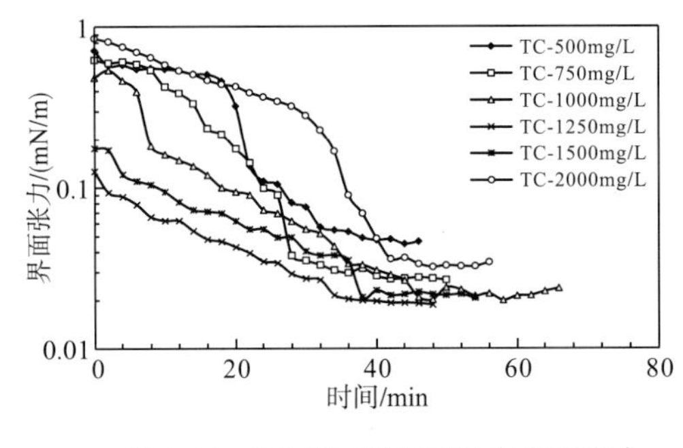

图 4.46 TC 不同浓度下动态界面张力

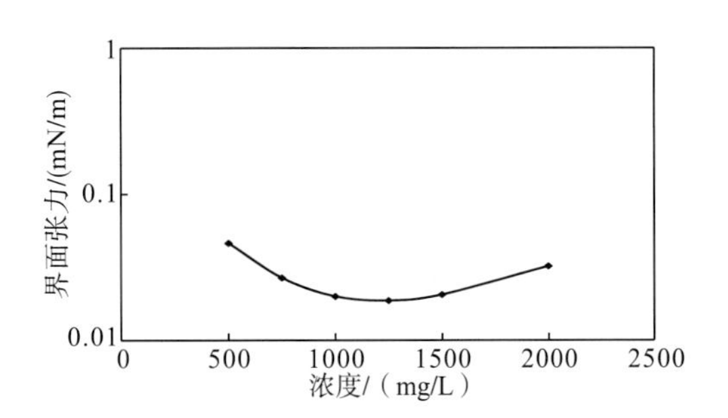

图 4.47 TC 浓度对油水界面张力稳定值的影响

随着表面活性剂浓度的增加，油水界面张力稳定值随之下降，在表面活性剂浓度为 1250mg/L 时达到最小值，随后随浓度增加而增长；油水界面张力稳定值变化范围在 10^{-2}mN/m 数量级，甜菜碱 TC 很难达到超低界面张力。各浓度条件下，界面张力只能达到 10^{-2}mN/m 数量级。

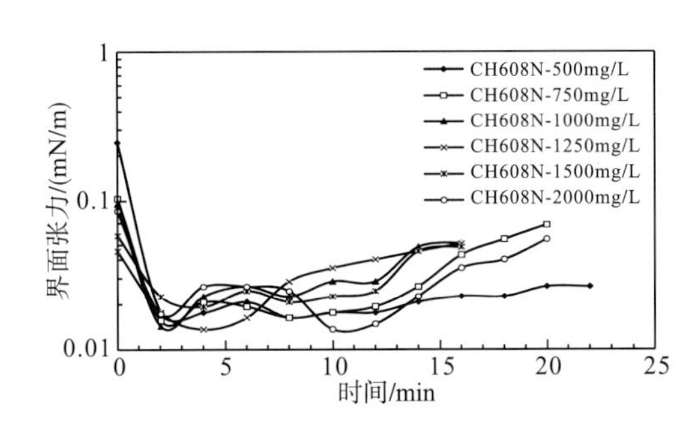

图 4.48 CH608N 浓度对油水体系动态界面张力的影响

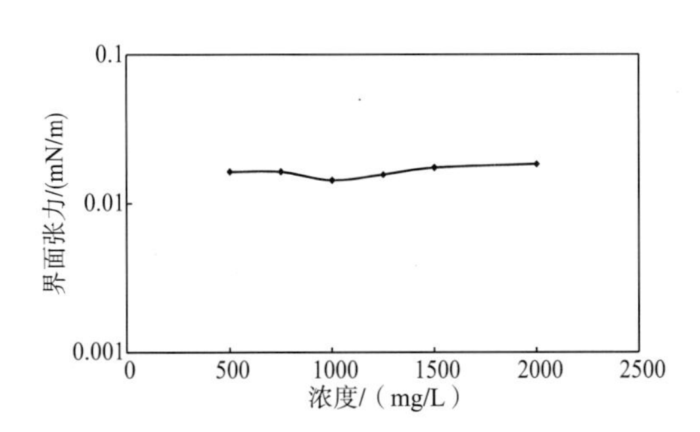

图 4.49 CH608N 浓度对油水界面张力稳定值的影响

从图 4.48 中可以看出，各浓度条件下的 CH608N 对应的界面张力值最终达到 10^{-2}mN/m 数量级，油水界面张力达到张力最低值所需时间很短，基本在 5min 之内。随着时间的延长，界面张力值明显回缩，其中较高浓度下界面张力值回缩更为明显。在测量时间范围内界面张力的最低值接近 10^{-3}mN/m 数量级，而回缩后接近 10^{-1}mN/m，因此在各浓度条件下界面张力的稳定值与平衡值不一致。

从图 4.49 中可以看出，随着浓度的增加，油水界面张力值先略微下降，在 1000mg/L 时达到最低；随后随着浓度的增加而增加。油水界面张力稳定值能够达到 10^{-2}mN/m 数量级。甜菜碱 CH608N 各浓度条件下界面张力很难达到超低值。

由图 4.50 可以看出，在各浓度条件下，表面活性剂 SY 的油水界面张力值最终可以达到 10^{-3}mN/m，较高浓度下油水界面张力只需要在 10min 以后就可以达到超低，而较低浓度时也只需要 25min 左右，随着测量时间的延长，各浓度下界面张力值未发生回缩，油水界面张力值一直保持平衡或者下降的趋势，因此，界面张力的稳定值和最低值基本保持一致，石油磺酸盐 SY 时间窗口宽(见图 4.51)。

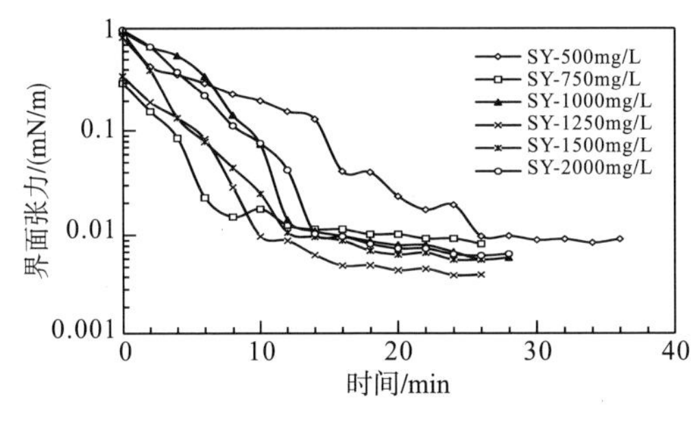

图 4.50　SY 浓度对油水体系动态界面张力的影响

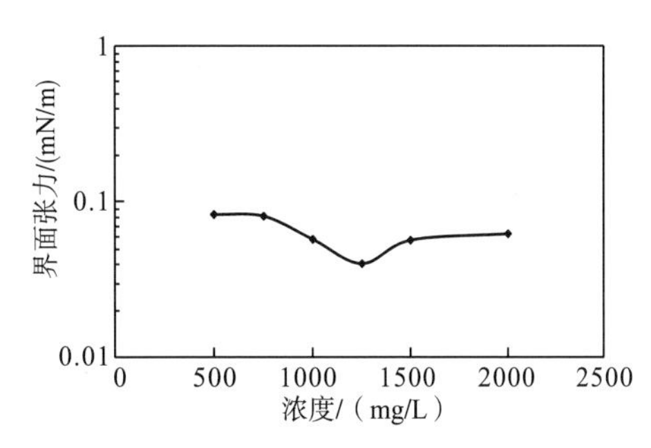

图 4.51　SY 浓度对油水界面张力稳定值的影响

随着表面活性剂浓度的增加，界面张力值下降，在 1250mg/L 时达到最低，随后随着浓度增加，界面张力稳定值有增加趋势。油水界面张力稳定值保持在 10^{-3}mN/m 数量级。石油磺酸盐 SY 各浓度条件下油水界面张力值可以达到超低值，在浓度为 1250mg/L 时超低值最低。

2) 界面张力与浓度的关系

将不同表面活性剂各个浓度下最低界面张力的数值进行整理，做出表面活性剂浓度与最低界面张力的关系曲线，实验结果如图 4.52 所示。

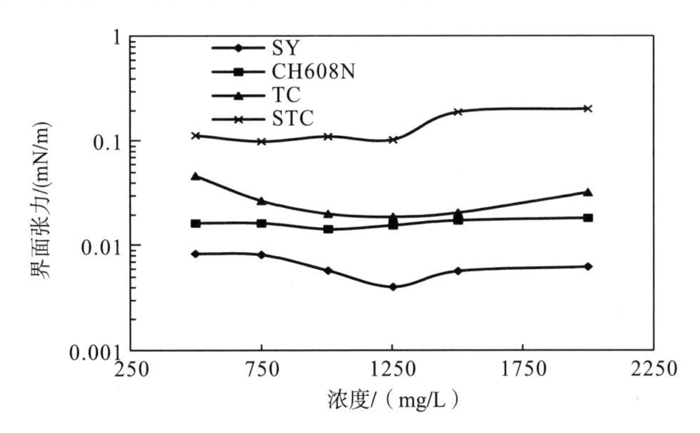

图 4.52　界面张力与表面活性剂浓度的关系曲线

由图 4.52 可以看出，表面活性剂 CH608N 界面张力值在不同浓度下只能够达到 10^{-1}mN/m 数量级，而且随着表活剂浓度的增加，其界面张力值有略微增加趋势；表面活性剂 TC 和 CH608N 在不同浓度下可以达到 10^{-2}mN/m 数量级，两者界面张力值随着其浓度增加而略微降低，其中表活剂 TC 在浓度为 1250mg/L 时达到最低，而表活剂 CH608N 在浓度为 1000mg/L 时达到最低，而后随着浓度的增加两者界面张力值都有所增加；表面活性剂 SY 在各浓度条件下界面张力达到超低(10^{-3}mN/m)，在浓度为 1250mg/L 时其界面张力值为最小。因此，实验选取表面活性剂 SY，其浓度为 1250mg/L。

2.聚合物基本性能

利用动/静态光散射仪器，采用静态光散射法对四种聚合物的表观重均分子量 M_w 进行测定。

实验仪器：美国布鲁克海文仪器公司(BROOKHAVEN INSTRUMENTS CORPORATION)的动/静态光散射仪 BIC-200SM，如图 4.53 所示。

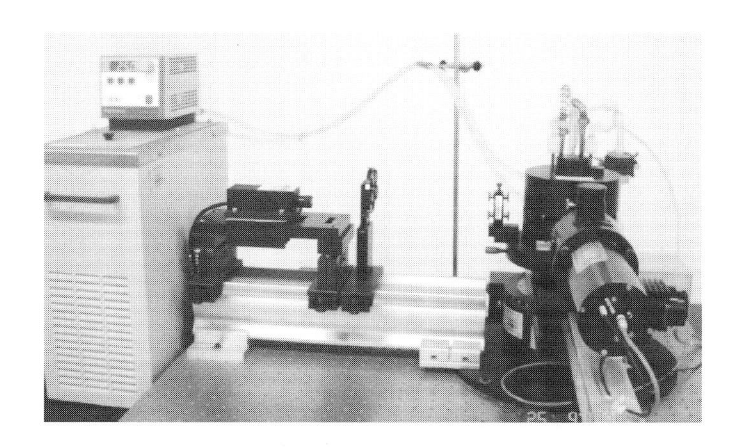

图 4.53 动/静态光散射仪 BIC-200SM

静态光散射实验原理：光散射法是测定高聚物重均分子量的绝对方法。本节采用了静态光散射研究聚合物溶液的绝对重均分子量 M_w。其中，分析仪器采用氦-氖光源，实验当中测试光波波长为 532nm，甲苯作为标样校准仪器，测定温度为 25℃。

静态光散射仪器的原理是利用散射理论，高分子稀溶液的激光散射可表示为

$$\frac{KC}{R_w(q)} \approx \frac{1}{M_w}\left(1+\frac{1}{3}<R_g{}^2>q^2\right)+2A_2C \tag{4-1}$$

其中，$q=\frac{4\pi n}{\lambda}\sin\frac{\theta}{2}$；$K$ 为与溶剂性质和入射光频率相关的常数，$K=\frac{4\pi^2 n^2}{N_A \lambda_0{}^4}\left(\frac{dn}{dc}\right)^2$；$C$ 为溶液浓度，g/mL；$R_w(q)$ 为不同角度去除溶剂影响后的散射光强度；M_w 为绝对重均分子量；$<R_g{}^2>$为高分子均方末端距，即链质量中心至各个链段距离平方的平均值；A_2 为第二维里系数，是溶剂与溶质相互作用的度量，一般溶液极稀时可忽略；n_0 为溶液的折射率，由于一般情况下溶液非常稀，所以常用溶剂折射率代替；dn/dc 为折光指数增量，即溶液

折射率与浓度变化的比值，mL/g；N_A 为阿伏伽德罗(Avogadro)常数；λ_0 为入射光波长，λ 为入射光在溶液中的波长，$\lambda=\lambda_0/n_0$。

对于高分子溶液，光强与角度、浓度形成依赖关系，利用 Zimm 图(或其他类似的方法)可以得到参数绝对重均分子量 M_w 的信息。图 4.54 即为 Zimm 图，横坐标为与角度θ 相关函数$\left(\sin^2\frac{\theta}{2}+55073C\right)$，纵坐标为$\frac{KC}{R_w(q)}$。

本实验中采用单浓度多角度方法测量聚合物的分子量。实验原理与多浓度多角度方法相同。当聚合物浓度足够低时，即当 $C\to 0$ 时，公式可以化简为如下形式。

$$\frac{KC}{R_w(q)}\approx\frac{1}{M_w}+\frac{1}{3M_w}<R_g^{\ 2}>\left[\frac{4\pi n}{\lambda}\sin\frac{\theta}{2}\right]^2$$

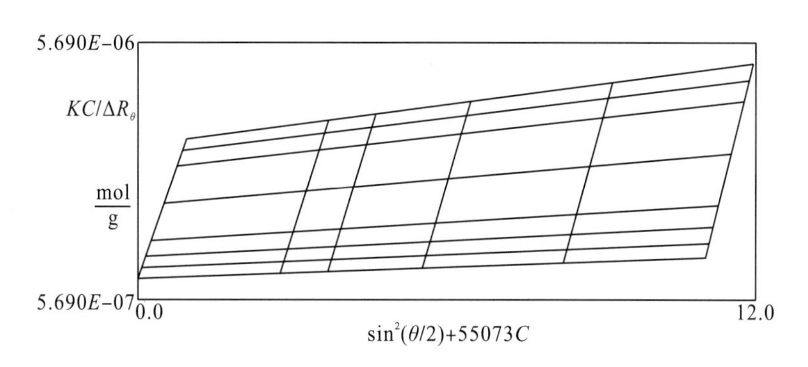

图 4.54　静态光散射 Zimm 图

为了消除聚合物浓度的影响，当确定聚合物溶液浓度 C 时，公式中，$\frac{KC}{R_w(q)}$与角度θ呈线性关系。对于聚合物稀溶液而言，在同一个浓度不同角度下外推，当$\theta\to 0$ 时，此时与纵坐标轴相交，截距为$\frac{1}{M_w}$，倒数即为绝对重均分子量 M_w。

实验用水：模拟水；实验所用聚合物浓度：0.005mg/mL；实验所用溶液的配制：实验中所用的所有溶液需经过除尘处理之后，才能得出较为真实的数据。配制聚合物溶液所用的模拟地层水用 φ0.2μm 的滤膜过滤，然后使用过滤后的水溶解聚合物样品，溶解好的聚合物母液静置足够长时间(一般在 24h 以上)陈化，以便使高分子充分地溶解并达到稳定状态。将聚合物稀溶液吸入一次性注射器中，在注射器的出口安装好 Millipore 公司生产的孔径为 φ0.8μm 的滤膜对溶解好的聚合物溶液进行过滤除尘，滤液收集于样品池中待测。滤液需静置 12h，待溶液中的聚合物分子形态完全恢复后才可以进行测试。

1) 聚合物水动力学半径 R_h

对于低渗透甚至超低渗透油藏，聚合物的注入可行性以及聚合物的注入能力一直是关注的焦点。通过动态激光光散射仪对聚合物的水动力学半径 R_h 进行探讨，分析低渗透油藏条件下开展聚/表二元复合驱提高采收率技术的可行性。

由静态光散射法对四种聚合物的分子量进行测定，实验结果如表 4.18 所示。

表 4.18 不同聚合物的绝对重均分子量 M_w

聚合物代号	绝对重均分子量 $M_w/\times10^6$
LPAM	8.16
LAM-1	17.76
LAM-2	19.94
LAM-3	23.23

使用动态激光光散射仪对同一浓度下 7 种分子量不同的聚合物在溶液中的水动力学半径进行测定，聚合物的浓度均为 800mg/L，聚合物的粒径分布图如图 4.55～图 4.58 所示，测定的粒径结果如表 4.19 所示。

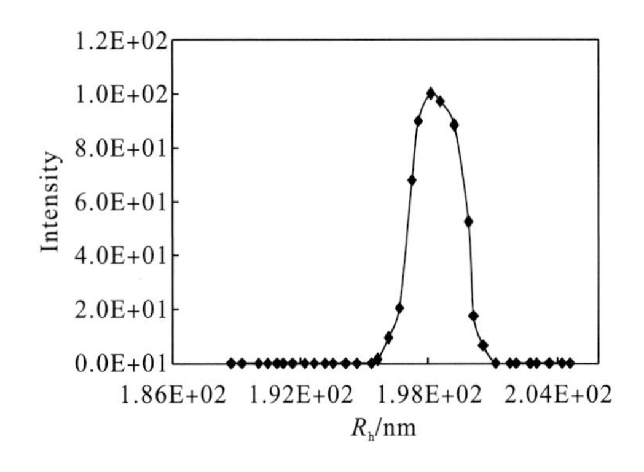

图 4.55 LPAM 聚合物粒径分布图

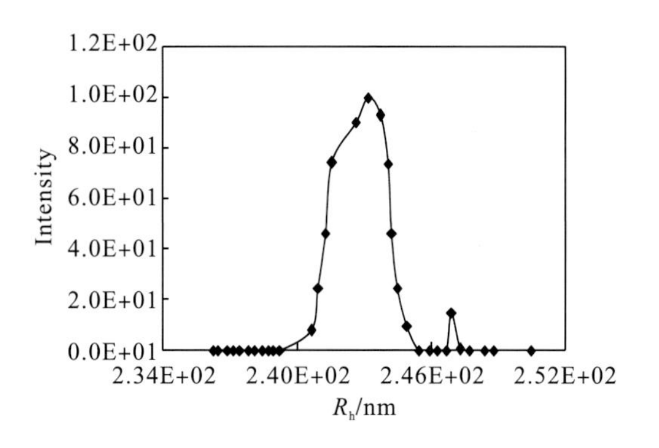

图 4.56 LAM-1 聚合物粒径分布图

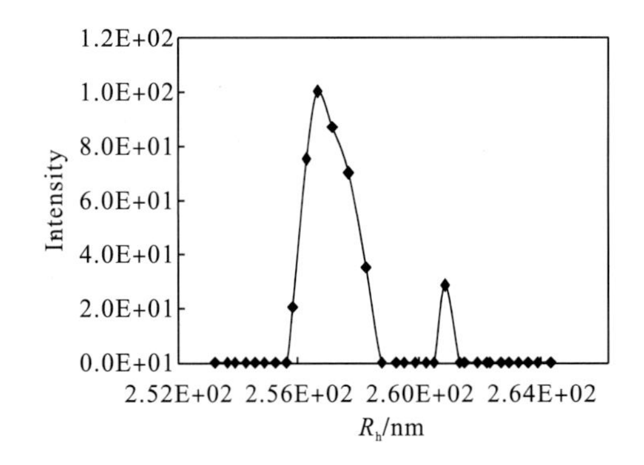

图 4.57 LAM-2 聚合物粒径分布图

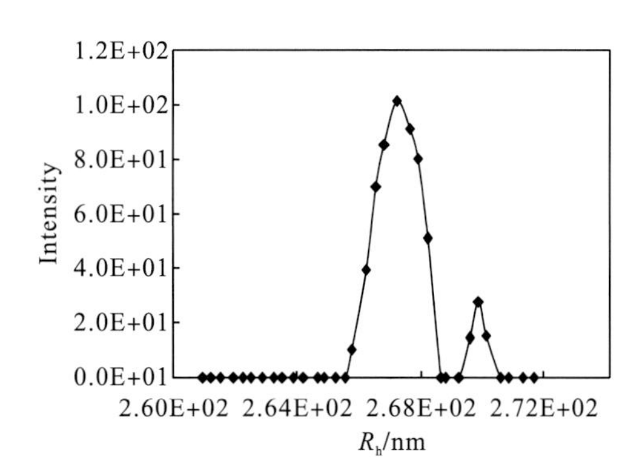

图 4.58 LAM-3 聚合物粒径分布图

表 4.19 不同分子量聚合物的水动力学半径 R_h

聚合物代号	绝对重均分子量 $M_w/\times10^6$	水动力学半径 R_h/nm
LPAM	8.16	198.3
LAM-1	17.76	243.0
LAM-2	19.94	257.2
LAM-3	23.23	267.5

随着聚合物分子量的增加，聚合物粒径分布相应变大。这是由于随着聚合物分子量的增加，重复链节增多，其在溶液中的有效体积越大，因此其粒径增大。

2) 聚合物溶液的表观黏度

在 70℃下四种聚合物的黏度随浓度的变化不是很明显(图 4.59)，且黏度较低，虽然黏度均不大于 15mPa·s，但是显示出了较好的稳定性和规律性，黏度随浓度的变化趋势几乎一致。

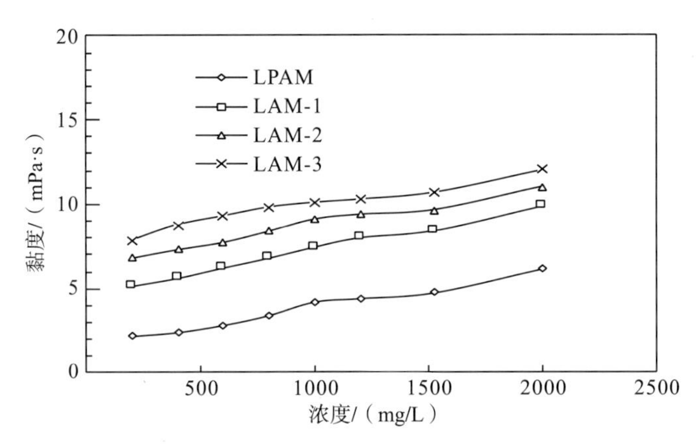

图 4.59　四种聚合物溶液黏度与浓度关系

3.聚/表二元复合体系的性能

表面活性剂：SY-1；研究对象：以四种不同分子量的聚合物；研究方法：分别与 SY-1 复配，研究聚/表二元体系的界面活性与流变性。

1) 聚/表二元体系的界面活性

配制一系列聚/表二元混合溶液，保证混合溶液中聚合物 LFP-3 的浓度为 800mg/L，表面活性剂的浓度不断变化，分别为 500mg/L、750mg/L、1000mg/L、1250mg/L、1500mg/L 和 2000mg/L，使用 TX-500C 旋转滴界面张力仪测定溶液的界面张力。

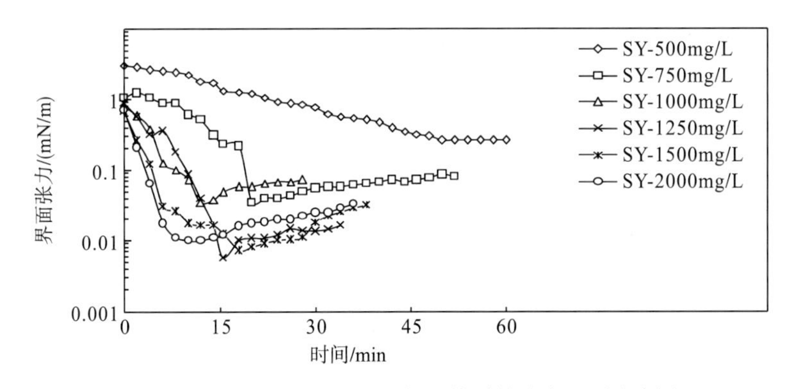

图 4.60　LPAM 与 SY 复配体系的动态界面张力图

从图 4.60 可以看出复配体系中，除表面活性剂浓度为 500mg/L 外，其他浓度下体系动态界面张力在时间为 15min 左右时张力值可以达到最低，其中，表活剂浓度为 1250mg/L

和 1500mg/L 时达到了超低值；随后随着测量时间的延长体系界面张力值逐渐增加。

从图 4.61 中可以看出，在复配体系中，除表面活性剂浓度为 500mg/L 外，其他浓度下体系动态界面张力在 10min 以后可以达到超低值，而且随着测量时间延长一直保持平稳或下降趋势，未回缩。如图 4.63 在表面活性剂所有浓度下，体系界面张力在 10 分钟后均可达到超低值，而且随时间延长一直保持平稳或下降趋势，未回缩。

从图 4.62 中可以看出，在所有表面活性剂浓度下，体系动态界面张力最终达到超低值，而达到超低值所需时间均在 10min 以上。体系动态界面张力随测量时间延长而保持平衡或者下降的趋势。

同时，发现随着聚合物分子量的增加，复配体系的动态界面张力达到超低值变得较为容易，在聚合物分子量为 800 万的复配体系中，体系界面张力很难达到超低值，而表活剂浓度为 1250mg/L 和 1500mg/L 达到超低值后又立即回缩，当加入体系中聚合物的分子量增大时，复配体系界面张力值均可以达到超低(10^{-3}mN/m)；随着测量时间的延长，体系界面张力基本一直保持平衡值或者下降的趋势，未发生回缩现象，因此界面张力稳定值与其平衡值基本保持一致。说明体系具有较好的稳定性能。

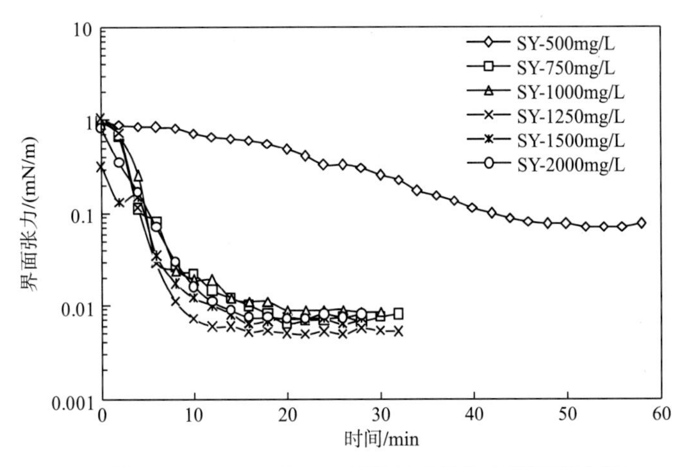

图 4.61 LAM-1 与 SY 复配体系的动态界面张力图

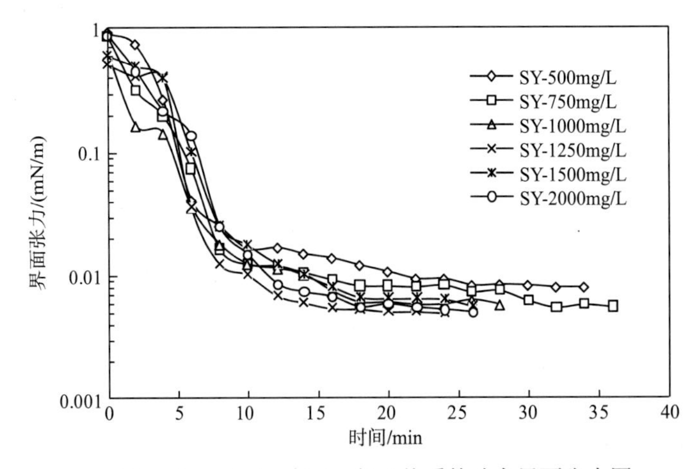

图 4.62 LAM-2 与 SY 复配体系的动态界面张力图

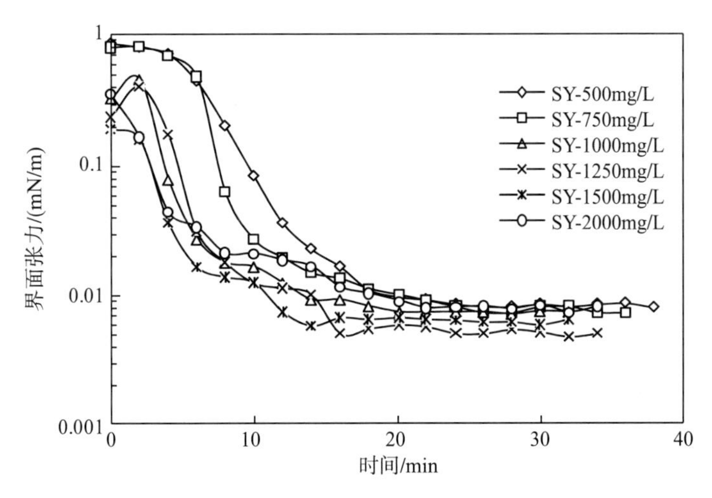

图 4.63　LAM-3 与 SY 复配体系的动态界面张力图

2) 聚/表二元体系的表观黏度

表面活性剂对聚合物的黏度会产生很大的影响，在聚合物溶液中加入表面活性剂后，聚合物溶液的黏度有增有减，而且不同类型的表面活性剂，对其影响也不尽相同，作用机理也有很大的差异。

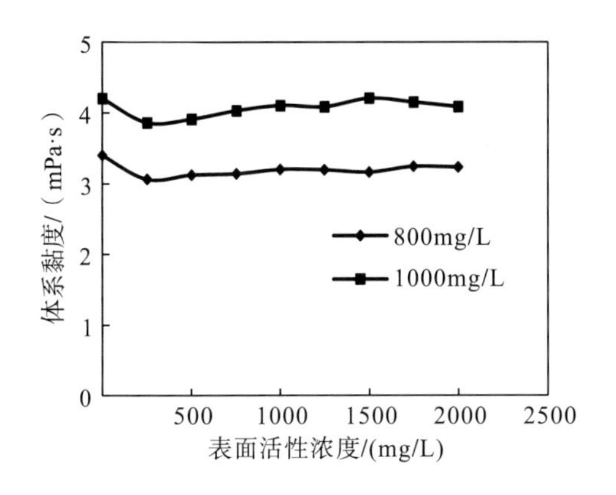

图 4.64　SY 对 LPAM 黏度的影响

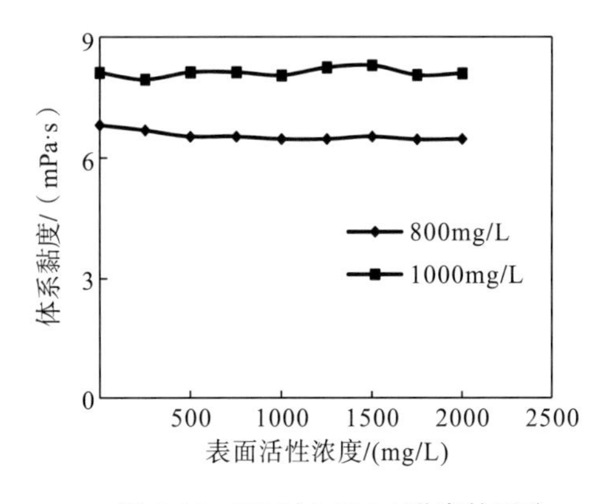

图 4.65　SY 对 LAM-1 黏度的影响

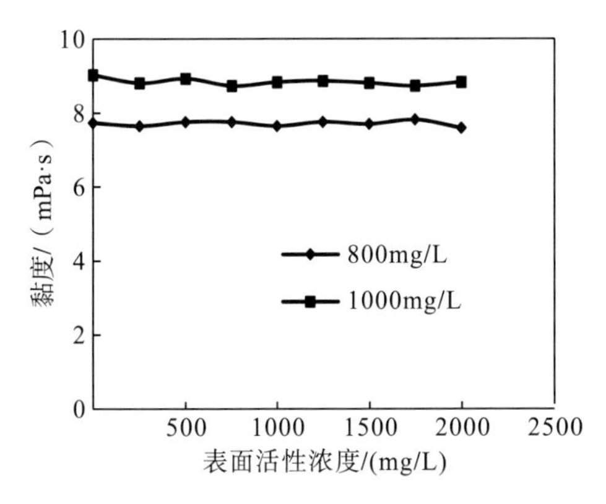

图 4.66　SY 对 LAM-2 黏度的影响

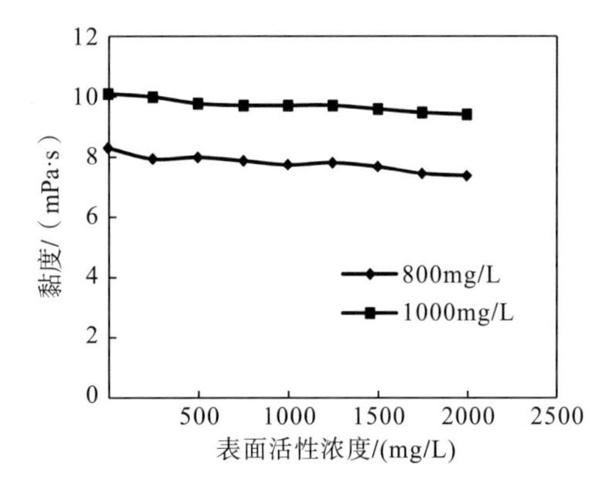

图 4.67　SY 对 LAM-3 黏度的影响

图 4.64～图 4.67 为表面活性剂 SY 对聚合物黏度的影响。可以看出：随着表面活性剂 SY 的加入，四种聚合物溶液黏度均有降低，但其变化值不大，复配体系与单一聚合物溶液的黏度相差不明显。

4.2.4 聚合物/表面活性剂复合驱体系注入性评价

对于低渗透甚至超低渗透油藏，聚合物的注入可行性以及聚合物的注入能力是人们一直关注的焦点。聚合物溶液在油层孔隙介质中渗流时，由于受机械捕集、化学吸附和滞留作用的影响，部分聚合物分子滞留在孔隙介质中，从而使得在聚合物驱油后油层孔隙的渗透率将有不同程度的降低，使流体流动阻力增加，所以聚合物在注入过程中的注入压力会发生大幅度的上升。当聚合物的注入压力大于地层破裂压力时，驱油工程将会因为产生人工裂缝而失败。因此，聚合物的注入压力对低渗透油层驱替过程来说是非常重要的。

本书通过广角激光光散射仪对聚合物的水动力学半径、均方回旋半径以及分子量进行探讨，并且考察了聚合物溶液的注入压力，建立阻力系数和残余阻力系数的能力，分析低渗透油藏条件下开展聚/表二元复合驱提高采收率技术的可行性。

将不同岩心进行编号，将制备好的岩心放入 70℃的恒温烘箱烘干至恒重。岩心烘干后取岩心长度的三个不同位置用游标卡尺测量岩心直径，取三个测量值的平均值为岩心直径测量值，并测定岩心长度，称量岩心干重，记录以上数据，将烘干的岩心分别进行气测渗透率和孔隙度参数(表 4.20)。

表 4.20 岩心孔渗参数

岩心编号	长度/mm	直径/mm	孔隙度/%	渗透率/mD
1#	56.20	25.04	12.5	1.47
2#	55.02	25.00	11.3	1.33
3#	56.00	25.10	12.8	1.22
4#	53.36	25.08	12.5	1.48
5#	53.07	25.03	10.4	1.47
6#	53.41	25.05	12.0	1.37
7#	59.53	25.12	14.0	1.40
8#	62.74	25.15	13.7	1.50
9#	59.23	25.07	11.7	4.05
10#	63.21	25.08	10.4	0.71
11#	61.00	25.08	10.6	0.92
12#	63.17	25.08	12.3	0.51
13#	63.25	25.07	10.6	0.53
14#	63.43	25.10	11.9	0.82
15#	56.20	25.08	11.5	0.55
16#	63.25	25.07	10.4	0.80
17#	60.23	25.10	12.1	0.77

1.低渗透岩心的孔喉半径评价

低渗透储层中砂岩储层占绝大部分，砂岩储层的孔喉细小，储层的孔隙以粒间孔隙为主，孔隙多为中孔和小孔，喉道多为管状和片状的细小喉道，根据对大量低渗透油田砂岩储层的统计，其孔喉半径一般都小于 1.5μm，在整个孔喉体积中，非有效孔隙体积所占比例较大，平均比例为 30%左右，直接影响到储层的渗透性。

油藏地层的孔隙结构十分复杂，不同油田其孔隙半径及其分布均有差异。描述地层孔隙几何特征的参数有很多，比较常用的有等效孔隙半径 r、有效孔隙半径中值 r_{50} 和孔隙喉道半径 r_h 三种。下面简单介绍下三种参数的计算方法。

若假设岩心的孔隙结构为理想状态，其单位截面积中有半径为 r 的毛细管 n 根，其他的条件如岩心的几何尺寸、驱替液流体的性质、压差均与真实岩心相同，设定孔隙迂曲度为 τ，即流体通过岩石孔道实际所走过的长度与岩石外表长度的比值，基于等效渗流阻力原理，即两种岩石之间在其他条件相同时，若渗流阻力相等，则表现为流量亦应相等，将真实岩心中渗流的达西公式与理想孔隙介质毛管中渗流的泊肃叶(poiseuille)公式相结合，得出公式

$$Q=\frac{KA\Delta P}{\mu L}=\frac{nA\pi r^4\Delta P}{8\mu L\tau} \tag{4-2}$$

式中，Q 为在压差 ΔP 下，通过岩心的流量，cm^3/s；K 为岩石的渗透率，D；A 为岩心截面积，cm^2；ΔP 为流体通过岩心前后的压力差，atm；μ 为通过岩心的流体黏度，mPa·s；L 为岩心长度，cm；τ 为孔隙迂曲度，即通过岩石孔道实际走过的长度与岩石外表长度之比。

再考虑孔隙度 φ 的关系即可得

$$\phi=\frac{nA\pi r^2L}{AL}=n\pi r^2\tau \tag{4-3}$$

$$K=\frac{\phi r^2}{8\tau^2} \tag{4-4}$$

求出的 r 值即为等效孔隙半径。

孔隙半径中值 r_{50} 是指累积水银饱和度与孔隙半径的关系曲线上，累积水银饱和度达到 50%所对应的孔隙半径值。通常采用压汞测毛管压力曲线的方法来获取孔隙半径中值。其测量操作烦琐，且压汞后的岩心不能重复利用，因此此种方法有很大的局限性。

由于聚合物溶液进入低渗透油层后可能引起黏土膨胀，导致低渗透油层的渗透率下降，因此对于黏土矿物含量较高的低渗透油层通常采用的是科泽尼-卡尔曼公式来计算孔隙喉道半径 r_h，以避免常规的压汞方法得到的孔隙半径中值误差大，不能反映聚合物驱过程中的实际孔隙尺寸的缺点，该公式如下

$$r_h=\left[\frac{K(1-\varphi)^2}{C\varphi}\right]^{0.5} \tag{4-5}$$

式中，r_h 为孔隙喉道半径，μm；K 为岩心的渗透率，μm^2；φ 为岩心的孔隙度，常数；C 为科泽尼常数，一般取 0.2。

用科泽尼-卡尔曼公式计算得到的孔隙喉道半径可以反映黏土膨胀等因素的影响，其

表征的孔隙喉道半径尺寸比较接近实际情况。将孔隙度和渗透率代入科泽尼-卡尔曼公式，得出实验所用天然岩心多孔介质的孔隙喉道半径 r_h 值如表 4.21 所示。

表 4.21　岩心孔隙喉道半径 r_h 值

岩心编号	孔隙度/%	渗透率/mD	孔喉半径/μm
1#	12.5	1.47	0.21
2#	11.3	1.33	0.22
3#	12.8	1.22	0.19
4#	12.5	1.48	0.21
5#	10.4	1.47	0.23
6#	12.0	1.37	0.21
7#	14.0	1.40	0.19
8#	13.7	1.50	0.20
9#	11.7	4.05	0.37
10#	10.4	0.71	0.17
11#	10.6	0.92	0.19
12#	12.3	0.51	0.13
13#	10.6	0.53	0.14
14#	11.9	0.82	0.16
15#	11.5	0.55	0.14
16#	10.4	0.80	0.18
17#	12.1	0.77	0.16

根据聚合物分子尺寸和孔喉半径之间关系，能够建立一定的匹配关系，筛选适合低渗透油层驱油用的聚合物。

2.不同分子量聚合物的渗流特性

通过室内的岩心流动实验研究了不同分子量的 4 种聚合物，当其浓度分别为 800mg/L 和 1000mg/L 时在低渗透岩心中的注入性能，对比分析了不同浓度聚合物溶液建立阻力系数和残余阻力系数的能力。

实验步骤：①将准备好的岩心放于岩心夹持器中安装好，连接好实验装置，打开压力采集系统，准备采集压力数据；②水驱：注入模拟水，流速 0.1mL/min；③聚合物驱：以 0.1mL/min 的流速注入聚合物溶液；④后续水驱：聚合物驱替过后继续以 0.1mL/min 的流速注入模拟水，进行后续水驱。

将 4 种聚合物分别配制成 5000mg/L 的母液，然后不同的聚合物均用母液分别稀释至 800mg/L 和 1000mg/L 两个浓度，根据以上实验步骤对各个聚合物的渗流特性进行测定，具体的实验参数如表 4.22 所示。

表 4.22　聚合物渗流实验参数

编号	渗透率/mD	体系代号	浓度/(mg/L)	黏度/(mPa·s)	浓度/(mg/L)	黏度/(mPa·s)
1#	1.485	LPAM	800	3.4	1000	4.2
4#	1.495	LAM-1	800	6.8	1000	7.4
5#	1.485	LAM-2	800	8.4	1000	9.1
8#	1.515	LAM-3	800	9.8	1000	10.1

分别测定 LPAM、LAM-1、LAM-2 和 LAM-3 四种聚合物，浓度为 800mg/L 和 1000mg/L 的溶液在多孔介质中建立流动阻力的能力，岩心流动特征曲线以及实验结果如下所示。

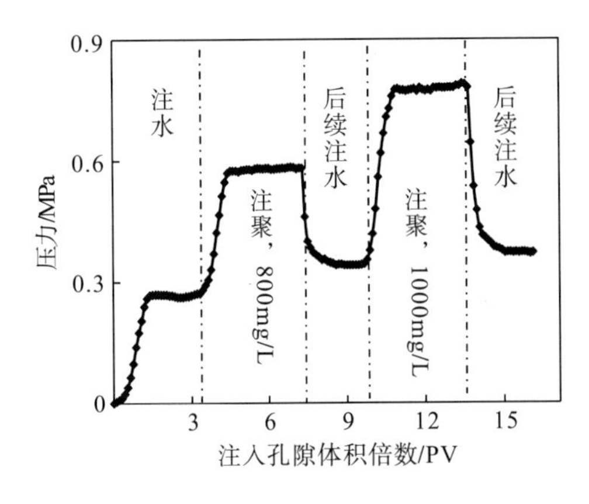

图 4.68　LPAM 聚合物流动特性曲线

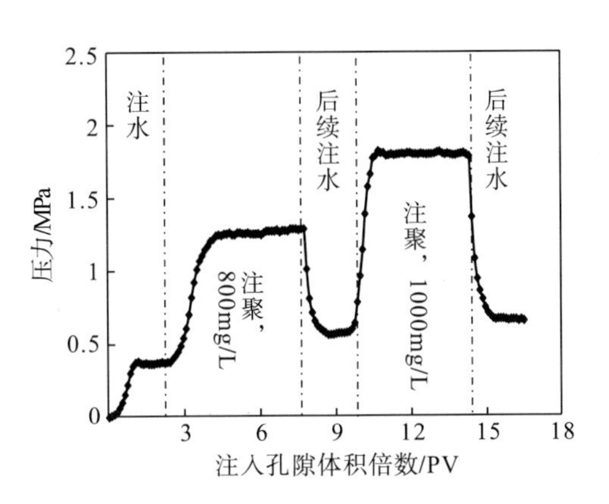

图 4.69　LAM-1 聚合物流动特性曲线

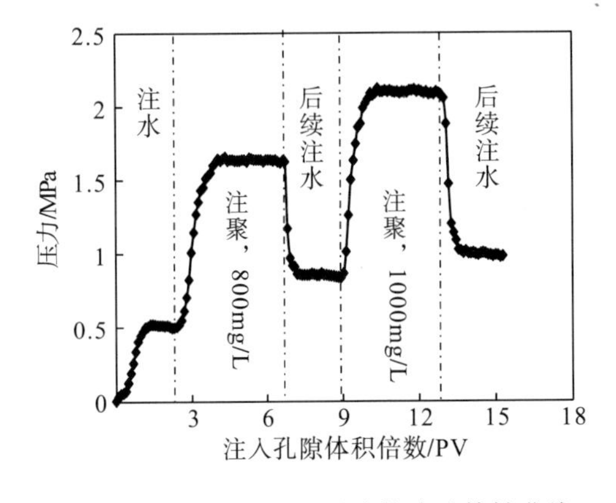

图 4.70　LAM-2 聚合物流动特性曲线

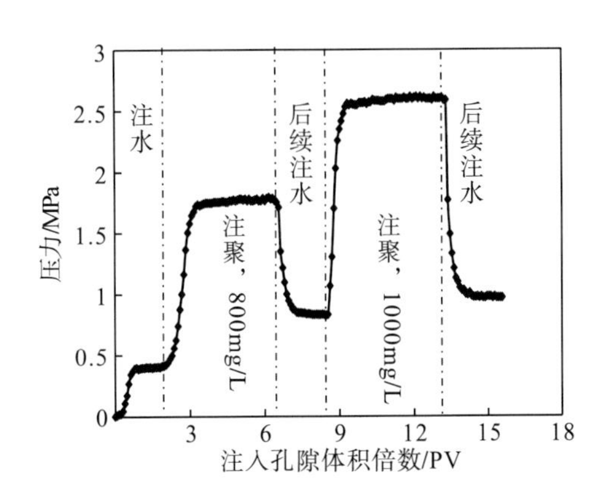

图 4.71　LAM-3 聚合物流动特征曲线

由图 4.68～图 4.71 可以看出：当在注水压力平稳后，随着聚合物溶液开始注入，注入压力迅速上升，并且随着聚合物溶液的连续注入，压力曲线很快达到平稳；随后后续注水，则压力出现突降，继续注入一定 PV 数后压力达到平稳值。注入聚合物的压力在两个浓度 800mg/L 和 1000mg/L 达到两个平台，未出现持续增加现象；在后续注水中，压力随注入孔隙体积倍数的增加而达到平衡，表现出了很好的注入性与传播性，聚合物的注入未发生堵塞。在渗透率相近的多孔介质中，不同聚合物建立的流动阻力不同。随着后续水的注入，注入压力逐渐降低，由于注入聚合物不同，降低水相渗透率的能力也有一定的差异。

阻力系数 R_F 和残余阻力系数 R_{RF} 是描述聚合物溶液流度控制以及降低渗透程度的两个重要指标。阻力系数 R_F 是指水的流度与聚合物流度的比值，因此描述的是聚合物降低流度比的能力；残余阻力系数 R_{RF} 是指聚合物驱前后岩心的水相渗透率的比值，因此描述的是聚合物降低渗透率的能力，即渗透率下降系数。聚合物驱的阻力系数越大，说明聚合物在油层中的渗流阻力越大，则驱油体系在油层中的波及体积也越大；残余阻力系数越大，说明油层孔隙介质的渗透率下降得越大，则驱油效果越好。

因此，评价和研究聚合物驱油体系在天然岩心上的阻力系数和残余阻力系数，对于正确、准确地评价和筛选室内驱油体系具有十分重要的作用。

低渗透多孔介质的复杂性对聚合物实现控制流度的能力提出了更高的要求。从聚合物实现流度控制的手段入手，研究四种具有不同分子量的聚合物在低渗透天然岩心多孔介质中建立阻力系数和残余阻力系数的能力，进一步认识具有不同增黏能力的聚合物溶液在孔道中建立流动阻力的能力和渗流规律。其阻力系数和残余阻力系数见表 4.23。

表 4.23　不同聚合物阻力系数与残余阻力系数

聚合物基本参数			实验结果			
聚合物代号	黏度—800mg/L /(mPa·s)	黏度—1000mg/L /(mPa·s)	阻力系数(R_F)—800mg/L	阻力系数(R_F)—1000mg/L	残余阻力系数(R_{RF})—800/(mg/L)	残余阻力系数(R_{RF})—1000/(mg/L)
LPAM	3.4	4.2	2.27	3.04	1.34	1.45
LAM-1	6.8	8.1	3.43	4.75	1.56	1.76
LAM-2	7.8	9.1	3.01	3.81	1.60	1.84
LAM-3	8.3	10.1	3.61	5.64	1.76	2.16

备注：模拟注入水的黏度按 0.7mPa·s 计算

从实验结果可以看出：

(1) 随着聚合物溶液浓度的增加，其溶液黏度随之相应增加。注入多孔介质聚合物溶液吸附量随其溶液浓度的增加而增加，并逐渐趋于稳定；虽然一般情况下捕集量随聚合物溶液的浓度变化不大，但是聚合物溶液浓度增加，高分子间的物理交联点增多，相互缠绕的机会随之增多，从而可能使捕集量略有增加。因此，其在多孔介质中建立的流动阻力增加。在后续水驱阶段，当水注入岩心后，虽有大部分聚合物被冲刷出来，但随着注入聚合物浓度的增加，聚合物溶液中分子链间的缠结作用增强，使其在多孔介质中的滞留量增加，建立的残余阻力系数也相应地增加。

(2) 不同分子量聚合物溶液在多孔介质中建立的阻力系数和残余阻力系数随分子量的增加而增加。相对分子量越高，其在溶液中的有效体积越大，其增黏能力越强，控制水油流度比的能力越强，即其阻力系数越大。另一方面，由于高相对分子质量的聚合物分子具有较大的水动力学半径，同时，在多孔介质内具有较大的机械捕集，故有较大滞留。因此，残余阻力系数也较大。

(3) 在注完聚合物后，再后续注水驱替后，随着多孔介质中聚合物的排出，计算实验中所得的 R_{RF} 数值。聚合物建立的残余阻力系数并不是很大，说明聚合物在岩心中的滞留量较少。

水溶性聚合物水化分子流经多孔介质的时候通常会受到岩心孔隙结构和几何尺寸的影响。聚合物分子量的大小会影响到聚合物缠绕聚集体的尺寸，进而影响到聚合物的注入性。如果大部分的聚合物水化分子通过孔喉时受阻，将会使聚合物溶液注入困难。聚合物聚集体的尺寸一般用聚合物溶液中的水动力学半径 R_h 或者回旋半径 R_g 来表示，聚合物分子聚集体的尺寸必须与所用岩心的多孔介质的孔喉半径尺寸相适应。考察了聚合物分子量及水动力学半径 R_h 对注入压力的影响。通过引入当量 PV 数(注入孔隙体积倍数)对聚合物溶液的压力动态进行描述。

1) 不同分子量聚合物注入性研究

聚合物驱主要是通过提高注入水的黏度和降低水相渗透率来增加采收率。聚合物分子量是影响上述机理的主要参数之一，聚合物分子量越高，其增黏性越好，降低水相渗透率的能力越强。但分子量越高，其机械降解越强，如果聚合物分子量选择得过高，还会堵塞油层而造成油层伤害；如果分子量选择过低，由于其增黏性差，势必要增加聚合物的用量，影响聚合物驱的技术经济效果。有学者提出，对于水驱稳定的岩心，在聚合物岩心驱过程中，如果没有聚合物不溶物影响，岩心两段的压力差持续增加，就表明聚合物的分子量过大。

本节选用 4 种不同分子量聚合物进行岩心注入能力实验研究。实验基本参数如表 4.24。

表 4.24 不同分子量聚合物注入能力实验基本参数

岩心编号	聚合物代号	渗透率/mD	浓度/(mg/L)	黏度/(mPa·s)
3#	LPAM	1.22	800	3.4
2#	LAM-1	1.33		6.8
6#	LAM-2	1.37		8.4
7#	LAM-3	1.40		9.8

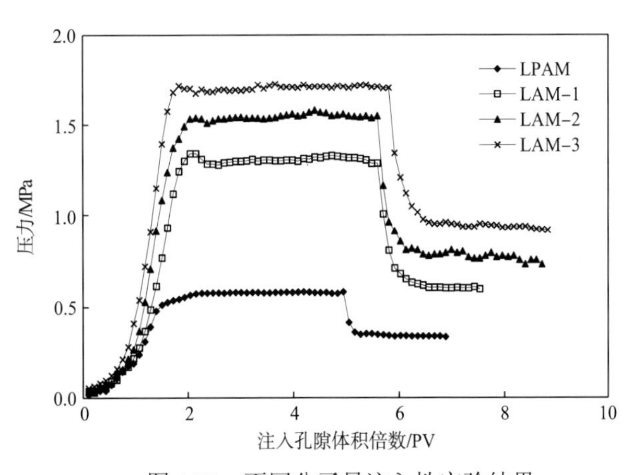

图 4.72 不同分子量注入性实验结果

随着聚合物溶液开始注入，注入压力迅速增加，当注入一定PV数(大约2PV)后，压力曲线逐渐达到平稳；随后继续注水，注入压力突降，继续注入时压力逐渐达到平稳。并且不同分子量聚合物注入压力平稳后有所不同：随着分子量的增加，聚合物注入压力增加(如图4.72所示)。由于高分子量聚合物在其溶液中水化分子有效体积大，增黏能力强且高相对分子量聚合物其水动力学半径较大，在孔隙介质中有较大机械捕集及较大滞留，故在注入过程中呈现出较高的压力。在聚合物溶液连续注入过程中，四种聚合物溶液压力曲线平稳无突变，说明四种聚合物溶液在多孔介质中注入性良好，未发生堵塞。

2)不同聚合物水动力学半径注入性研究

架桥原理提出，当聚合物水动力学半径 R_h 与多孔介质孔隙喉道半径 R 的关系为 $R_h<0.46R$ 时，聚合物溶液的注入不会造成堵塞。本节根据架桥原理设计 R_h 与 R 不同匹配关系情况下聚合物溶液的注入能力(基本方案见表4.25)。

表4.25 不同水力学半径注入能力实验基本方案

岩心编号	溶液浓度/(mg/L)	R_h/R
9#		0.54
16#	800	1.10
15#		1.36

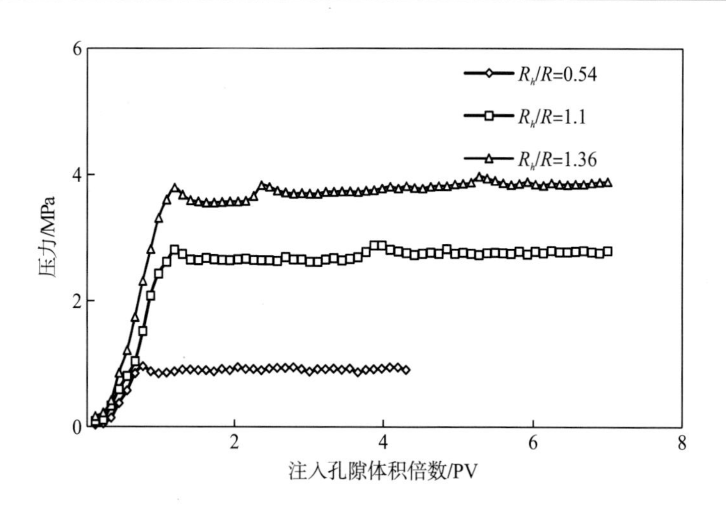

图4.73 不同水动力学半径注入能力实验结果

从图4.73可以看出，随着聚合物水动力学半径与孔隙喉道半径比值(R_h/R)增加，聚合物溶液的注入能力下降。这是由于聚合物水动力学半径增大后，其分子间的缠结也随之增加，从而使溶液的黏弹性增加，致使聚合物注入能力下降。当 R_h/R=1.1 及 R_h/R=1.36 时，随着注入体积的增加，岩心两端压差逐渐增加，然后趋于平稳，但是继续增加注入体积，压力忽而升高，忽而降低，波动显著说明岩心发生了轻微的堵塞现象，但在一定的压差作用下就能够使这种堵塞作用解除，说明其堵塞物容易变形。

实验结果与架桥原理表现出不一致性。当 R_h/R=1.1 及 R_h/R=1.36 时，聚合物溶液注入能力虽有所降低，且有一定程度的堵塞，但是在压差作用下这种堵塞会解除。这可能是由于聚合物水化分子链具有一定的柔顺性，在压力作用下聚合物分子链沿孔隙喉道半径取向，均方末端距增加，水动力学半径减小，因此堵塞会解除。

(1) 对实验用岩心进行水测渗透率，并计算出岩心的孔隙喉道半径值。实验中所用岩心渗透率为 0.5～1.5mD，而岩心孔隙喉道半径为 0.15～0.25μm。

(2) 实验中选取 LPAM、LAM-1、LAM-2、LAM-3 四种聚合物做岩心渗流特性实验；实验得知，四种聚合物在低渗透岩心中均有较好的注入性，且其注入压力均在较为理想的范围内。

(3) 不同聚合物溶液在多孔介质中建立的阻力系数和残余阻力系数的变化幅度与注入聚合物的溶液黏度的变化情况较为接近，建立的残余阻力系数大致相同。

(4) 不同因素下聚合物溶液注入能力不同，当增加聚合物的分子量以及 R_h/R 值时，聚合物溶液注入能力降低。聚合物溶液在多孔介质中轻微堵塞后由于聚合物分子链的柔顺性，在一定压力作用下会解除堵塞。实验结果与架桥原理不一致，在 $R_h/R>1$ 时仍然能够注入。

4.2.5　低渗透油藏复合驱应用

根据聚合物的水动力学半径与低渗透岩心的孔喉半径配伍性关系，保证聚合物在低渗透岩心具有较好的注入性，才能实现低渗透岩心中聚/表二元体系提高采收率的目的。

针对具体的低渗透油层，分别考察表面活性剂、聚合物和聚/表二元体系对提高采收率的影响，实验步骤和流程如图 4.74 所示。

实验温度：70℃；实验用水：模拟水；实验用油：用煤油稀释过的原油，70℃条件下测定稀释后的原油的黏度为 2.0mPa·s；泵：ISCO 260D Syringe pump，无脉冲高速高压微量泵，最高注入压力 50MPa，单泵最小排量 0.01mL/min，单泵最大排量 107mL/min，美国；带活塞中间容器 3 个，最大容量 1000mL，最大工作压力 32MPa，江苏海安石油科研仪器厂；恒温箱：SG83-1 型双联自控恒温箱，江苏海安石油科研仪器厂；压力传感器：压力传感器 1 个，0.0001～14MPa。

1) 饱和地层水

(1) 将准备好的岩心放于岩心夹持器中安装好，将装置置于温度为 70℃的烘箱内，按照图 4.74 连接好实验装置，打开压力采集系统，准备采集压力数据。

(2) 开泵排空中间容器、管线中的气体，开始采集模型入口压力。

(3) 以 0.05mL/min 的注入速度向模型中注入地层水，直到出口端连续出液，并且注入压力稳定不再变化为止，计算岩心的孔隙体积。

2) 饱和原油

(1) 开泵，排空中间容器、管线中的地层水，并开始采集模型入口压力。

(2) 以 0.01mL/min 的速度饱和原油。

(3) 记录出口端的累计出水量、出油量，计算出含油饱和度。

(4) 关闭模型的进口和全部出口，老化 48h。

3）水驱油

（1）开泵，排空中间容器、管线中的油，并开始压力采集。

（2）以 0.05mL/min 的速度注入模拟地层水，注入过程中，每隔 10min 记录一次各个出口的产液量、产水量和产油量，得出含水率，分析含水率的变化，直到瞬时含水率达到90%左右时，停止水驱。

（3）计算出口的累计产液量、出水量、出油量，计算水驱采收率。

4）化学驱替剂驱油

水驱停止后以一定速度注入实验方案设计的化学驱替剂段塞，驱替剂溶液由模拟地层水配制，每隔 10min 记录一次产液量、出水量和出油量，并计算表面活性剂驱出原油总量，计算采收率。

5）后续水驱油

（1）注入化学驱替剂溶液段塞之后，继续以 0.05mL/min 的流速注入模拟水进行后续水驱。

（2）注入过程中，每隔 10min，记录一次出口的产液量、产水量和产油量，得出含水率，分析含水率的变化，直到含水率大于 97%时，停止水驱。

（3）计算出口的累计产液量、出水量、出油量，计算后续水驱的采收率提高值。

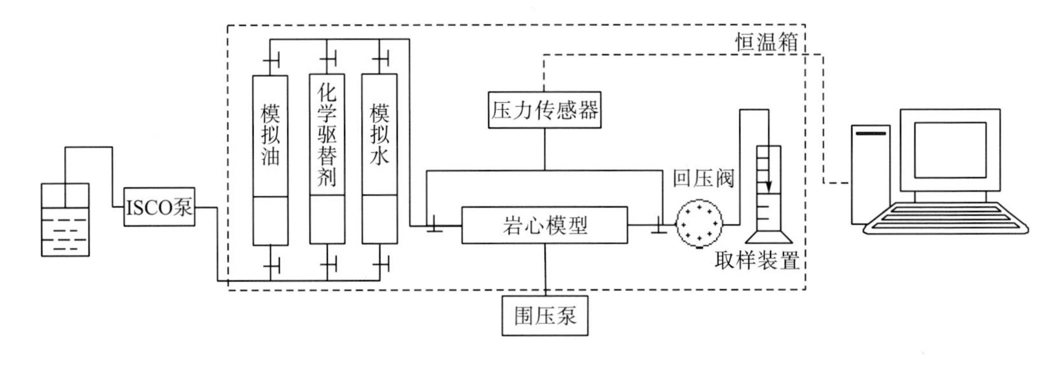

图 4.74 化学驱替剂驱油实验流程图

1.低渗透岩心中单独聚合物驱油效果

实验中选取 LPAM 和 LAM-2 聚合物，分子量为 8.16×10^6 和 1.994×10^7，做两组驱油实验。在不加任何表面活性剂的情况下，不存在界面张力对驱油效果的影响。

聚合物的基本参数以及实际注入参数如表 4.26 所示。

表 4.26 聚合物驱油实验方案具体参数

岩心编号	渗透率/mD	聚合物代号	黏度/(mPa·s)	浓度/(mg/L)	注入PV数/PV
14#	0.82	1#	3.4	800	0.3
11#	0.92	3#	8.38		

聚合物驱的含水率和压力变化如图 4.75、图 4.76 所示

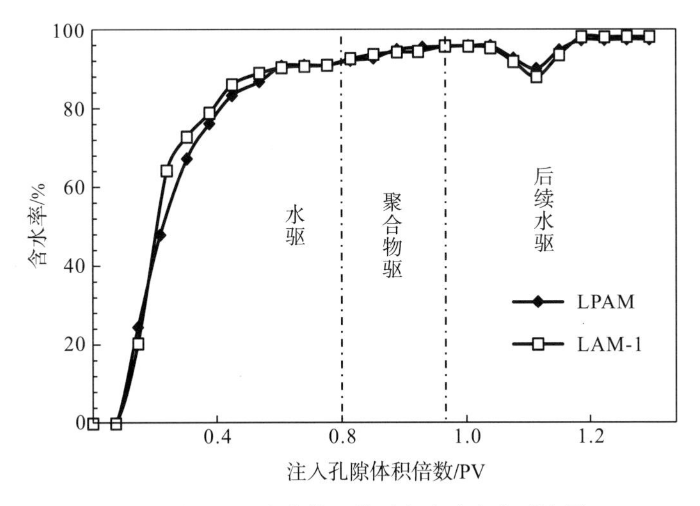

图 4.75　聚合物驱替过程中含水率对比图

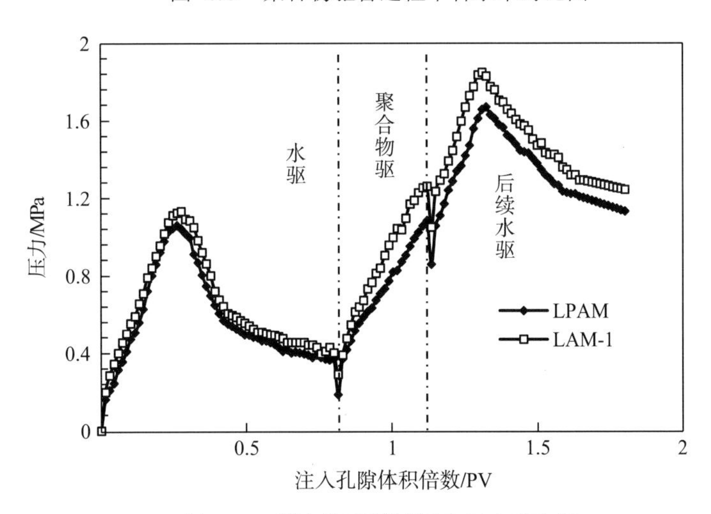

图 4.76　聚合物驱替过程中压力对比图

从含水变化图中可以看出，聚合物体系建立残余阻力系数可以适当地降低含水率，延缓含水上升速率。残余阻力系数的作用主要体现在后续水驱阶段，可以看到在后续水驱阶段随着体系建立残余阻力系数能力的增加，实现了在低含水期内稳定时间较长，含水较慢上升的特点，这种表现体现了聚合物以降低储层岩石水相渗透率为目的的技术手段所具有的典型特征。由于聚合物有效地降低了含水率，延缓了含水率上升速度，因此适当延长了低含水采油期。

2.低渗透岩心中单独表面活性剂驱油效果

根据各界面张力选取两种数量级（10^{-2}mN/m、10^{-3}mN/m）的表面活性剂来设计实验，选择渗透率相近的岩心，尽量减少渗透率不同带来的实验误差，在此基础上进行驱油实验。

表面活性剂的基本参数以及实际注入参数如表 4.27 所示。

表 4.27 表面活性剂驱油实验方案具体参数

岩心编号	渗透率/mD	表面活性剂代号	浓度/(mg/L)	界面张力/(mN/m)	注入PV数/PV
12#	0.510	TC	1250	1.88E-02	0.3
13#	0.530	SY	1250	4.06E-03	0.3

不同界面张力的表面活性剂体系的注入含水率和压力变化数据如下图 4.77、图 4.78 所示：

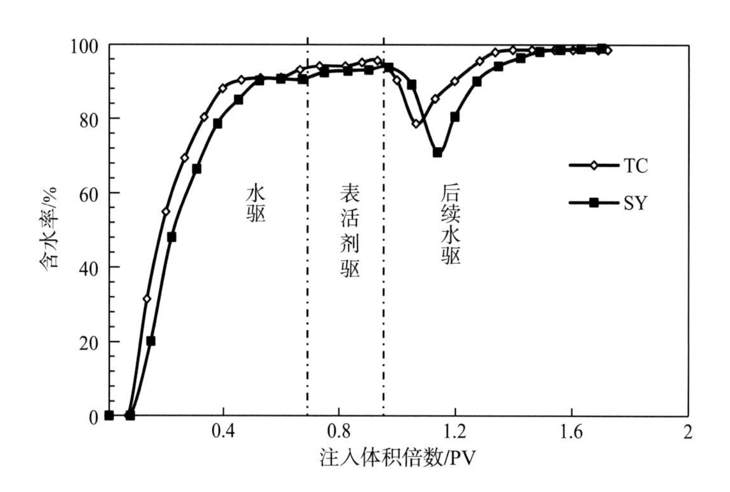

图 4.77 表活剂驱替过程中含水率对比图

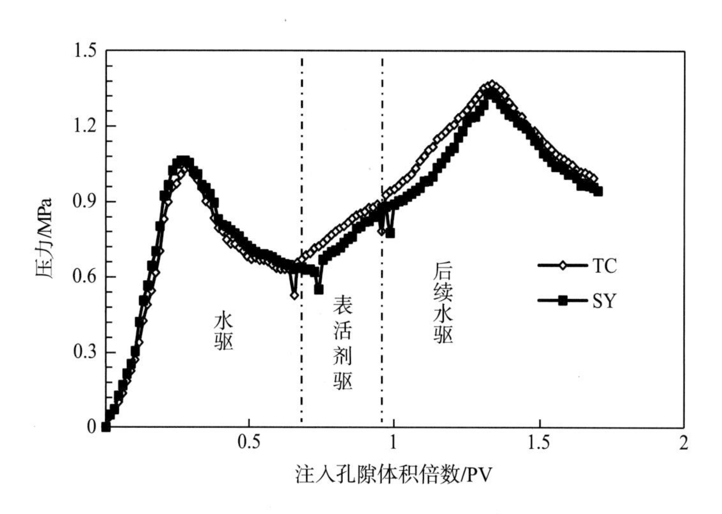

图 4.78 表活剂驱替过程中压力对比图

当界面张力数值为 10^{-3}mN/m 数量级的超低界面张力时，能够大幅度地提高原油采收率。即随着界面张力数量级不断趋于超低状态，不同表面活性剂采收率的数值不断增加，达到超低时的采收率达到最高。可见，表面活性剂的超低界面张力对原油采收率有至关重要的作用。

3.低渗透岩心聚/表二元体系驱油效果

选取界面活性较好的 SY 表面活性剂与聚合物复配，测定复配后的二元体系的界面张力，结果表明复配过后的界面张力可以达到 10^{-3}mN/m 数量级，采用复配体系做两组驱油实验，考察了聚/表二元体系中在超低界面张力下不同分子量的聚合物对驱油效果的影响；并且考察了聚/表二元体系注入速度的变化对驱油效果的影响。按照上节所示实验的实验步骤做好含油饱和度、出水出油量等数据的实验记录，根据上述数据得出含水率、采收率和注入 PV 数的关系曲线。

聚/表的基本参数以及实际注入参数如表 4.28 所示。

表 4.28　聚/表驱油实验方案具体参数

岩心编号	渗透率/mD	聚/表体系	浓度/(mg/L)	界面张力/(mN/m)	注入 PV 数/PV
10#	0.717	LPAM/SY	800/1250	1.01E-02	0.3
17#	0.778	LAM-2/SY	800/1250	5.05E-03	0.3

不同聚合物/表面活性剂复合体系的注入含水率和压力变化数据如下图4.79、图4.80所示：

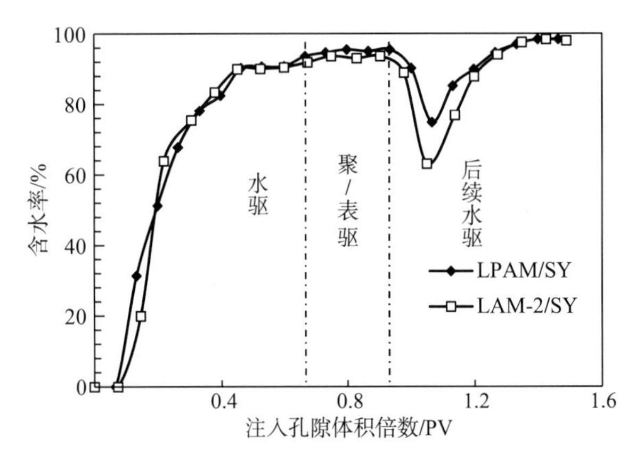

图 4.79　聚/表驱替过程中含水率对比图

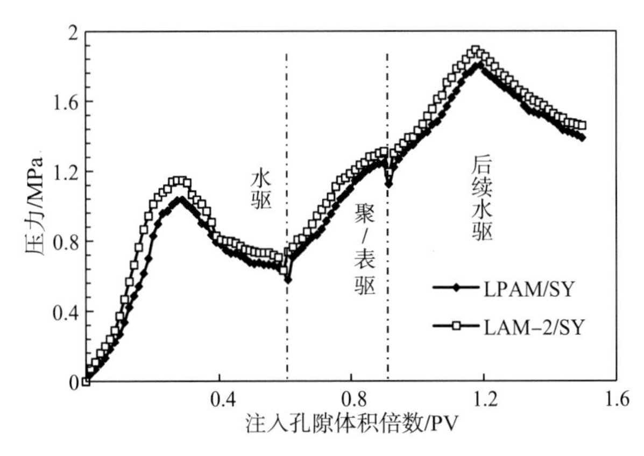

图 4.80　聚/表驱替过程中压力对比图

从含水变化图中可以看出，两组不同的驱油体系含水率变化总体趋势是一致的。表面活性剂的超低界面张力和聚合物的黏弹性共同作用可以有效地降低含水率，延缓含水上升速率。表面活性剂和聚合物的协同作用主要体现在后续水驱阶段，可以看到在后续水驱阶段，由于二元体系低的界面张力，实现了在低含水期内稳定时间较长、含水较慢上升的特点。可见二元体系中表面活性剂的超低界面张力作用启动了残余油和剩余油，聚合物增大了波及系数改善了水油流度比，使聚/表二元体系延长了低含水采油期，其采收率出现了较大幅度的增加。

将不同体系化学驱采收率变化情况汇总如表 4.29 和图 4.81 所示。

表 4.29　不同体系化学驱采收率变化情况汇总

驱替液代号	界面张力/(mN/m)	黏度/(mPa·s)	水驱采收率/%	驱替液采收率/%	总采收率/%
TC	1.88E-02	—	39.00	7.28	46.28
SY	4.06E-03	—	37.63	8.53	46.16
1#(LPAM)	—	3.4	32.00	5.20	37.20
3#(LAM-2)	—	8.3	35.23	6.49	41.72
	1.01E-02	3.2	40.00	8.2	48.20
3#/SY	5.05E-03	7.8	40.86	9.38	50.24

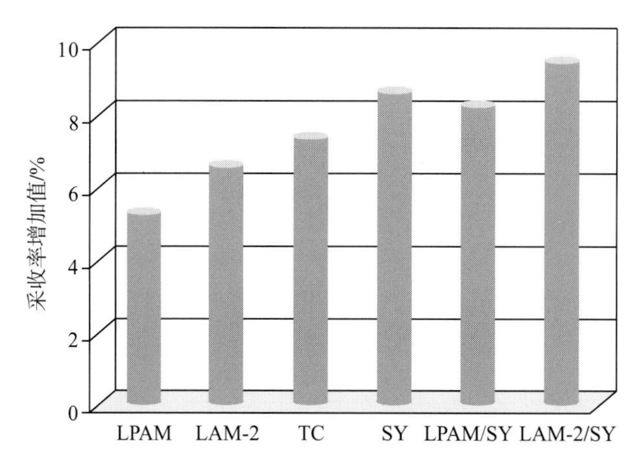

图 4.81　不同体系采收率增加值

当界面张力数值在 10^{-2}mN/m 数量级时，采收率数值增加 7.28%；当界面张力数值为 10^{-3}mN/m 数量级的超低界面张力时，能够较大幅度地提高原油采收率。也就是说界面张力数量级达到超低时的采收率能够达到较高。分析认为：当地层中注入表面活性剂体系时，表面活性剂可以与原油发生作用使油水界面张力数值降低，当界面张力达到超低时可以降低内聚力和黏附力，活化地层中的残余油与剩余油，使得地层中的残余油被拉成丝状并逐渐被拉断，最后分散成细小的油滴，容易在驱替液的作用下发生运移甚至流动，变小的油滴很容易通过细小的孔喉进而被驱替出来，从而达到提高采收率的目的。

与单一的表面活性剂驱相比，聚/表二元体系的采收率有明显的提高，说明聚/表二元体系中表面活性剂与聚合物共同作用使得驱油效果增加，聚/表二元体系具有明显的优势。并且在聚合物浓度一定的情况下，界面张力达到 10^{-3}mN/m 超低数量级的二元体系的采收率明显高于 10^{-2}mN/m 的二元体系，表明界面张力在聚/表二元体系中发挥较大的作用，界面张力达到超低的二元体系能够利用聚合物扩大驱替液的波及体积，到达水驱所不能到达的地方，使得表面活性剂能够更好地发挥将残余油剥离下来的作用，二者共同作用使得残余油与剩余油能够更多地被驱替出来。

4.3 稠油油藏复合驱

随着国民经济迅速发展和石油资源不断开采，稠油开采在石油工业中显得愈发重要。据统计，全球范围内的稠油和沥青砂可采储量约有 4000×10^8t，是常规原油可采储量的 2.7 倍。中国稠油资源量约有 250×10^8t，约占我国石油总资源量的 28%，现在已探明的稠油可采储量约有 12×10^8t，占探明石油可采储量的 7.5%。但近年来我国新增原油产量的 60%来自海洋，海上油田是国家石油供给的重要支柱，年产量已经突破 5000×10^4t，其中稠油产量高达 50%，海上稠油持续稳产、上产是国家能源安全保障的重要战略需要。截至 2013 年，稠油储量 34.5×10^8m^3，占海上总储量 70%，且新发现稠油越来越多。25 年海上平台有效期内水驱采收率仅 18%～20%，油田开采结束仍有 80%的稠油资源遗留地下难以利用。采收率每增加一个百分点，就相当于在未新增勘探投资情况下发现了一个亿吨级储量大油田，提高采收率意义重大。因此，以渤海稠油油藏为研究对象分析其复合驱的适应性。

海上稠油油藏油稠、水硬，开发受到海上工程条件、经济门槛、供给保障和环保要求等多重制约，提高海上稠油采收率挑战极大，陆地油田成熟的技术无法使用，世界海上油田也没有可借鉴先例。经研究分析，聚合物驱油技术是海上油田最有可能应用且潜力最大的提高采收率技术，2000 年开始，在世界海上油田成功开展聚合物驱先导试验并推广应用。绥中 36-1 油田 I 期、旅大 10-1 油田和锦州 9-3 油田均取得了良好的聚驱矿场试验效果，注入井注入压力上升、吸水能力下降、生产井含水降低、水驱曲线斜率降低、开发效果变好等基本注聚见效特征；增油量评价结果表明，截至 2013 年 12 月，三个油田已累计增油 345×10^4m^3。经过十年的实践，聚合物驱主要针对海上典型稠油油田研究的聚合物驱提高采收率技术，适应的油藏条件是：地层原油黏度范围 40～150mPa·s，矿化度≤3×10^4mg/L（Ca^{2+}+Mg^{2+}含量≤1100mg/L），油藏温度≤75℃。对于地层原油黏度更高的稠油油藏，高盐油藏、高温油藏、高温高盐油藏，从技术的经济性来看，其应用具有局限性。

对于地层原油黏度更高的稠油油藏(黏度 150～350mPa·s 稠油储量 7×10^8t，黏度＞350mPa·s 稠油储量 7.4×10^8t)：①地层可流动稠油：驱油体系的黏度应该更高，才会有更好驱油效果，但是相应的注入能力必然大幅度下降，从而无法实现预期的提高采收率效果。因此，必须研究既能增加驱替相(水相)的黏度，又能显著降低被驱替相(油相)黏度的一剂多功能驱油体系，才能显著改善不利的水油流度比，经济有效地提高采收率。②地层流动性差的稠油，根据海上平台条件，从经济角度考虑，研究热水化学复合驱油技术是未来发展的一大趋势。对于高盐或高温油藏，需要根据实际油藏条件，重新设计聚合物分子结构，并研究其作用机理与油藏适应性，研发能够满足更高矿化度（尤其是 $Ca^{2+}+Mg^{2+}$ 含量＞1100mg/L）或者更高温度（＞75℃）要求的聚合物及其驱油体系。对于双高（高温高盐）油藏，通常原油黏度较低，需要研究既耐高温又耐高盐的聚合物，或者前者加上相应的表活剂形成聚表二元/三元复合驱油技术等。因此，为了进一步提高稠油油藏资源利用率，急需要提高水驱稠油油藏的采收率。

4.3.1 稠油油藏复合驱关键技术

复合驱是提高采收率最有效的技术之一，可以同时提高采收率和采油速度。但聚合物/表面活性剂/碱三元复合驱体系不适应渤海油田，原因是：高浓度碱的使用严重降低驱油体系的性能，增加聚合物的成本；采出液乳化严重，破乳困难；当地层中黏土矿物含量超过 5%，碱对地层的伤害将是不容忽略的严重问题，一般认为就不适应三元复合驱，而渤海 SZ36-1 油田黏土矿物含量高达 9%～11%。目前研究人员十分关注无碱超低界面张力的聚合物/表面活性剂二元体系，认为这是一项既能保持复合驱高的提高采收率能力，又能消除碱带来的负面效应的新技术，胜利油田还开展了相应先导性实验，取得了较好的效果。因此，渤海油田的复合驱技术发展可以向无碱聚合物/表面活性剂二元复合驱方向进行。

稠油油藏虽然油稠但其油层渗透率也相对较高，注入的流体极易沿着高渗透窜流，降低了驱油体系的驱替作用。目前聚/表二元复合驱应用于稠油油藏的报道较少，马涛等（2008）针对原油黏度 605.3mPa·s 的孤岛油田，应用磷酸酯基的甜菜碱型表面活性剂与含抗温抗盐基团的聚合物进行复配筛选聚/表二元体系，体系黏度为 16mPa·s，界面张力能达到 10^{-3}mN/m 数量级的超低水平，最终采收率增幅在 32.17%左右，但其追求超低界面张力，不但增加了表面活性剂的用量又牺牲了体系的表观黏度；伊向艺等（2013）针对羊三木稠油油藏（50℃条件下原油黏度为 1204.43mPa·s）进行了二元复合驱油体系的筛选，应用 HPAM 与石油磺酸盐复配，体系的界面张力能降低至 10^{-2}mN/m 数量级，但未提及体系的表观黏度，其表面活性剂的用量为 0.2%，聚合物用量为 0.1%，其室内物模实验最终采收率在 15.7%，高于单独的聚合物驱和表面活性剂驱，说明聚/表二元复合驱应用于稠油油藏有一定的效果。

从稠油体系结构上看，稠油是一个主要由脂肪烃、芳香烃、胶质和沥青质构成的连续分布的动态稳定胶体分散体系。在稠油中追求低界面张力体系，需要更多的表面活性剂等物质，才能达到聚/表二元体系超低/低界面张力的要求。

4.3.2 稠油油藏二元复合驱体系

渤海油田水质矿化度和硬度高、油稠，尚无能适应这种油藏条件的二元体系及配套聚合物与表面活性剂，必须研制出抗温抗盐的聚合物和无碱条件下能实现超低油水界面张力的表面活性剂，并建立相应的二元复合驱油体系。

渤海稠油油藏聚合物驱采用的驱油剂为疏水缔合型聚合物，聚合物分子链上具有特殊的双亲结构，在与表面活性剂进行复配过程中，聚合物和表面活性剂在溶液中发生分子层面的相互结合而导致体系流变性和界面活性有特殊的变化规律，这种现象称为缔合聚合物与表面活性剂的协同效应，协同效应因聚合物与表面活性剂分子结构、组成等的变化而表现出二元体系应用性能的趋好或变差，当性能趋好时为正协同，变差则为负协同。必须深入研究这种协同作用机制以及这种机制与聚合物和表面活性剂分子结构、组成等的关系，合理设计和选择聚合物与表面活性剂分子结构，利用正协同效应，回避、削弱或抑制负协同效应，才能开发设计出理想的相应聚合物与表面活性剂及二元复合驱体系。

1.适合复合驱的聚合物溶液性能

聚合物溶液的性质主要取决于聚合物的结构和种类、溶液矿化度、实验温度以及剪切作用等因素。在渤海普通稠油油藏条件下分析其溶液性能，包括溶解性、增黏性、抗盐性、流变性等，驱油用树枝状疏水缔合聚合物的结构示意图如图 4.82 所示。

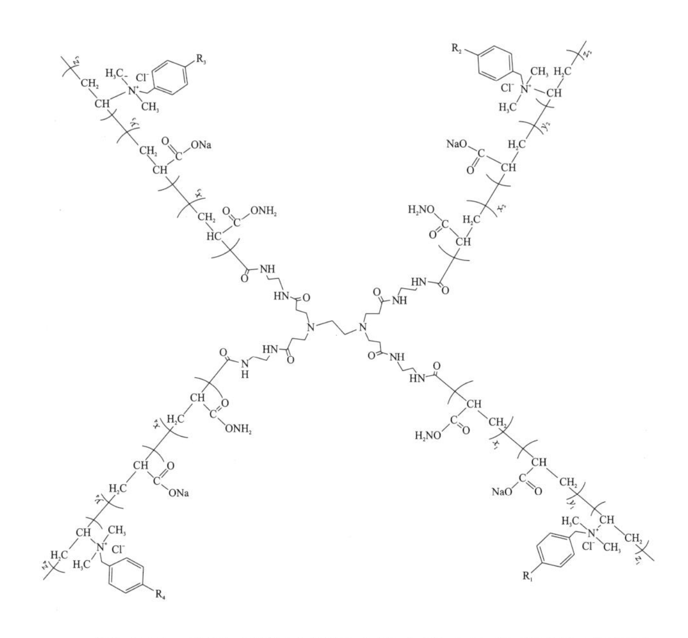

图 4.82　驱油用树枝状疏水缔合聚合物(DHAP)示意图

驱油用树枝状疏水缔合聚合物(DHAP)是用 1 代树枝骨架与丙烯酸、丙烯酰胺、疏水单体二甲基烯丙基-N-烷基氯化铵通过氧化还原引发体系在 35℃下四元共聚合成，通过测定其特性黏数，计算出黏均分子量为 8×10^6 左右。其中疏水单体含量为单体浓度的 1.3%。

1) 驱油用树枝状疏水缔合聚合物的溶解性

在水溶液中溶解性能的好坏是评价一种聚合物能否应用于油气开采的首要条件。驱油用树枝状疏水缔合聚合物由于结构中引入了支化结构，外围分子链上引入了一定量的疏水单体，尽管其流变性能得到一定的改善，但是水溶性也受到了一定的影响。冯玉军等(2001)研究了疏水缔合聚丙烯酰胺溶解速度的影响因素，实验发现：疏水缔合聚丙烯酰胺溶解速度受疏水基团的含量、阴离子基团的种类、聚合物分子量大小及聚合物颗粒大小等因素的影响。李晓南等(2007)研究了低分子量高缔合力的疏水缔合聚合物的溶解性和疏水基团的关系，说明了溶解性对于聚合物应用的重要性，并且得出低分子量高缔合力的疏水缔合聚合物在一定的矿化度下具有比较好的溶解性。因此有必要研究树枝状聚合物的溶解性，以便了解其是否能够满足油田应用的要求。实验用蒸馏水和高矿化度的渤海油藏模拟注入水研究树枝状聚合物的溶解性。其溶解性能如表 4.30 所示。

表 4.30 DHAP 溶解性能比较

水质	颗粒大小/目	搅拌速度/(r/min)	溶解温度/℃	溶液浓度/(mg/L)	溶解时间/h
蒸馏水	40～60	80	45	5000	3.5
模拟水	40～60	80	45	5000	6.2

无论是蒸馏水，还是模拟注入水中，DHAP 均能溶解，由于 DHAP 在合成过程中引入了疏水基团，而模拟注入水中由于存在离子，水溶液的极性增加，疏水基团的存在，增强了聚合物溶液的极性，使其更加难以溶解，在模拟注入水环境中，DHAP 的溶解需要更长时间。

2) 驱油用树枝状疏水缔合聚合物的增黏性

将聚合物用模拟注入水配制一系列不同浓度的溶液，测定其在油藏条件下的黏度随浓度变化的情况，实验结果如图 4.83 所示。

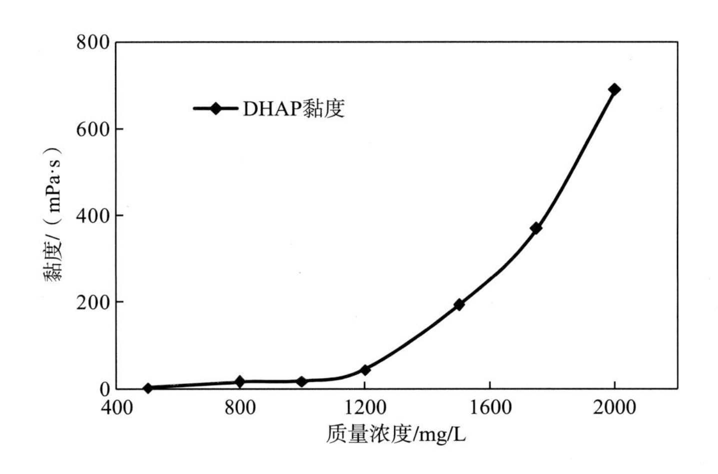

图 4.83 溶液浓度对聚合物溶液表观黏度的影响

从图 4.83 中可以看出在模拟注入水中 DHAP 溶液存在缔合浓度，大约在 1200～1500mg/L，表现出了疏水缔合聚合物的性质。当聚合物浓度为 1750mg/L 时，其黏度能达到 340.1mPa·s，表现出较好的增黏性能。分析认为由于 DHAP 含有疏水基团，在质量浓度为 1200mg/L 以前，DHAP 溶液中主要是分子内缔合，表现出随浓度增加，表观黏度缓慢上升，在质量浓度为 1500mg/L 以后，DHAP 溶液中主要是分子间缔合，表现出随浓度增加，表观黏度大幅上升，其表现出了疏水缔合聚合物特有的性能。

3) 驱油用树枝状疏水缔合聚合物的耐温性

为考察温度对 DHAP 溶液表观黏度的影响，用模拟注入水配制浓度 1750mg/L 的 DHAP 溶液，并用 Waring 搅拌器 1 档(3500r/min)剪切 20s，待消泡后测定溶液在 25℃、35℃、45℃、55℃、65℃、75℃、85℃下的表观黏度，实验结果如图 4.84 所示。

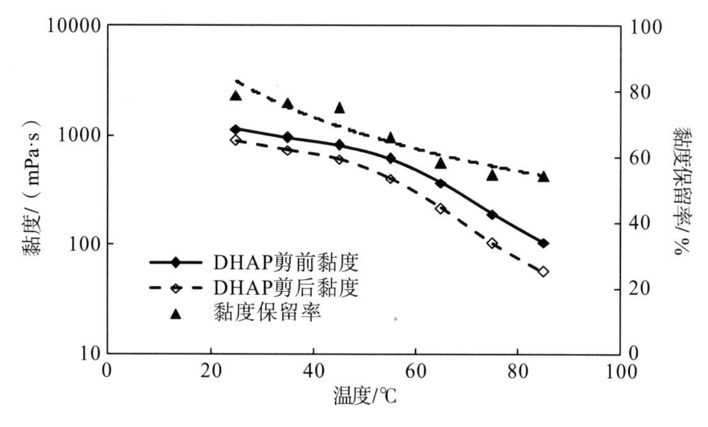

图 4.84　温度对聚合物溶液表观黏度的影响

当温度低于 45℃时，无论是剪切前剪切后，DHAP 溶液的黏度变化均较小，而当温度高于 45℃后，聚合物黏度下降幅度有所增加。分析认为：一方面疏水缔合作用是一个熵驱动的过程，升高温度，溶液体系的熵增加，疏水缔合作用增强导致溶液表观黏度增加；另一方面温度升高，聚合物的分子链及水分子的热运动加快，疏水基团间的作用减弱以及水分子与疏水基团间的作用发生变化，使得聚合物分子链间的缔合作用减弱，从而导致溶液黏度降低。这两方面共同影响着聚合物溶液的黏度，又因其分子结构高度支化，具有一定的刚性结构，所以温度对其溶液黏度降低的影响相对较小，总体看来其表现出较好的耐温性能。

4) 驱油用树枝状疏水缔合聚合物的抗盐性

在现场配制聚合物溶液的模拟注入水大多矿化度较高，其中含量最多的是一价的阳离子(Na^+)，而对聚合物黏度影响较大的是多价离子，特别是 Ca^{2+}和 Mg^{2+}等二价阳离子，而且当聚合物注入地层后，由于地层水往往较注入水的矿化度更高，因此有必要考察 Ca^{2+}和 Mg^{2+}离子浓度对 DHAP 溶液表观黏度的影响。

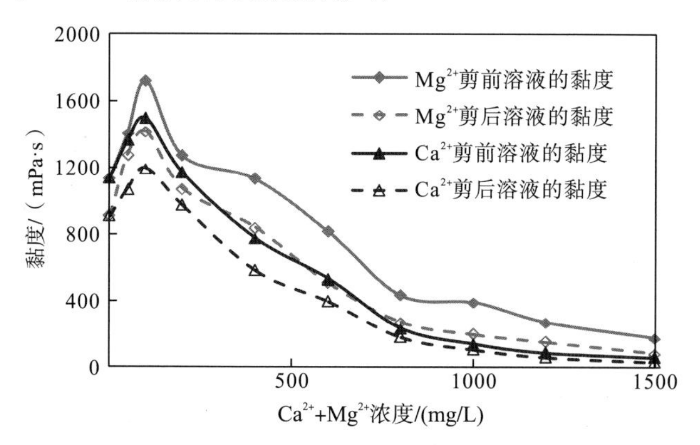

图 4.85　钙镁离子对聚合物溶液表观黏度的影响对比

从图 4.85 可以看出，Ca^{2+}+Mg^{2+}对 DHAP 溶液黏度的影响趋势相同，都存在盐增稠区间，对于同浓度的 DHAP 溶液，Ca^{2+}对其表观黏度的影响大于 Mg^{2+}，分析其原因是与它们的去水化能力有关以及与—COO^-形成的络合物的溶解性能有关。第一点：Mg^{2+}的水化半径为 0.346nm，Ca^{2+}的水化半径为 0.309nm，由于 Ca^{2+}的水化半径更小，所以其更易与 DHAP 分子链上的—COO^-作用，使分子链卷曲更厉害，黏度下降幅度更大；第二点：Ca^{2+}与聚合物分子链上的—COO^-形成不溶物，而 Mg^{2+}与聚合物分子链上的—COO^-形成的是难溶物。综上两点所述，可以看出 Ca^{2+}对 DHAP 溶液黏度影响更大。

5）驱油用树枝状疏水缔合聚合物的流变性

采用 RS600 型流变仪（德国 HAAKE 公司生产；测试系统：双筒；转子：DG41-Ti）进行测定，对 DHAP 溶液的流变性能进行研究。

剪切速率范围为 0.01～100s^{-1}；聚合物溶液为模拟注入水配制的 1750mg/L 的 DHAP 溶液；测试温度为 65℃；剪切条件为 Waring 搅拌器 1 档 20s。

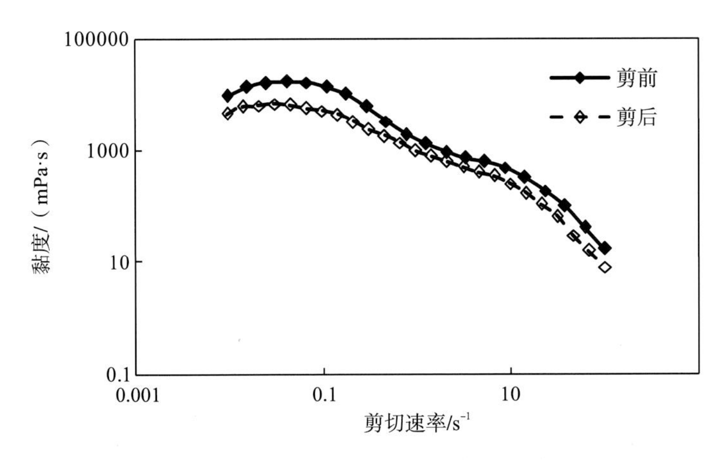

图 4.86　聚合物溶液流变性曲线

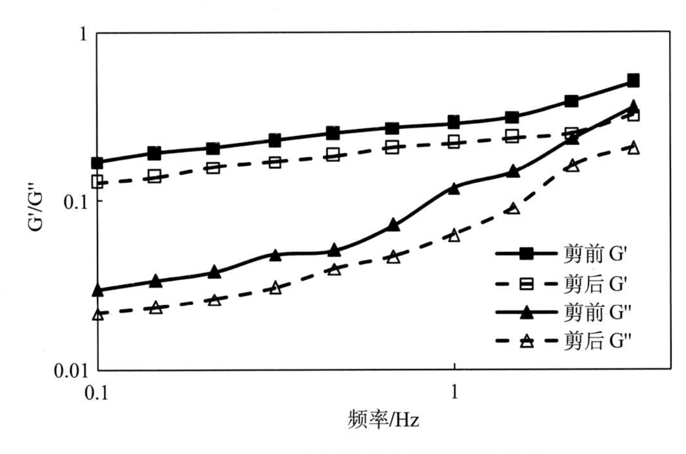

图 4.87　聚合物溶液的黏弹性曲线

从图 4.86 和图 4.87 中可以看出，在剪切速率范围内 DHAP 溶液的黏度随剪切速率的增加而降低，表现出了较好的剪切稀释性，有利于聚合物的注入；同时，聚合物剪切前后的黏度相当，表明聚合物溶液具有较强的结构性流体和黏弹性流体的特征。

6) 驱油用树枝状疏水缔合聚合物的抗剪切性

用模拟注入水将 DHAP 配制成聚合物母液，并将稀释成目标浓度的 DHAP 溶液用 Waring 搅拌器 1 档(3500r/min)剪切 20s，待消泡后测定其表观黏度。

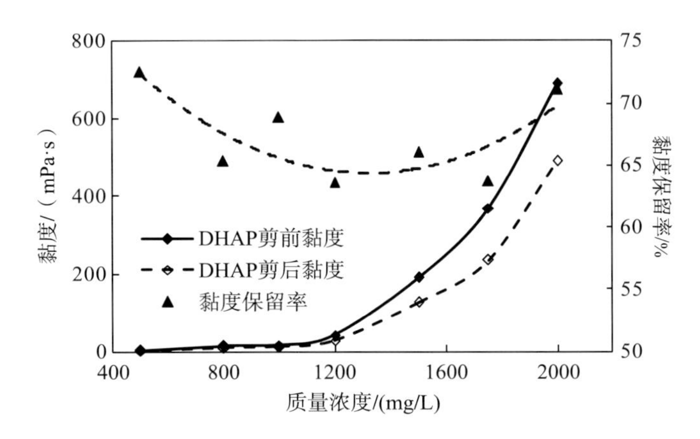

图 4.88　剪切作用对聚合物溶液表观黏度的影响

由图 4.88 可知，与剪切前的表观黏度相比，DHAP 溶液剪切后的表观黏度有小幅下降，黏度保留率大约为 70%。剪切后，树枝状聚合物浓度为 1750mg/L 时，其表观黏度有 235.2mPa·s。分析认为：在渤海油藏条件下，虽然其矿化度比较高，但是由于 DHAP 中加入的树枝骨架，聚合物分子链的刚性得到增强，溶液形成的网络结构也相对增强，使得 DHAP 抗剪切作用的能力相对增加。由于其刚性增加使得其能够适度抵抗外加阳离子对其结构的破坏作用，而且由于加入疏水单体，在矿化度较高的情况下，盐的加入会使分子链上疏水单体间的缔合作用增强，这两方面的作用都使得 DHAP 在盐的浓度比较高的情况下仍具有很好的抗剪切能力。

2.适合复合驱的表面活性剂溶液性能

三次采油用的表面活性剂能大幅提高采收率的驱油机理主要是其吸附于油水界面处，通过降低油水界面张力，使毛管数大幅增加，减少油珠通过狭小孔道移动时界面变形所需功，降低原油的流动阻力，将残余油从岩石孔隙中驱出，最终油滴聚集并形成油带从而被驱替出来。因此，表面活性剂溶液与地层原油间的界面张力是筛选聚/表二元复合驱油体系用表面活性剂的重要指标。

考察表面活性剂与 DHAP 溶液复配后体系溶液界面张力的变化，配制一系列的复配体系，固定聚合物浓度为 1750mg/L、2000mg/L，改变表面活性剂的浓度，并用 TX-500C 旋转滴界面张力仪测定复配体系的界面张力，筛选适合稠油油藏二元复合驱的表面活性剂。

1) 表面活性剂对溶液表观黏度的影响

表面活性剂对聚合物的黏度会产生较大的影响，在聚合物溶液中加入表面活性剂后，聚合物溶液的黏度有增加的也有降低的，而且不同类型的表面活性剂，对其影响也不尽相同，作用机理也有很大的差异。表面活性剂 HSB-16 和 OP-10 与 DHAP 复配体系的黏浓度关系曲线如图 4.89 和图 4.90 所示。其中，聚合物的浓度固定为 1750mg/L、2000mg/L，变化复配体系中表面活性剂的浓度，考察表面活性剂浓度对聚合物溶液黏度的影响。

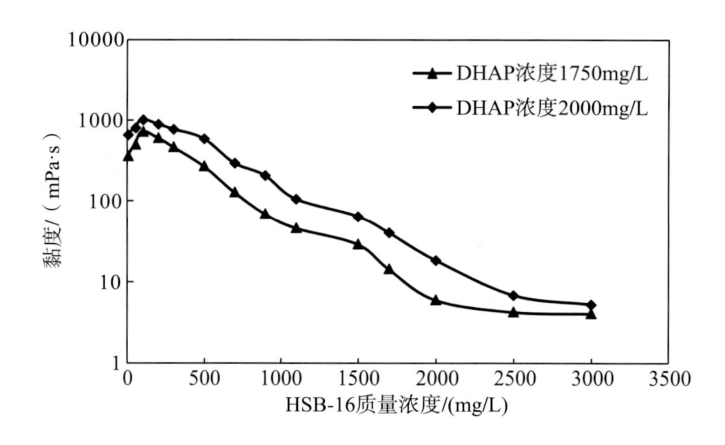

图 4.89 HSB-16 对复配体系表观黏度的影响

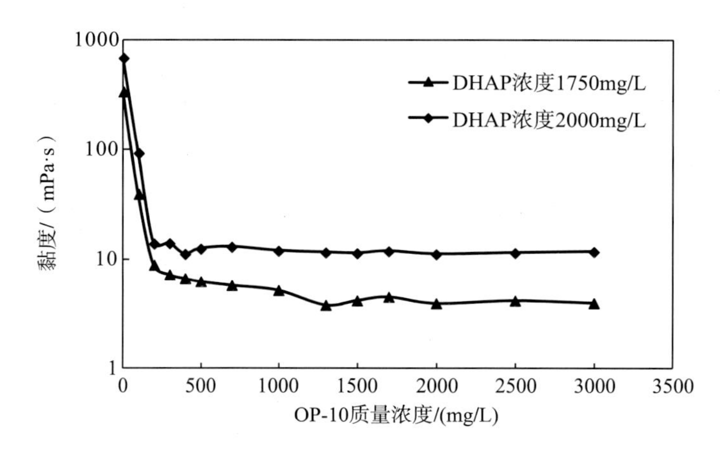

图 4.90 OP-10 对复配体系表观黏度的影响

随着 HSB-16 溶液浓度的增加，其疏水基团参与到聚合物溶液中的疏水缔合微区，使 DHAP 保护疏水微区的亲水链由卷曲变得伸展，流体力学半径增大，以及 HSB-16 与聚合物链上的疏水侧链形成的混合胶束增加，混合胶束内含有两个或多个相同或不同分子链上的疏水基团具有一定的“架桥”作用，这些都使得溶液的黏度上升；当继续增加 HSB-16 溶液浓度时，由于有足够的 HSB-16 与 DHAP 分子链上的单个疏水基团形成混合胶束，这会使聚合物分子间的缔合作用被拆散，随着 HSB-16 溶液浓度进一步增加，这种混合胶束越来越多，分子间缔合就急剧减少，最终溶液结构被拆散，复配体系溶液的黏度也急剧下降。非离子表面活性剂 OP-10 对 DHAP 溶液表观黏度的影响，随着 OP-10 的浓度增加，复配体系的黏度先迅速降低，后趋于平缓，DHAP 浓度为 1750mg/L 时表观黏度维持在 5mPa·s 左右，浓度为 2000mg/L 时表观黏度维持在 11mPa·s 左右。

2) 表面活性剂对溶液界面张力的影响

为考察表面活性剂与 DHAP 溶液复配后体系溶液界面张力的变化，配制一系列的复配体系，固定聚合物浓度为 1750mg/L、2000mg/L，改变表面活性剂的浓度，并用 TX-500C 旋转滴界面张力仪测定复配体系的界面张力。

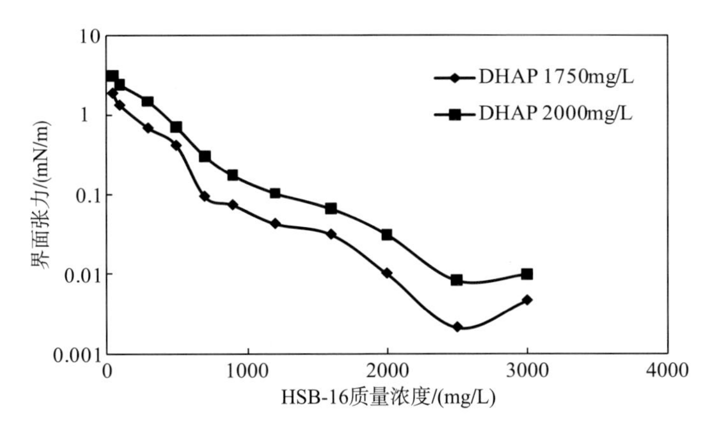

图 4.91　HSB-16 对复配体系平衡界面张力的影响

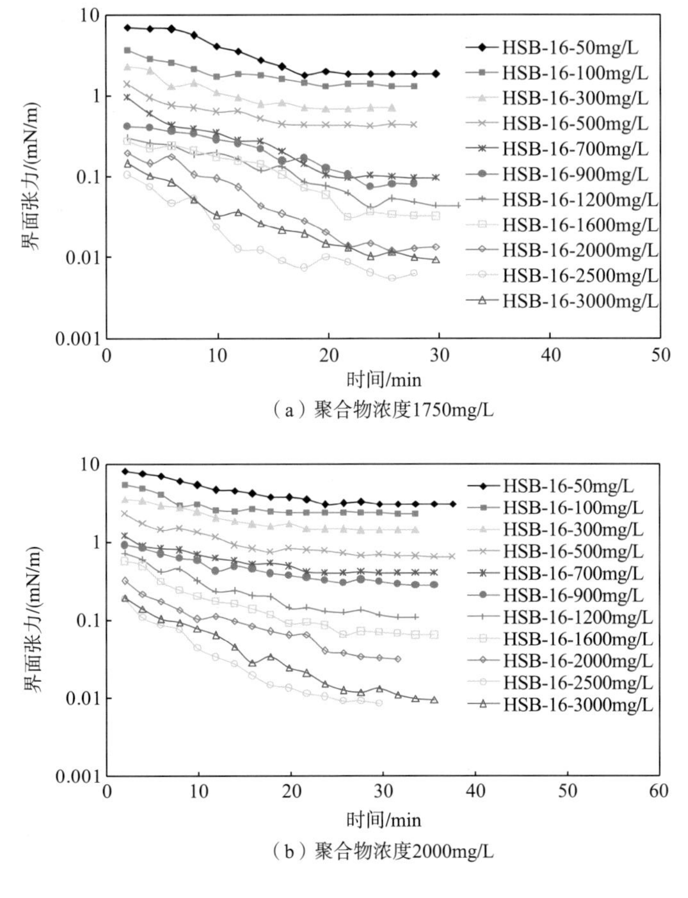

(a) 聚合物浓度1750mg/L

(b) 聚合物浓度2000mg/L

图 4.92　HSB-16 对复配体系动态界面张力的影响

从图 4.91 和图 4.92 中可以看出，HSB-16 能在不大幅降低聚合物溶液的前提下降低界面张力。为此，可将 HSB-16 与 DHAP 形成聚/表二元复合体系进行溶液性能的研究。

3.聚/表二元复合体系溶液性能

DHAP 浓度为 1750mg/L，HSB-16 浓度分别为 500mg/L、700mg/L、900mg/L（分别记为 DH-1、DH-2、DH-3），其复配体系剪切前的黏度和界面张力分别为 273.5mPa·s、0.3172mN/m，124.3mPa·s、0.0972mN/m 和 68.3mPa·s、0.0763mN/m 以及聚合物浓度 2000mg/L，HSB-16 浓度为 1000mg/L、2500mg/L（分别记为 DH-4、DH-5），其复配体系剪切前的黏度和界面张力分别为 178.6mPa·s、0.1215mN/m 和 18.6mPa·s、0.0078mN/m。

1）聚/表二元复合体系的老化稳定性

将配制好的聚/表二元复合体系用 Waring 搅拌器 1 档剪切 20s 后，装入安瓿瓶密封再放入 65℃的恒温烘箱内，每隔一段时间取出观察其是否分层，并同时观察在目标油藏条件下（65℃）测定体系的表观黏度和界面张力值。

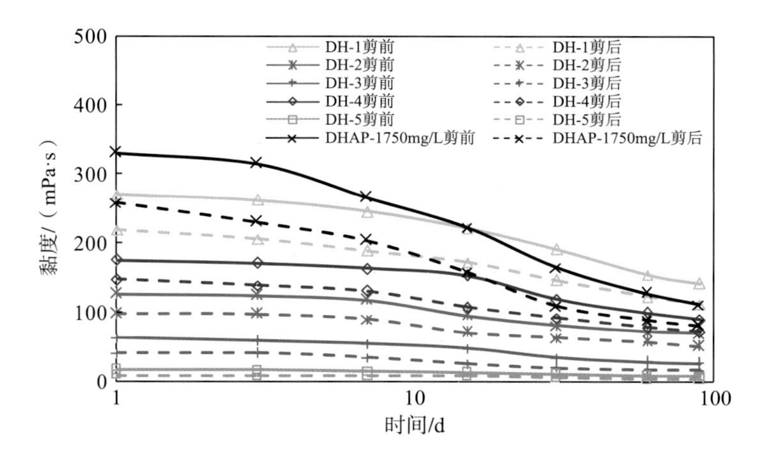

图 4.93 聚/表二元复合体系表观黏度随老化时间的变化

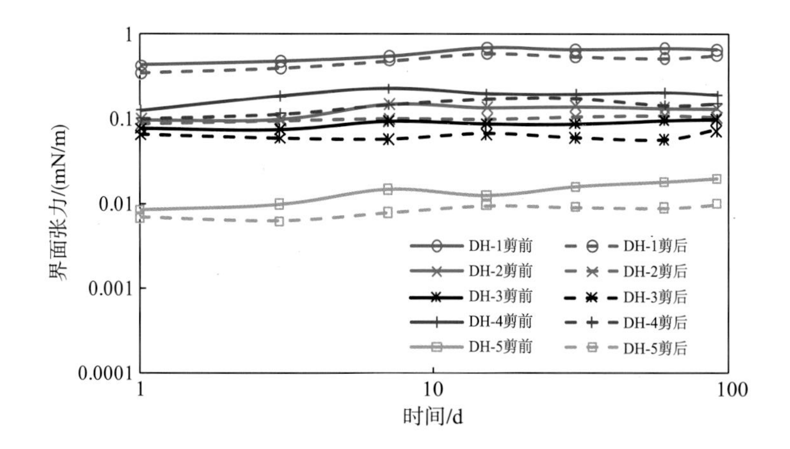

图 4.94 聚/表二元复合体系界面张力随老化时间的变化

在整个老化实验过程中，初选的体系都呈现出澄清透明的状态，没有沉淀产生，表明 HSB-16 与 DHAP 的复配体系表现出了良好的配伍性，从图 4.93 和图 4.94 可以看出：①DHAP 溶液的表观黏度随着老化时间的延长，先有较小的降幅，15d～30d 时降幅增大，从 60d 开始表观黏度趋于平稳状态，聚/表二元复合体系溶液的表观黏度随着老化时间的延长，开始 10d 内稍有波动，从 15d 开始降幅增大，60d 后表观黏度开始趋于稳定；②聚/表二元复合体系的界面张力值在整个实验过程都保持较为稳定。在实验初始阶段，界面张力有小幅上升，随后趋于稳定，表现出了较好的热稳定性；③聚/表二元复合体系剪切前的界面张力值总是较剪切后的大，分析认为：由于剪切前聚/表二元复合体系溶液的表观黏度较剪切后的大，表面活性剂分子向油水界面的扩散能力降低，造成油水界面吸附的表面活性剂分子减少，降低油水界面张力的能力就下降。

2) 聚/表二元复合体系的耐温性

用模拟注入水配制聚/表二元复合体系(DHAP-HSB-16)，并用 Waring 搅拌器 1 档(3500r/min)剪切 20s，待消泡完毕后分别在 25℃、35℃、45℃、55℃、65℃、75℃及 85℃的温度条件下，用 Brookfield 流变仪测定体系的表观黏度，TX-500C 型旋转滴界面张力仪测定体系的界面张力。

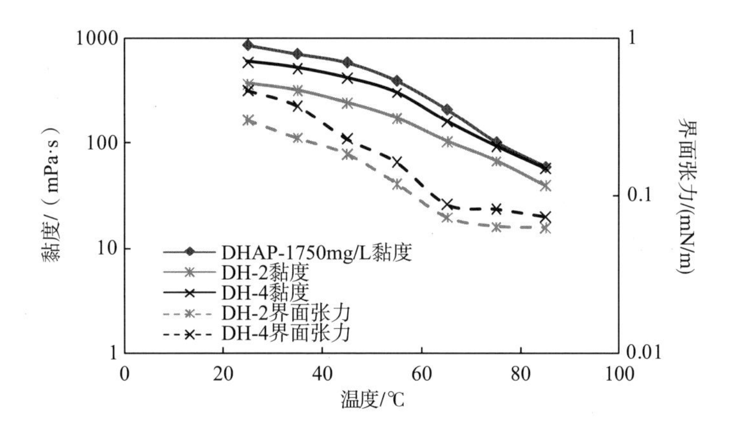

图 4.95　温度对聚/表二元复合体系溶液性能的影响

从图 4.95 中可以看出，DHAP 溶液和聚/表二元复合体系溶液的表观黏度随着温度的升高，先缓慢下降，当温度超过 65℃时，下降幅度增大，两种体系的黏度下降幅度差别不大，DHAP 溶液要稍大于聚/表二元复合体系，当温度高达 85℃时，DH-2 表观黏度为 39.2mPa·s，DH-4 表观黏度为 57.6mPa·s，表现出了一定的耐温性能。分析其原因：第一，疏水缔合作用是一个熵驱动的过程，当温度升高时，体系熵增加，疏水缔合作用增加，溶液黏度增加；第二，温度升高，疏水基团及水分子的热运动加剧，使得疏水缔合作用减弱，溶液黏度降低；第三，温度升高，离子基团的水化作用被减弱，以及氢键的破坏都使得聚合物分子链收缩，溶液黏度降低，聚/表二元复合体系的耐温性稍优于单一的聚合物溶液。

随着温度增加，其界面张力先逐渐下降，当温度达到 75℃时，界面张力开始趋于平稳，DH-2 体系稳定在 0.0643mN/m，DH-4 体系稳定在 0.0896mN/m。分析其原因为：当温度升高时，溶液的体积膨胀，分子间的距离增加，分子间的吸引力减弱，使得更多游离的表面活性剂分子被吸附到油水界面处，因而界面张力有所下降，当达到一定温度时，该作用达到稳定，所以最后界面张力值趋于平稳。

3) 聚/表二元复合体系的抗盐性

按照目标油藏模拟注入水矿化度的组成，改变配制的聚/表二元复合体系的矿化度分别为 0mg/L、100mg/L、500mg/L、1000mg/L、2000mg/L、5000mg/L、9000mg/L、15000mg/L，并在 65℃条件下测定其表观黏度和界面张力如图 4.96 所示。

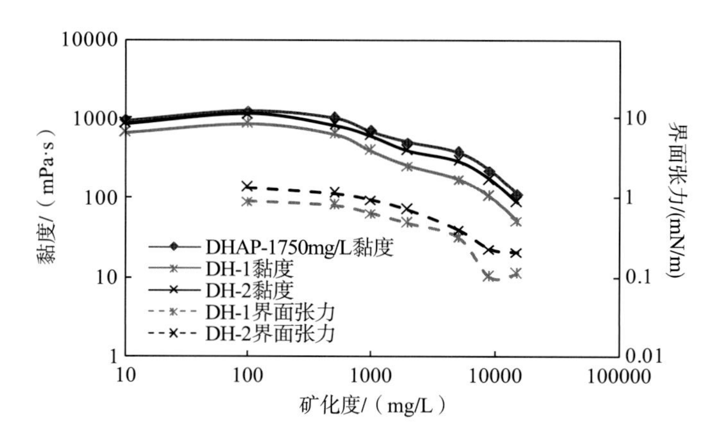

图 4.96 矿化度对聚/表二元复合体系溶液性能的影响

随着矿化度从 0mg/L 开始增加，DHAP 溶液和聚/表二元复合体系溶液的表观黏度表现出先上升后下降的趋势，且三者的变化趋势相差不大。当矿化度增加到 15000mg/L 时，DH-2 体系的表观黏度为 52.1mPa·s，黏度保留率为 7.6%，DH-4 体系的表观黏度为 88.6mPa·s，黏度保留率为 10.1%，但其黏度值仍然可以满足目标油藏对体系流度控制能力的要求，表现出一定的抗盐性。

二元体系的界面张力随着矿化度的增加逐渐降低，当矿化度超过 10000mg/L 时，界面张力有一定的回升。分析其原因：当电解质加入到二元复合体系时，其屏蔽了表面活性剂离子头的电荷，压缩了表面活性剂离子氛的厚度，使得亲水基周围的水化膜遭到了破坏，同时抑制了表面活性剂分子的电离，使表面活性剂亲水基之间的静电斥力减弱，促进了它们在油/水界面的吸附且在界面处的排列更紧密，从而使得油/水界面张力逐渐下降；当矿化度高于 10000mg/L 时，溶液的极性过强，表面活性剂分子在水相中的溶解度减小，有表面活性剂分子进入油相中，使其在油/水界面上的吸附失去平衡，从而界面张力有一定的回升。在高矿化度条件下，二元复合体系的界面张力基本维持在 0.1mN/m 左右，表明高矿化度对二元复合体系的界面张力影响较小。

4) 聚/表二元复合体系的流变性

将不同体系溶液通过机械剪切后，用 RS600 型流变仪测定剪切前后 DHAP 溶液以及 DHAP-HSB-16 二元复合体系溶液的流变性，如图 4.97 所示。

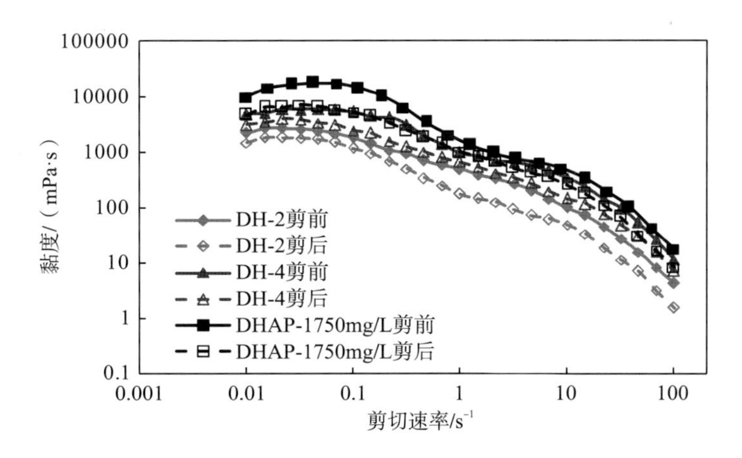

图 4.97　聚合物/二元复合体系的流变曲线

随着剪切速率的增加，无论是单独的聚合物溶液还是聚/表二元复合体系溶液，其表观黏度都是逐渐下降的，表现出良好的剪切稀释性，有利于其注入地层。在高剪切速率下，单独的聚合物溶液比聚/表二元复合体系表观黏度下降幅度更大，主要是由于表面活性剂的加入增强了溶液结构，虽然在高剪切速率下网络结构会被拆散，但其在一定程度上提高了溶液的抗剪切性。

5）聚/表二元复合体系的渗流特征

在“一维填砂管模型”中注入由模拟注入水配制的 DH-4 二元复合体系溶液，在渤海 SZ36-1 油藏条件下(油藏温度 65℃)，渗流特征曲线如图 4.98 所示。

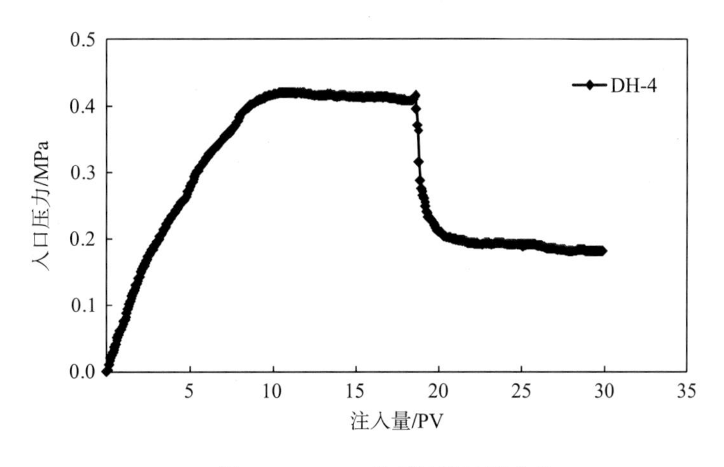

图 4.98　DH-4 体系溶液渗流曲线

DH-4 二元复合体系在多孔介质中具有较好的注入性，在注入 DHAP 溶液和聚/表二元复合体系溶液阶段，入口端压力都随着注入量的增加先逐渐上升，后逐渐趋于平稳，在转入后续水驱时，随着注入量的增加逐渐下降并趋于平稳状态。

6）聚/表二元复合体系的驱油效率

注入体系的基本参数以及实际注入参数如表 4.31 所示。

表 4.31 驱油实验方案具体参数

编号	驱替液代号	聚合物浓度/(mg/L)	表活剂浓度/(mg/L)	界面张力/(mN/m)	黏度/(mPa·s)	注入量/PV
1#	DHAP	1750	0	19.3856	82.6	0.3
2#	HSB-16	0	2000	0.0043	0.7	0.3
3#	DH-1	1750	500	0.5283	112.4	0.3
4#	DH-2	1750	700	0.1041	42.2	0.3
5#	DH-3	1750	900	0.0813	15.8	0.3
6#	DH-4	2000	1000	0.1499	75.3	0.3
7#	DH-5	2000	2500	0.0098	4.1	0.3

根据实验方案进行岩心驱替实验，记录不同阶段实验的出水出油量，根据岩心孔隙体积计算各阶段采收率数值，如图 4.99 所示。

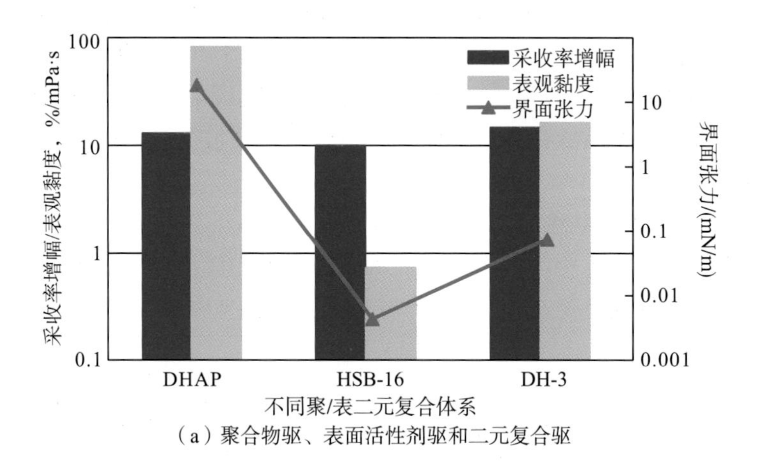

（a）聚合物驱、表面活性剂驱和二元复合驱

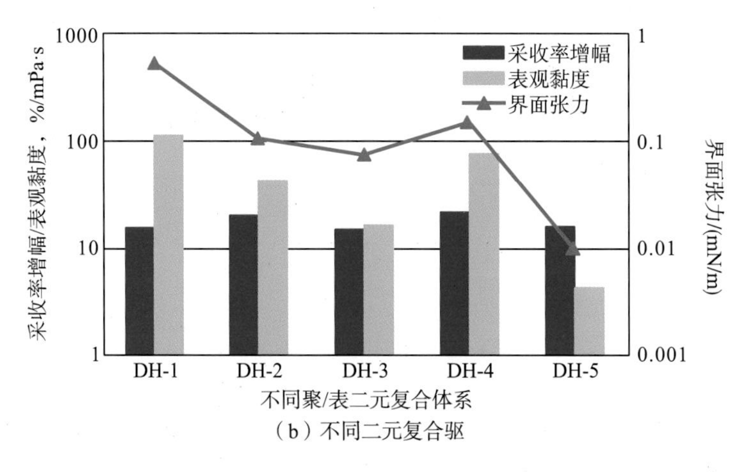

（b）不同二元复合驱

图 4.99 不同体系表观黏度、界面张力及采收率增幅对比图

优选的聚/表二元复合体系 DH-2 和 DH-4 采收率增幅分别为 19.24%和 20.83%，与聚合物驱和表面活性剂驱相比，聚/表二元复合驱的采收率增幅相对较高。

4.3.3　影响稠油油藏复合驱体系驱油效果因素

在稠油油藏中，聚/表二元复合驱的采收率明显大于单独聚合物驱和表面活性剂驱。

1.表观黏度对提高采收率的影响

HSB-16 和 DH-5、DH-2、DH-3、DH-4 之间，DH-2、DH-4、DH-5 之间的驱油动态曲线以及采收率增幅的结果对比如图 4.100、图 4.101 所示。

从图 4.100(a)可以看出 DH-5 聚/表二元复合体系较 HSB-16 表面活性剂体系的含水率下降幅度大，低含水采油期也较长，说明聚/表二元体系降水增油效果优于表面活性剂驱。从图 4.101(a)可以看出 DH-5 与 HSB-16 的界面张力相差不大，都达到了 10^{-3}mN/m 数量级的超低水平，而 DH-5 的黏度较 HSB-16 的高，其采收率增幅也较 HSB-16 的高约 6 个百分点，说明表观黏度的增加提高了 DH-5 的采收率增幅。其主要原因是：虽然两者都具有

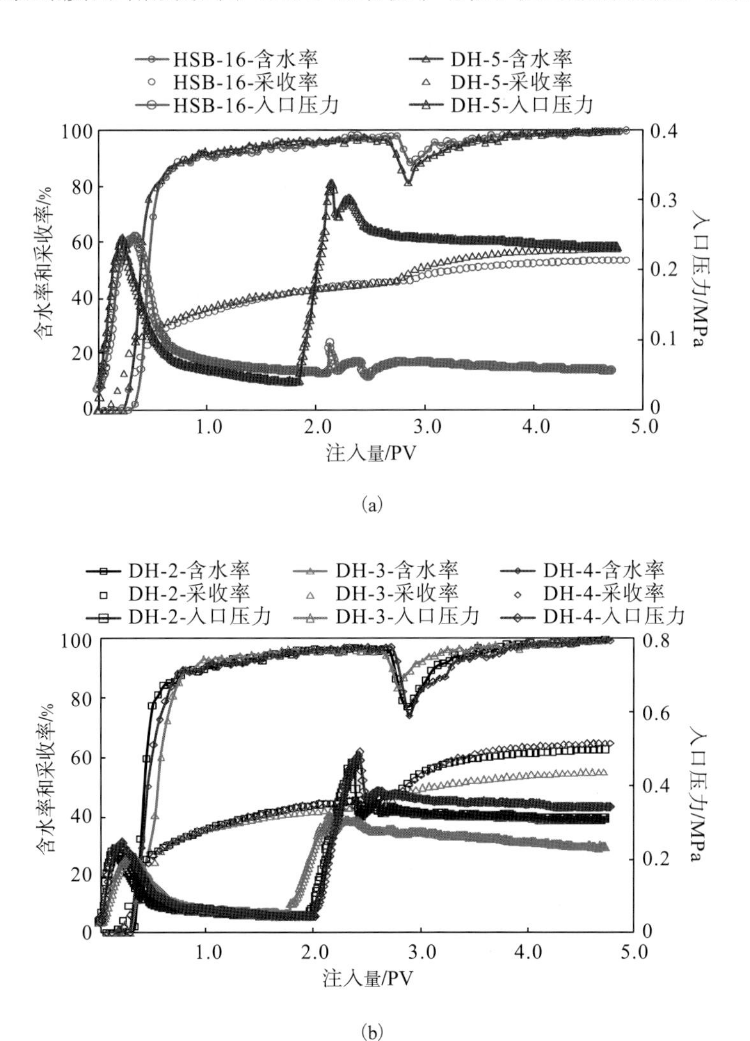

(a)

(b)

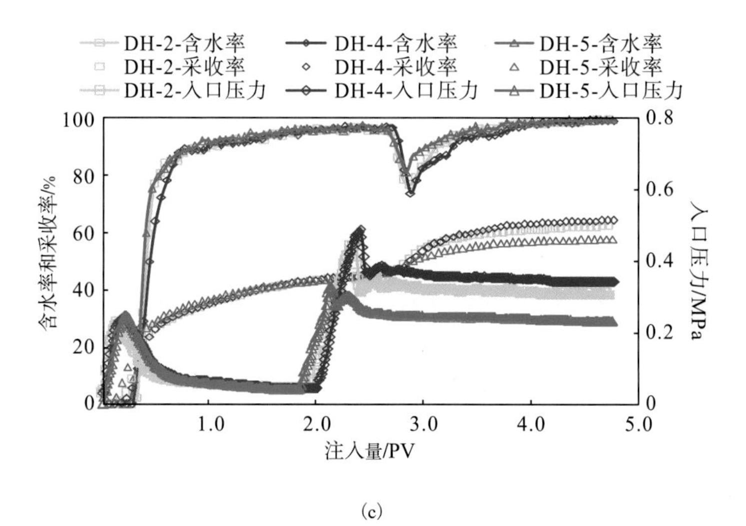

(c)

图 4.100 不同聚/表二元体系溶液驱油动态曲线

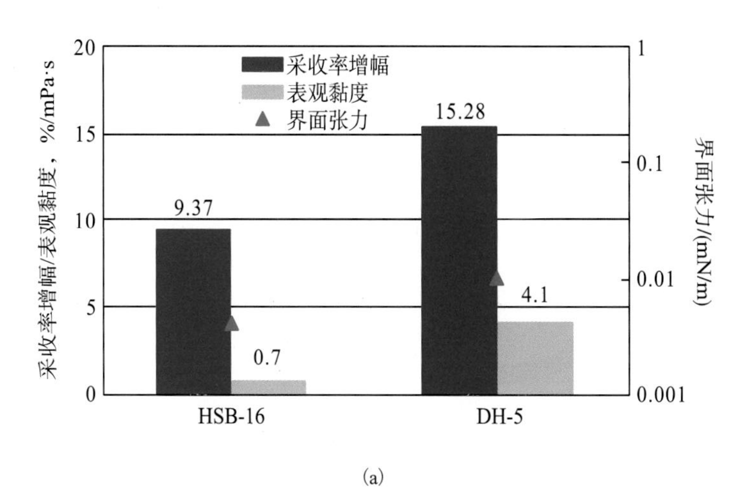

(a)

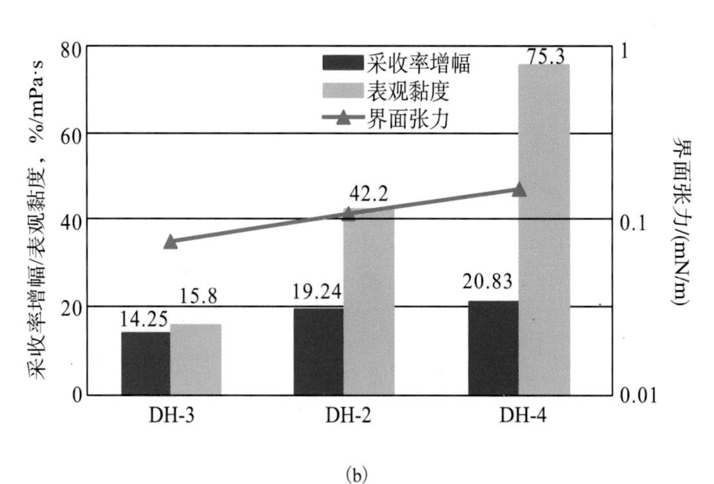

(b)

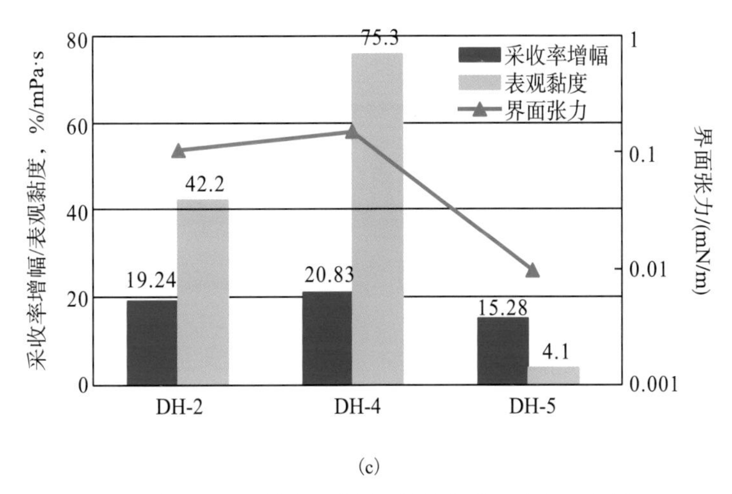

(c)

图 4.101　采收率增幅、黏度及界面张力对比图

较高的洗油效率，但是 DH-5 的黏度大，具有相对好的流度控制能力，波及范围相对更广，能到达水驱所不能到达的地方，能够更好地发挥表面活性剂降低界面张力的作用将残余油剥离下来，二者共同作用使得残余油与剩余油能够更多地被驱替出来，因此其具有更高的采收率增幅，表现出了聚/表二元体系中聚合物和表面活性剂的协同作用提高了采收率。

从图 4.101(b)可以看出，DH-3、DH-2、DH-4 体系的表观黏度依次增加，界面张力 DH-3 为 0.0813mN/m，DH-2、DH-4 为 0.1mN/m 左右，采收率增幅分别为 14.25%、19.24%、20.83%。随着聚/表二元体系的黏度增加，其“含水漏斗”下降幅度增加，并且低含水采油期的时间更长，因此其采收率增幅更大。分析其原因是随着体系的黏度增加，控制油水流度比的能力更强，波及范围更广，使表面活性剂作用到的残余油更多，因此被驱出的油就相对增加。可以得出结论：在一定界面张力范围内，随着聚/表二元复合体系黏度的增加，采收率的增幅也相应提高。

从图 4.101(c)可以看出，DH-2、DH-4 的黏度较 DH-5 大幅度增加，DH-5 的界面张力达到了 10^{-3} 数量级的超低水平，DH-2、DH-4 体系的界面张力为 0.1mN/m 左右，但 DH-2、DH-4 的采收率增幅高于 DH-5，说明当体系具有一定界面活性而不达到超低界面张力水平时，大幅增加体系的表观黏度，也能获得较好的驱油效果。分析其原因：DH-2 和 DH-4 的黏度大大高于 DH-5，所以其波及范围更广，能更多地启动未被水驱波及的剩余油，而且在此界面张力下其也能剥离水驱后的残余油，因此其采收率增幅更大。

2.界面张力对提高采收率的影响

DHAP 和 DH-4、DH-1 和 DH-5、DH-1 和 DH-4 间的驱油动态曲线及采收率增幅的结果对比如图 4.102、图 4.103 所示。

从图 4.102(a)和图 4.103(a)可以看出，聚合物与聚/表二元复合体系的黏度相当，聚合物的界面张力高达 10^{1} 数量级，DH-4 界面张力在 10^{-1} 数量级，DH-4 较 DHAP 采收率大幅增加，从含水率也可以看出，其“含水漏斗”下降幅度较大，且低含水采油期明显较 DHAP 长。分析其原因：两者黏度相当，流度控制能力差别不大，但 DH-4 具有较高的界面活性，能更有效地启动水驱残余油，使其聚并形成油带而被驱出，因此采收率增幅更高。

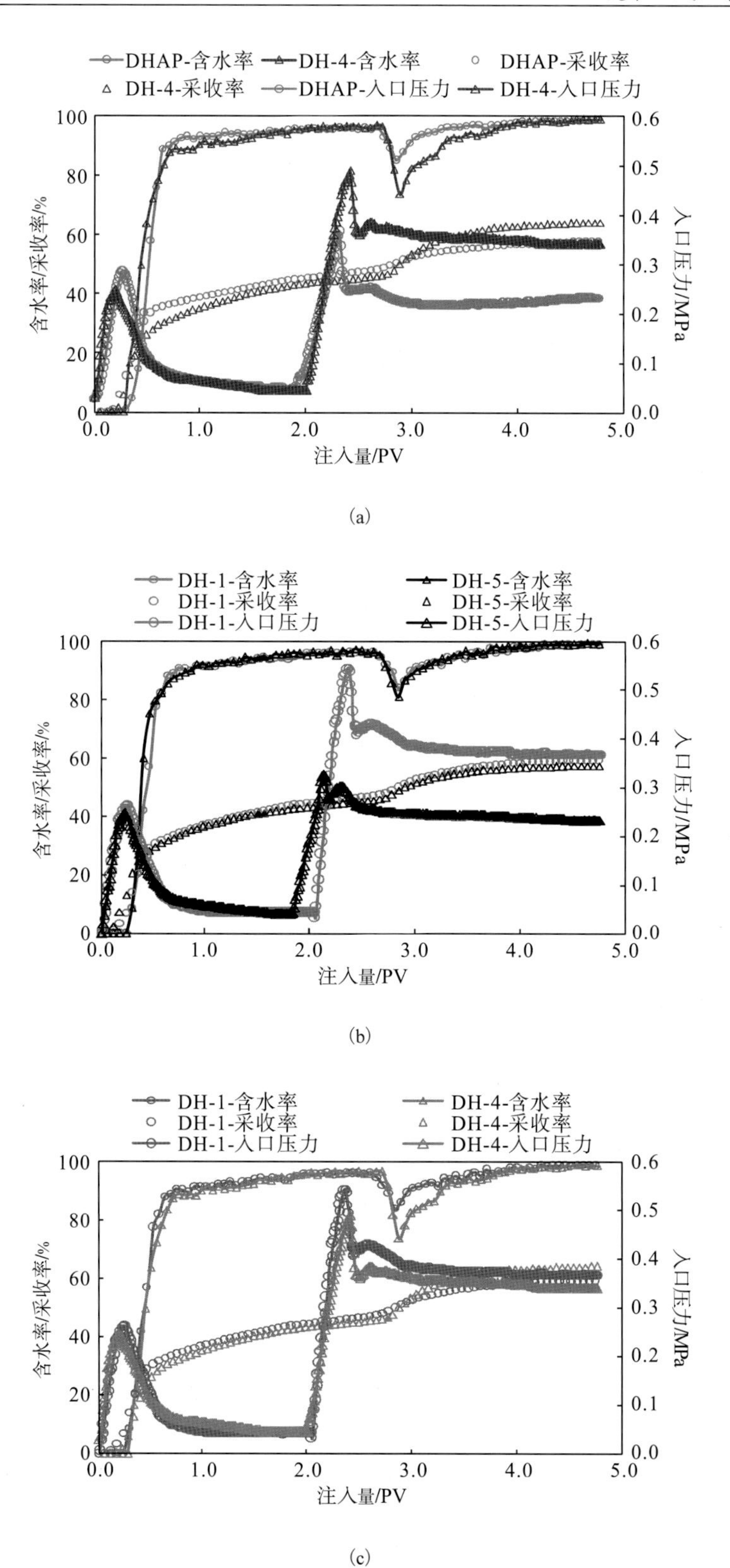

图 4.102　不同聚/表二元体系溶液驱油动态曲线

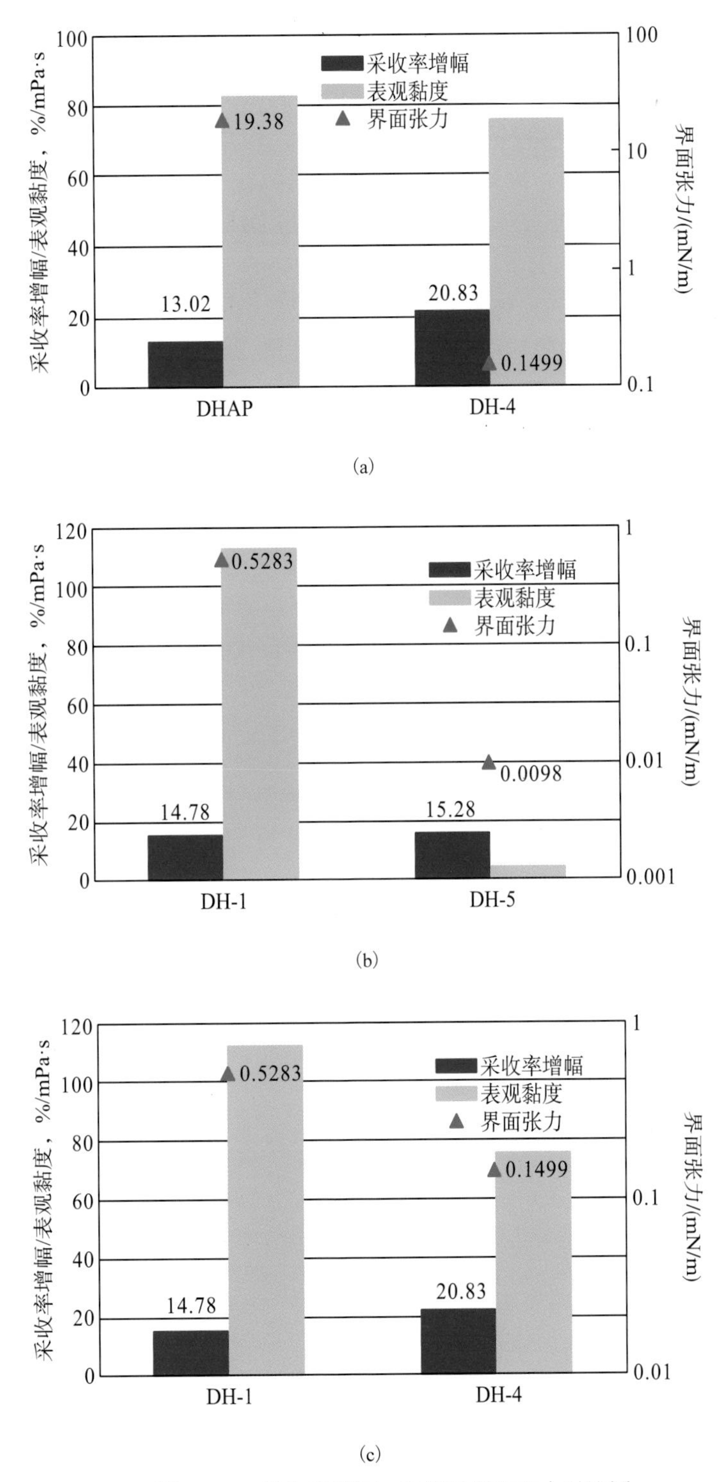

图 4.103　采收率增幅、黏度及界面张力对比图

从图 4.102(b)和图 4.103(b)可知，DH-5 的黏度较 DH-1 黏度大幅下降，但 DH-5 的界面张力能达到 10^{-3} 数量级的超低水平，DH-1 的界面张力接近 10^{0} 数量级，而 DH-5 的采收

率增幅大于 DH-1，说明界面张力降低至超低水平具有较好的洗油效率。分析原因可能是因为 DH-1 黏度较高，具有较大的波及范围，但界面张力较高，不能有效洗下波及范围内的残余油，而 DH-5 虽然黏度较低，波及范围较小，但由于界面张力达到超低水平，能有效驱走波及范围内的残余油，因此使得其采收率增幅比 DH-1 稍高。

由图 4.102(c)和图 4.103(c)可以看出，DH-1 与 DH-4 二者的黏度都较高，DH-1 界面张力接近 10^0 数量级，DH-4 的界面张力接近 0.1mN/m，而 DH-4 的采收率增幅较 DH-1 高 6%左右，说明对于该聚/表二元体系，只有当界面张力降低到一定值时，才能有效发挥聚合物和表面活性剂间的协同效应而大幅提高驱油效率。分析其原因：当表观黏度相当时，能增加的波及范围相当，而 DH-4 的界面张力低，能更有效地将岩石上的残余油剥离下来，因此其采收率增幅更大。

从以上分析可以看出，聚/表二元复合驱的采收率明显大于单一聚合物驱和表面活性剂驱。总的来说，聚/表二元复合体系黏度高的采收率较高(对比 DH-2~DH-5)，说明针对渗透率较高的渤海 SZ36-1 普通稠油油藏而言，以流度控制能力为主的聚/表二元复合体系能更有效地提高原油采收率，并且在该油藏条件下，界面张力降低至 0.1mN/m 左右，同时又具有较好的增黏性时(对比 DH-1、DH-2、DH-4、DH-5)，聚/表二元复合体系能更好地发挥聚合物和表面活性剂的协同驱油作用。因此，在一定的界面张力范围内，二元体系的黏度越高，采收率增幅越高，说明对于地层渗透率较高的渤海 SZ36-1 普通稠油油藏而言，流度控制能力是影响采收率的重要因素。

第5章　复杂油藏化学驱提高采收率发展趋势及展望

如今资源开采难度依旧存在，相对未来巨大的油气需求，我国国内油气产量有限，预测国内原油产量可能长期维持在2×10^8t左右，油气对外依存度高，其中石油资源对外依存可能长期在70%左右。国内油气产量是国家能源安全的基础，极为重要，必须得以保证。根据油气资源评价，目前国内仍有丰富的剩余资源，但是主要为低品位油气资源，勘探主要领域为深层、深水、非常规油气，开发剩余可采储量主要为低品位的高含水、低渗透等，都面临高成本、低产量、低效益的难题，需要创新发展先进勘探技术和提高采收率技术。在此形势下，三次采油技术发展的迫切性进一步增强，其中化学驱已成为我国中、高渗油田大幅度提高采收率的重要手段。

2020~2035年是我国社会政治经济发展的关键时期，也是石油天然气工业发展的重大机遇期，我国石油界必须大力实施国家创新战略，应对全球及我国石油工业上游面临的重大挑战和技术需求，致力科技创新，解决勘探开发面临的重大科技难题，最终形成新一代勘探开发技术系列，达到2035年全球石油工业上游技术领先水平，才能完成保障国家能源安全的历史使命。

三次采油技术快速发展的直接推动力是资源开采难度加大和新探明石油资源的“品味”越来越差，而直接在已开发的水驱油藏中进行三次采油技术，能够快速和有效地增加石油产量。针对国内石油资源开发程度和存在的问题，化学驱提高采收率技术的未来发展方向主要体现在以下几个方面：

(1) 低油价下，增强聚合物驱的适应性，提高聚合物驱扩大注入流体的波及能力和驱油效率，使其具备大幅度提高采收率的基础和发展空间，通过完善相关配套技术，进一步降低聚合物驱成本、提升矿场效益。

(2) 温度高于75℃、矿化度高于20000mg/L的油藏条件下，聚合物和表面活性剂易水解和降解，化学驱技术“无剂”可施，结合纳米技术、胶体化学和自组装学科和技术的发展，形成响应油藏环境的智能驱油剂。

(3) 若仍采用以往的理论和技术——增加黏度提高流度控制能力，在原油黏度100~2000mPa·s的水驱油藏中实施聚合物驱提高采收率技术，其很难在高原油黏度油藏中取得10%的提高采收率增幅，并且增加了聚合物驱技术成本，加大了技术失败的风险；急需要发展新的理论和方法，攻克稠油油藏化学驱提高采收率的关键技术。

(4) 加强化学驱油剂分子与孔喉和原油之间的匹配性，在低渗透油层注入过程中能有效注入，并能够迅速降低被岩石束缚的原油饱和度，降低边界层效应，能够进入到小孔隙，并具有较强的渗流能力，而在大孔道中不断进行自组装或环境响应，实现在大孔隙中建立流体渗流阻力，实现智能找油、替油的目的。

(5)环境友好、高效驱油体系研制，特别是“一剂多效”的驱油体系成为未来的化学驱油剂发展的主要方向，能够在不大量变化注水工艺的基础上，直接加入流程中实现提高采收率的目的。

(6)降低化学驱投资风险和成本，提高其抗风险能力是未来化学驱能否生存和发展的关键，也将决定化学驱提高采收率技术未来发展的方向。

参 考 文 献

常兴伟, 2011. 聚表剂注入体系室内评价研究及现场应用情况[D]. 长春: 吉林大学.

陈定朝, 曹宝格, 戴茜, 2006. 疏水缔合聚合物溶液的抗剪切性研究[J]. 新疆石油地质, 27(4): 474-477.

陈广宇, 2003. 驱油用烷基苯磺酸盐类表面活性剂的研制[D]. 大庆: 大庆石油学院.

陈广宇, 田燕春, 鹿守亮, 等, 2010. 二类油层复合驱配方中化学剂适应性及选取[J]. 大庆石油地质与开发, 29(3): 150-153.

陈洪, 2004. 油气开采用表面活性剂的合成及性能研究[D]. 成都: 西南石油学院.

陈立滇, 1993. 驱油用聚丙烯酰胺[J]. 油田化学, (3): 283-290.

陈伦俊, 姬承伟, 王杰, 等, 2009. 疏水缔合聚合物凝胶调剖剂在陆 9K_1h 油藏的应用[J]. 西南石油大学学报(自然科学版), 31(4): 134-137, 209.

陈启斌, 马宝岐, 倪炳华, 2007. 泡沫凝胶性质的几种影响因素[J]. 华东理工大学学报(自然科学版), 1(4): 73-76.

程国柱, 谢荣才, 1994. 以催化裂化回炼油溶剂抽出物重质芳烃为原料的短侧链稠环芳烃混合磺酸盐型表面活性剂: CN, 1084099 A[P].

程杰成, 2000. 超高分子量聚丙烯酰胺的合成及在三次采油中的应用研究[D]. 大连: 大连理工大学.

程杰成, 吴军政, 胡俊卿, 2014. 三元复合驱提高原油采收率关键理论与技术[J]. 石油学报, 35(2): 310-318.

崔平, 马俊涛, 2002. 疏水缔合水溶性聚合物溶液性能研究进展[J]. 化学研究与应用, 14(4): 377-382.

戴彩丽, 赵福麟, 焦翠, 等. 2007. 冻胶泡沫在火烧山裂缝性油藏油井堵水中的应用[J]. 石油天然气学报, 29(1): 129-132.

单希林, 康万利, 孙洪彦, 等. 1999. 烷醇酰胺型表面活性剂的合成及在 EOR 中的应用[J]. 大庆石油学院学报, (1): 34-36, 111.

董宪彬, 杨国治, 曲春雷, 等. 2008. 适应于特高含水油藏防砂堵水的井下发泡技术[J]. 石油天然气学报, 30(2): 590-592.

范玉平, 刘其成, 赵庆辉. 2001. 分子膜驱油技术[M]. 北京: 石油工业出版社.

冯茹森, 陈俊华, 郭拥军, 等, 2015. 带相反电荷疏水缔合聚合物之间协同效应的研究[J]. 高分子学报, (10): 1201-1207.

冯思思, 2015. 抗高温高盐驱油聚合物的性能研究[D]. 成都: 西南石油大学.

高达, 2010. 高温高盐油藏化学驱效果评价及油藏适应性研究[D]. 北京: 中国石油大学.

高芒来, 孔祥兴, 张希, 等. 1993. 功能性超薄有序分子沉积膜的制备及其结构研究[J]. 高等学校化学学报, 14(8): 1182-1183.

高芒来, 于凯. 1999. 单分子双季铵盐在油田驱油和原油破乳中的用途: CN 1227305 A[P].

龚蔚, 蒲万芬, 金发扬, 等, 2008. 木质素的化学改性方法及其在油田中的运用[J]. 日用化学工业, (2): 117-120, 136.

郭兰磊, 李振泉, 李树荣, 等, 2008. 一次和二次聚合物驱驱替液与原油黏度比优化研究[J]. 石油学报, 29(5): 738-741.

郭万奎, 杨振宇, 伍晓林, 等, 2006. 用于三次采油的新型弱碱表面活性剂[J]. 石油学报, 27(5): 75-78.

郭旭光, 袁士义, 沈平平, 等, 2004. 梳形抗盐聚合物的现场试验进展[J]. 石油钻采工艺, (5): 80-81.

郭拥军, 张新民, 冯茹森, 等, 2007. 抗温疏水缔合聚合物弱凝胶调驱剂室内研究[J]. 油田化学, 24(4): 344-346.

海玉芝, 孔柏岭, 张丽庆, 等, 2007. 耐温抗盐有机微凝胶体系影响因素研究[J]. 油田化学, 24(2): 158-162.

韩大匡, 2010. 关于高含水油田二次开发理念、对策和技术路线的探讨[J]. 石油勘探与开发, (5): 583-591.

韩巨岩, 王文涛, 崔昌亿, 等, 1998. 烷基苯基聚氧乙烯醚磺酸盐[J]. 日用化学工业, (6): 62-64.

何春百, 张贤松, 周薇, 等, 2011. 适用于高渗稠油的缔合型聚合物驱室内效果评价[J]. 油田化学, 28(2): 145-147.

何冯清, 王健, 康博, 等, 2008. 污水配制耐温抗盐弱凝胶的室内实验研究[J]. 内蒙古石油化工, (8): 6-7.

何江川, 廖广志, 王正茂, 2012. 油田开发战略与接替技术[J]. 石油学报, 33(3): 519-525.

何元君, 张铸勇, 1996. 甜菜碱系两性表面活性剂的合成及应用[J]. 日用化学工业, (3): 29-32.

黄光稳, 2013. 疏水缔合型聚丙烯酰胺与Gemini表面活性剂的合成及复配研究[D]. 长沙: 湖南大学.

黄汉生, 1993. 树枝状聚合物[J]. 化工科技动态, (11): 15-16.

黄宏度, 1987. 从烷烃汽相氧化产物直接制备(不磺化)驱油用活性剂Ⅰ. 活性剂产生的超低界面张力[J]. 油田化学, (3): 191-196.

黄宏度, 1988. 从烷烃汽相氧化产物直接制备(不磺化)驱油用活性剂Ⅱ. 吸附研究及进一步提高活性的探索[J]. 油田化学, (3): 202-208.

黄宏度, 姬中复, 吴一慧, 等, 1992. 石油羧酸盐和大庆原油间的界面张力[J]. 江汉石油学院学报, (4): 53-57.

黄宏度, 吴一慧, 王尤富, 等, 2000. 石油羧酸盐和磺酸盐复配体系的界面活性[J]. 油田化学, (1): 69-72.

黄丽, 牛金刚, 蒋生祥, 等, 2003. 大庆油田MD膜驱提高采收率室内实验研究[J]. 油田化学, 20(3): 261-263.

江建林, 郭东方, 李雪峰, 等, 2003. 胡状集油田胡5-15井区天然混合羧酸盐/黄胞胶驱油先导试验[J]. 油田化学, 20(1): 58-60.

蒋春勇, 段明, 方申文, 等, 2010. 星型疏水缔合聚丙烯酰胺溶液性质的研究[J]. 石油化工, 39(2): 204-208.

蒋晓波, 2012. 超稠油氮气泡沫凝胶调剖体系的研究与应用[J]. 中外能源, 3: 61-64.

蒋益民, 赵国胜, 1999. 三次采油用石油磺酸盐、制法及其应用[P].

焦艳华, 2005. 改性木质素磺酸盐的合成及其在三次采油中的应用研究[D]. 大连: 大连理工大学.

景艳, 吕鑫, 张士诚, 2005. 耐温抗盐HPAM/Al^{3+}弱凝胶调剖体系的研制及评价[J]. 精细化工, (11): 60-62.

康万利, 孟祥灿, 范海明, 等, 2012. 高盐油藏下两性/阴离子表面活性剂协同获得油水超低界面张力[J]. 物理化学学报, 28(10): 2285-2290.

孔柏岭, 2000. 聚丙烯酰胺的高温水解作用及其选型研究[J]. 西南石油大学学报(自然科学版), 22(1): 66-69.

雷江西, 2016. 中国石化三次采油技术“走出去”大有可为[J]. 中国石化, (10): 58-59.

雷阳, 2013. 高温高盐油藏聚合物驱最优控制方法研究[D]. 青岛: 中国石油大学(华东).

李宾飞, 张东, 林珊珊, 等, 2013. 冻胶泡沫体系室内实验研究精细石油化工[J]. 精细石油化工, 30(5): 21-25.

李斌会, 黄丽, 韩冰, 等, 2006. 大庆油田分子膜驱油室内实验研究[J]. 特种油气藏, 12(6): 91-94.

李道品, 1997. 低渗透砂岩油田开发[M]. 北京: 石油工业出版社.

李殿文, 1993. 前苏联的表面活性剂稀体系驱油[J]. 油田化学, (2): 188-194.

李发忠, 樊西惊, 徐家业, 等, 1993. 三次采油用石油磺酸盐的合成[J]. 西安石油大学学报(自然科学版), (4): 71-77.

李干佐, 林元, 王秀文, 等, 1994. Tween80表面活性剂复合驱油体系研究[J]. 油田化学, (2): 152-156.

李干佐, 刘杰, 吕锋锋, 等, 2003. 非离子表面活性剂吐温80的复合驱油体系研究[J]. 日用化学工业, 33(1): 1-7.

李干佐, 沈强, 郑立强, 等, 1999a. 新型驱油用表面活性剂天然混合羧酸盐[J]. 油田化学, (1): 58-60,64.

李干佐, 陶诚, 顾强, 等, 1999b. 适用于大庆油田的天然混合羧酸盐ASP驱油体系[J]. 油田化学, (4): 341-344,392.

李洪, 2016. 高温高盐油藏深部调驱技术研究[D]. 成都: 西南石油大学.

李华斌, 赵化廷, 赵普春, 等, 2006. 中原高温高盐油藏疏水缔合聚合物凝胶调剖剂研究[J]. 油田化学, (1): 50-53.

李洁, 武力军, 邵振波, 2005. 大庆油田二类油层聚合物驱油技术要点[J]. 石油天然气学报(江汉石油学院学报), (S2): 132-134.

李金霜, 2007. 石油羧酸盐的制备研究[D]. 大庆: 大庆石油学院.

李俊中, 蒲万芬, 杨燕, 2011. AM/AMPS/第三单体三元共聚物耐温抗盐驱油体系的合成与性能[J]. 石油天然气学报, 33(3): 128-131.

李力, 2009. 胜坨油田高温高盐油藏化学驱技术的研究[D]. 济南: 山东大学.

李立勇, 周忠, 崔正刚, 等, 2008. 脂肪醇聚氧乙烯醚磺酸盐耐温抗盐性研究[J]. 精细石油化工进展, (1): 4-7.

李明忠, 赵国景, 张乔良, 等, 2004. 耐盐稠油降黏剂的研制[J]. 精细化工, (5): 380-382, 391.

李书恒, 赵继勇, 崔攀峰, 等, 2008. 超低渗透储层开发技术对策[J]. 岩性油气藏, 20(3): 128-131.

李晓南, 2007. 缔合聚合物分子结构与流度控制能力的关系[D]. 成都: 西南石油大学.

李雪峰, 2006. 以木质素为原料合成油田化学品的研究进展[J]. 油田化学, (2): 180-183, 119.

李亚琼, 2013. 耐温聚丙烯酰胺共聚物的合成及性能研究[D]. 天津: 天津大学.

李宗石, 1995. 表面活性剂合成与工艺[M]. 北京: 中国轻工业出版社.

梁保红, 葛际江, 张贵才, 等, 2008. 聚氧丙烯醚型表面活性剂结构及矿化度对油水界面张力的影响[J]. 西安石油大学学报(自然科学版), (2): 58-62, 119.

梁兵, 代华, 黄荣华, 1997. AM/DMAM/AMPS 共聚物的合成及结构分析[J]. 油田化学, (3): 248-251.

廖广志, 王强, 王红庄, 等, 2017. 化学驱开发现状与前景展望[J]. 石油学报, 38(2): 196-207.

刘骜烜, 2015. 高温高盐油藏纳米微球的调驱[D]. 荆州: 长江大学.

刘亮, 2012. 稠油化学剂降黏技术研究[D]. 荆州: 长江大学.

刘鹏, 2014. 高温高盐油藏乳化型表面活性剂驱室内实验研究[D]. 青岛: 中国石油大学(华东).

刘文章, 2016. 创建百年油田, 提高油田采收率技术之我见[M]. 北京: 石油工业出版社.

刘阳阳, 2016. 适用于高温高盐油藏新型聚合物的合成及其凝胶体系开发[D]. 成都: 西南石油大学.

刘颖, 2009. 聚丙烯酰胺的化学降解[J]. 油气田地面工程, 5(28): 35-36.

吕茂森, 史新兰, 许克峰, 等, 2001. 耐温抗盐二元聚合物驱油剂的合成及性能评价[J]. 断块油气田, 8(1): 54-55.

吕荣湖, 刘璞, 1995. 聚氧乙烯烷基酚醚羧甲基盐耐盐耐硬性能的考察[J]. 石油大学学报(自然科学版), (5): 84-88.

吕西辉, 田玉芹, 刘军, 等, 2005. 一种耐温抗盐的交联聚合物调驱体系[J]. 油田化学, (1): 81-84.

罗健辉, 卜若颖, 朱怀江, 等, 2004. 梳形聚丙稀酰胺的特性及应用[J]. 石油学报, (2): 65-68, 73.

罗开富, 叶林, 黄荣华, 1999. AM/MEDMDA 阳离子型疏水缔合水溶性聚合物的合成与表征[J]. 油田化学, 16(3): 261-264.

罗平亚, 1998. 面向二十一世纪的聚合物类油田化学剂[C]. 南充: 西南石油学院校庆四十周年学术论文报告会.

马俊涛, 2002. 疏水缔合型聚丙烯酰胺的合成与性能及其与离子型表面活性剂的相互作用[D]. 成都: 四川大学.

马文辉, 梁梦兰, 袁红, 等, 2002. 稠油低温乳化降黏剂 BL-1 的研制及应用[J]. 油田化学, (2): 134-136, 192.

宁海宾, 2006. 耐温抗盐聚丙烯酰胺的合成、表征及性能研究[D]. 天津: 天津大学.

秦冰, 2001. 稠油乳化降黏剂结构与性能关系的研究[D]. 北京: 石油化工科学研究院.

邱宝金, 2008. 辽河特稠原油降黏方法的研究[D]. 北京: 中国石油大学.

曲景奎, 周桂英, 朱友益, 等, 2006. 三次采油用烷基苯磺酸盐弱碱体系的研究[J]. 精细化工, (1): 82-85.

饶鹏, 杨红斌, 蒲春生, 等, 2012. 空气泡沫/凝胶复合调驱技术在浅层特低渗低温油藏中的模拟应用研究[J]. 应用化工, 11: 1868-1871.

任洪兵, 罗承建, 吕翠艳, 等, 1995. 文 31 断块 PS 剂驱替试验研究[J]. 石油钻采工艺, (5): 68-71, 86-114.

沙鸥, 张卫东, 陈永福, 等, 2007. 烷基酚磺酸聚醚磺酸盐驱油剂的合成及表征[J]. 精细化工, (11): 1069-1073.

商永刚, 2015. 泡沫凝胶调剖技术在超稠油水平井中的应用[J]. 内蒙古石油化工, 2: 100-102.

尚志国, 苏国, 董玉杰, 2000. 泡沫凝胶选择性堵水剂的研制与应用[J]. 钻采工艺, 23(1): 70-71.

邵振波, 张晓芹, 2009. 大庆油田二类油层聚合物驱实践与认识[J]. 大庆石油地质与开发, 28(5): 163-168.

沈平平, 俞稼镛, 2004. 大幅度提高石油采收率的基础研究[M]. 北京: 石油工业出版社.

沈平平, 袁士义, 韩冬, 等, 2001. 中国陆上油田提高采收率潜力评价及发展战略研究[J]. 石油学报, 22(1): 45-48.

石端胜. 2013. 裂缝性特低渗油藏凝胶泡沫复合调驱技术研究[D]. 青岛: 中国石油大学(华东).

石玲, 2008. 多元接枝聚表剂性能评价及驱油机理研究[D]. 廊坊: 中国科学院研究生院(渗流流体力学研究所).

舒成强, 2005. 渤海油田J3井区缔合聚合物驱提高采收率先导性矿场试验研究[D]. 成都: 西南石油大学.

司丽华, 2007. 大庆炼化开发聚丙烯酰胺系列产品[N]. 中国石油报.

宋华, 翟永刚, 丁伟, 等, 2013. AM/AMPS共聚物的合成与耐温抗盐性能研究[J]. 能源化工, 34(5): 49-52.

宋立姝, 2000. 开发天然羧酸盐在油田中应用[J]. 安庆师范学院学报(自然科学版), (3): 22-26.

宋丽珍, 2008. 重烷基苯磺酸盐的制备及其在三次采油中的应用[D]. 北京: 北京化工大学.

宋昭峥, 赵密福, 魏进峰, 等. 2007. 聚合物在高温高盐油藏中的应用[J]. 弹性体, (1): 56-60.

苏雪霞, 孙举, 王旭, 等, 2006. AMPS/AM/TBAA共聚物的合成及其性能评价[J]. 精细石油化工进展, 7(8): 12-14.

孙焕泉. 2002. 胜利油区低渗透油藏提高采收率技术对策[J]. 油气地质与采收率, 9(2): 10-13.

邰永娜, 2012. 聚合物母液胶状杂质组分分析及成因研究[D]. 大庆: 东北石油大学.

谭惠民, 罗运军, 2004. 超支化聚合物[M]. 北京: 化学工业出版社.

谭中良, 佘月明, 柳素萍, 1998. 聚丙烯酰胺高温老化稳定性研究[J]. 河南石油, (2): 14-16, 59-60.

唐洪明, 向问陶, 2000. 储层矿物上表面活性剂损耗规律的研究[J]. 油田化学, 17(3): 276-280.

唐军, 贾殿赠, 2004. 驱油型石油环烷酸二乙醇酰胺的合成[J]. 精细化工, (S1): 47-49.

田鑫, 任芳祥, 韩树柏, 等, 2011. 可动微凝胶调驱体系室内评价[J]. 断块油气田, (1): 126-129.

涂云, 刘璞, 1995. 聚氧乙烯烷基酚醚羧甲基钠盐的提纯及表面活性[J]. 石油大学学报(自然科学版), (5): 79-83.

王爱国, 周瑶琪, 王在明, 等, 2007. 适于油田污水的聚丙烯酰胺合成及配制工艺研究[J]. 中国石油大学学报(自然科学版), 31(5): 123-127.

王德民, 2010. 强化采油方面的一些新进展[J]. 大庆石油学院学报, 34(5): 22-29, 168-169.

王东方, 葛际江, 张贵才, 等, 2008. 新型阴离子-非离子表面活性剂界面张力的研究[J]. 西安石油大学学报(自然科学版), (6): 70-73,121.

王东方, 张贵才, 葛际江, 等, 2009. 稠油驱油体系界面张力与驱油效率之间的关系研究[J]. 油田化学, (3): 312-315.

王辉, 张丽萍, 张丽苏, 等, 2007. 双子表面活性剂DTDPA的合成及其在"三采"中的应用[J]. 浙江大学学报: 理学版, 34(6): 665-668.

王健, 罗平亚, 郑焰, 等, 2000. 大庆油田条件下疏水缔合两性聚合物三元复合驱和聚合物驱体系的应用性能[J]. 油田化学, (2): 168-171,187.

王锦生, 2009. 分子膜驱油技术[D]. 大庆: 大庆石油学院.

王敬, 刘慧卿, 张颖, 2010. 常规稠油油藏聚合物驱适应性研究[J]. 特种油气藏, 17(6): 75-77.

王克亮, 赵利, 邵金祥, 等, 2010. 聚表剂溶液的性能和驱油效果实验研究[J]. 大庆石油地质与开发, 29(2): 105-109.

王磊, 谢益民, 2008. 木质素及衍生物在三次采油中的应用研究进展[J]. 上海造纸, (3): 63-69.

王洋, 2010. 聚表剂性能评价及驱油实验研究[D]. 大庆: 大庆石油学院.

王业飞, 李继勇, 赵福麟, 2001. 高矿化度条件下应用的表面活性剂驱油体系[J]. 油气地质与采收率, (1): 67-69,61.

王业飞, 张希喜, 孙致学, 等, 2018. 基于Box-Behnken Design法的底水油藏氮气泡沫驱影响因素分析[J]. 油气地质与采收率, 25(02): 77-82.

王业飞, 赵福麟, 1998. 醚羧酸盐及其与石油磺酸盐和碱的复配研究[J]. 油田化学, (4): 49-52.

王业飞, 赵福麟, 1999. 非离子-阴离子型表面活性剂的抗盐性能[J]. 油田化学, (4): 336-340.

王莹, 2008. 两亲性梳状聚合物的合成与研究[D]. 长春: 吉林大学.

王雨, 乔琦, 董玲, 等, 1999. 克拉玛依油田 ASP 驱工业扩大试验廉价配方研究[J]. 油田化学, (3): 247-250.

王中华, 2010. P(AMPS-DMAM)共聚物钻井液降滤失剂的合成[J]. 精细与专用化学品, 18(07): 25-28.

韦汉道, 黄焕琼, 刘石, 等, 1990. 木素磺酸盐用作表面活性剂驱油牺牲剂的研究[J]. 广州化学, (2): 37-44.

韦汉道, 黄焕琼, 刘石, 等, 1991. 改性木质素磺酸盐减少驱油过程中石油磺酸盐损失的研究[J]. 油田化学, (4): 325-329.

魏鹏, 2016. 高温特高盐油藏氮气泡沫驱实验研究[D]. 成都: 西南石油大学.

吴文娟, 徐冬梅, 张可达, 等, 2003. 聚酰胺-胺树状大分子的应用[J]. 高分子通报, (4): 67-72.

吴文祥, 闫伟, 刘春德, 2007. 磺基甜菜碱 BS11 的界面特性研究[J]. 化学, 24(1): 57-59.

吴文祥, 殷庆国, 刘春德, 2009. 磺基甜菜碱 SB 系列复配表面活性剂界面特性研究[J]. 油气地质与采收率, 16(6): 67-69.

吴赞校, 石志成, 侯晓梅, 等, 2006. 应用阻力系数优化聚合物驱参数[J]. 油气地质与采收率, (01): 92-94, 112.

伍晓林, 张国印, 刘庆梅, 等, 2001. 石油羧酸盐的研制及其在三次采油中的应用[J]. 油气地质与采收率, (1): 62-63.

徐赋海, 2003. 分子沉积膜驱油剂的研制[D]. 成都: 西南石油大学.

徐赋海, 2006. 油田注聚后聚电解质复合技术进一步提高采收率研究[D]. 成都: 西南石油大学.

徐国瑞, 杨丽媛, 李兆敏, 2013. 冻胶泡沫体系封堵性能评价应用化工[J]. 应用化工, 42(4): 583-586.

徐辉, 2009. 树枝状聚合物改善聚合物驱替液性能的可行性研究[D]. 成都: 西南石油大学.

徐辉, 曹绪龙, 孙秀芝, 等, 2017. 三次采油用小分子自组装超分子体系驱油性能[J]. 油气地质与采收率, 24(2): 80-84.

阎百泉, 张树林, 施尚明, 等, 2005. 大庆油田萨北二类油层非均质特征[J]. 大庆石油学院学报, 29(1): 15-17.

杨培法, 2006. 新型双季铵盐的研制与性能研究[D]. 大庆: 大庆石油学院.

杨秀全, 徐长卿, 黄海. 1998. 一类新型多功能性表面活性剂——烷基醚羧酸及其盐[J]. 日用化学工业, (1): 28-35.

杨振宇, 杨林, 高树棠, 等, 2000. 油田用石油磺酸盐表面活性剂、其制备方法及其在三次采油中的应用: CN 1275431 A[P].

叶林, 黄荣华, 1998. AM-AMPS-DMDA 水溶性疏水两性共聚物溶液性能的研究[J]. 高分子材料科学与工程, (3): 67-70.

殷鸿尧, 郭立娟, 邓清月, 等, 2009. 双子表面活性剂在石油工业的应用[J]. 甘肃石油和化工, 1: 11-14.

袁成东, 2016. 高温高盐油藏分散胶-表面活性剂驱油机理研究[D]. 成都: 西南石油大学.

曾晞, 陈观文, 1997. 聚电解质复合物[J]. 高分子通报, (1): 29-36.

张爱美, 2004. 胜利油区聚合物驱资源分类标准修订及其评价[J]. 油气地质与采收率, 11(5): 68-70.

张逢玉, 卢艳, 韩建彬. 1999. 表面活性剂及其复配体系在三次采油中的应用[J]. 石油与天然气化工, 28(2): 130-132.

张国印, 伍晓林, 2001. 三次采油用烷基苯磺羟卤类表面活性剂研究[J]. 大庆石油地质与开发, 20(2): 26-27.

张群, 裴梅山, 张瑾, 等. 2006. 十二烷基硫酸钠与两性表面活性剂复配体系表面性能及影响因素[J]. 日用化学工业, 36(2): 69-72.

张书栋, 2014. 高温高钙稠油油藏二元复合驱配方设计与应用[J]. 石油化工应用, 33(11): 7-10.

张贤松, 丁美爱, 2009. 陆相沉积稠油油藏聚合物驱关键油藏条件研究[J]. 石油天然气学报, 31(1): 127-129.

张贤松, 孙福街, 冯国智, 等, 2007. 渤海稠油油田聚合物驱影响因素研究及现场试验[J]. 中国海上油气, 19(1): 30-34.

张贤松, 王其伟, 隗合莲, 2006. 聚合物强化泡沫复合驱油体系试验研究[J]. 石油天然气学报, 28(2): 137-138.

张新英, 2012. 胜坨油田高温高盐油藏超高分子疏水缔合聚合物注入试验[J]. 石油地质与工程, (6): 122-124.

张雪勤, 蔡怡, 杨亚江, 2002. 两性离子/阴离子表面活性剂复配体系协同作用的研究[J]. 胶体与聚合物, (3): 1-5.

张雪勤, 蔡怡, 2002. 两性离子/阴离子表面活性剂复配体系协同作用的研究[J]. 胶体与聚合物, 20(3): 1-5.

张雅倩, 2011. 耐高温、耐高矿化度聚合物的合成、性能及应用[D]. 济南: 山东师范大学.

张永民, 牛金平, 李秋小, 2009. 壬基酚聚氧乙烯醚磺酸钠的合成及性能[J]. 精细石油化工, (2): 4-7.

赵传壮, 2010. 梳形聚合物的结构和性能[D]. 天津: 南开大学.

赵国玺, 朱步瑶, 2003. 表面活性剂作用原理[J]. 日用化学工业信息, (17): 16.

赵普春, 酒尚利, 张敬武, 等, 1998. 低碱浓度非离子表面活性剂驱油体系界面张力研究[J]. 油田化学, (2): 55-59.

赵修太, 吕华华, 邱广敏, 等, 2008. 驱油用磺酸盐型聚丙烯酰胺的合成及性能表征[J]. 应用化工, 37(1): 29-32.

赵颖华, 2009. 三采用组分相对单一烷基苯磺酸盐表面活性剂研制[D]. 大庆: 大庆石油学院.

郑兴利, 2008. 高分子抗盐聚丙烯酰胺性能评价及应用研究[D]. 大庆: 大庆石油学院.

钟传蓉, 黄荣华, 张熙, 等, 2003. AM-STD-NaAMPS 三元疏水缔合共聚物的表征及耐热性能[J]. 高分子材料科学与工程, 19(6): 126-130.

周长静, 2006. 疏水缔合聚合物溶液的流变性及黏弹性研究[D]. 成都: 西南石油大学.

周风山, 赵明方, 倪文学, 等, 2000. 一种稠油降黏剂的研制与应用[J]. 西安石油大学学报(自然科学版), 15(2): 52-54.

周继龙, 2016. 高温高盐油藏水平井深部吞吐可行性研究[D]. 北京: 中国石油大学(北京).

周明, 赵金洲, 蒲万芬, 等, 2010. 一种新型抗温抗盐超强堵剂的研制[J]. 中国石油大学学报(自然科学版), (3): 61-66.

周守为, 韩明, 向问陶, 等, 2006. 渤海油田聚合物驱提高采收率技术研究及应用[J]. 中国海上油气, 18(6): 386-389.

周守为, 韩明, 张健, 等, 2007. 用于海上油田化学驱的聚合物研究[J]. 中国海上油气, 19(1): 25-29.

周云霞, 2004. 高分子量抗盐聚丙烯酰胺工业化生产技术研究[D]. 成都: 西南石油学院.

朱友益, 侯庆锋, 简国庆, 等, 2013. 化学复合驱技术研究与应用现状及发展趋势[J]. 石油勘探与开发, 40(1): 90-96.

朱友益, 沈平平, 2002. 三次采油复合驱用表面活性剂合成、性能及应用[M]. 北京: 石油工业出版社.

邹丽, 娄兆彬, 杨朝光, 等, 2005. 中原油田耐温抗盐交联聚合物成胶影响因素及先导试验[J]. 内蒙古石油化工, (6): 118-120.

Ali S A, Umar Y, Al-Muallem H A, et al, 2008. Synthesis and viscosity of hydrophobically modified polymers containing dendritic segments[J]. Journal of Applied Polymer Science, 109(3): 1781-1792.

Baldwin W, Neal G. 1978. Colloidal properties of sodium carboxylates[J]. Prepr, Div Pet Chem, Am Chem Soc (United States), 23: 3.

Berret J-F, Calvet D, Collet A, et al, 2003. Fluorocarbon associative polymers[J]. Current Opinion in Colloid and Interface Science, 8(3): 296-306.

Bertrand P, Jonas A, Laschewsky A, et al, 2000. Ultrathin polymer coatings by complexation of polyelectrolytes at interfaces: suitable materials, structure and properties[J]. Macromolecular Rapid Communications, 21(7): 319-348.

Biggs S, Hill A, Selb J, et al, 1992. Copolymerization of acrylamide and a hdydrophobic monomer in an aqueous micellar medium: effect of the surfactant on the copolymer microstructure[J]. The Journal of Physical Chemistry, 96(3): 1505-1511.

Bock J, Valint P L, 1991. Hydrophobically associating polymers: Springer US, EP 0376758 A3[P].

Bostich J M, Hsieh W-C, Koepke J W, 1989. Process for producing petroleum sulfonates: US, 4847018 A[P].

Brook B, Swanson, 2008. Inspired by Biology: From Molecules to Materials to Machines[J]. Quarterly Review of Biology, 84(2): 183-184.

Candau F, Selb J, 1999. Hydrophobically-modifiedpolyacrylamides prepared by micellar polymerization[J]. Advances in Colloid and Interface Science, 79: 149-172.

Chen H, Han L, Luo P, et al., 2004. The interfacial tension between oil and gemini surfactant solution[J]. Surface Science, 552(1): L53-L57.

Chen Z, Zhao X, 2015. Enhancing heavy-oil recovery by using middle carbon alcohol-enhanced waterflooding, surfactant flooding, and foam flooding[J]. Energy and Fuels, 29(4): 2153-2161.

Chiwetelu C, Hornof V, Neale G, et al., 1994. Use of mixed surfactants to improve the transient interfacial tension behaviour of heavy oil/alkaline systems[J]. The Canadian Journal of Chemical Engineering, 72(3): 534-540.

Creutz S, Teyssié P, Jérôme R, 1997. Living anionic homopolymerization and block copolymerization of (dimethylamino) ethyl methacrylate[J]. Macromolecules, 30(1): 6-9.

Dautzenberg H, Jaeger W, Kötz J, et al., 1994 Polyelectrolytes : formation, characterization and application[J]. Polymer International, 38.

DE GBOOTE M, 1931. LOUIS [M]. Google Patents.

Delamaide E, Zaitoun A, Renard G, et al., 2014. Pelican Lake Field: First Successful Application of Polymer Flooding In a Heavy-Oil Reservoir[J]. SPE Reservoir Evaluation & Engineering, 17(3): 340-354.

Doe P H, Moradi-Araghi A, Shaw J E, et al., 1987. Development and Evaluation of EOR Polymers Suitable for Hostile Environments Part 1: Copolymers of Vinylpyrrolidone and Acrylamide[J]. Spe Reservoir Engineering, 2(4): 461-467.

Evani S, 1984. Water-dispersible hydrophobic thickening agent: EP, US4432881[P].

Farzaneh S A, Sohrabi M, 2015. Experimental investigation of CO_2-foam stability improvement by alkaline in the presence of crude oil[J]. Chemical Engineering Research & Design, 94: 375-389.

Frechet J M, Hawker C J, 1990. Preparation of polymers with controlled molecular architecture. A new convergent approach to dendritic macromolecules[J]. Journal of the American Chemical Society, 112(21): 7638-7647.

Gale W W, Sandvik E I, 1973. Tertiary surfactant flooding: petroleum sulfonate composition-efficacy studies[J]. Society of Petroleum Engineers Journal, 13(4): 191-199.

Gao C, Yan D, 2004. Hyperbranched polymers: from synthesis to applications[J]. Progress in Polymer Science, 29(3): 183-275.

Gao M-l, Liu C, Meng X-x, et al. 2004. Properties of molecular deposition filming flooding agent MD-1 solution[J]. Acta Petrolei Sinica Petroleum Processing Section, 20(1): 1-5.

Graciaa A, Fortney L N, Schechter R S, et al. , 1982. Criteria for structuring surfactants to maximize solubilization of oil and water: Part 1-Commercial nonionics[J]. Society of Petroleum Engineers Journal, 22(5): 743-749.

Graciaa A, Fortney L N, Schechter R S, et al., 1982. Criteria for structuring surfactants to maximize solubilization of oil and water: Part 1-Commercial nonionics[J]. Society of Petroleum Engineers Journal, 22(5): 743-749.

Han L, Chen H, Luo P, 2004. Viscosity behavior of cationic gemini surfactants with long alkyl chains[J]. Surface Science, 564(1): 141-148.

Hawker C J, Bosman A W, Harth E, 2001. New polymer synthesis by nitroxide mediated living radical polymerizations[J]. Chemical Reviews, 101(12): 3661-3688.

Hill A, Candau F, Selb J, 1993. Properties of hydrophobically associating polyacrylamides: influence of the method of synthesis[J]. Macromolecules, 26(17): 4521-4532.

Hu H, He T, Feng J, et al., 2002. Synthesis of fluorocarbon-modified poly (acrylic acid) in supercritical carbon dioxide[J]. Polymer, 43(23): 6357-6361.

Huang H, Donnellan III W, Jones J, 1990. Ultralow oil-water IFTs using neutralized oxidized hydrocarbons as surfactants[J]. Journal of the American Oil Chemists' Society, 67(6): 406-414.

Hwang H S, Heo J Y, Jeong Y T, et al, 2003. Preparation and properties of semifluorinated block copolymers of 2-(dimethylamino) ethyl methacrylate and fluorooctyl methacrylates[J]. Polymer, 44(18): 5153-5158.

Ito H, Imae T, Nakamura T, et al., 2004. Self-association of water-soluble fluorinated diblock copolymers in solutions. [J]. Journal of Colloid & Interface Science, 276(2): 290-298.

Jiménez-Regalado E, Selb J, Candau F, 2000. Phase behavior and rheological properties of aqueous solutions containing mixtures of associating polymers[J]. Macromolecules, 33(23): 8720-8730.

Kaczmarski J P, Glass J E, 1993. Synthesis and solution properties of hydrophobically modified ethoxylated urethanes with variable oxyethylene spacer lengths[J]. Macromolecules, 26(19): 5149-5156.

Kalfoglou G, 1978. Use of organic acid chrome complexes to treat clay containing formations: US, US 4129183 A[P].

Kalfoglou G, 1979. Lignosulfonates carboxylated with chloroacetic acid as additives in oil recovery processes involving chemical recovery agents: US, US4267886[P].

Kalfoglou G, 1979. Oxidized lignosulfonates as additives in oil recovery processes involving chemical recovery agents: US, US 4133385 A[P].

Kalfoglou G, 1980. Surfactant oil recovery method for use in high temperature formations containing water having high salinity and hardness: US, US 4016932 A[P].

Kalpakci B, Jeans Y, 1989. Surfactant combinations and enhanced oil recovery method employing same: US, US 4811788 A[P].

Kathmann E E L, Davis D A D, Mccormick C L, 1994. Water-Soluble Polymers. 60. Synthesis and Solution Behavior of Terpolymers of Acrylic Acid, Acrylamide, and the Zwitterionic Monomer 3-[(2-Acrylamido-2-methylpropyl) dimethylammonio]-1propanesulfonate [J]. Macromolecules, 27(12): 3156-3161.

Kawaguchi T, Walker K L, Wilkins C L, et al., 1995. Double exponential dendrimer growth[J]. Journal of the American Chemical Society, 117(8): 2159-2165.

Kim Y H W, Owen W, 1990. Water soluble hyperbranched polyphenylene: "a unimolecular micelle?" [J]. Journal of the American Chemical Society, 112(11): 4592-4593.

Knaggs E A, Nussbaum M L, 1979. Petroleum Sulfonates [M]. Google Patents.

Kujawa P, Audibert-Hayet A, Selb J, et al, 2003. Compositional heterogeneity effects in multisticker associative polyelectrolytes prepared by micellar polymerization[J]. Journal of Polymer Science Part A: Polymer Chemistry, 41(21): 3261-3274.

Lacik I, Selb J, Candau F, 1995. Compositional heterogeneity effects in hydrophobically associating water-soluble polymers prepared by micellar copolymerization[J]. Polymer, 36(16): 3197-3211.

Lai N J, Zhang Y, Zeng F H, et al. , 2016. Effect of Degree of Branching on the Mechanism of Hyperbranched Polymer To Establish the Residual Resistance Factor in High-Permeability Porous Media. Energy undefinedamp; Fuels, 30, 5576, 5584.

Lai N, Qin X, Ye Z, et al., 2013. Synthesis and Evaluation of a Water-Soluble Hyperbranched Polymer as Enhanced Oil Recovery Chemical[J]. Journal of Chemistry, 2013(9): 1-11.

Lai N, Qin X, Ye Z, et al., 2013. The study on permeability reduction performance of a hyperbranched polymer in high permeability porous medium[J]. Journal of Petroleum Science and Engineering, 112(3): 198-205.

Lawson J, 1978. The adsorption of non-ionic and anionic surfactants on sandstone and carbonate: proceedings of the SPE Symposium on Improved Methods of Oil Recovery [C]. Society of Petroleum Engineers.

Levitt D, Jackson A, Heinson C, et al., 2009. Identification and evaluation of high-performance EOR surfactants[J]. SPE Reservoir Evaluation and Engineering, 12(2): 243-253.

Lim K T, Min Y L, Moon M J, et al., 2002. Synthesis and properties of semifluorinated block copolymers containing poly(ethylene oxide) and poly(fluorooctyl methacrylates) via atom transfer radical polymerisation[J]. Polymer, 43(25): 7043-7049.

Maltesh C, Xu Q, Somasundaran P, et al., 1992. Aggregation behavior of and surface tension reduction by comblike amphiphilic polymers[J]. Langmuir, 8(6): 1511-1513.

Matsumoto K, Kubota M, Hideki Matsuoka A, et al., 1999. Water-Soluble Fluorine-Containing Amphiphilic Block Copolymer:

Synthesis and Aggregation Behavior in Aqueous Solution[J]. Macromolecules, 32(21): 7122-7127.

Mazzola L, 2003. Commercializing nanotechnology[J]. Nature Biotechnology, 21(10): 1137.

McCormick C L B, Bikales N M, Overberger C G, et al., 1989. Encyclopedia of Polymer Science and Engineering[M]. 2nd ed. New York: Wiley- Interscience.

Mei L, Ming J, et al., 1997. Fluorescence studies of Hydrophobic association of fluorocarbon-modified poly(N-isopropylacrylamide)[J]. Macromolecules, 30(3): 470-478.

Mohajeri M, Hemmati M, Shekarabi A S, 2015. An experimental study on using a nanosurfactant in an EOR process of heavy oil in a fractured micromodel[J]. Journal of Petroleum Science and Engineering, 126: 162-173.

Morrow L R, 1992. Enhanced oil recovery using alkylated, sulfonated, oxidized lignin surfactants: US, US 5094295 A[P].

Mumallah N, 1988. Chromium (III) Propionate: A Crosslinking Agent for Water-Soluble Polymers in Hard Oilfield Brines[J]. SPE Reservoir Engineering, 3(1): 243-250.

Pang Z, Liu H, Zhu L, 2015. A laboratory study of enhancing heavy oil recovery with steam flooding by adding nitrogen foams[J]. Journal of Petroleum Science and Engineering, 128: 184-193.

Philipp B, Dautzenberg H, Linow K-J, et al., 1989. Polyelectrolyte complexes-recent developments and open problems[J]. Progress in Polymer Science, 14(1): 91-172.

Qutubuddin S, Miller C, Fort Jr T, 1984. Phase behavior of pH-dependent microemulsions[J]. Journal of Colloid and Interface Science, 101(1): 46-58.

Schwartz A M, Perry J W, Bartell F, 1949. Surface active agents[J]. The Journal of Physical Chemistry, 53(9): 1467-1467.

Seifert W K, Howells W G, 1969. Interfacially active acids in a California crude oil. Isolation of carboxylic acids and phenols[J]. Analytical chemistry, 41(4): 554-562.

Shalaby S W, McCormick C L, Butler G B, 1991. Water-soluble polymers: synthesis, solution properties, and applications[M]. American Chemical Society.

Shaw J E, Stapp P R, 1985. Sodium carboxylates for producing low interfacial tensions between hydrocarbons and water[J]. Journal of Colloid and Interface Science, 107(1): 231-236.

Shaw J. 1984. Carboxylate surfactant systems exhibiting phase behavior suitable for enhanced oil recovery[J]. Journal of the American Oil Chemists' Society, 61(8): 1395-1399.

Shi L T, Zhu S J, Zhang J, et al., 2015. Research into polymer injection timing for Bohai heavy oil reservoirs[J]. 石油科学, 12(1): 129-134.

Shi L, Chen L, Ye Z, et al., 2012. Effect of polymer solution structure on displacement efficiency[J]. 石油科学, 9(2): 230-235.

Shi L, Ye Z, Zhang Z, et al., 2010. Necessity and feasibility of improving the residual resistance factor of polymer flooding in heavy oil reservoirs[J]. 石油科学, 7(2): 251-256.

Sibaweihi N, Awotunde A A, Sultan A S, et al., 2015. Sensitivity studies and stochastic optimization of CO_2 foam flooding[J]. Computational Geosciences, 19(1): 31-47.

Simjoo M, Zitha P L J, 2015. Modeling of foam flow using stochastic bubble population model and experimental validation[J]. Transport in Porous Media, 107(3): 799-820.

Singh R, Mohanty K K, 2015. Synergy between nanoparticles and surfactants in stabilizing foams for oil recovery[J]. Energy and Fuels, 29(2): 467-479.

Sun L, Wei P, Pu W-F, et al., 2015. Experimental validation of the temperature-resistant and salt-tolerant xanthan enhanced foam for enhancing oil recovery[J]. Journal of Dispersion Science and Technology, 36(12): 1693-1703.

Sydansk R, Southwell G, 2000. More than 12 years' experience with a successful conformance-control polymer-gel technology[J]. SPE Production and Facilities, 15(4): 270-278.

Sydansk R, 1988. A new conformance-improvement-treatment chromium (III) gel technology: proceedings of the SPE Enhanced Oil Recovery Symposium [C]. Society of Petroleum Engineers.

Taylor K C, Nasr-El-Din H A, 1998. Water-soluble hydrophobically associating polymers for improved oil recovery: A literature review[J]. Journal of Petroleum Science & Engineering, 19(3-4): 265-280.

Thünemann A F, 2002. Polyelectrolyte-surfactant complexes (synthesis, structure and materials aspects)[J]. Progress in Polymer Science, 27(8): 1473-1572.

Tomalia D A, Baker H, Dewald J, et al, 1985. A new class of polymers: starburst-dendritic macromolecules[J]. Polymer Journal, 34(1): 117-132.

Tsitsilianis C, Iliopoulos I, Ducouret G, 2000. An associative polyelectrolyte end-capped with short polystyrene chains. Synthesis and rheological behavior [J]. Macromolecules, 33(8): 2936-2943.

Volpert E, Selb J, Candau F, 1998. Associating behaviour of polyacrylamides hydrophobically modified with dihexylacrylamide[J]. Polymer, 39(5): 1025-1033.

Wang D, Hou Q, Luo Y, et al., 2015. Stability Comparison Between Particles-Stabilized Foams and Polymer-Stabilized Foams[J]. Journal of Dispersion Science and Technology, 36(2): 268-273.

Wang D, Wang G, Wu W, et al., 2007. The Influence of Viscoelasticity on Displacement Efficiency-From Micro to Macro Scale[J].

Wang F, Wang Y T, Wang H, et al., 2014. Synergistic effect of amino acids modified on dendrimer surface in gene delivery[J]. Biomaterials, 35(33): 9187-9198.

Wang L, Mohanty K, 2015. Enhanced Oil recovery in gasflooded carbonate reservoirs by wettability-altering surfactants[J]. Spe Journal, 20(1): 60-69.

Wang Y, Bai B, Zhao F, 2008. Study and application of a gelled foam treatment technology for water shutoff in naturally fractured reservoir[J]. Paper No. -2008-037. In: Proceedings of the Canadian International Petroleum Conference/SPE Gas Technology Symposium, 2008, Calgary, June 2008.

Wooley K L, Fréchet J M, Hawker C J, 1994. Influence of shape on the reactivity and properties of dendritic, hyperbranched and linear aromatic polyesters[J]. Polymer, 35(21): 4489-4495.

Wu Y, Shuler P J, Blanco M, et al., 2005. A study of branched alcohol propoxylate sulfate surfactants for improved oil recovery: proceedings of the SPE Annual Technical Conference and Exhibition [C]. Society of Petroleum Engineers.

Yamamoto H, Morishima Y, 1999. Effect of hydrophobe content on intra-and interpolymer self-associations of hydrophobically modified poly (sodium 2-(acrylamido)-2-methylpropanesulfonate) in water[J]. Macromolecules, 32(22): 7469-7475.

Yamamoto H, Tomatsu I, Hashidzume A, et al, 2000. Associative properties in water of copolymers of sodium 2-(acrylamido)-2-methylpropanesulfonate and methacrylamides substituted with alkyl groups of varying lengths[J]. Macromolecules, 33(21): 7852-7861.

Yao J, Ravi P, Tam K C, et al, 2004. Association behavior of poly (methyl methacrylate-b-methacrylic acid-b-methyl methacrylate) in aqueous medium [J]. Polymer, 45(8): 2781-2791.

Ye Z B, Qin X P, Lai N J, et al. , 2013. Synthesis and performance of an acrylamide copolymer containing nano-SiO_2 as enhanced oil recovery chemical [J]. Journal of Chemistry, DOI: 10. 1155/2013/437309

Zhang H, Ruckenstein E, 2000. One-pot, three-step synthesis of amphiphilic comblike copolymers with hydrophilic backbone and hydrophobic side chains [J]. Macromolecules, 33 (3) : 814-819.

Zhang Y, Fang Q, Fu Y, et al., 2015. Synthesis and characterization of fluorocarbon-modified poly (N-isopropylacrylamide) [J]. Polymer international, 49 (7) : 763-774.

Zhang Y, Li M, Qing F, et al., 1998. Effect of Incorporating a Trace Amount of Fluorocarbon into Poly (N-isopropylacrylamide) on Its Association in Water[J]. Macromolecules, 31 (8) : 2527-2532.